ITAT 教/育/部/实/用/型/信/息/技/术/人/才/培/养/系/列/教/材

边用边学 Illustrator平面设计

熊春 李凤 编著 全国信息技术应用培训教育工程工作组 审定

人民邮电出版社
北京

图书在版编目（CIP）数据

边用边学Illustrator平面设计 / 熊春，李凤编著
. -- 北京 ：人民邮电出版社，2012.1
教育部实用型信息技术人才培养系列教材
ISBN 978-7-115-26581-4

Ⅰ．①边… Ⅱ．①熊… ②李… Ⅲ．①平面设计－图形软件，Illustrator－教材 Ⅳ．①TP391.41

中国版本图书馆CIP数据核字(2011)第209622号

内容提要

本书以 Illustrator CS3 版本为平台，从实际应用出发，结合该软件的功能，循序渐进地讲述了 Illustrator CS3 在矢量图绘制与平面设计方面的相关知识和典型应用。

全书共分 10 章。第 1 章～第 9 章介绍了 Illustrator CS3 的相关知识，主要包括 Illustrator CS3 基础知识、图形的绘制、图形的填充、图形的编辑、图形的组织、文字的应用、图表与符号的应用、滤镜的应用、样式与效果的应用以及文件的输出与打印等内容。第 10 章通过综合实例介绍了企业 VI 系统的设计与制作方法。

本书在讲解时采用案例教学法，先举例，再补充和总结相关知识，真正做到了“边用边学”。每章在基础知识讲解完成后还提供了“应用实践”，这样读者不仅可以巩固所学知识，还可以掌握将所学知识灵活应用于相关行业的方法。同时每章最后提供了大量习题，主要有选择题和上机操作题，以便于提高知识水平，方便上机练习。

本书可作为各类院校相关专业的教材，也可作为企业和各类培训班的培训资料，还可以作为从事 Illustrator 平面设计相关人员的学习参考书。

教育部实用型信息技术人才培养系列教材

边用边学 Illustrator 平面设计

◆ 编　　著　熊　春　李　凤
　审　　定　全国信息技术应用培训教育工程工作组
　责任编辑　李　莎

◆ 人民邮电出版社出版发行　　北京市崇文区夕照寺街 14 号
　邮编　100061　　电子邮件　315@ptpress.com.cn
　网址　http://www.ptpress.com.cn
　北京铭成印刷有限公司印刷

◆ 开本：787×1092　1/16
　印张：15
　字数：391 千字　　2012 年 1 月第 1 版
　印数：1－3 000 册　　2012 年 1 月北京第 1 次印刷

ISBN 978-7-115-26581-4

定价：35.00 元（附光盘）

读者服务热线：(010)67132692　印装质量热线：(010)67129223
反盗版热线：(010)67171154
广告经营许可证：京崇工商广字第 0021 号

出版说明

信息化是当今世界经济和社会发展的大趋势，也是我国产业优化升级和实现工业化、现代化的关键环节。信息产业作为一个新兴的高科技产业，需要大量高素质复合型技术人才。目前，我国信息技术人才的数量和质量远远不能满足经济建设和信息产业发展的需要，人才的缺乏已经成为制约我国信息产业发展和国民经济建设的重要瓶颈。信息技术培训是解决这一问题的有效途径，如何利用现代化教育手段让更多的人接受到信息技术培训是摆在我们面前的一项重大课题。

教育部非常重视我国信息技术人才的培养工作，通过对现有教育体制和课程进行信息化改造、支持高校创办示范性软件学院、推广信息技术培训和认证考试等方式，促进信息技术人才的培养工作。经过多年的努力，培养了一批又一批合格的实用型信息技术人才。

全国信息技术应用培训教育工程（简称ITAT教育工程）是教育部于2000年5月启动的一项面向全社会进行实用型信息技术人才培养的教育工程。ITAT教育工程得到了教育部有关领导的肯定，也得到了社会各界人士的关心和支持。通过遍布全国各地的培训基地，ITAT教育工程建立了覆盖全国的教育培训网络，对我国的信息技术人才培养事业起到了极大的推动作用。

ITAT教育工程被专家誉为“有教无类”的平民教育，以就业为导向，以大、中专院校学生为主要培训目标，也可以满足职业培训、社区教育的需要。培训课程能够满足广大公众对信息技术应用技能的需求，对普及信息技术应用起到了积极的作用。据不完全统计，在过去11年中共有150余万人次参加了ITAT教育工程提供的各类信息技术培训，其中有近60万人次获得了教育部教育管理信息中心颁发的认证证书。该工程为普及信息技术、缓解信息化建设中面临的人才短缺问题做出了一定的贡献。

ITAT教育工程聘请来自清华大学、北京大学、中国人民大学、中央美术学院、北京电影学院、中国传媒大学等单位的信息技术领域的专家组成专家组，规划教学大纲，制订实施方案，指导工程健康、快速地发展。ITAT教育工程以实用型信息技术培训为主要内容，课程实用性强，覆盖面广，更新速度快。目前该工程已开设培训课程20余类，共计50余门，并将根据信息技术的发展继续开设新的课程。

本套教材由清华大学出版社、人民邮电出版社、机械工业出版社、北京希望电子出版社等出版发行。根据教材出版计划，全套教材共计60余种，内容将汇集信息技术应用各方面的知识。今后将根据信息技术的发展不断修改、完善、扩充，始终保持追踪信息技术发展的前沿。

ITAT教育工程的宗旨是：树立民族IT培训品牌，努力使之成为全国规模最大、系统性最强、质量最好，而且最经济实用的国家级信息技术培训工程，要培养出千千万万个实用型信息技术人才，为实现我国信息产业的跨越式发展做出贡献。

全国信息技术应用培训教育工程负责人
系列教材执行主编　**薛玉梅**

编者的话

Illustrator 是一款矢量图绘制软件，是最强大、应用最广泛的平面设计软件之一，被广泛应用于图书插画绘制、招贴海报设计、产品平面包装设计、企业 VI 系统设计等众多行业，从而让用户能够设计出具有丰富视觉效果的各种创意作品。

本书从一个图像处理初学者的角度出发，结合大量实例和应用实践进行讲解，全面介绍了 Illustrator CS3 的图像处理功能，让读者在较短的时间内学会并能运用 Illustrator 处理与设计图像，创作出优秀的作品。

写作特点

（1）面向工作流程，强调应用

有不少读者常常抱怨学过 Illustrator 软件却不能够独立完成图形图像处理与设计的任务。这是因为目前的大部分此类图书只注重理论知识的讲解而忽视了应用能力的培养。

对于初学者而言，不能期待一两天就能成为平面设计高手，而是应该踏踏实实地打好基础。而模仿他人的做法就是很好的学习方法，因为“作为人行为模式之一，模仿是学习的结果”，所以在学习的过程中通过模仿各种经典的案例，可快速提高自己的设计能力。基于此，本书通过细致剖析各类经典的 Illustrator 设计案例，例如插画、海报、宣传单、DM 单、产品包装和企业 VI 等，逐步引导读者掌握如何运用 Illustrator 进行平面设计。

同时，为了让读者能真正做到“学了就能干活”，每一个行业的应用案例均紧密结合该领域的工作实际，介绍必备的专业知识。比如讲解时尚杂志设计时，介绍了时尚杂志色彩运用的特点；在讲解产品包装图绘制时，介绍了包装设计的构图要素等。

（2）知识体系完善，专业性强

本书通过精选实例详细讲解了 Illustrator 软件各种实用功能，比如各种基本绘图工具的应用，为图形填充颜色，编辑图形，组织图形，应用文字、图表、符号，使用滤镜、样式，输出与打印文件等。本书最后一章还通过综合实例——制作企业 VI 系统中的部分对象带领读者强化巩固所学知识，并掌握平面设计的一般工作流程及方法。

同时，本书是由资深图形图像处理与设计师精心编写的，融汇了多年的实战经验和设计技巧。可以说，阅读本书相当于在工作一线实习和进行职前训练。

（3）通俗易懂，易于上手

本书每一章基本上是先通过小实例引导读者了解 Illustrator 软件中各个实用工具的操作步骤，再深入地讲解这些小工具的知识，以使读者更易于理解各种工具在实际工作中的作用及其应用方法，最后通过“应用实践”引领读者体验实际工作中的设计思路，设计方法，以及工作流程。不管是初学者还是有一定基础的读者，只要按照书中介绍的方法一步步学习、操作，都能快速领会 Illustrator 平面设计的精髓。

本书体例结构

本书每一章的基本结构为“本章导读+基础知识+应用实践+ 练习与上机+知识拓展”，旨在帮助读者夯实理论基础，锻炼应用能力，并强化巩固所学知识与技能，从而取得温故知新、举一反三的学习效果。

- 本章导读：简要介绍知识点，明确所要学习的内容，便于读者明确学习目标，分清主次、重点与难点。
- 基础知识：通过小实例讲解 Illustrator 软件中相关工具的应用方法，以帮助读者深入理解各个知识点。
- 应用实践：通过综合实例引导读者提高灵活运用所学知识的能力，并熟悉平面设计的流程，掌握运用 Illustrator 进行平面设计方法。
- 练习与上机：精心设计习题与上机练习。读者可据此检验自己的掌握程度并强化巩固所学知识，提高实际动手能力，拓展设计思维，自我提高。选择题的答案位于本书的附录。对于上机题，则在光盘中提供了相关提示和视频演示。
- 知识拓展：用于介绍相关的行业知识、设计思路与设计要点等，从而使读者设计出的作品更能满足客户的需求且更富有创意。

配套光盘内容及特点

为了使读者更好学习本书的内容，本书附有一张光盘，光盘中收录了以下相关内容。

- 书中所有实例的素材文件和实例效果文件。
- 书中“应用实践”和上机综合操作题的操作演示文件。这类文件是 Flash 格式，读者可以使用 Windows Media Player 等播放器直接播放。
- 供考试练习的模拟考试系统，提供相关权威认证考试及各类高等院校考试的试题。
- 介绍印前技术与印刷知识的 PDF 文档。
- PPT 教学课件。
- PDF 格式的教学教案。

本书创作团队

本书由牟春花、王维、肖庆、李秋菊、黄晓宇、蔡长兵、熊春、李凤、高志清、耿跃鹰、蔡飓、马鑫等编著。

为了更好地服务于读者，我们提供了有关本书的答疑服务，若您在阅读本书过程中遇到问题，可以发邮件至 dxbook@qq.com，我们会尽心为你解答。若您对图书出版有所建议或者意见，请发邮件至 lisha@ptpress.com.cn。

编者

2011 年 10 月

目　录

第 1 章 Illustrator 入门必备知识

📖 学习目标

学习 Illustrator 的各种基本操作，包括平面设计基础，启动与退出 Illustrator，认识 Illustrator 的操作界面、文件的新建、保存、打开、置入、显示与排列、导出与关闭等。并且要了解利用 Illustrator 进行平面设计的一般方法，如制作贺卡等。

📖 学习重点

掌握 Illustrator 的启动和退出方法，文件的新建、保存、打开和置入等基本操作。掌握文档属性的设置，Illustrator 预设参数的更改，快捷键的定义，标尺、参考线、网格、面板的使用和管理等操作，并能通过设置这些对象来自定义 Illustrator 操作环境。

📖 主要内容

- 常见术语概述
- 初识 Illustrator
- 文件的基本操作
- 定义个性、高效的操作环境
- 制作新年贺卡

1.1 常见术语

作为一个平面设计人员，应该对电脑图形学、数字成像、矢量图与位图、图像分辨率以及常用图形图像文件格式等方面的知识有所了解，以便更好地利用 Illustrator 来进行平面设计。

1.1.1 电脑图形学

电脑图形学简称为 CG，即 Computer Graphics，它是一种使用数学算法将二维或三维图形转化为电脑显示器栅格形式的科学。简单地说，电脑图形学的主要研究内容就是，如何在电脑中表示图形并利用电脑对图形进行计算、处理和显示。

图形与图像是两个不同的概念，图像是指电脑中以位图形式存在的灰度信息，而图形则含有几何属性，它更强调场景的几何表示，是由场景的几何模型和景物的物理属性共同组成的。图形由点、线、面、体等几何元素和灰度、色彩、线型、线宽等非几何元素组成。从处理技术上来看，图形主要分为两类，一类是基于线条信息表示的图，如工程图、等高线地图和曲面的线框图等，另一类是明暗图，即真实感图形。

电脑图形学的一个主要作用是要利用电脑产生令人赏心悦目的真实感图形。为此，需要创建图形所描述的场景的几何表示形式，然后用某种光照模型计算在假想的光源、纹理、材质属性下的光照效果。电脑图形学的研究内容非常广泛，包括图形硬件、图形标准、图形交互技术、光栅图形的生成算法、曲线/曲面造型、实体造型、真实感图形计算与显示算法、非真实感绘制，以及科学计算可视化、电脑动画、自然景物仿真、虚拟现实等各种领域和范围，是目前越来越热门的科学并广受用户的喜爱。

1.1.2 数字成像

数字成像是将图像信号用数字的形式表示，在电脑控制下进行处理及存储。数字成像需要经过 4 个阶段，首先是输入/输出图像，然后是将图像进行表示和转换，接着是对图像进行处理和分析，最后是对图像进行理解和解释。

1.1.3 矢量图与位图

电脑中的图像分为两类，即矢量图与位图，其特点和使用方法各不相同。

- 矢量图。这类图像是按一定的数学方法通过 PostScript 代码描述的线条、曲线及曲线围成的色块所组成的，它们在电脑内存中被表示成一系列的数值而不是像素点，用户可以自由地改变矢量图的位置、形状、大小和颜色，且矢量图始终不会产生锯齿模糊效果，一直保持平滑的边缘、视觉细节和清晰度，如图 1-1 所示。矢量图适用于标志设计、图案设计、文字设计和版式设计等。用户可在任何输出设备及打印机上以打印机或印刷机的最高分辨率对矢量图进行打印输出。Adobe Illustrator 便是一款常用的矢量图设计制作软件。
- 位图。这类图像是由一些排列在一起的栅格组成的，每一个栅格代表一个像素点，而每一个像素点只能显示一种颜色。与矢量图形相比，位图图像更容易模拟照片式的真实效果。位图的清晰度与像素点的多少有关，当位图图像被放大一定的倍数后，会显示出一个个像素点，即方形的色块，整体图像便会变得模糊，而且会产生锯齿，如图 1-2 所示。通常，单位面积上所含像素越多，图像就越清晰，颜色之间的混合也越平滑，但文件占用的存储空间也越大。位图图像在表现色彩和色调方面的效果比矢量图更加优，尤其是在表现图像的阴影和色彩的细微变化方面效果更佳，Adobe Photoshop 便是一款人们非常熟悉的位图制作和处理软件。

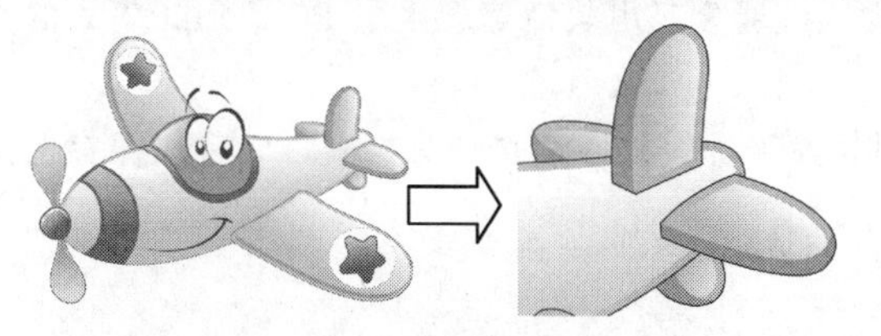

图 1-1　矢量图放大后的效果

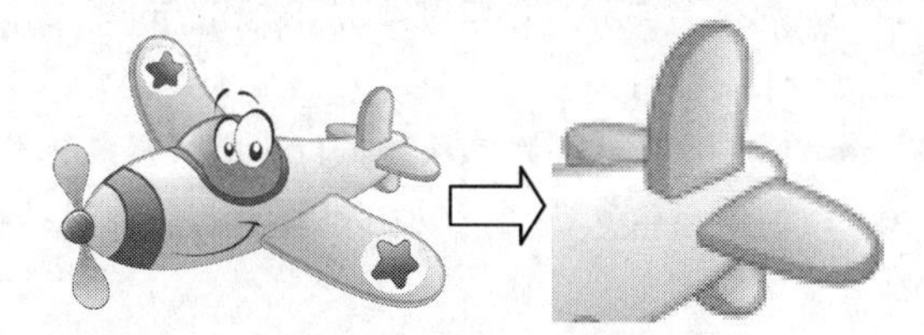

图 1-2　位图放大后的效果

1.1.4　图像分辨率

分辨率表示图形/图像文件所包括的细节和信息量，也表示输入、输出或显示设备能够产生的清晰度等级。在处理位图时，分辨率同时影响文件最终的输出质量和文件的大小。

图像分辨率的单位是 ppi，即每英寸所包含的像素点。如果图像的分辨率为 72 ppi，则表示该图像上每英寸的区域内包含 72 个像素点。图像分辨率越高，图像就越清晰。常用的输出分辨率单位是 dpi（Dots Per Inch），即每英寸所含的点，这是针对输出设备而言的。通常一般的喷墨彩色打印机的输出分辨率为 180～720dpi，激光打印机的输出分辨率为 300～600dpi，照排机可达到 1200～2400dpi 或更高。扫描仪获取原图像时设定的扫描分辨率为 300dpi，这样就基本可以满足高分辨率输出的需要了。

1.1.5　常见图形/图像文件格式

常见的图形/图像文件格式有以下几种。

- JPEG：一种用来描述位图的文件格式，可用于 Windows 和 MAC 操作系统。它支持 CMYK、RGB 和灰度等颜色模式的图像，但不支持 Alpha 通道，此格式是一种压缩的图像文件格式。
- BMP：在 DOS 和 Windows 平台上最常用的一种标准位图图像格式。该格式支持 RGB、索引颜色、灰度和位图颜色的图像，不支持 Alpha 通道。
- TIFF：一种灵活的位图图像格式。大多数绘图、图像编辑和页面排版应用程序都支持该格式，而且大多数桌面扫描仪都可以生成 TIFF 格式的图像。
- PNG：Adobe 公司针对网络图像开发的一种格式。这种格式可以使用无损压缩方式来压缩图像文件，并可以利用 Alpha 通道制作透明背景，是功能非常强大的网络文件格式。
- AI：一种矢量图格式，在 Illustrator 软件中经常用到。AI 格式的文件可以直接在 Photoshop 和 CorelDRAW 等软件中打开。
- SVG：一种标准的矢量图形格式，它可以使用户设计出高分辨率的 Web 图形页面，并可以使图形在浏览器的页面上呈现出更好的效果。
- PCX：通常应用于 IBM 公司的电脑上，支持 24 位颜色，并且支持 RLE 压缩方式，可以使图像占用较小的磁盘存储空间。
- PSD：是 Adobe 公司开发的 Photoshop 软件专用的格式，该格式能保存图像数据的每一个细节，且各图层中的图像相互独立。PSD 格式的图像可以被 Illustrator 输出为 Photoshop 文件，并且保留源文件的许多特性。

- SWF：一种以矢量图形为基础的文件格式，常用于创建交互和动画的 Web 图形。将图形以 SWF 格式输出，可以方便进行 Web 设计和在配备 Macromedia Flash Player 的浏览器上浏览。
- PostScript：文件在打印之前的一种转换格式，它创建于许多打印机和全部高终端的打印系统中。大部分打印机都支持 PostScript 格式，所以大部分应用软件都能生成 PostScript 格式的文件以供打印。
- EPS：被封装的 PostScript 格式，大多数绘图软件和排版软件都支持此格式。它可以保存图像的路径信息，并可以在各软件之间相互转换。

1.2 初识 Illustrator

Illustrator 是 Adobe 公司开发的集图形设计、文字编辑和高品质输出于一体的矢量图形软件，它被广泛地应用于平面广告设计、网页图形制作以及艺术效果处理等诸多领域。下面先介绍该软件的启动与退出方法以及操作界面的使用方法。

1.2.1 启动和退出 Illustrator

获取 Illustrator 的安装程序并将其安装到电脑上以后，便可按照下面介绍的方法启动和退出 Illustrator 了。

1. 启动 Illustrator

通过“开始”菜单启动 Illustrator 是最常用的方法之一。

【例 1-1】通过“开始”菜单启动 Illustrator。

Step 1：单击 开始 按钮，在弹出的【开始】菜单中选择【所有程序】命令（见图 1-3），然后在弹出的子菜单中选择【Adobe Illustrator CS3】命令。

Step 2：此时将启动 Illustrator CS3 并打开欢迎界面，如图 1-4 所示，用户可以在该界面中打开或新建文件。若不需要该欢迎界面，那么可选中下方的“不再显示”复选框并关闭界面。

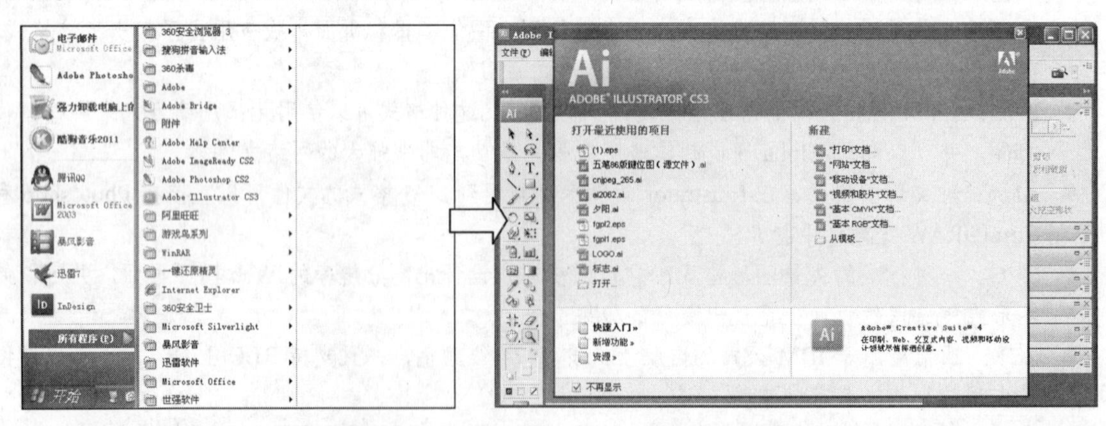

图 1-3 选择 Illustrator 的启动命令　　图 1-4 启动后显示的欢迎界面

【知识补充】除了上述方法外，还可通过快捷启动图标和 AI 文件来启动软件。

- 安装 Illustrator 后，软件会自动在桌面上创建快捷启动图标，双击该图标即可快速启动

Illustrator。若没有创建该图标，则可在【开始】菜单中的 Illustrator 启动命令上单击鼠标右键，在弹出的快捷菜单中选择【发送到】/【桌面快捷方式】命令手动创建。

- 在桌面或文件夹窗口中直接双击 Illustrator 生成的文件也可启动软件并打开相应的文件内容，Illustrator 生成的文件图标的外观为 。

2. 退出 Illustrator

退出 Illustrator 的方法有以下几种。

- 单击操作界面右上角的 按钮。
- 选择【文件】/【退出】命令。
- 按“Ctrl+Q”组合键。
- 按“Alt+F4”组合键。

1.2.2 Illustrator 的操作界面

Illustrator 的操作界面主要由标题栏、菜单栏、常用设置栏、工具箱、文件窗口和面板等部分组成，如图 1-5 所示。

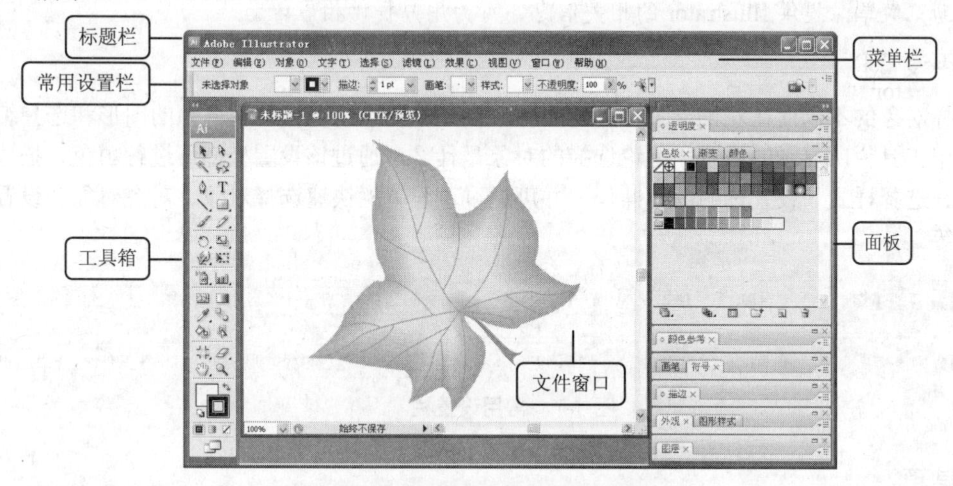

图 1-5 Illustrator 操作界面

1. 标题栏

Illustrator 的标题栏除了显示软件名称以外，若文件窗口处于最大化状态时，那么还将显示当前文件的名称、缩放比例、色彩模式和视图模式等多种信息，如图 1-6 所示。

Adobe Illustrator - [未标题-1 @ 76% (CMYK/预览)]

图 1-6 Illustrator 的标题栏

2. 菜单栏

Illustrator 的菜单栏中一共包括“文件”、“编辑”、“对象”、“文字”、“选择”、“滤镜”、“效果”、“视图”、“窗口”和“帮助”10 个菜单项，各菜单项的作用如下。

- “文件”菜单：主要用于对文件进行各种操作，如新建、打开、关闭、存储、置入、输出、文档设置和打印等。

- “编辑”菜单：包括了一些常用的操作命令，可对当前选择的对象进行各种编辑操作，如复制、剪切、粘贴、还原和重做等。
- “对象”菜单：主要用于编辑对象，如变换、调整、组合、锁定和隐藏选定对象等。
- “文字”菜单：主要用于对文本对象进行各种编辑，如设置字体和大小、查找字体等。
- “选择”菜单：主要用于对页面中的对象进行各种选择操作，如全选、反选和快速选择具有相同填充、轮廓线或透明度等属性的对象。
- “滤镜”菜单：包括用于矢量图形和位图图像的两组滤镜命令，使用这些命令可以为图形和图像添加特殊的滤镜效果。
- “效果”菜单：与“滤镜”菜单相似，只是对图形或图像进行特殊效果处理的性质有所不同。
- “视图”菜单：提供了许多辅助绘图的命令，如视图模式、显示比例、显示或隐藏标尺以及辅助线和选择框等。
- “窗口”菜单：主要用于控制各种面板、工具箱或库的显示或隐藏。
- “帮助”菜单：提供 Illustrator 的相关信息，可为用户提供相应帮助。

3. 常用设置栏

根据选择对象的不同而在左侧显示不同的名称，图 1-7 所示为选择某个单独的图形和选择编组后的图形时常用工具栏所显示的内容。无论选择的对象是什么，通过该设置栏都可进行填色、描边、设置画笔效果、选择样式、设置透明度等操作，并可通过该设置栏快速选择对象、对齐对象、设置对象位置和大小等。

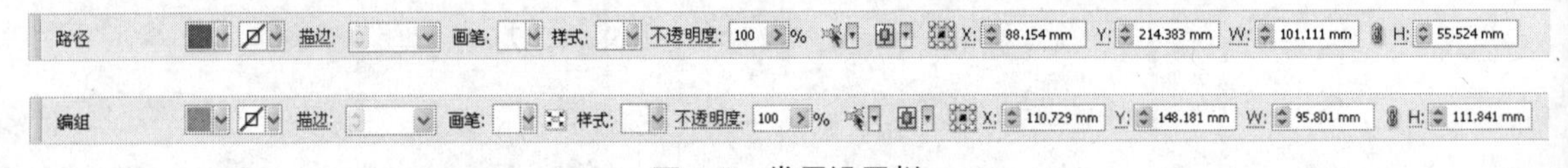

图 1-7　常用设置栏

4. 工具箱

工具箱默认位于操作界面的最左侧，它是 Illustrator 绘图时最重要的组件之一，是所有常用工具的大集合。其中包括各种选取工具、绘图工具、文字工具、编辑工具、符号工具、图表工具和效果工具等，单击某个工具按钮便可切换到相应的工具状态。

工具箱中的一些工具按钮右下角标有黑色三角形标记，这代表该工具按钮还隐藏着一系列同类的其他工具按钮，为了便于表述，我们称这种工具为工具组。在工具组上按住鼠标左键不放，稍后便会显示隐藏的其他工具按钮，此时将鼠标指针移至需选择的工具上并释放鼠标左键，便可选择相应的隐藏工具了。图 1-8 所示为工具箱中包含的全部工具按钮。

提示：将鼠标指针移动到某个工具组按钮上并按住鼠标左键不放，然后将鼠标指针移至该组工具右侧的三角符号上并释放鼠标左键，此时可将该组工具作为一个单独的浮动工具栏显示在操作界面中。对于一些常用的工具组可利用这种方法来提高选择工具的效率。

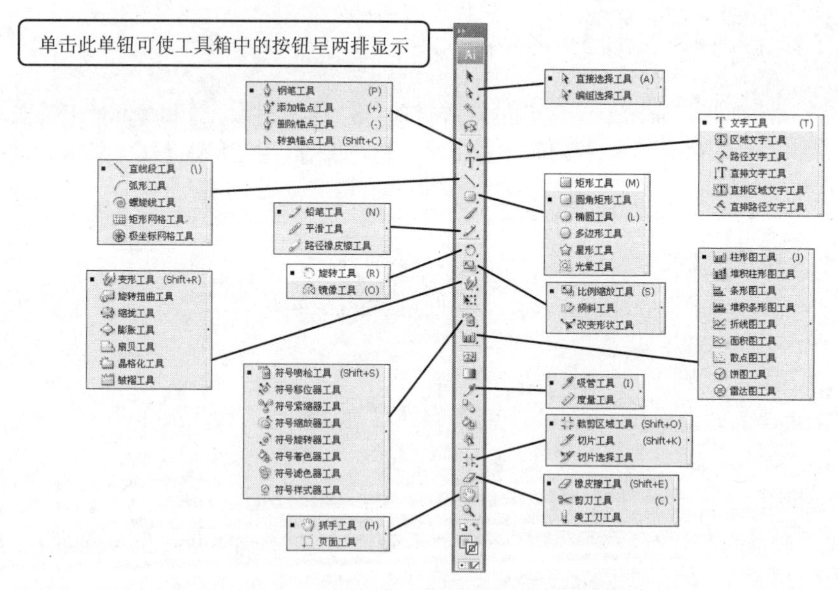

图 1-8 Illustrator 中的工具

5. 文件窗口

Illustrator 允许打开多个文件窗口以同时处理不同的图形，图 1-9 所示为打开了两个文件的效果。单击文件窗口右上角的按钮可控制窗口大小，这 3 个按钮的作用从左到右依次为最小化窗口、最大化/还原窗口和关闭窗口。

图 1-9 多个文件窗口

6. 面板

Illustrator 有许多面板，不同的面板可以完成不同的操作。如图 1-10 所示的这几个面板便可分别用于设置透明度、渐变色、颜色或选择已有色板等。

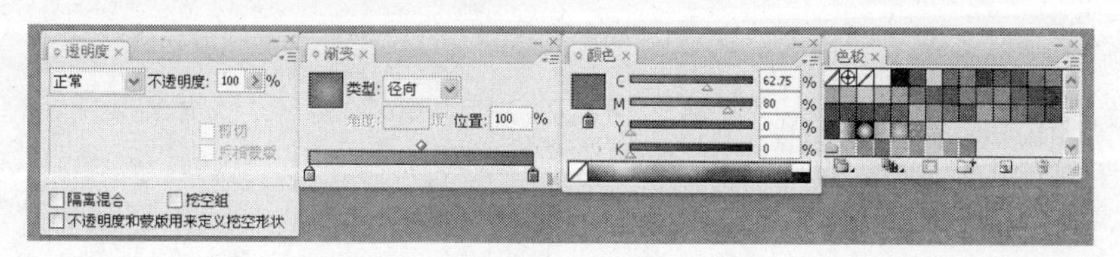

图 1-10 面板

1.3 文件的基本操作

利用 Illustrator 绘制图形时，必须以文件的形式进行操作，任何图形在 Illustrator 中都是通过文件为载体显示并进行浏览、编辑和设计的。下面对文件的新建、保存、打开、置入、显示、排列、导出和关闭等操作进行介绍。

1.3.1 新建与保存文件

文件的新建与保存是所有关于文件操作中最为常见和重要的操作之一。

1. 新建文件

选择【文件】/【新建】命令或按“Ctrl+N”组合键均可执行文件的新建操作。

【例 1-2】通过菜单命令新建“底图”文件。

Step 1：启动 Illustrator，选择【文件】/【新建】命令，如图 1-11 所示。

Step 2：打开“新建文档”对话框，在“名称”文本框中输入“底图”，然后单击[确定]按钮，如图 1-12 所示。

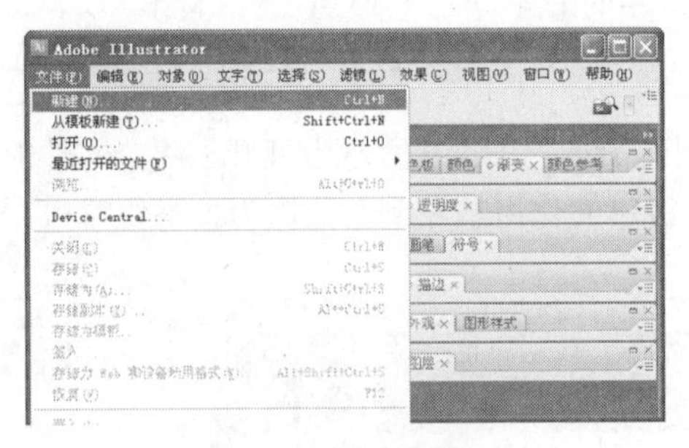

图 1-11 新建文档

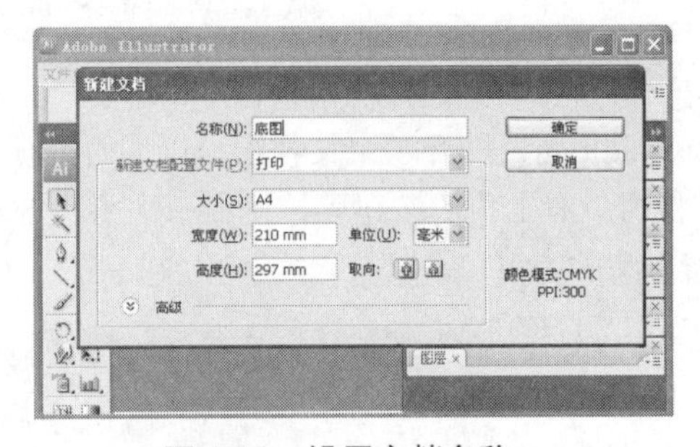

图 1-12 设置文档名称

Step 3：此时将在 Illustrator 的操作界面中将打开一个名为“底图”的文件窗口，即新建的 Illustrator 文件，如图 1-13 所示。

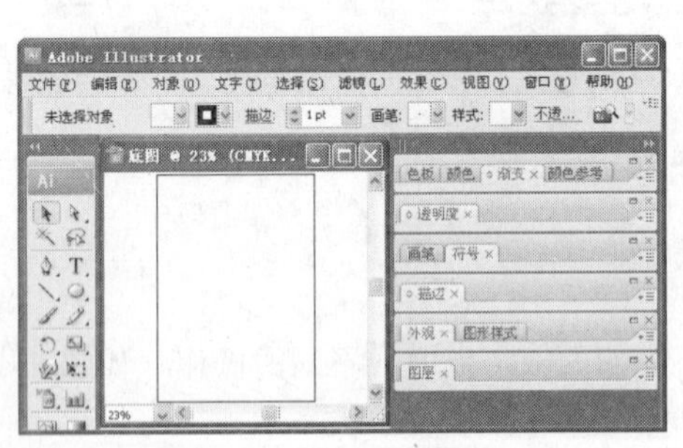

图 1-13 新建的文件

【知识补充】新建文件时将打开“新建文档”对话框，其中除了可以定义文件名称外，还可设置文件类型、大小等属性，各设置选项的作用如下。

- “名称”文本框：用于设置文件的名称，默认的文件名称为“未标题-1”。
- “新建文档配置文件”下拉列表框：用于设置文件的类型，下拉列表中包括“打印”、“网站”、

“移动设备”、“视频和胶片”、“基本 CMYK”、“基本 RGB” 等选项。

- “大小” 下拉列表框：可以选择系统提供的新建文件的尺寸，如 A4、A3 等。
- “宽度” 和 “高度” 文本框：用于自定义文件大小。
- “单位” 下拉列表框：设置定义文件大小时的取值单位，包括 “毫米”、“厘米” 和 “像素” 等。
- “取向” 栏：单击其中的按钮可设置文件为纵向或横向。
- “高级” 栏：单击按钮可展开该栏，如图 1-14 所示。单击按钮又可折叠该栏。

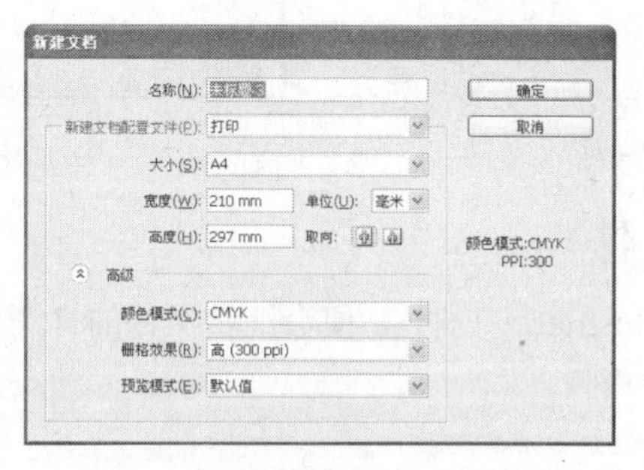

图 1-14 “新建文档” 对话框

- “颜色模式” 下拉列表框：设置文件的颜色模式，包括 “CMYK” 和 “RGB” 两个选项。
- “栅格效果” 下拉列表框：设置文件分辨率，包括高、中和屏幕等选项。
- “预览模式” 下拉列表框：设置文件的预览模式，包括 “默认值”、“像素” 和 “叠印” 等选项。

2. 保存文件

保存文件可以方便以后对文件进行反复使用，在绘图过程中及时保存文件也可避免因各种突发情况而丢失过多的数据。在 Illustrator 中可通过选择【文件】/【存储】命令或按 “Ctrl+S” 组合键保存文件，也可通过选择【文件】/【存储为】命令或按 “Ctrl+Shift+S” 组合键另存文件。

【例 1-3】将前面新建的 “底图” 文件以 “原稿” 为名另存到桌面上。

Step 1：选择【文件】/【存储为】命令，如图 1-15 所示。

Step 2：打开 “存储为” 对话框，在 “保存在” 下拉列表中选择 “桌面” 选项，在 “文件名” 组合框中输入 “原稿.ai”，然后单击 保存(S) 按钮，如图 1-16 所示。

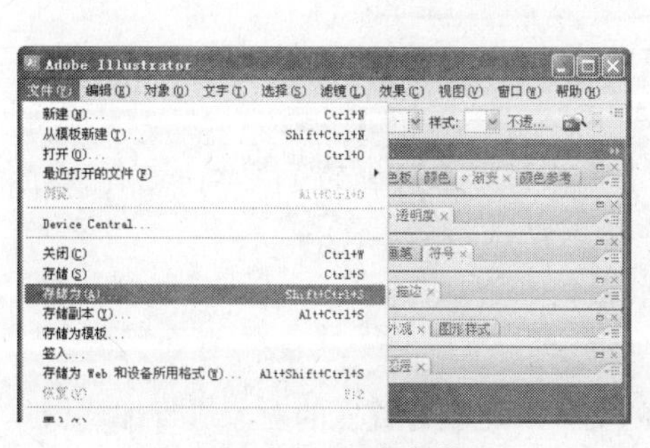

图 1-15 另存文件

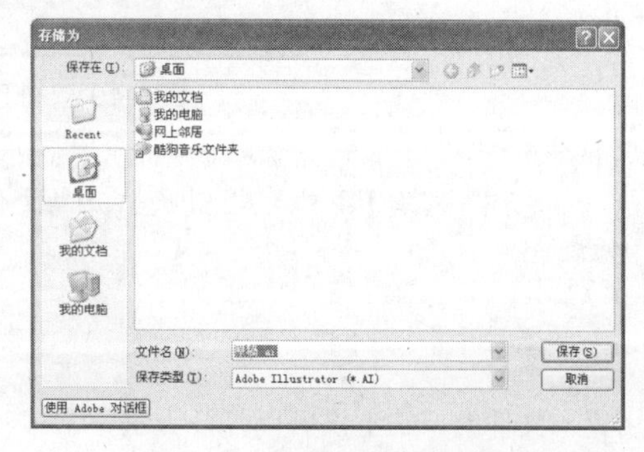

图 1-16 设置保存位置和名称

Step 3：打开 “Illustrator 选项” 对话框，默认其中的设置，直接单击 确定 按钮，如图 1-17 所示。

Step 4：此时 Illustrator 操作界面的文件窗口上便显示了另存后的文件名称，如图 1-18 所示。

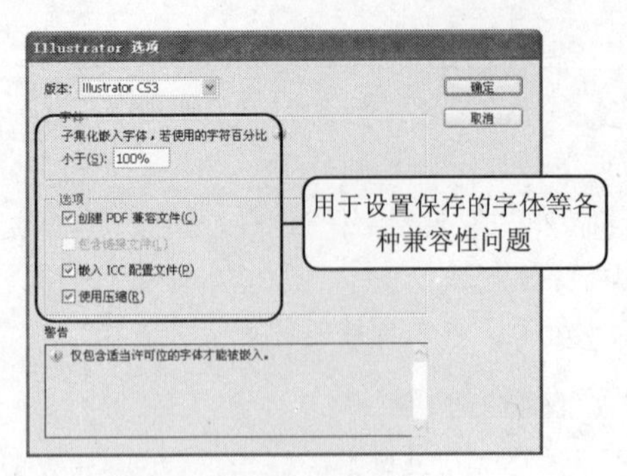

图 1-17　默认选项

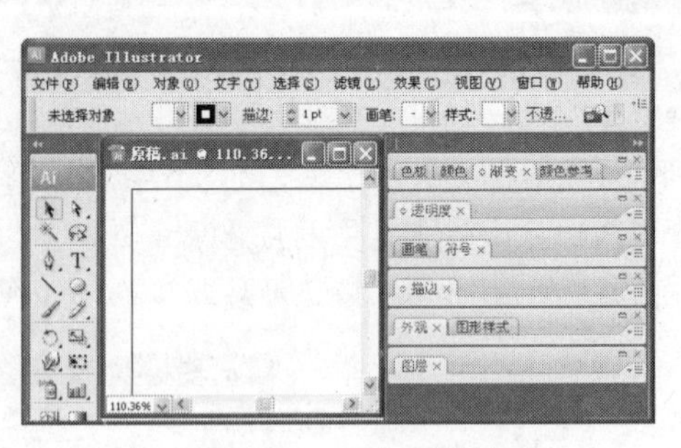

图 1-18　另存后的效果

1.3.2　打开与置入文件

需要处理保存在电脑上的 Illustrator 文件时，便会涉及文件的打开操作。而置入文件则可将【打开】命令不能打开的图形或图像文件打开。

1. 打开文件

在 Illustrator 中选择【文件】/【打开】命令或按“Ctrl+O”组合键都可打开如图 1-19 所示的“打开”对话框。在“查找范围”下拉列表中选择保存文件的文件夹，在下方的列表框中选择需打开的文件，然后单击 打开 按钮即可将其打开。

图 1-19　“打开”对话框

提示：选择【文件】/【最近打开的文件】命令，可在弹出的子菜单中选择最近打开过的文件。

2. 置入文件

利用置入文件的方法不仅可以打开无法正常打开的文件，还能对置入的对象进行编辑操作。

【例 1-4】在“原稿.ai”文件中置入“行星.ai”文件里的图形。

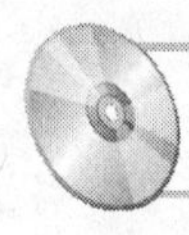

所用素材：素材文件\第 1 章\行星.ai　　　**完成效果**：效果文件\第 1 章\原稿.ai

Step 1：在“原稿.ai”文件中选择【文件】/【置入】命令，打开“置入”对话框，在其中选择需置入的“行星.ai”文件，然后单击 置入 按钮，如图 1-20 所示。

Step 2：打开“置入 PDF”对话框，在“裁剪到”下拉列表中选择“边框”选项，然后单击 确定 按钮，如图 1-21 所示。

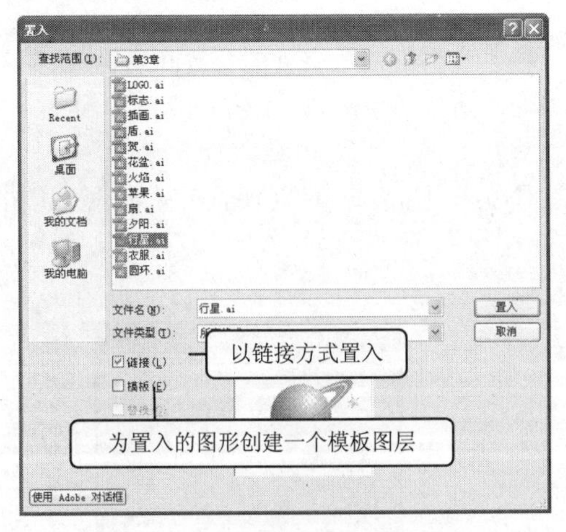

图 1-20　选择需置入的文件

图 1-21　设置裁剪方式

Step 3：此时所选文件中的图形便被置入到文件中了，如图 1-22 所示。

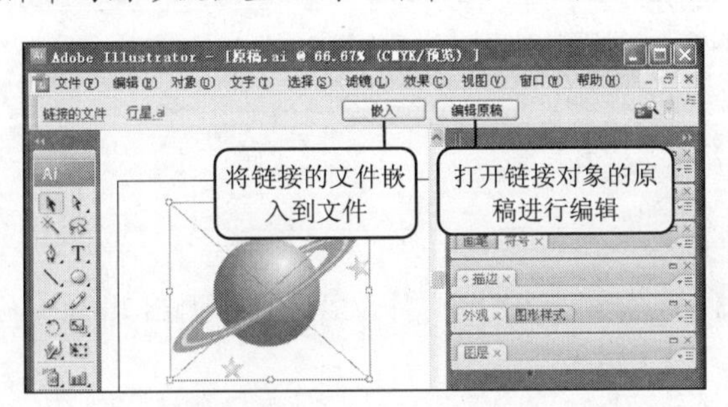

图 1-22　置入后的效果

1.3.3　多个文件的显示与排列

在绘制图形时若打开了多个文件，那么除了可以利用各文件窗口右上角的按钮来控制窗口大小，以便显示需要的文件之外，还可选择【窗口】/【层叠】命令或【窗口】/【平铺】命令来快速排列多个文件窗口。图 1-23 所示为选择【平铺】命令后的效果。

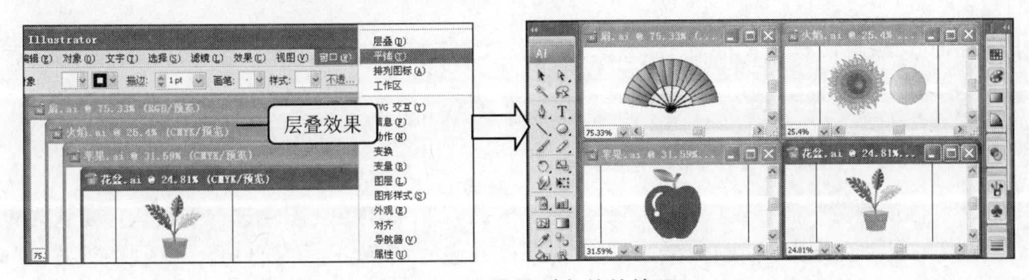

图 1-23　平铺排列文件的效果

1.3.4 导出与关闭文件

在 Illustrator 中可以将文件导出为各种格式的文件以便其他软件使用，下面介绍导出文件的方法，同时还将涉及关闭文件的操作。

1. 导出文件

选择【文件】/【导出】命令便可打开“导出”对话框，设置好导出文件的位置和名称后，在“保存类型”下拉列表中选择导出的文件格式，如图 1-24 所示，最后单击保存(S)按钮即可。

注意：导出的类型不同，打开的设置对话框也不相同，图 1-25 所示为导出为 TIF 格式文件时打开的对话框。

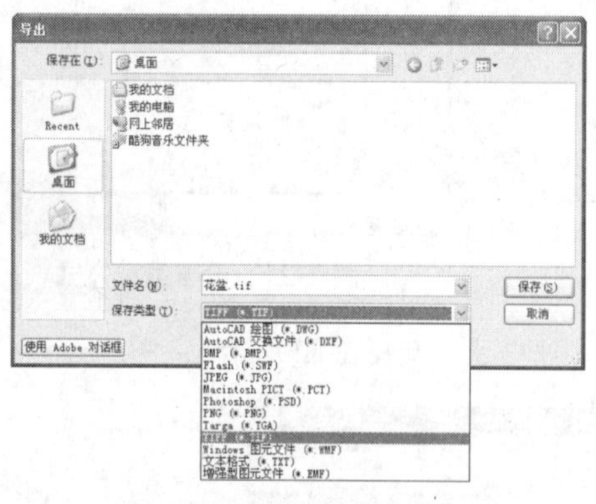

图 1-24 导出文件

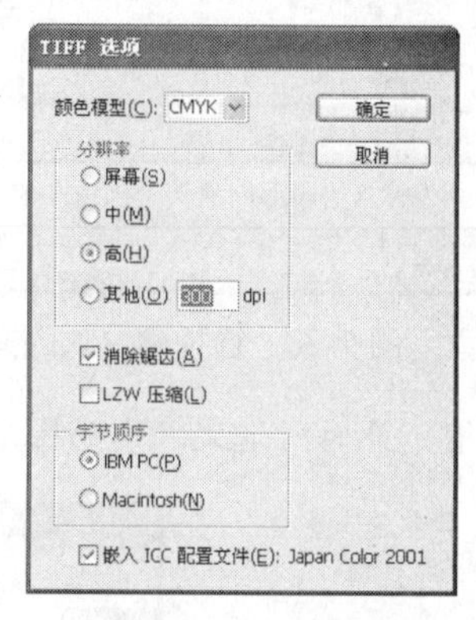

图 1-25 导出设置

2. 关闭文件

利用退出 Illustrator 软件的方法可以关闭文件，若想在不退出 Illustrator 的情况下关闭文件，可以使用以下方法。

- 单击文件窗口右上角的×按钮。
- 选择【文件】/【关闭】命令。
- 按“Ctrl+W”组合键。

1.4 定制个性、高效的操作环境

Illustrator 允许用户自定义工作环境，从而方便对该软件进行操作。下面将详细介绍各种定义 Illustrator 操作环境的方法。

1.4.1 认识与设置不同的视图模式

Illustrator 包括预览视图、轮廓视图、叠印预览视图和像素预览视图 4 种视图模式，默认为预览视图模式。用户可在“视图”菜单中根据需要对视图模式进行切换，下面简单介绍各视图模式的作用。

- 预览视图。预览视图实际上是“所见即所得”的视图方式，它显示了图形的所有信息，包括填充色、路径以及上下交叠关系等。这种视图模式下的显示效果与最终的打印效果是一致的，如图 1-26 所示。

- 轮廓视图。轮廓视图模式只显示图形的路径，即只有轮廓，如图 1-27 所示。这种视图模式的优点是各线条的关系清晰，电脑屏幕的刷新速度和系统的处理速度都将比在预览视图下的快。

图 1-26 预览视图

图 1-27 轮廓视图

- 叠印预览视图。制作分色时可以通过设置属性来指定图样的叠印特性。当图样上的颜色交叠时，上面的颜色一般会覆盖或破坏下面的颜色。此时通过叠印预览视图便可查看到叠印后的效果，以便对图形颜色进行及时调整，如图 1-28 所示。
- 像素预览视图。为了帮助网页设计人员在将作品保存为 Web 图像格式之前查看发布到网页上的图像效果，可利用像素预览视图模式随时对图形进行查看，如图 1-29 所示。

图 1-28 叠印预览视图

图 1-29 像素预览视图

1.4.2 文档属性设置

选择【文件】/【文档设置】命令可打开“文档设置”对话框。用户可在该对话框中对当前编辑的文件进行各种设置，主要包括“画板”设置、“文字”设置和“透明度”设置等。

- 画板。在“文档设置”对话框左上方的下拉列表中选择“画板”选项，(见图 1-30)，此时在该对话框中可以设置文件的大小、宽度、单位和高度以及页面方向等。选中“以轮廓模式显示图像”复选框还可在轮廓视图模式下查看置入的图形。
- 文字。在“文档设置”对话框左上方的下拉列表中选择“文字”选项（见图 1-31)，此时在该对话框中可以对文字对象进行各种设置，主要包括“突出显示”、“语言”和“选项”设置。“突出显示”栏主要用于设置文字的替换参数，“语言”栏语言和设置标点符号等，“选项”栏主要用于设置上标字、下标字和大写字母等对象的大小及位置。
- 透明度。在“文档设置”对话框左上方的下拉列表中选择“透明度”选项（见图 1-32)，此时在该对话框中便可以对透明度网格的大小、颜色等属性进行设置了。

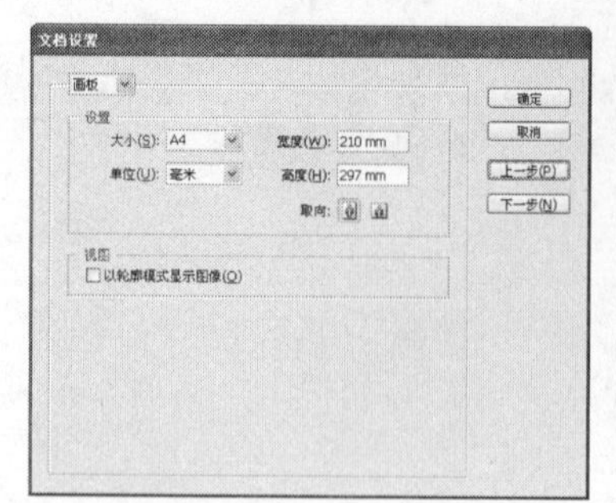

图 1-30　画板设置

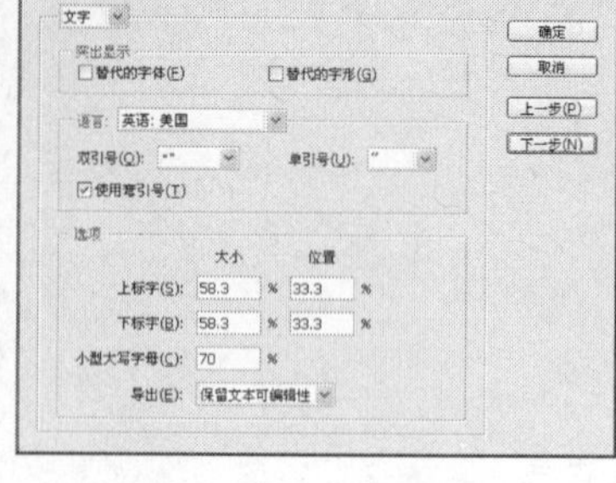

图 1-31　文字设置

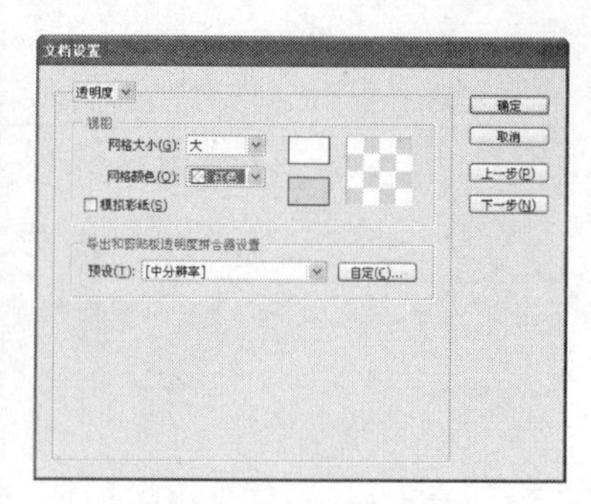

图 1-32　透明度设置

1.4.3　更改 Illustrator 的预设参数

选择【编辑】/【首选项】/【常规】命令或按“Ctrl+K”组合键均可打开“首选项”对话框，通过选择左上方下拉列表中的不同选项，可对 Illustrator 中的预设参数进行全面修改。

1. 常规设置

选择“常规”选项后的对话框如图 1-33 所示，其中部分参数的作用如下。

- “键盘增量”文本框：设置每按一次方向键时图形移动的距离。
- “约束角度”文本框：使绘制出的任意图形在未做旋转的情况下与水平方向出现相应的夹角。
- “圆角半径”文本框：设置圆角矩形工具绘制出的图形的圆角半径。
- “停用自动添加/删除”复选框：选中该复选框后，使用钢笔工具绘图时不会随意添加或删除节点。
- “使用精确光标”复选框：选中该复选框可将绘图工具的外观设置为 × 形状，以便更精确地定位。

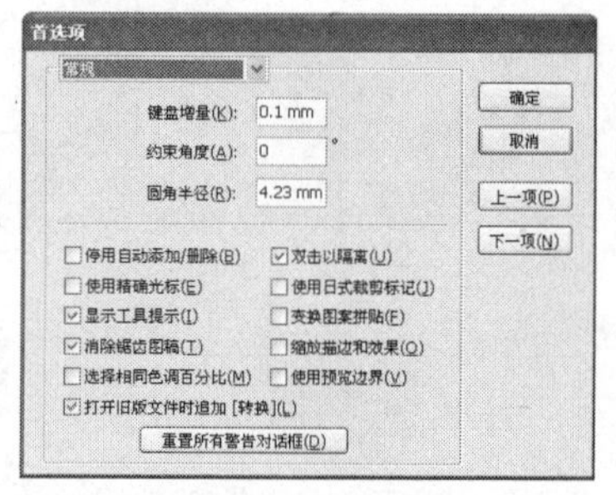

图 1-33　常规设置

- “显示工具提示”复选框：选中该复选框后，将鼠标指针移动到工具箱中的各个工具上并停留，此时将显示工具名称和快捷键。
- “消除锯齿图稿”复选框：选中该复选框后，在绘制图形时可以得到更为光滑的边缘。
- “选择相同色调百分比”复选框：选中该复选框后，可选择“相同色调百分比的对象”的功能。
- “使用日式裁剪标记”复选框：选中该复选框后，在选择“裁剪标记”滤镜时将创建日式的裁剪标记。
- “变换图案拼贴”复选框：选中该复选框后，在变换有填充的图形时，可以使填充图案与图形同时变换。
- “缩放描边和效果”复选框：选中该复选框后，在缩放图形时，图形的外轮廓线将与图形进行等比例缩放。
- “使用预览边界”复选框：选中该复选框后，当在画面中选择对象时，对象的边界框就会显示出来。
- 重置所有警告对话框(D) 按钮：单击该按钮可重置所有警告对话框。

2. 选择和锚点显示设置

选择“选择和锚点显示”选项后的对话框如图 1-34 所示，其中部分参数的作用如下。

- “容差”文本框：设置选择时单击位置与锚点位置的范围容差。
- “仅按路径选择对象”复选框后：选中该复选框后将只根据绘制的路径来选择对象。
- “对齐点”复选框：选中该复选框，可在右侧的文本框中设置应用对齐功能的像素范围。
- “锚点”：用于设置锚点的显示形状。
- “手柄”：用于设置手柄的显示形状。

3. 文字设置

选择“文字”选项后的对话框如图 1-35 所示，其中部分参数的作用如下。

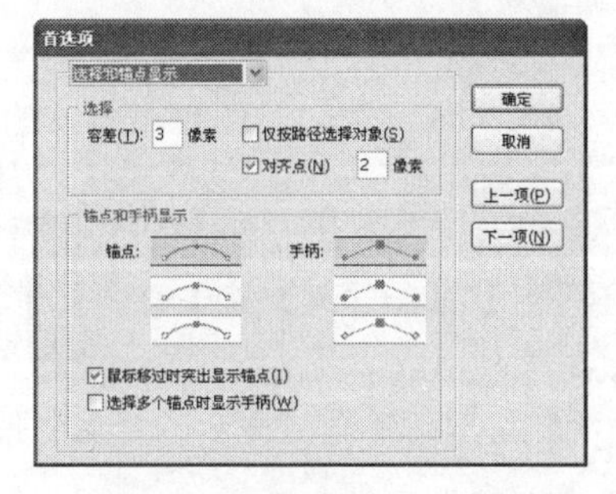

图 1-34　选择和锚点显示设置

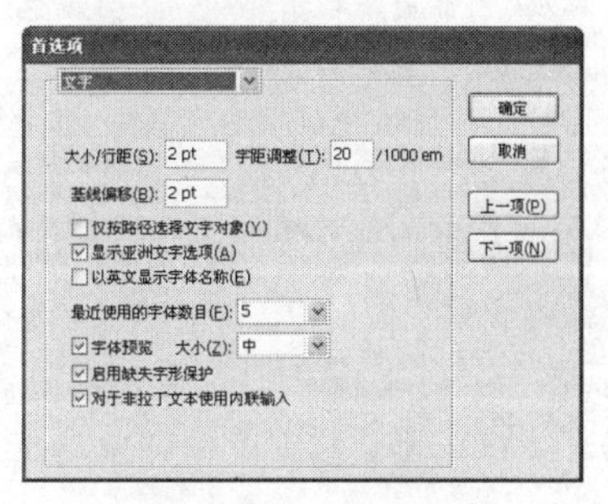

图 1-35　文字设置

- “大小/行距”文本框：调节文字间的行距。
- “字距调整”文本框：调节文字间的间距。
- “基线偏移”文本框：设置文字基线的位置。
- “仅按路径选择文字对象”复选框：选中该复选框后将以路径的方式选择文字对象。
- “显示亚洲文字选项”复选框：选中该复选框后，在使用中文、日文、韩文等亚洲文字时，将在常用设置栏中显示相应的设置选项。

4. 单位和显示性能设置

选择“单位和显示性能”选项后的对话框如图 1-36 所示，其中部分参数的作用如下。

- “常规”下拉列表框：用于设置标尺的度量单位，包括 pt、派卡、英寸、毫米、厘米、Ha 和像素等多种度量单位。
- “描边”下拉列表框：用于设置图形边框的度量单位。
- “文字”下拉列表框：用于设置文字的度量单位。
- “对象识别依据”栏：用于设置识别对象时是以对象的名称来识别还是以对象的 XML ID 来识别。
- “抓手工具”滑块：用于设置使用抓手工具移动页面时画面的显示性能。

5. 参考线和网格设置

选择“参考线和网格”选项后的对话框如图 1-37 所示，其中部分参数的作用如下。

- “参考线”栏：其中的“颜色”和“样式”下拉列表框分别用于设置参考线的颜色和样式。
- “网格”栏：其中的“颜色”和“样式”下拉列表框分别用于设置网格的颜色和样式。

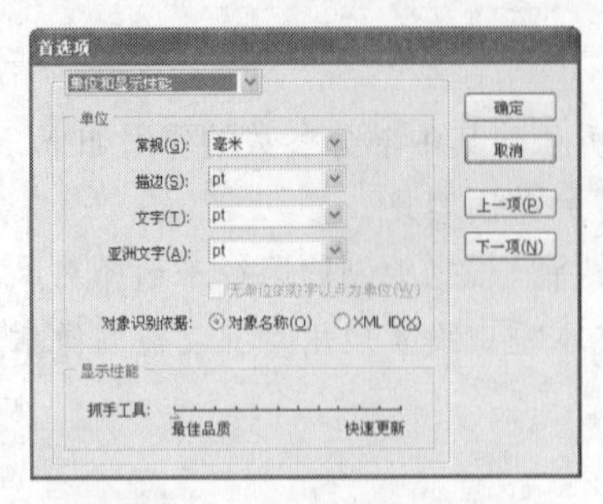

图 1-36　单位和显示性能设置

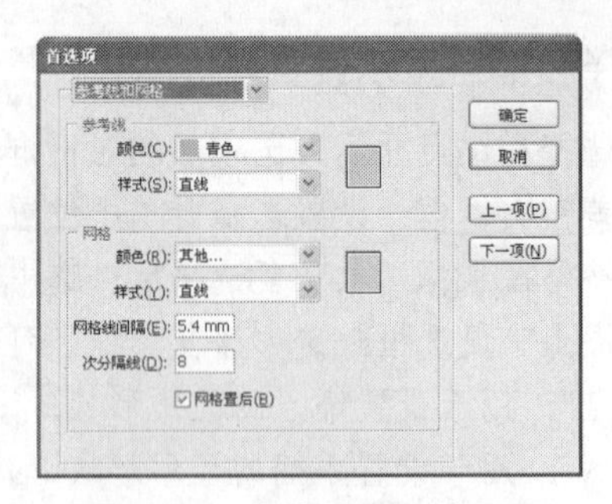

图 1-37　参考线和网格设置

- "网格线间距"文本框：用于设置每隔多少距离生成一条坐标线。
- "次分隔线"文本框：用于设置坐标线之间再分隔的数量。
- "网格置后"复选框：选中该复选框后，网格将位于图形下方。

6. 智能参考线和切片设置

选择"智能参考线和切片"选项后的对话框如图 1-38 所示，其中部分参数的作用如下。

- "文本标签提示"复选框：选中该复选框后，当【视图】/【智能辅助线】命令处于选择状态时，利用鼠标指针移动对象的过程中将在智能辅助线周围显示文本提示信息。
- "结构参考线"复选框：选中该复选框后，在对对象进行操作时将显示该对象的结构参考辅助线效果。
- "变换工具"复选框：选中该复选框后，在变换对象时，将得到相对于操作基准点的参考信息。
- "对象突出显示"复选框：选中该复选框后，在围绕对象拖曳时，可以高亮显示指针下的对象。
- "角度"栏：在该栏右侧的下拉列表中选择角度值后将确定智能辅助线在什么角度显示提示，在下方的文本框中可定义需要显示智能辅助线的常用角度值。
- "对齐容差"文本框：在其中输入数值可定义智能辅助线起作用的距离，即当鼠标指针距离对象的点数小于这个数值时，将自动显示智能辅助线。
- "显示切片编号"复选框：选中该复选框，当执行切片命令后将显示生成的切片编号。
- "线条颜色"下拉列表框：用于设置切片后显示的线条颜色。

7. 连字设置

选择"连字"选项后的对话框如图 1-39 所示。在输入英文字母时，经常会用到连字符。在一行的末尾放不下一个单词时，若将整个单词转到下一行，那么可能造成一段文字的右边参差不齐，很不美观，如果使用连字符，效果就会有所改观。该对话框中的部分参数的作用如下。

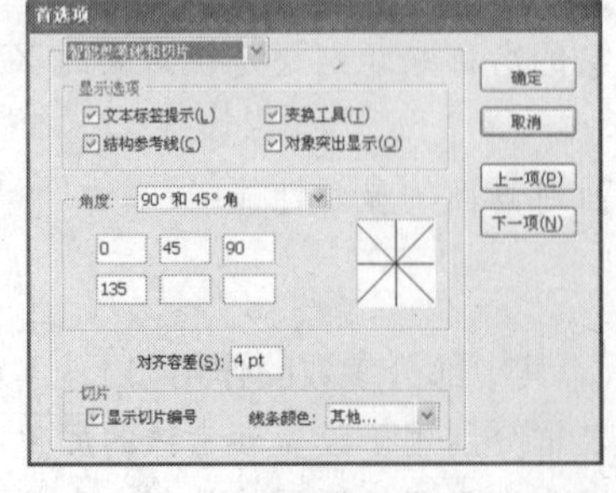

图 1-38　智能参考线和切片设置

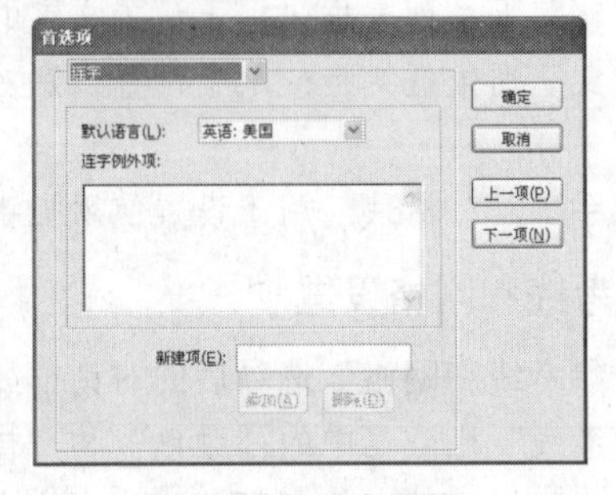

图 1-39　连字设置

- “默认语言”下拉列表框：用于选择定义连字选项时所使用的语言。
- “连字例外项”列表框：如果有的单词需要的连字方式与常规的不同，那么可以在“新建项”文本框中输入该单词，然后单击[添加(A)]按钮，这样输入的单词即可显示在“连字例外项”列表框中。在该列表框中选择某个单词后，单击[删除(D)]按钮可将该单词从列表框中删除。

8. 增效工具和暂存盘设置

选择“增效工具和暂存盘”选项后的对话框如图 1-40 所示，其中部分参数的作用如下。

- “其他增效工具文件夹”复选框后：选中该复选框后，单击[选取(C)...]按钮，并在打开的对话框中选择需要的增效工具所在的文件夹，从而可以使用其中的增效工具。
- “暂存盘”栏：该栏用于设置暂存盘的盘符，目的是使 Illustrator 在运行时有足够的空间处理数据和文件。

9. 用户界面设置

选择“用户界面”选项后的对话框如图 1-41 所示，其中部分参数的作用如下。

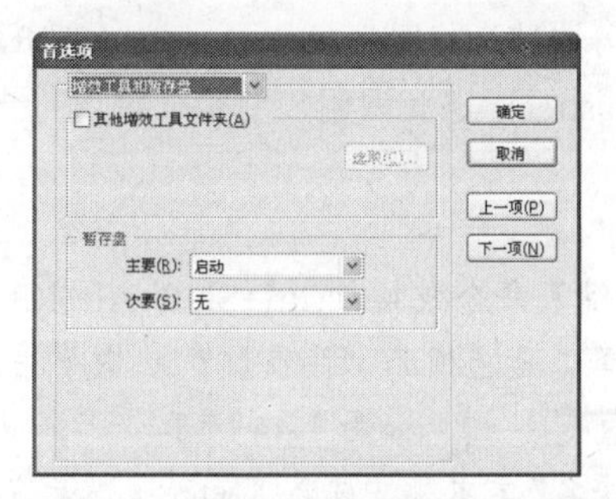

图 1-40　增效工具和暂存盘设置

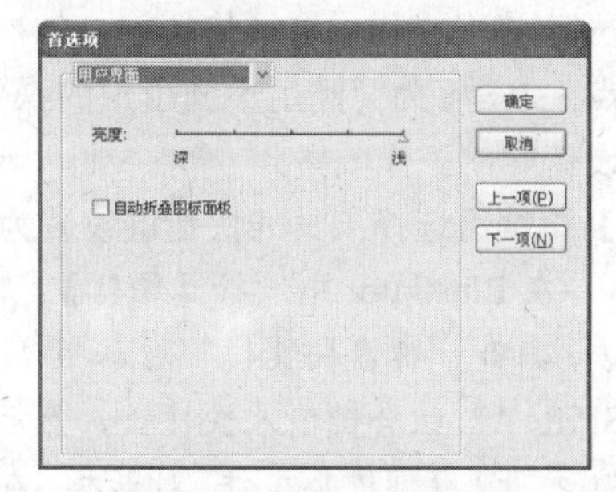

图 1-41　用户界面设置

- “亮度”滑块：拖曳其中的滑块可以设置整个操作界面的显示亮度。
- “自动折叠图标面板”复选框：选中该复选框后，在不使用某个面板时，该面板显示的各种参数设置选项将自动折叠，从而给文件窗口留出更大的空间以便进行操作。

10. 文件处理与剪贴板设置

选择“文件处理与剪贴板”选项后的对话框如图 1-42 所示，其中部分参数的作用如下。

- “链接的 EPS 文件用低分辨率显示”复选框：选中该复选框后，Illustrator 将以低分辨率来显示链接的文件。
- “更新链接”下拉列表框：在该下拉列表框中可以设置当前文件中的链接文件发生了改变后，是否更新链接，包括“自动”、“手动”和“修改时提问”。选择“自动”选项后，当链接的文件在外部被改变时，链接文件将自动更新；选择“手动”选项后，当链接的文件在外部被改变时，需要手动调整链接文件；选择“修改时提问”选项后，当链接文件在外部被改变时，系统将询问用户是否需要更新链接。
- “复制为”：可设置当执行剪切或复制操作时文件在剪贴板中被保存的类型。

11. 黑色外观设置

选择“黑色外观”选项后的对话框如图 1-43 所示，其中部分参数的作用如下。

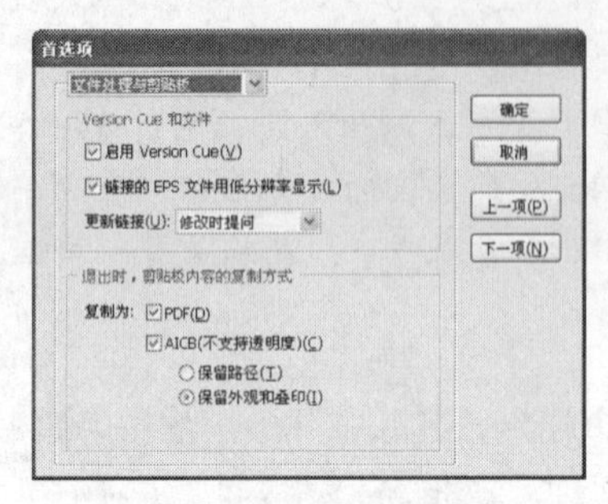

图1-42　文件处理与剪贴板设置

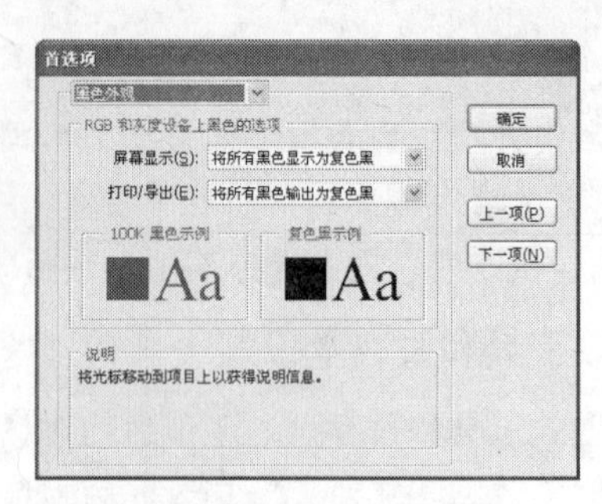

图1-43　黑色外观设置

- “屏幕显示”下拉列表框：可设置屏幕显示的黑色为复色黑或100K黑色。
- “打印/导出”下拉列表框：可设置文件在打印或导出时的黑色为复色黑或100K黑色。
- “说明”栏：将显示选择了复色黑或100K黑色后的效果。

1.4.4　自定义快捷键

Illustrator为许多操作设置了快捷键，如按“Y”键可快速切换到魔棒工具，按“Shift+C”键可切换到转换锚点工具等。为了满足不同用户的操作习惯，Illustrator还允许用户对快捷键进行自定义设置，以提高图形设计时的工作效率。

【例1-5】将编组选择工具的快捷键设置为“Shift+A”。

Step 1：在Illustrator中选择【编辑】/【键盘快捷键】命令或按“Ctrl+Shift+Alt+K”组合键。

Step 2：打开“键盘快捷键”对话框，在编组选择工具选项的“快捷键”栏中单击以定位插入点，并按“Shift+A”组合键输入快捷键，然后单击 确定 按钮，如图1-44所示。

Step 3：打开“存储键集文件”对话框，在“输入文件名”文本框中输入“peter”，然后单击 确定 按钮，如图1-45所示。

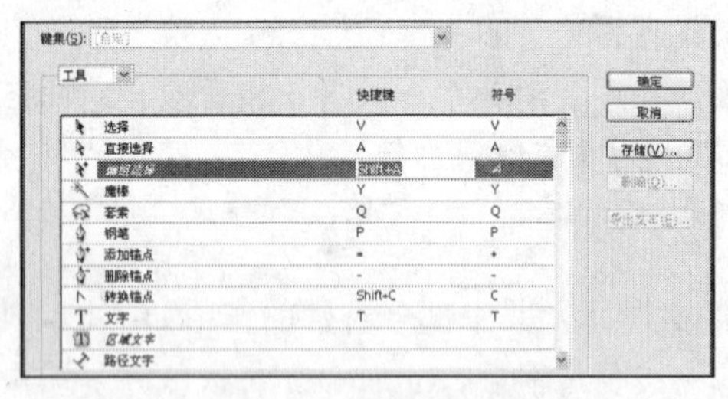

图1-44　设置快捷键

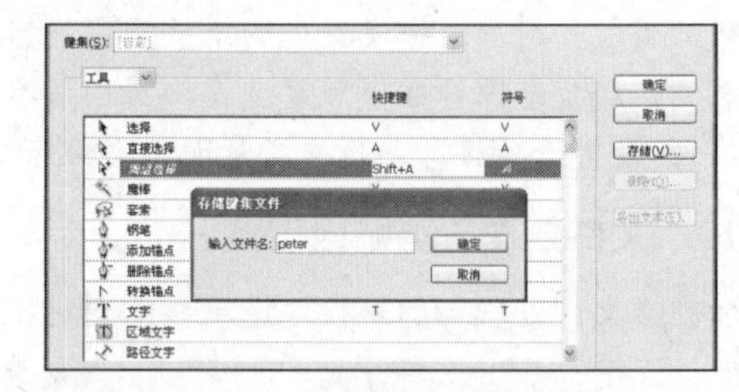

图1-45　设置自定义键集的名称

1.4.5　标尺、参考线和网格的使用

标尺、参考线和网格是绘图时非常实用的辅助工具，下面将依次对其使用方法进行介绍。

1. 标尺的使用

在Illustrator中，标尺的作用主要是给当前图形作参照，用于度量图形的尺寸，同时对图形进行辅助定位，使图形的设计更加方便和准确。标尺的使用主要包括显示与隐藏、设置单位和设置坐标原点等，其方法分别如下。

- 显示与隐藏标尺：选择【视图】/【显示标尺】命令可显示标尺；选择【视图】/【隐藏标尺】命令可隐藏标尺。另外，直接按“Ctrl+R”组合键可使标尺在隐藏和显示状态中进行切换。

- 设置标尺单位：在操作界面上显示标尺的位置单击鼠标右键，在弹出的快捷菜单中选择需要的单位即可，如图 1-46 所示。
- 设置坐标原点：在操作界面左上方的标尺交界处按住鼠标左键不放并向界面中拖曳鼠标即可调整标尺的坐标原点，如图 1-47 所示。

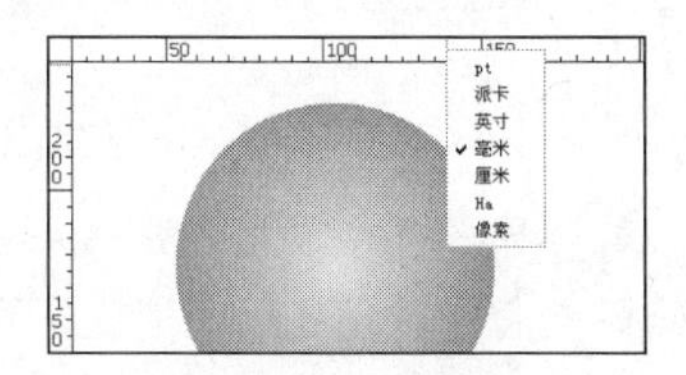

图 1-46　设置单位

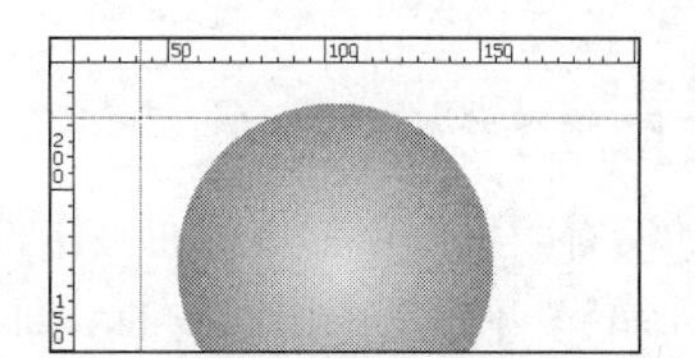

图 1-47　设置坐标原点

2. 参考线的使用

参考线的作用主要是对齐对象、方便图形的绘制和其他操作等。参考线的使用主要包括参考线的创建、移动、锁定、释放和清除等，其方法分别如下。

- 创建参考线：将鼠标指针移至水平或垂直标尺上，按住鼠标左键不放并向页面中拖曳鼠标，这样即可创建水平或垂直的参考线，如图 1-48 所示。
- 移动参考线：选择工具箱中的“选择工具”，将鼠标指针移动到参考线上，当其变为▶形状时按住鼠标左键不放并拖曳参考线，如图 1-49 所示。

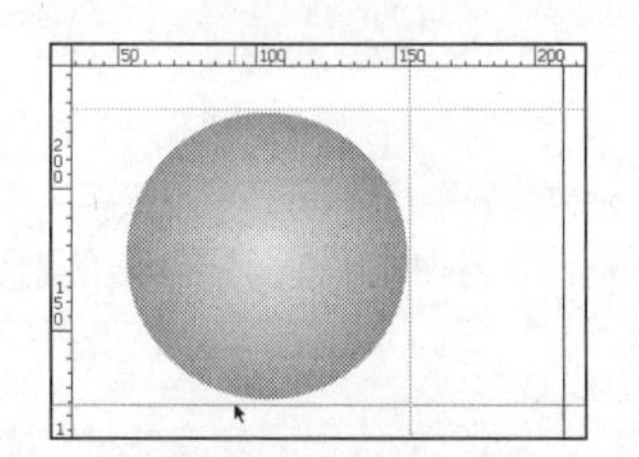

图 1-48　创建参考线

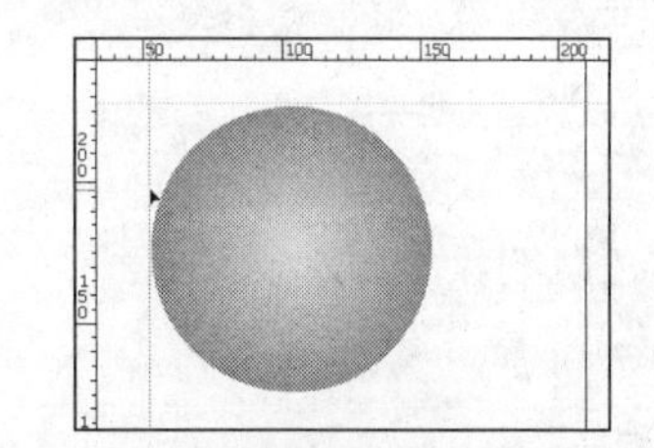

图 1-49　移动参考线

- 锁定参考线：选择【视图】/【参考线】/【锁定参考线】命令可锁定当前页面中的所有参考线，以避免操作时无意中改变参考线的位置。再次选择该命令即可解除参考线的锁定。
- 释放参考线：选择【视图】/【参考线】/【释放参考线】命令，此时参考线将释放为可以编辑的图形。
- 清除参考线：选择要清除的参考线，按“Delete”键或直接将其拖曳到标尺上均可删除参考线。选择【视图】/【参考线】/【清除参考线】命令可同时清除页面中的所有参考线。

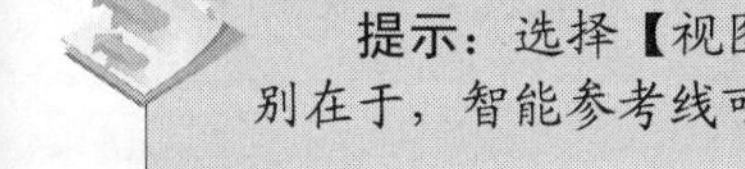

提示：选择【视图】/【智能参考线】命令可以显示智能参考线，它与普通参考线的区别在于，智能参考线可以根据当前执行的操作及状态显示参考线和相应的提示信息。

3. 网格的使用

网格的作用主要是让图形的绘制与编辑有可以参考的依据，在介绍 Illustrator 预设参数时介绍了设置网格的方法。下面主要介绍显示与隐藏网格的操作，选择【视图】/【显示网格】命令可显示网格；选择【视图】/【隐藏网格】命令可隐藏网格。另外，选择【视图】/【对齐网格】命令后，绘制图形或编辑图形时，会自动对齐到最近的网格线。

1.4.6 面板的管理

面板是 Illustrator 中非常重要的组成元素，为了更好地使用面板来为图形的绘制和编辑服务，下面将对面板的显示、隐藏、合并、拆分和叠放等各种管理操作进行介绍。

1. 显示与隐藏面板

Illustrator 的所有面板命令都集中在“窗口”菜单中，若要显示某个面板，那么只需在“窗口”菜单中选择对应的命令，使其左侧出现✔标记即可。再次选择该命令，使✔标记消失即可隐藏该面板。也可直接单击面板右上角的✕按钮关闭该面板以进行隐藏。

2. 合并与拆分面板

合并面板是指将多个面板合并在一起，以节省操作界面的空间。合并面板的方法为，在面板名称或其上方的灰色空白区域上按住鼠标左键不放，然后将其拖曳到另一个面板中，当出现蓝色的边框时释放鼠标左键即可完成合并操作，如图 1-50 所示。

拆分面板是指将已合并的面板中的某个面板分离出来，使其成为独立的面板。其方法是合并面板的逆向操作，图 1-51 所示为将“图形样式”面板拆分出来的过程。

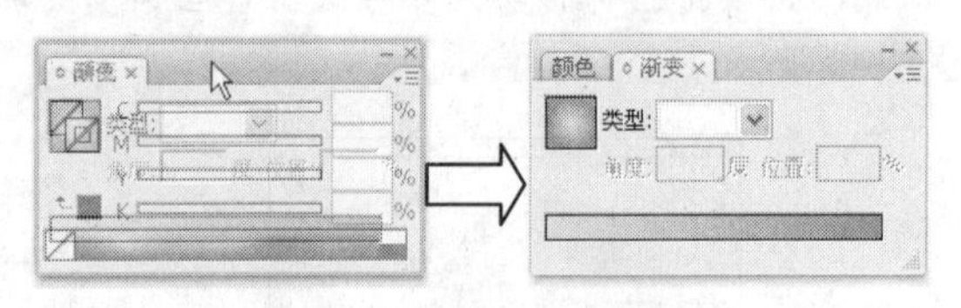

图 1-50 合并面板的过程

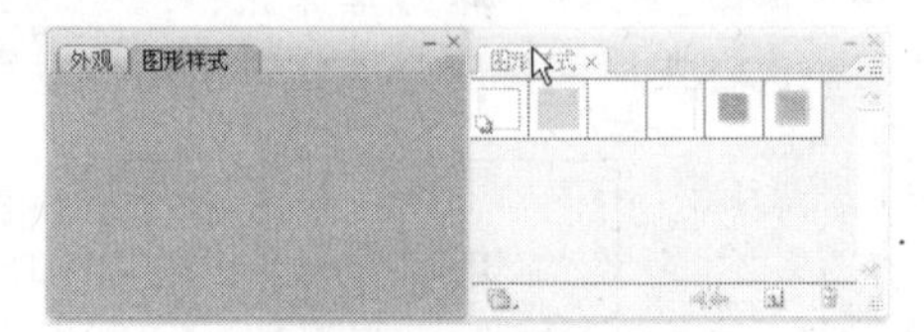

图 1-51 拆分面板的过程

3. 叠放面板

叠放面板也是一种合并面板操作，其结果是在同一个面板中以从上到下的顺序显示多个面板。具体方法为，在面板名称或其上方的灰色空白区域上按住鼠标左键不放，然后将其拖曳到另一个面板上方或下方，当在上方或下方出现蓝色直线时释放鼠标左键，这样即可完成叠放操作，其过程如图 1-52 所示。

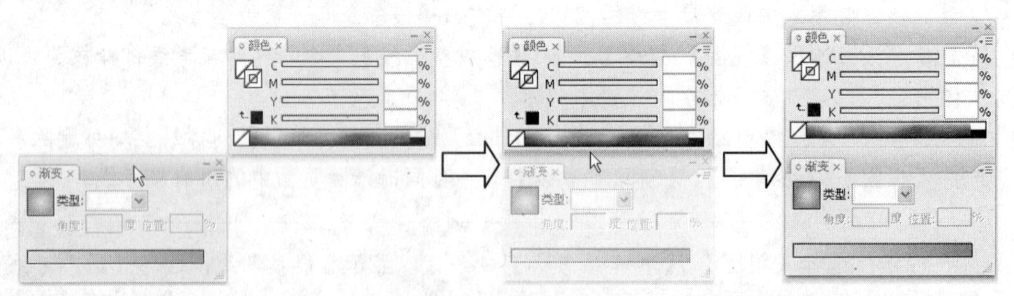

图 1-52 叠放面板的过程

1.5 应用实践——制作新年贺卡

贺卡是人们在特殊的日期互相表示问候的一种卡片，目前也广泛应用在商业领域，以向客户表示

敬意或问候。贺卡种类繁多，如生日卡、结婚卡、各种节日贺卡以及商业中的邀请卡、感谢卡等。贺卡的制作材料以纸质为主，也有少数使用烫金或烫银来进行局部包装。贺卡可以是单张的，也可以是折叠的，包括两折页、三折页等。贺卡的尺寸不定，标准尺寸一般为 115mm × 210mm、140mm × 210mm 和 150mm × 220mm 等。图 1-53 所示为几种常见的贺卡样品。

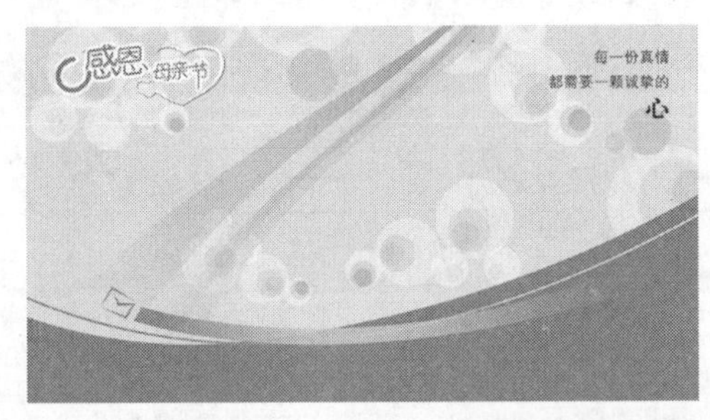

图 1-53　母亲节贺卡、圣诞节贺卡和生日贺卡样品

本例将制作如图 1-54 所示的新年贺卡，通过此例读者可巩固本章介绍的部分基础知识，同时也可熟悉利用 Illustrator 进行平面设计的一般方法。相关要求如下。

- 贺卡类别：新年贺卡。
- 贺卡尺寸：140mm × 210mm。
- 制作要求：突出新年贺岁的氛围。
- 色彩模式：CMYK 模式。

所用素材：素材文件\第 1 章\梅花.jpg
完成效果：效果文件\第 1 章\贺卡.ai
视频演示：第 1 章\应用实践\贺卡.swf

图 1-54　新年贺卡效果

1.5.1　新年贺卡的特点

新年贺卡主要在新春佳节向亲友和同事等表达新年快乐的祝福时使用，这类贺卡的最大特色就是“喜庆”，通过大红大紫的颜色表达红红火火的祝愿，或通过简单的色彩传达寒冬腊月的意境。对于中国人而言，新年贺卡一般具备以下一些特点。

- 年份：任何一张新年贺卡都必须有具体的年份，并且可以添加中国特有的农历年份以增加中国味道。
- 生肖：中国素有十二生肖的传说，各年份也依次被寓意为相应的生肖年。新年贺卡上一般都有明显的该年份对应的生肖图形，从而使贺卡更加形象和喜庆。
- 祝福语：祝福语不仅出现在新年贺卡中，任何一种贺卡上都需要具备祝福语。祝福语可以是简单的一个字、一个词，也可以是一段话，但需要表达的都是祝福的寓意。

1.5.2 新年贺卡创意分析与思路设计

本例制作的新年贺卡将重点突出寒冬腊月的氛围，并配以象征冬月的梅花来烘托中国风的意境。通过“贺岁”二字以及诗词来表达拜年的祝福之意，并利用手绘的白兔剪影图形来表示 2011 年这一兔年的主题。

本例的设计思路如图 1-55 所示，首先利用“矩形工具”确定贺卡大小，然后置入提供的素材图片，接着利用“铅笔工具”绘制白兔剪影，最后输入并设置文字以制作贺卡的祝福语。

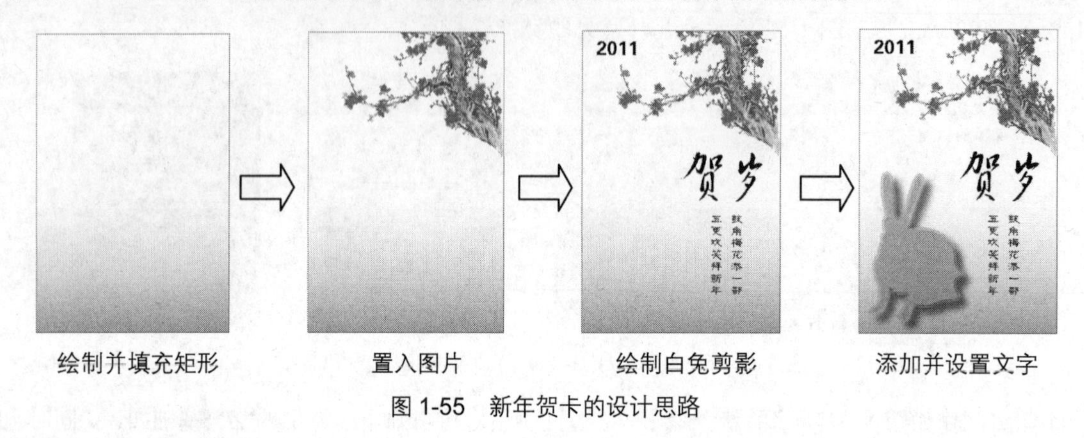

绘制并填充矩形　　置入图片　　绘制白兔剪影　　添加并设置文字

图 1-55　新年贺卡的设计思路

1.5.3 制作过程

1. 绘制并填充矩形

Step 1：双击桌面上的快捷启动图标启动 Illustrator，选择【文件】/【新建】命令打开“新建文档”对话框。单击按钮展开“高级”栏，并在“栅格效果”下拉列表中选择“高（300ppi）”选项，然后单击 确定 按钮，如图 1-56 所示。

Step 2：选择工具箱中的“矩形工具”，在页面中单击即可打开“矩形”对话框。在“宽度”文本框中输入“140mm”，在“高度”文本框中输入“210mm”，然后单击 确定 按钮，如图 1-57 所示。

Step 3：单击工具箱中的按钮，将绘制的矩形的描边颜色设置为“黑色”，填充颜色设置为“白色”，如图 1-58 所示。

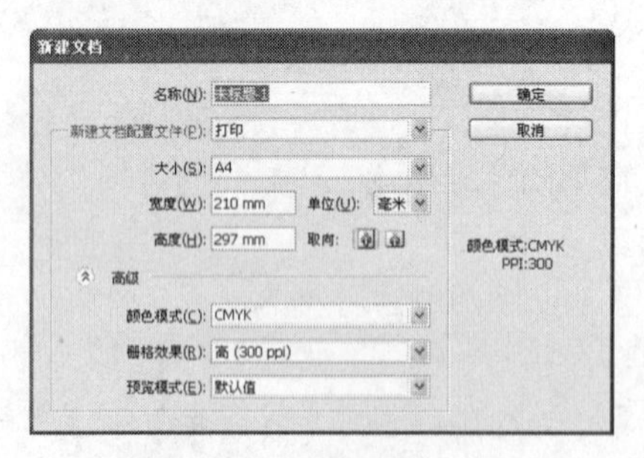

图 1-56　新建文件

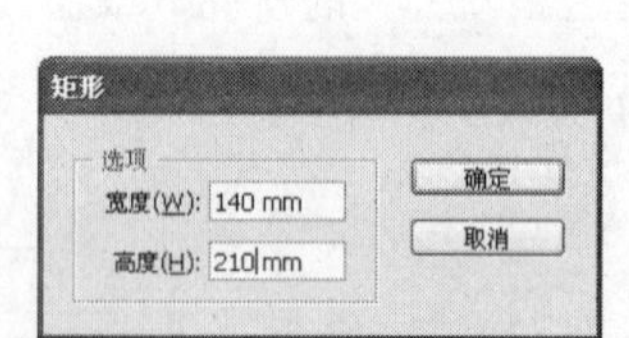

图 1-57　设置矩形大小

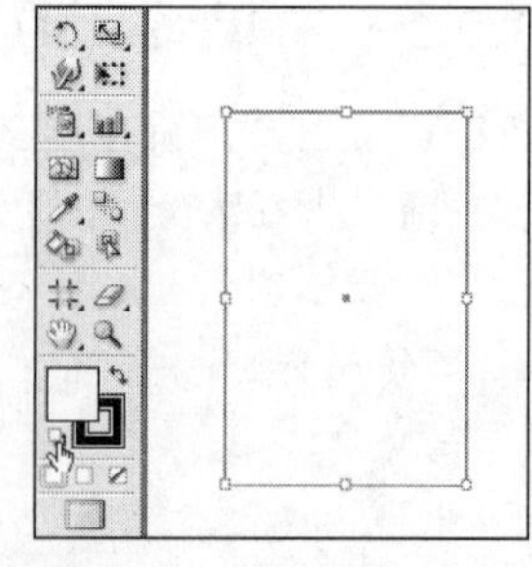

图 1-58　填充矩形

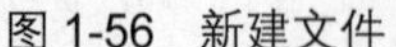

Step 4：保持矩形的选择状态，选择【窗口】/【渐变】命令打开“渐变”面板，在“类型”下拉列表中选择“线性”选项，在“角度”文本框中输入“–90”，接着拖曳下方的菱形滑块至“位置”文本框中显示的数据为“87”时释放鼠标，然后单击渐变滑块，如图 1-59 所示。

Step 5：选择【窗口】/【颜色】命令打开“颜色”面板，单击面板右上角的按钮，在弹出的下拉列表中选择“CMYK”，如图 1-60 所示。

Step 6：在出现的 4 个文本框中依次输入“0”、“50”、“50”和“20”，如图 1-61 所示。

Step 7：此时矩形将应用设置的渐变效果，如图 1-62 所示。

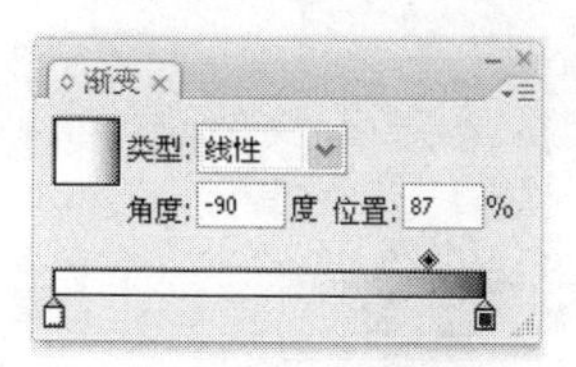

图 1-59　设置渐变类型

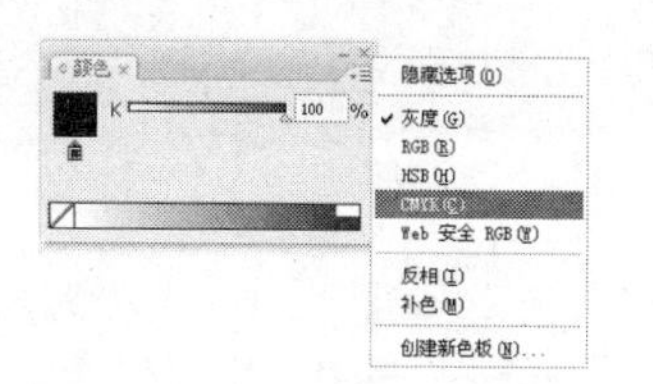

图 1-60　选择颜色模式

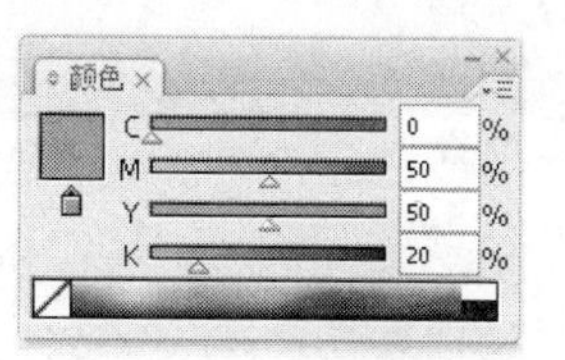

图 1-61　设置颜色

图 1-62　应用效果

2. 置入图片

Step 1：选择【文件】/【置入】命令打开“置入”对话框，在其中选择提供的“梅花.jpg”图片，然后单击 置入 按钮，如图 1-63 所示。

Step 2：单击常用设置栏中的 嵌入 按钮，将图片嵌入到 Illustrator 文件中，如图 1-64 所示。

Step 3：单击常用设置栏中的 实时描摹 按钮右侧的下三角按钮，在弹出的下拉列表中选择“16 色”选项，如图 1-65 所示。

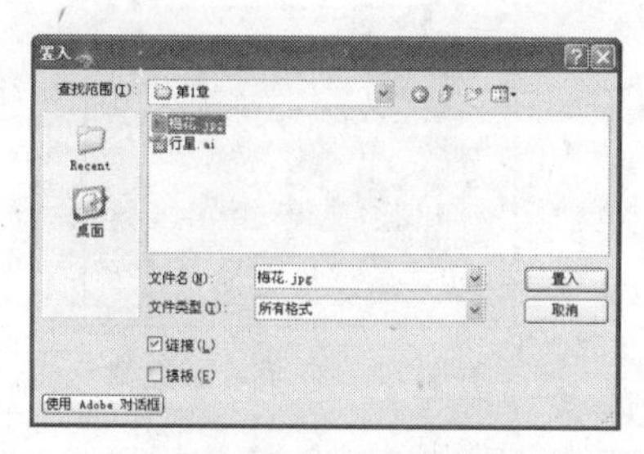

图 1-63　置入图片

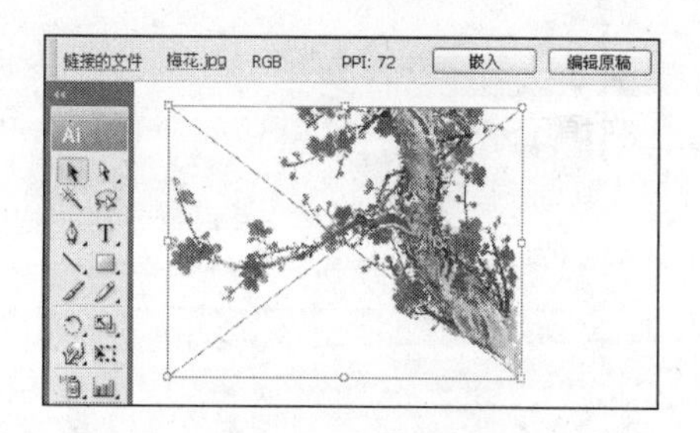

图 1-64　嵌入图片

Step 4：选择工具箱中的“选择工具”，然后按住“Shift”键的同时拖曳图片右下角的控制点，等比例缩小图片，如图 1-66 所示。

Step 5：在图片上按住鼠标左键不放，然后将其拖曳到矩形右上角，效果如图 1-67 所示。

图 1-65　实时临摹位图

图 1-66　缩小图片

图 1-67　移动图片

3. 绘制白兔剪影

Step 1：选择工具箱中的“铅笔工具”，按住鼠标左键不放并拖曳鼠标绘制白兔剪影。当绘制完成时按住“Alt”键并释放鼠标左键，以便绘制出闭合的路径，如图 1-68 所示。此时 Illustrator 将自动应用最近一次使用的颜色。

Step 2：选择工具箱中的“直接选择工具”并选择绘制的图形，然后在工具箱中的“铅笔工具”🖉上按住鼠标左键不放，选择自动弹出的“平滑工具”，如图 1-69 所示。

Step 3：在所选路径的外沿拖曳，将绘制的路径进行平滑处理，如图 1-70 所示。

图 1-68　绘制图形

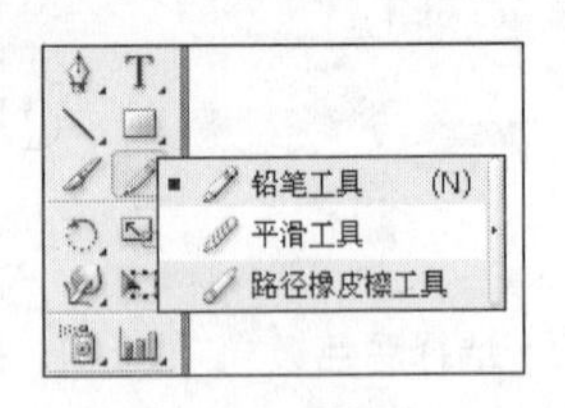

图 1-69　选择工具

图 1-70　平滑图形

Step 4：利用“选择工具”将图形移动到矩形左下方，选择【效果】/【风格化】/【投影】命令，在打开的对话框中将“X 位移”和“Y 位移”均设置为“5mm”，然后单击 确定 按钮，如图 1-71 所示。

Step 5：此时白兔图形将应用投影效果，如图 1-72 所示。

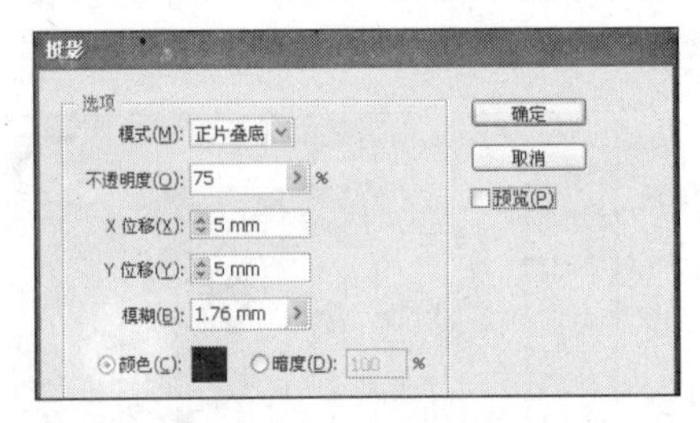

图 1-71　设置投影

图 1-72　应用投影效果

Step 6：保持白兔图形的选择状态，选择【窗口】/【透明度】命令，将“透明度”面板中的“不透明度”设置为“30”，如图 1-73 所示。

Step 7：选择【对象】/【路径】/【偏移路径】命令，在打开的对话框中将“位移”设置为“-2mm”，然后单击 确定 按钮，如图 1-74 所示。

Step 8：此时将出现一个稍小的白兔图形，并对其应用原图形相应的属性，如图 1-75 所示。

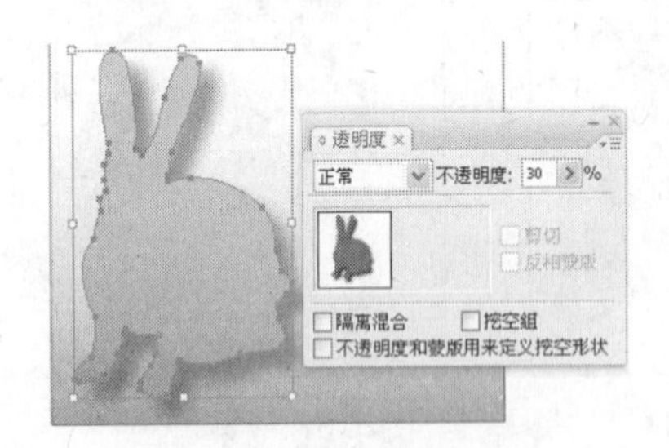

图 1-73　设置不透明度

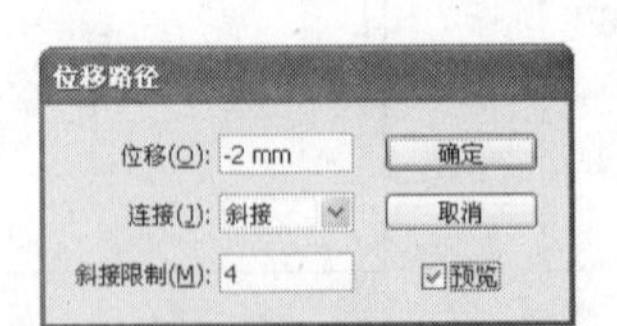

图 1-74　设置路径偏移量

图 1-75　应用投影效果

4. 添加并设置文字

Step 1：选择工具箱中的“文字工具”T，在页面中单击，然后输入“2011”，如图 1-76 所示。

Step 2：选择工具箱中的“选择工具”，利用常用设置栏将字体设置为“方正大黑简体”、字号设置为“39pt”，如图 1-77 所示。

Step 3：按相同方法输入“贺岁”二字，并将其格式设置为“方正黄草简体”、“106pt”，效果如图 1-78 所示。

Step 4：输入诗句文字内容，并通过选择【文字】/【文字方向】/【垂直】命令调整文字方向。设置其格式为“方正古隶简体”、“24pt”，最后将所有文字移动到相应的位置，这样即可完成本例的制作，最终效果如图 1-54 所示。

2011

图 1-76　输入文字

方正大黑简体 | - | 39 pt | 段落:

图 1-77　设置文字格式

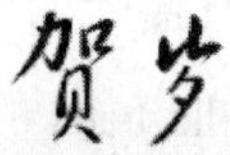

贺岁

图 1-78　输入并设置文字格式

1.6 练习与上机

1. 单项选择题

（1）（　　）是指电脑中以位图形式存在的灰度信息。

A．图形　　B．文件　　C．色彩　　D．图像

（2）Illustrator 操作界面主要由标题栏、菜单栏、工具箱、文件窗口、面板和（　　）组成。

A．状态栏　　B．工具栏　　C．常用设置栏　　D．预览窗格

（3）（　　）可以清晰地看到各线条之间的关系。

A．轮廓视图　　B．预览视图　　C．叠印视图　　D．像素视图

（4）下列选项中不属于 Illustrator 文件操作的是（　　）。

A．置入文件　　B．导出文件　　C．镜像文件　　D．另存文件

2. 多项选择题

（1）以下选项中属于图形几何元素的有（　　）。

A．色彩　　B．面　　C．体　　D．点

（2）下列关于矢量图的描述，正确的有（　　）。

A．以数值存储　　B．不产生锯齿　　C．适合标志设计　　D. 由 PostScript 代码描述

（3）以下格式属于图形图像文件格式的有（　　）。

A．RMVB　　B．WMV　　C．JPG　　D．PNG

（4）Illustrator 允许对面板进行的管理操作包括（　　）。

A．合并　　B．删除　　C．拆分　　D．复制

3. 简单操作题

（1）手动在桌面上创建 Illustrator 的快捷启动图标，利用该图标启动 Illustrator，然后新建文件，并将文件以“Practice”为名保存在桌面上。

提示：利用“开始”菜单中的 Illustrator 启动命令创建快捷启动图标。

（2）将“编辑”菜单下的【清除】命令的快捷键定义为“Ctrl+Shift+Q”；并将“光晕工具”的快捷键定义为“Shift+G”。

提示：分别在“键盘快捷键”对话框中对“菜单命令”和“工具”进行自定义快捷键设置。

4. 综合操作题

（1）对 Illustrator 的预设参数进行修改，其中将键盘增量设置为“0.1mm”，字体预览效果设置为“大”，描边单位设置为“毫米”，参考线颜色设置为“黄色”，然后在 Illustrator 中创建水平和垂直参考线。

（2）显示“颜色”、“渐变”、“外观”、“色板”和“图层”5 个面板，将“颜色”和“渐变”面板合并，并将其余面板进行叠放。

（3）试按照应用实践的操作，制作如图 1-79 所示的横向的新年贺卡效果。

完成效果：效果文件\第 1 章\贺卡 2.ai
视频演示：第 1 章\综合练习\贺卡 2.swf

图 1-79 横向的新年贺卡效果

拓展知识

贺卡在目前工作和生活中的应用十分普遍，特别是电子贺卡的出现，使这类物品的使用率更加普及。无论是电子贺卡还是各种材料制作的贺卡，最主要的就是色彩与内容的设计。下面简单地对这两方面的设计方法进行阐述。

1. 贺卡色彩设计

色彩对贺卡来讲是十分重要的元素，一般来说，除了儿童贺卡或独特创意的贺卡之外，其颜色都不应太过多样，否则会使贺卡显得凌乱，不能体现贺卡传达节日气氛的目的。另外，同一种类型的贺卡选择不同的颜色也会有不同的效果，图 1-80 所示为两种不同颜色的新年贺卡，左侧以白色为基调的贺卡可以给人传达“瑞雪兆丰年”的祥瑞气氛，右侧以红色为基调的贺卡则可以给人传达“红红火火、大吉大利”的喜庆气氛。

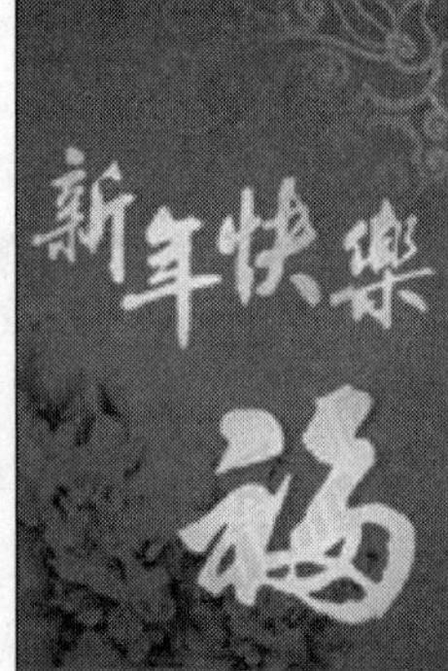

图 1-80 不同色调的新年贺卡

2. 贺卡内容设计

贺卡内容的设计较为灵活，但需要强调的是，应根据贺卡类别体现出主题，如情人节贺卡可以利用玫瑰花、心形图案等；教师节贺卡可利用蜡烛、烛光等；圣诞节贺卡则可利用雪人、圣诞老人等。总之，贺卡的内容不一定要多，但必须体现主题。

第2章 绘制图形

📖 学习目标

学习在设计中如何利用 Illustrator 中的各种工具绘制图形,包括使用钢笔工具组绘制图形、使用直线段工具组绘制图形、使用矩形工具组绘制图形和使用铅笔工具组绘制图形等,并掌握利用 Illustrator 绘制各种平面图形的方法，如绘制平面户型图等。

📖 学习重点

掌握“钢笔工具”、“添加锚点工具”、“删除锚点工具”、“转换锚点工具”、“直线段工具”、“弧形工具”、“螺旋线工具”、“进行网格工具”、“极坐标网格工具”、“进行工具”、“圆角矩形工具”、“椭圆工具”、“多边形工具”、“星形工具”、“光晕工具”、“铅笔工具”、“平滑工具”和“路径橡皮擦工具”等工具的使用，并能运用这些工具绘制出各种图形对象。

📖 主要内容

- 钢笔工具组的应用
- 直线段工具组的应用
- 矩形工具组的应用
- 铅笔工具组的应用
- 绘制平面户型图

2.1 钢笔工具组的应用

使用“钢笔工具”可以绘制出各种形状的直线和平滑曲线。将鼠标指针移至工具箱中的“钢笔工具”按钮处并按住鼠标左键不放，将展开该工具组中的隐藏工具，包括“添加锚点工具”、“删除锚点工具”和“转换锚点工具”。使用这 3 个工具可以对绘制的曲线进行任意修改，从而获得各种需要的图形对象。

2.1.1 认识路径

绘图时创建的线条在 Illustrator 中被称为路径，它是由一条或多条直线段或曲线线段组成的，每条线段的起点和终点由锚点标记。路径可以是闭合的，也可以是开放的，如图 2-1 所示。通过拖曳路径的锚点、方向点（位于锚点处的方向线末尾）或路径线段本身均可改变路径的形状。

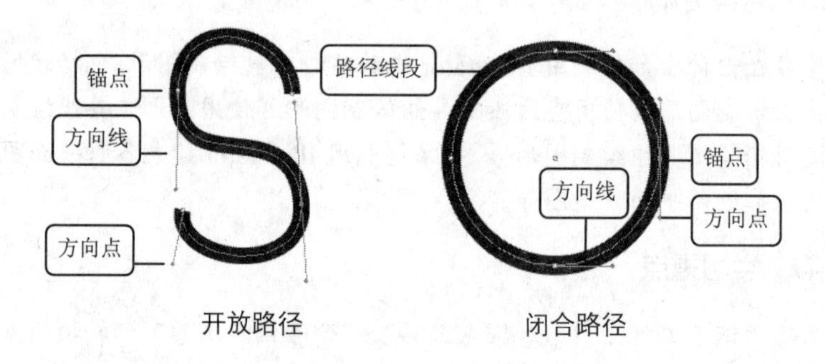

图 2-1 路径及其组成

2.1.2 使用“钢笔工具”

Illustrator 中的“钢笔工具”是绘制图形的一种基本的也是最重要的工具之一。熟练掌握“钢笔工具”的用法便可绘制出任何形状的路径。

1. 绘制直线或折线

使用“钢笔工具”可以绘制出各种角度的直线或折线，并能将开放路径调整为闭合路径。

【例 2-1】利用“钢笔工具”绘制五角星路径。

完成效果：效果文件\第 2 章\五角星.ai

Step 1：在 Illustrator 中新建空白文件，选择工具箱中的“钢笔工具”，将鼠标指针移至页面中，此时鼠标指针变为形状，如图 2-2 所示。

Step 2：单击即可在当前鼠标指针处出现一个蓝点，该点为将要绘制的图形的端点，如图 2-3 所示。

Step 3：将鼠标指针移至另一个位置，单击即可在该点与前面的端点之间绘制一条线段，从而完成第 1 条线段的绘制，如图 2-4 所示。

Step 4：将鼠标指针移至下一个位置，然后继续绘制图形的另一条线段，如图2-5所示。

Step 5：使用相同方法绘制出五角星路径，当绘制该图形的最后一条线段时，需将鼠标指针移至最开始定位的端点处，此时鼠标指针变为形状，如图2-6所示。

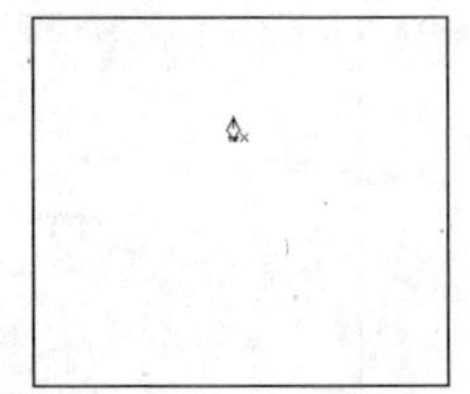

图2-2 选择“钢笔工具”

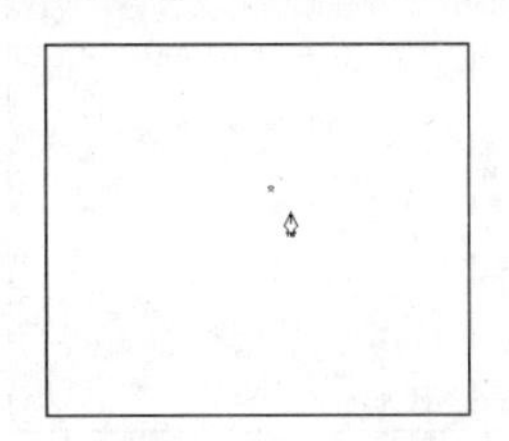

图2-3 定位端点

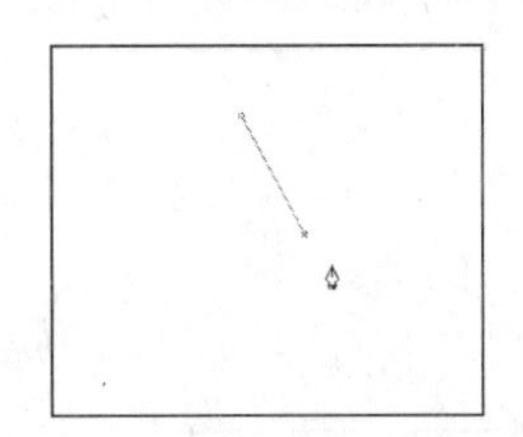

图2-4 绘制第1条线段

Step 6：单击即可绘制出封闭的路径，效果如图2-7所示。

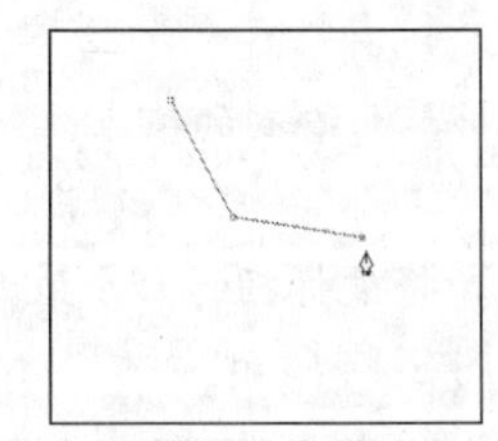

图2-5 绘制线段

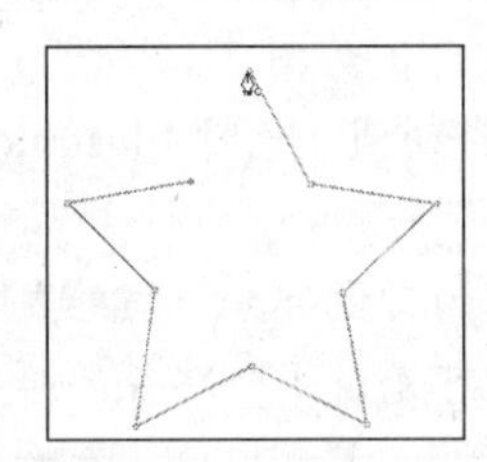

图2-6 闭合路径

图2-7 完成绘制

【知识补充】在使用“钢笔工具”的过程中，以下两种操作也常用到。

- 确认绘制完成。如果绘制的是闭合路径，则当鼠标指针变为形状时，单击图形来确认绘制完成。若是开放路径，则完成图形的绘制后，可在按住“Ctrl”键的同时单击以确认绘制完成，也可选择工具箱中的其他工具来确认绘制完成。
- 绘制特殊角度的线段。在利用“钢笔工具”绘制图形时，按住“Shift”键的同时可以绘制出45°或与45°成倍数的线段。

2. 绘制曲线

现实中许多图形的外观都具有一定的弧度，此时也可利用“钢笔工具”绘制出这种具有弧度的线段，我们称之为曲线或曲线段。

【例2-2】利用“钢笔工具”绘制骨头路径，效果如图2-8所示。

完成效果：效果文件\第2章\骨头.ai

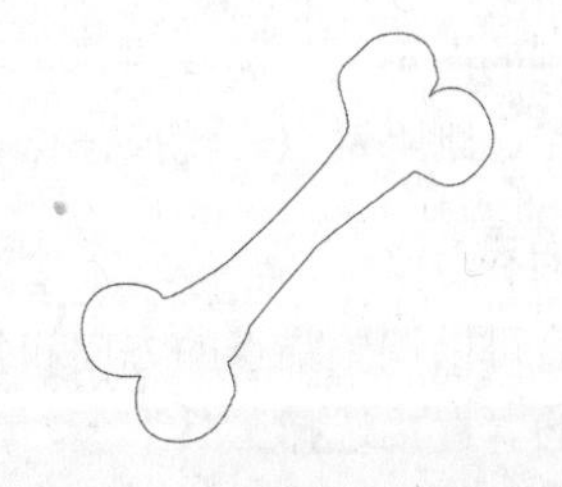

图2-8 绘制的骨头路径

Step 1：在Illustrator中新建空白文件，然后选择工具箱中的“钢笔工具”，在页面中按住鼠标左键不放并向右上方拖曳，此操作在确定曲线起点的同时也确定了曲线的弧度，如图2-9所示。

Step 2：释放鼠标左键即可完成起点的绘制，然后在下一个位置按住鼠标左键不放并向右下方拖曳，如图 2-10 所示。

Step 3：此时前两个锚点之间便自动连接了一条曲线段，如图 2-11 所示。在下一个位置按住鼠标左键不放绘制并调整曲线的弧度。

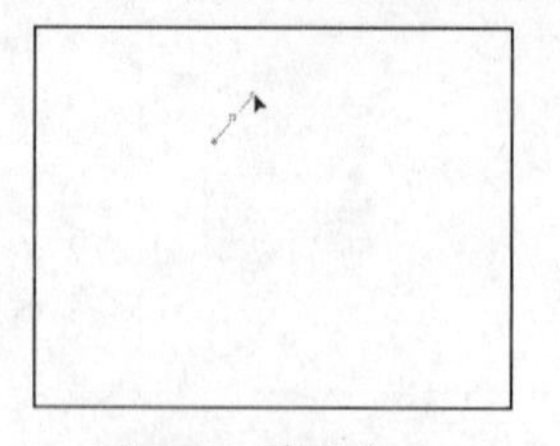

图 2-9　确定起点

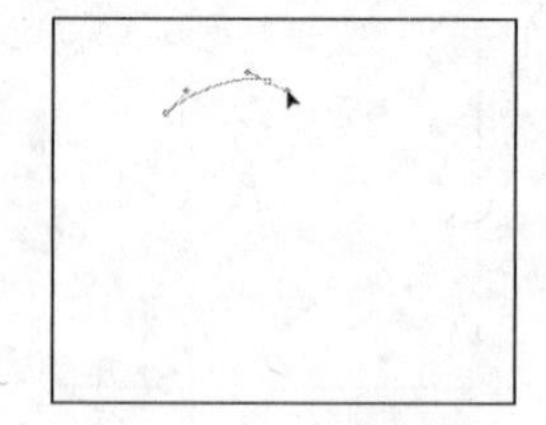

图 2-10　调整弧度

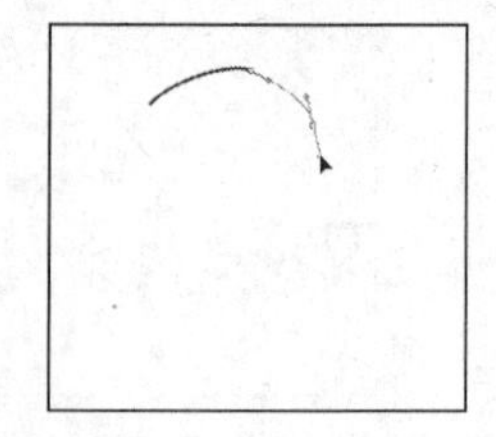

图 2-11　绘制下一条曲线

Step 4：继续绘制曲线，当曲线的弧度很大时，可较大程度地拖曳锚点上的方向点，当曲线弧度很小时，则稍微拖曳锚点上的方向点即可，如图 2-12 所示。

Step 5：使用相同的方法绘制下一条曲线，此时 Illustrator 将连接前面绘制的锚点，如图 2-13 所示。

Step 6：使用相同的方法绘制图形的其他部分，当绘制完成后，将鼠标指针移至最开始定位的起点处，当鼠标指针变为形状时单击即可完成闭合路径的绘制，如图 2-14 所示。

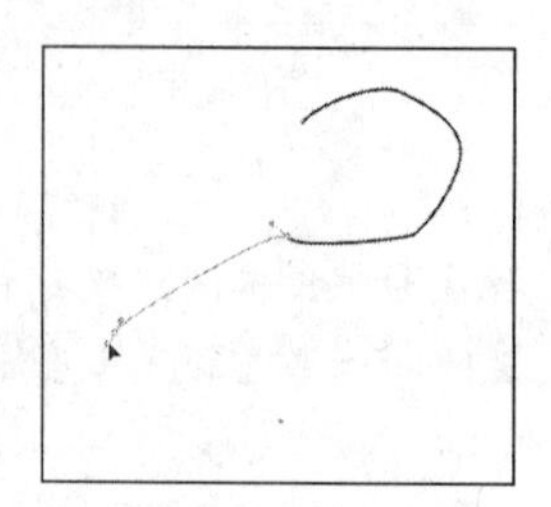

图 2-12　继续绘制曲线

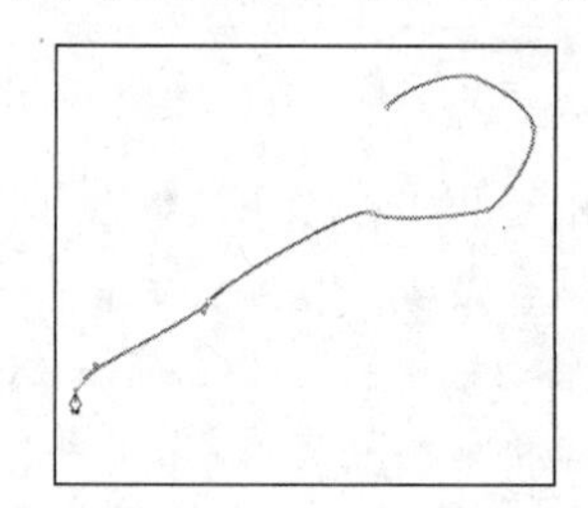

图 2-13　绘制其他曲线

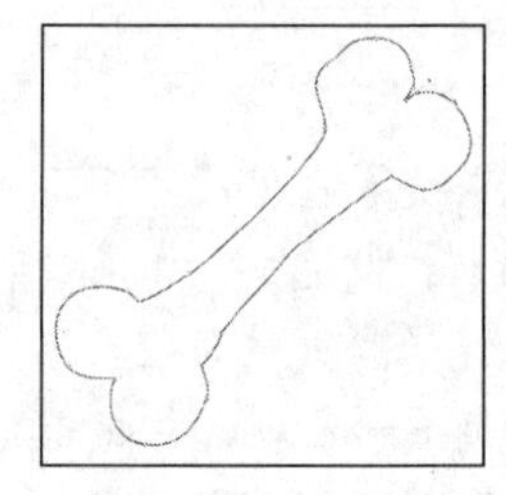

图 2-14　完成绘制

> 提示：在绘制曲线时，按住“Alt”键并拖曳锚点的方向线，可以在不影响上一条曲线的弧度的情况下，自由设置下一条曲线的方向和长度。

2.1.3　编辑路径

为了使绘制的图形更加美观或符合设计者的需要，Illustrator 还允许对绘制的路径进行各种编辑操作，如添加锚点、删除锚点、转换锚点和调整路径形状等。

1. 添加锚点

添加锚点后可以调整锚点的方向和弧度等属性，从而使图形更加平滑自然。添加锚点的方法为，选择工具箱中的“直接选择工具”，然后选择需添加锚点的路径，接着选择钢笔工具组中的“添加锚点工具”，将鼠标指针移动到所选路径上需添加锚点的位置，当鼠标指针变为形状时单击即可，其过程如图 2-15 所示。

2. 删除锚点

删除锚点可以修正图形中不合理的细节。删除锚点的方法为，利用“直接选择工具”选择需删除锚点的路径，然后选择钢笔工具组中的“删除锚点工具”，将鼠标指针移动到所选路径中需删除的锚点处，当鼠标指针变为形状时单击即可，其过程如图 2-16 所示。

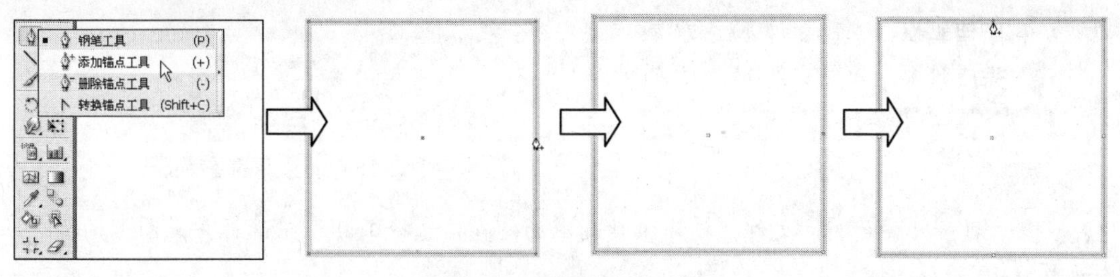

图 2-15　添加锚点的过程

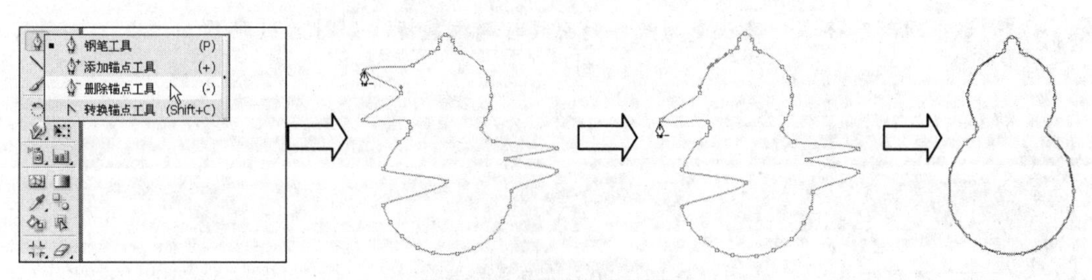

图 2-16　删除锚点的过程

3. 转换锚点

路径上的锚点包括角点和平滑点两种类型。角点可以使路径突然改变方向，适合棱角分明的图形；平滑点可以将线段连接为连续曲线，使图形更加平滑流畅。Illustrator 允许对锚点的类型进行转换，这需要利用“转换锚点工具”，其方法为，利用“直接选择工具”选择路径，然后在工具箱中选择钢笔工具组中的“转换锚点工具”，接着单击路径上需转换类型的锚点即可，其过程如图 2-17 所示。

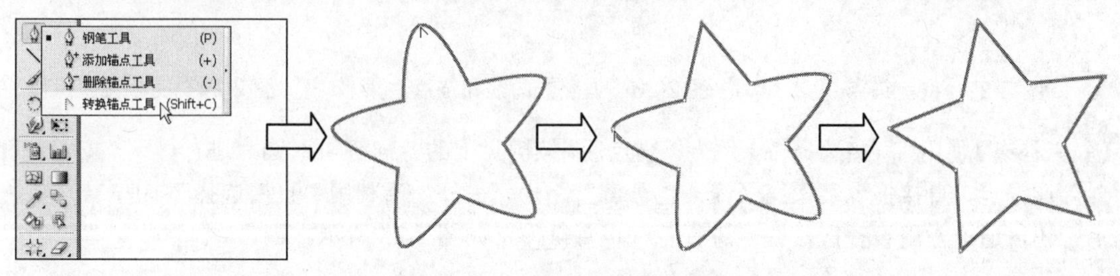

图 2-17　转换锚点类型的过程

提示： 转换锚点类型还有一种方法，即利用“直接选择工具”选择路径中的某个锚点，然后在常用设置栏的“转换”栏中单击相应的锚点类型按钮进行转换即可。

4. 调整路径

除了前面介绍的添加锚点、删除锚点和转换锚点这些操作之外，还可利用“直接选择工具”对各锚点进行任意调整，使图形更加符合需要。

【例 2-3】利用“直接选择工具”调整香蕉图形，效果如图 2-18 所示。

所用素材：素材文件\第 2 章\香蕉.ai
完成效果：效果文件\第 2 章\香蕉.ai

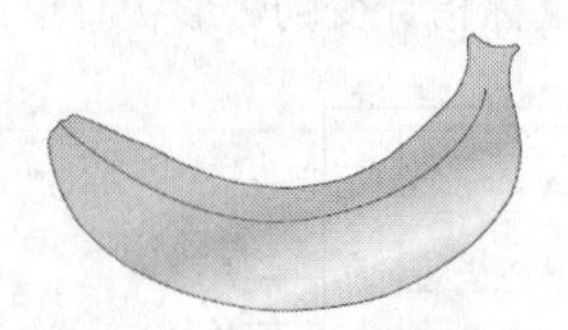

图 2-18　调整后的香蕉图形

Step 1：打开“香蕉.ai”文件，使用工具箱中的“直接选择工具” 选择香蕉图形的路径，然后单击如图 2-19 所示的锚点。

Step 2：锚点被选择后将出现方向线，拖曳下侧方向线的方向点，如图 2-20 所示。

Step 3：当出现的路径从交叉状变为流畅的曲线时释放鼠标，如图 2-21 所示。

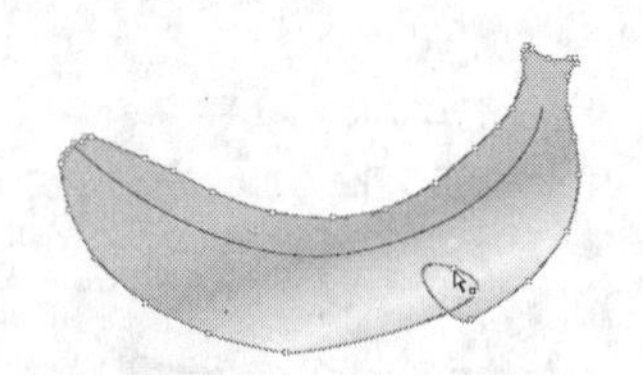

图 2-19　选择锚点

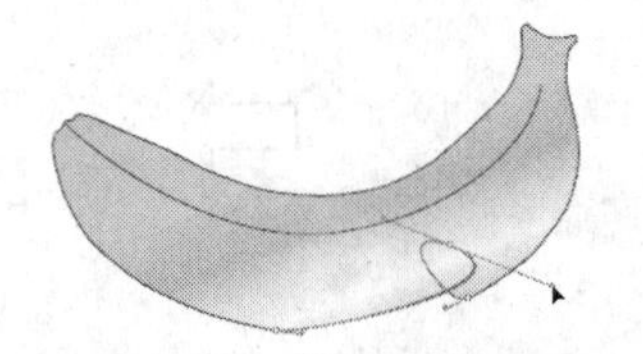

图 2-20　拖曳方向点

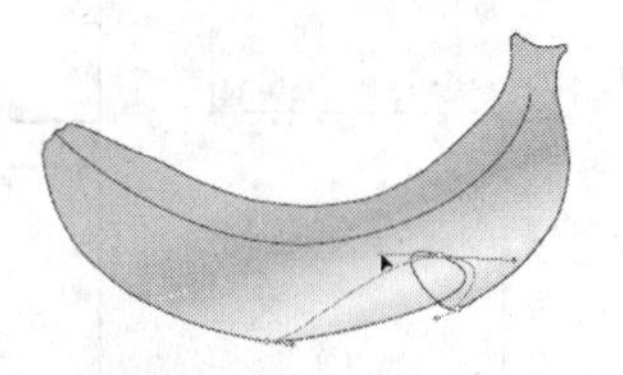

图 2-21　调整方向线

Step 4：在选择的锚点上按住鼠标左键不放并向下拖曳，如图 2-22 所示。

Step 5：释放鼠标左键，然后继续对方向线和锚点进行微调，如图 2-23 所示。

Step 6：得到的平滑路径效果如图 2-24 所示。

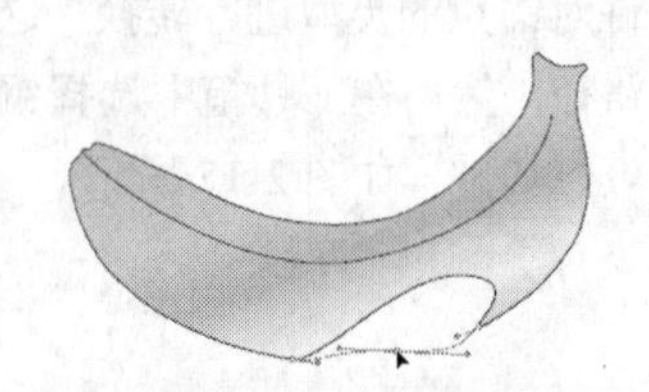

图 2-22　拖曳锚点

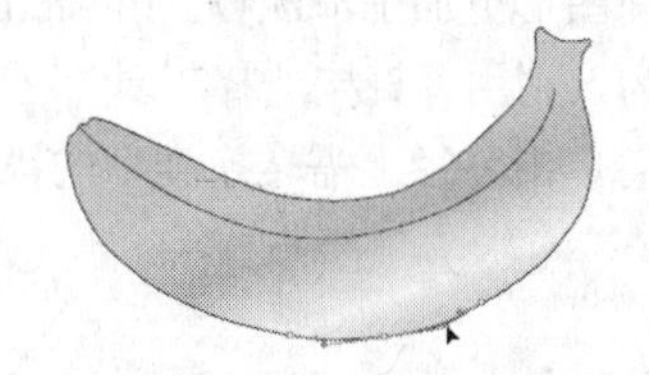

图 2-23　调整方向线和锚点

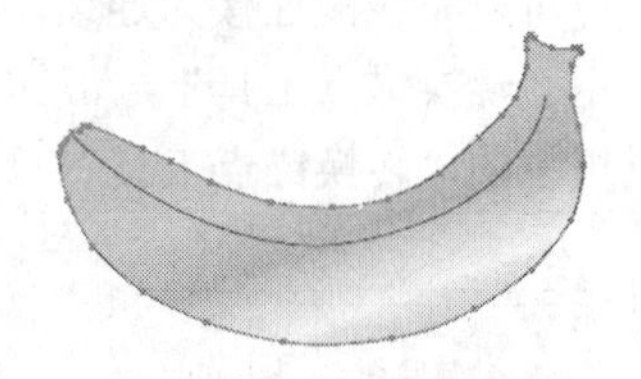

图 2-24　完成调整操作

【知识补充】使用“直接选择工具”选择锚点后，按键盘上的方向键可对锚点进行微调，按“Delete”键可删除该锚点，直接拖曳某条路径线段也可调整路径。另外，当利用“直接选择工具” 选择某个锚点后，还可通过常用设置栏对锚点进行各种设置操作，如图 2-25 所示。

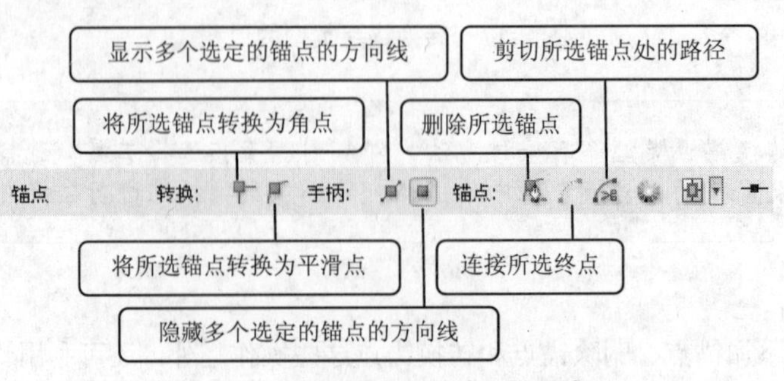

图 2-25　选择锚点后的常用设置栏

2.2 直线段工具组的应用

直线段工具组中包括“直线段工具”、“弧形工具”、“螺旋线工具”、“矩形网格工具”和“极坐标网格工具”。使用这些工具可以绘制直线段、弧线、螺旋线、矩形网格线和极坐标网格线等。

2.2.1 使用“直线段工具”

使用“直线段工具”可以绘制任意角度的直线，也是绘图时使用频率较高的一种工具。

【例2-4】利用“直线段工具”绘制彩色的条形码，效果如图2-26所示。

完成效果：效果文件\第2章\条形码.ai

图2-26　彩色条形码效果

Step 1：选择工具箱中的“直线段工具”，然后在页面中按住“Shift”键不放并向下拖曳，从而，从而绘制一条垂直的直线段，如图2-27所示。

Step 2：释放鼠标后绘制的直线段会自动处于选择状态，在常用设置栏中的“H”（高度）数值框中输入“40mm”，如图2-28所示。

Step 3：在常用设置栏的“描边”下拉列表中选择“2pt”选项，从而设置直线段的粗细程度，如图2-29所示。

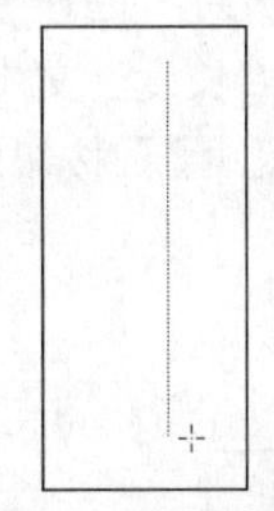

图2-27　绘制直线段

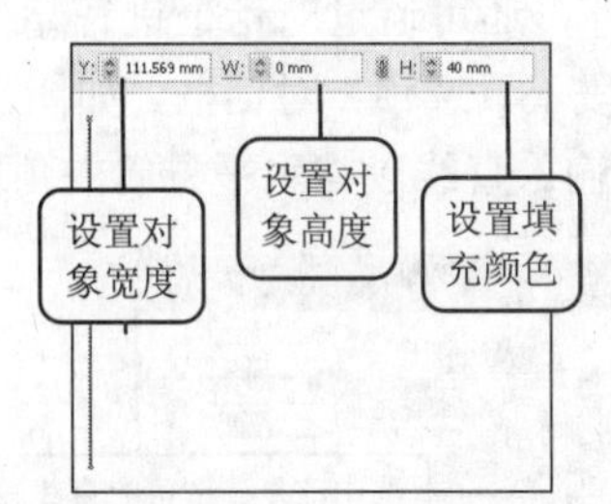

图2-28　设置高度

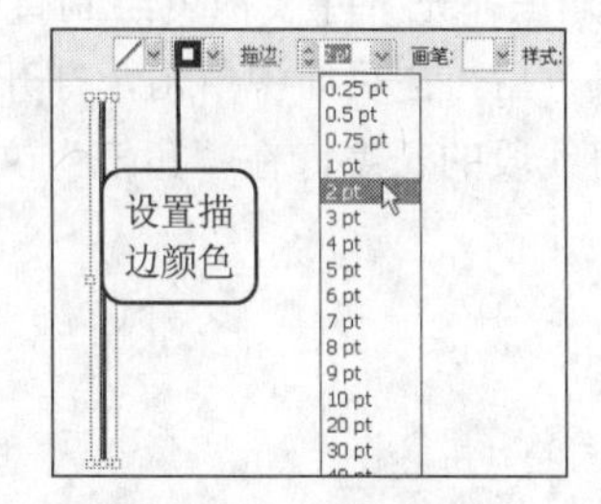

图2-29　设置粗细

Step 4：在描边颜色下拉列表中单击“CMYK红色”色块，如图2-30所示。

Step 5：完成第1条直线段的绘制与设置后，用相同的方法绘制一个高度和粗细与前一条线段相同的垂直直线段，并将颜色填充为“橙色”，如图2-31所示。

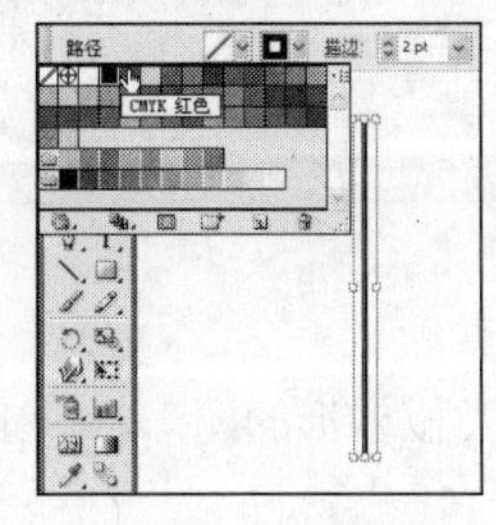

图2-30　设置颜色

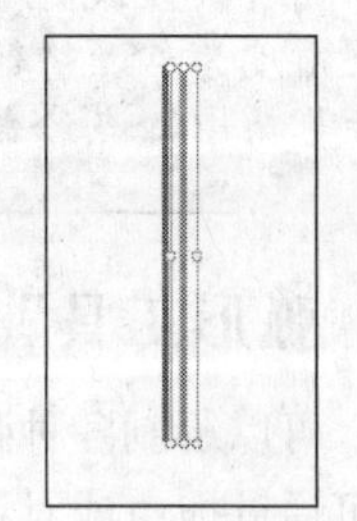

图2-31　继续绘制

Step 6：绘制第 3 条直线段，将其高度设置为“35mm”，如图 2-32 所示。

Step 7：将第 3 条直线段的填充颜色设置为“黄色”、粗细设置为“3pt”，如图 2-33 所示。

Step 8：使用相同方法绘制其他直线段，并设置不同的颜色和粗细，效果如图 2-34 所示。

Step 9：选择工具箱中的“选择工具”，然后在页面的空白区域拖曳以框选所有直线段。单击常用设置栏中的按钮，将所有直线段设置为“垂直顶对齐”，如图 2-35 所示。

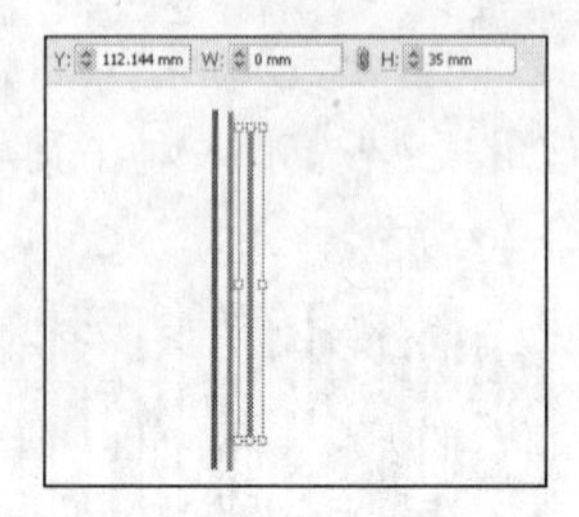

图 2-32　绘制第 3 条直线段

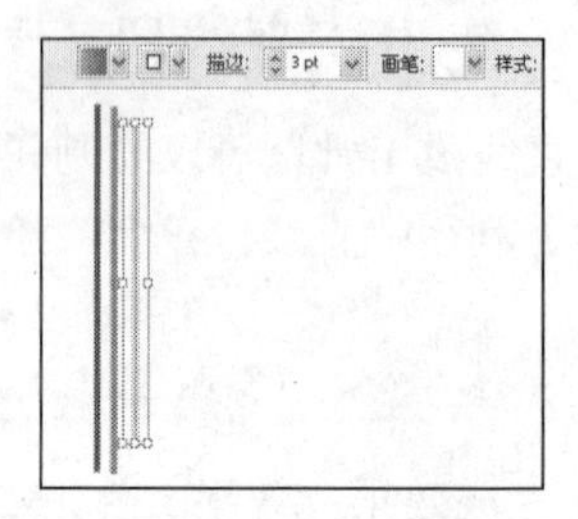

图 2-33　设置直线段

图 2-34　绘制其他直线段

图 2-35　对齐直线

【知识补充】除了拖曳绘制直线段以外，还可通过对话框进行精确绘制。其方法为，选择“直线段工具”后，在页面中单击，打开“直线段工具选项”对话框，如图 2-36 所示。在“长度”文本框中设置直线段的长度，在“角度”文本框中输入直线段与水平方向的角度，然后单击 确定 按钮即可。

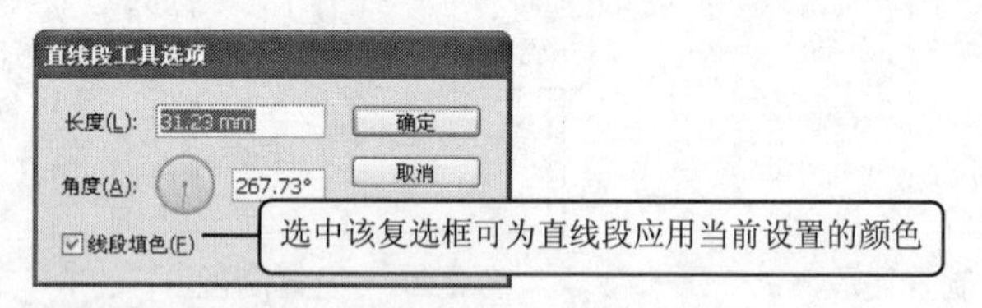

图 2-36　设置直线段属性

提示：拖曳绘制直线时，按住“Shift”键不仅可以绘制出垂直直线段，还可以绘制出水平直线段以及角度为 45° 整数倍的直线段。另外，若在按住“Alt”键的同时绘制直线段，则将以单击的位置为中心点绘制直线。

2.2.2　使用“弧形工具”

使用“弧形工具”可以绘制各种弧度的弧线或封闭的类似扇形的图形。该工具的使用方法与“直线段工具”相似，也可通过拖曳或对话框来绘制路径。

1. 拖曳绘制

选择工具箱中的“弧形工具”，在页面中按住鼠标左键不放并拖曳鼠标即可绘制出弧线，如图 2-37 所示。在绘制过程中按住“Shift”键可绘制出宽度和高度相等的弧线，如图 2-38 所示；按住“Alt”键将以单击的位置为中心点绘制弧线；按住“C”键可绘制出封闭的弧线，如图 2-39 所示；按住“F”键可反转弧线；按住“`”键（位于“Tab”键上方）可绘制出多条以单击位置为起点的弧线，如图 2-40 所示，各功能键可以任意组合进行使用。

图 2-37　普通弧线　图 2-38　长和宽相等的弧线　图 2-39　封闭的弧线　图 2-40　多条弧线

2. 通过对话框绘制

选择“弧形工具”后，在页面中单击即可将打开“弧线段工具选项”对话框，如图 2-41 所示。在其中进行相应设置后，单击确定按钮即可。各参数的作用分别如下。

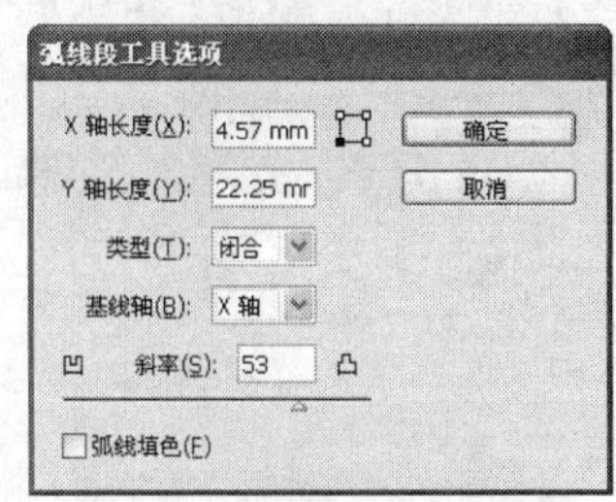

图 2-41　设置弧线属性

- “X 轴长度”文本框：设置弧线在水平方向上的长度。
- “Y 轴长度”文本框：设置弧线在垂直方向上的长度。
- “类型”下拉列表框：设置弧线为“闭合”或“开放”状态。
- “基线轴”下拉列表框：选择参考的坐标轴，包括 X 轴和 Y 轴两个选项。
- “凹凸”滑块与“斜率”文本框：通过拖曳滑块或直接在文本框中输入值可以设置弧线的弧度，取值范围为“−100～100”。
- “弧线填色”复选框：选中该复选框可为弧线应用当前设置的颜色。

2.2.3　使用“螺旋线工具”

使用螺旋线工具可以绘制各种密度的螺旋形路径，该工具也可通过拖曳或对话框来绘制路径。

1. 拖曳绘制

选择工具箱中的“螺旋线工具”，在页面中按住鼠标左键不放并拖曳鼠标即可绘制出各个方向的螺旋线，如图 2-42 所示。在绘制过程中按住“Shift”键可使螺旋线以 45° 的增量旋转；按住“Alt”键可以改变螺旋线的环绕方向；按住“Ctrl”键可以调整螺旋线的密度；按住“、”键可绘制出多条螺旋线，如图 2-43 所示。

图 2-42　普通螺旋线

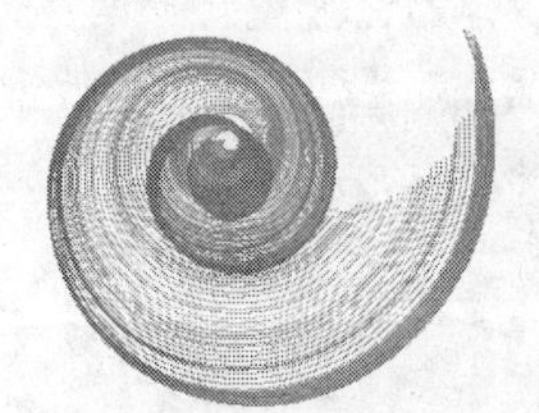

图 2-43　多条螺旋线

2. 通过对话框绘制

选择“螺旋线工具”后，在页面中单击即可打开“螺旋线”对话框，如图 2-44 所示。在其中进行相应设置后，单击确定按钮即可。各参数的作用分别如下。

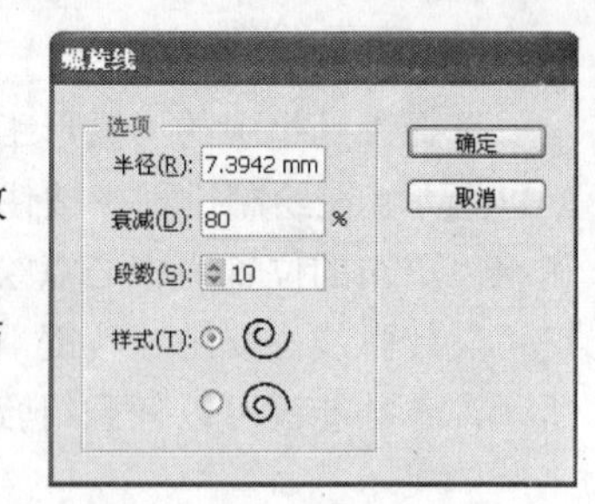

图 2-44 设置螺旋线属性

- “半径”文本框：设置螺旋线从中心到最外层线条的长度，从而确定螺旋线的大小。
- “衰减”文本框：设置螺旋线的衰减程度，即漩涡的减弱速度。
- “段数”数值框：设置组成螺旋线的路径数量，即锚点的数量。
- “样式”栏：设置螺旋线的开口向上或向下。

2.2.4 使用“矩形网格工具”

使用“矩形网格工具”可以绘制出类似表格的图形，该工具也可通过拖曳或对话框来绘制路径。

1. 拖曳绘制

选择工具箱中的“矩形网格工具”，在页面中按住鼠标左键不放曳拖动鼠标即可绘制出默认行列数的矩形网格图形，如图 2-45 所示。在绘制过程中按住“Shift”键可绘制出正方形网格图形，如图 2-46 所示；按住“、”键可绘制出多个矩形网格图形，如图 2-47 所示；按住方向键可在绘制时不断地增加或减少矩形网格的行或列，如图 2-48 所示。

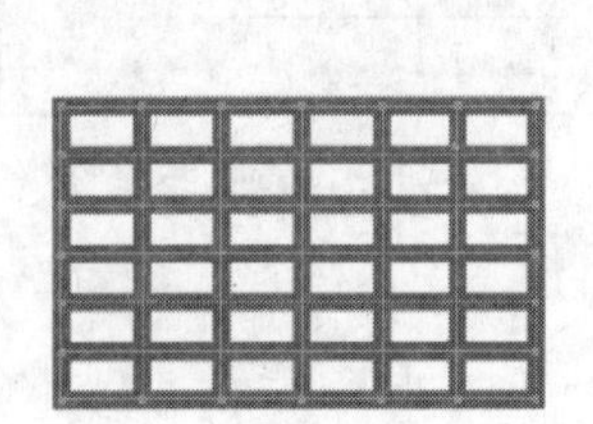

图 2-45 普通矩形网格

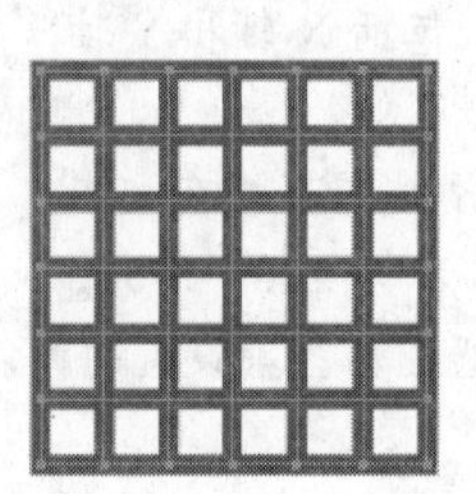

图 2-46 正方形网格

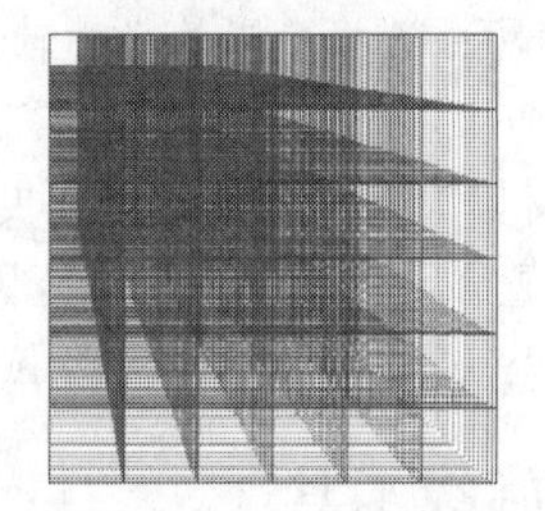

图 2-47 多个矩形网格

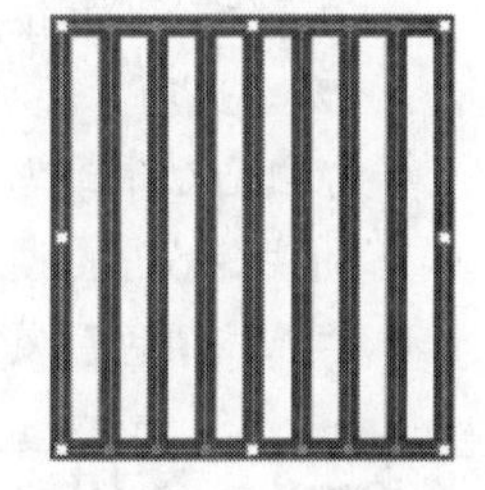

图 2-48 减少行的矩形网格

2. 通过对话框绘制

选择“矩形网格工具”后，在页面中单击即可打开“矩形网格工具选项”对话框，如图 2-49 所示。在其中进行相应设置后，单击确定按钮即可。各参数的作用分别如下。

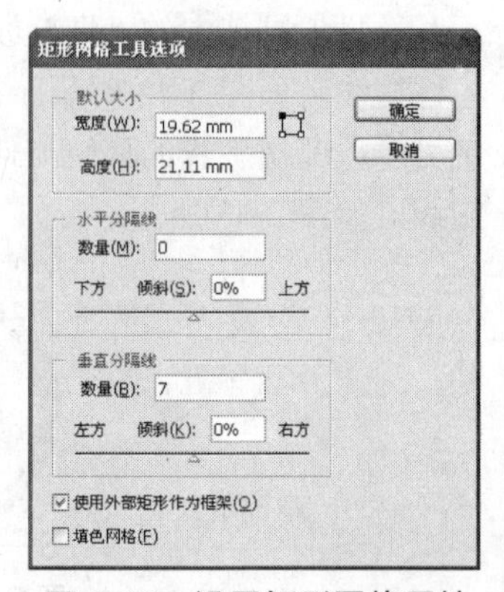

图 2-49 设置矩形网格属性

- “宽度”文本框：设置矩形网格的宽度。
- “高度”文本框：设置矩形网格的高度。
- “水平分隔线”栏：其中的“数量”文本框用于设置矩形网格的行数，“下方上方”滑块和“倾斜”文本框用于设置各行的等差渐变高度。
- “垂直分隔线”栏：其中的“数量”文本框用于设置矩形网格的列数，“右方左方”滑块和“倾斜”文本框用于设置各列的等差渐变宽度。

● “使用外部矩形作为框架”复选框：选中该复选框可将矩形网格最外层的矩形作为整个图形的边框。
● “填色网格”复选框：选中该复选框可为矩形网格填充当前设置的颜色。

2.2.5　使用“极坐标网格工具”

使用“极坐标网格工具”可绘制出类似蛛网或雷达的图形，该工具也可通过拖曳和对话框来绘制圆形。

1. 拖曳绘制

选择工具箱中的“极坐标网格工具”，在页面中按住鼠标左键不放并拖曳即可绘制出极坐标网格图形，如图 2-50 所示。在绘制过程中按住“Shift”键可绘制出正圆极坐标网格图形，如图 2-51 所示；按住“`”键可绘制出多个极坐标网格图形，如图 2-52 所示；按住方向键可在绘制时不断地增加或减少极坐标网格的圆环或轴线，如图 2-53 所示。

图 2-50　普通极坐标网格

图 2-51　正圆极坐标网格

图 2-52　多个极坐标网格

图 2-53　改变结构的极坐标网格

2. 通过对话框绘制

选择“极坐标网格工具”后，在页面中单击即可打开“极坐标网格工具选项”对话框，如图 2-54 所示。在其中进行相应设置后，单击确定按钮即可。各参数的作用分别如下。

● “宽度”文本框：设置极坐标网格的宽度。
● “高度”文本框：设置极坐标网格的高度。
● “同心圆分隔线”栏：其中的“数量”文本框用于设置圆环数量，“内外”滑块和“倾斜”文本框用于设置各圆环的等差渐变宽度。
● “径向分隔线”栏：其中的“数量”文本框用于设置极坐标网格中轴线的数量，“下方上方”滑块和“倾斜”文本框用于设置各轴线的等差渐变宽度。
● “从椭圆形创建复合路径”复选框：选中该复选框后，将根据极坐标网格中的椭圆形来创建复合路径。
● “填色网格”复选框：选中该复选框可为极坐标网格填充当前设置的颜色。

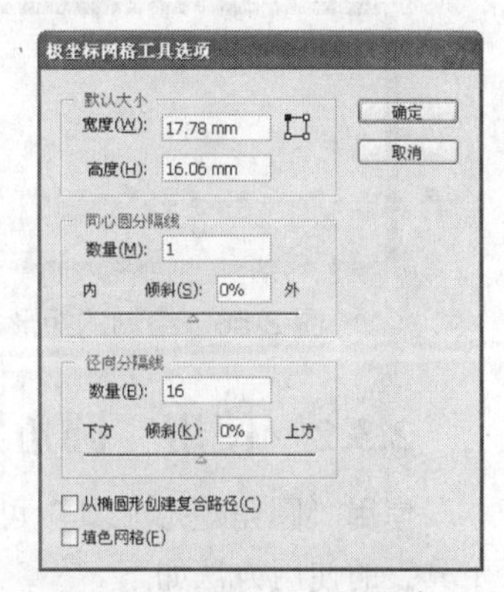

图 2-54　设置极坐标网格属性

> **提示：** 复合路径是包含多条子路径的路径，创建复合路径后填充所产生的效果中，图形重叠的区域将透明显示，而非重叠的区域则不透明，如图 2-55 所示。

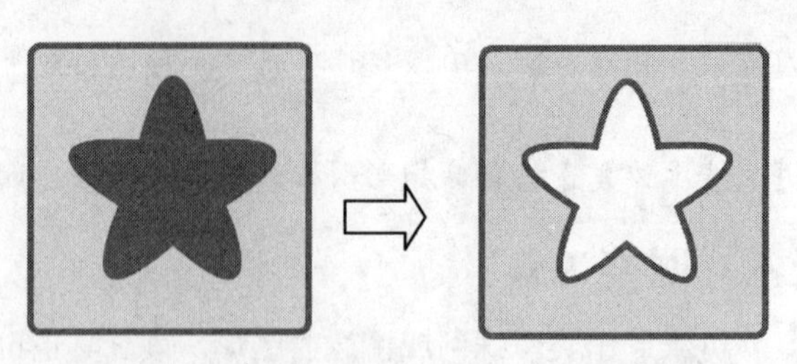

图 2-55　创建复合路径前后图形的填充效果

2.3 矩形工具组的应用

矩形工具组中包括“矩形工具”、“圆角矩形工具”、“椭圆工具”、“多边形工具”、“星形工具”和“光晕工具”。使用这些工具可以绘制矩形、正方形、圆角矩形、圆形、椭圆、多边形、星形和光晕图形等各种闭合路径图形。

2.3.1　使用“矩形工具”

“矩形工具”的使用方法与前面介绍的直线段工具组中的工具类似。“矩形工具”的使用方法如下、

- 拖曳绘制矩形：选择工具箱中的“矩形工具”，在页面中按对角线的方向拖曳即可绘制各种大小的矩形，如图 2-56 所示。
- 拖曳绘制正方形：选择工具箱中的“矩形工具”，按住“Shift”键的同时在页面中按对角线的方向拖曳即可绘制各种大小的正方形，如图 2-57 所示。
- 通过对话框绘制矩形：选择工具箱中的“矩形工具”，在页面中单击即可打开“矩形”对话框。在其中设置需绘制的矩形的宽度和高度后，单击 确定 按钮即可，如图 2-58 所示。

图 2-56　绘制的矩形

图 2-57　绘制的正方形

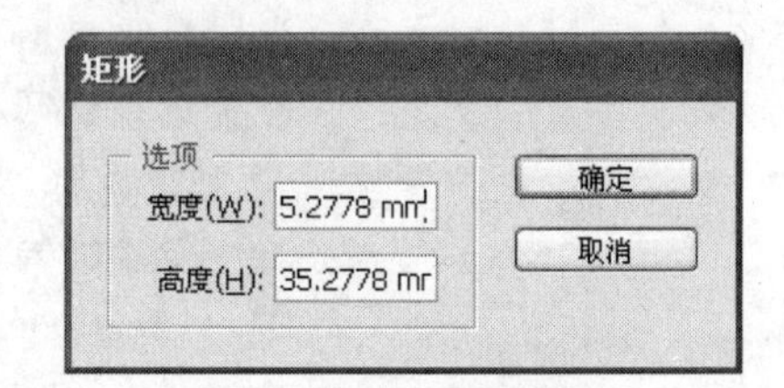

图 2-58　精确绘制矩形

2.3.2　使用“圆角矩形工具”

使用“圆角矩形工具”可以绘制出各种大小的非直角的矩形，并能调整圆角的弧度。“圆角矩形工具”的使用方法如下。

- 拖曳绘制圆角矩形：选择工具箱中的“圆角矩形工具”，然后在页面中按对角线的方向拖曳即可绘制各种大小的圆角矩形，如图 2-59 所示。
- 拖曳绘制圆角正方形：选择工具箱中的“圆角矩形工具”，按住“Shift”键的同时在页面中按对角线的方向拖曳即可绘制出各种大小的圆角正方形，如图 2-60 所示。
- 通过对话框绘制圆角矩形：选择工具箱中的“圆角矩形工具”，在页面中单击即可打开“圆

角矩形”对话框。在其中设置需绘选择制的圆角矩形的宽度、高度以及圆角半径后，单击 确定 按钮即可，如图2-61所示。

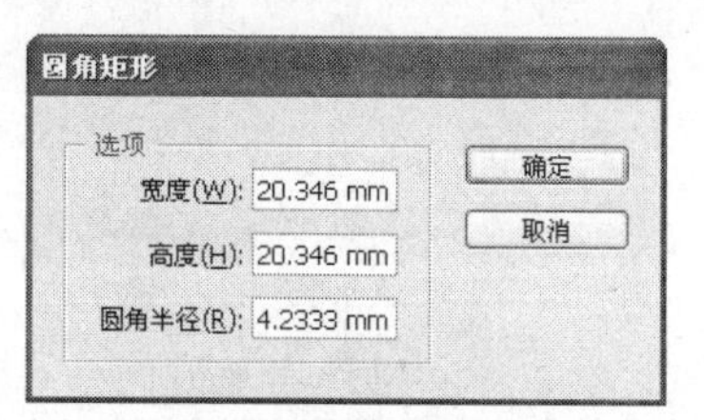

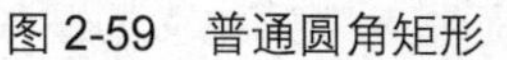

图2-59 普通圆角矩形　　图2-60 圆角正方形　　图2-61 精确绘制圆角矩形

2.3.3 使用“椭圆工具”

使用“椭圆工具”可以绘制出各种大小的圆形和椭圆形，“椭圆工具”的使用方法如下。

- 拖曳绘制椭圆：选择工具箱中的“椭圆工具”，然后在页面中按对角线的方向拖曳即可绘制各种大小的椭圆形，如图2-62所示。
- 拖曳绘制圆形：选择工具箱中的“椭圆工具”，按住“Shift”键的同时在页面中按对角线的方向拖曳即可绘制各种大小的正圆形，如图2-63所示。
- 通过对话框绘制椭圆形：选择工具箱中的“椭圆工具”，在页面中单击即可打开“椭圆”对话框。在其中设置需绘制的椭圆形的宽度和高度后，单击 确定 按钮即可，如图2-64所示。

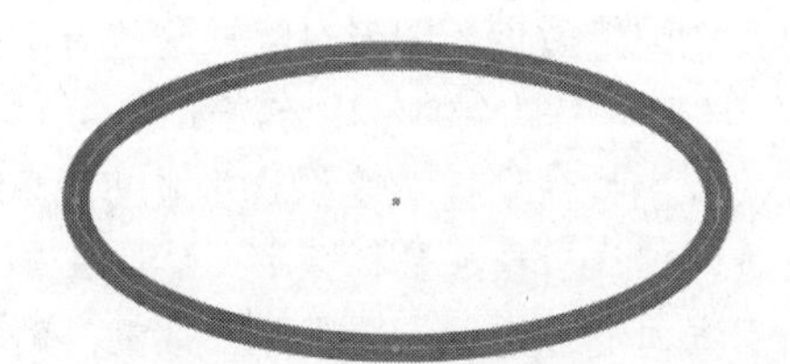

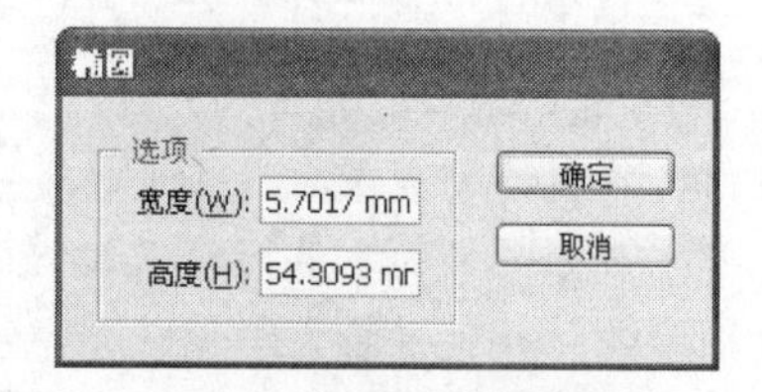

图2-62 绘制的椭圆形　　图2-63 绘制的正圆形　　图2-64 精确绘制椭圆形

2.3.4 使用“多边形工具”

使用“多边形工具”可以绘制出三角形和五边形等各种多边形，“多边形工具”的使用方法如下。

- 拖曳绘制多边形：选择工具箱中的“多边形工具”，在页面中按住鼠标左键不放并拖曳鼠标即可绘制出不同大小的多边形，如图2-65所示。在释放鼠标前移动指针可调整多边形的角度，在绘制时利用方向键可以增加或减少多边形的边数。
- 通过对话框绘制多边形：选择工具箱中的“多边形工具”，在页面中单击即可打开“多边形”对话框。在其中设置多边形的半径和边数后，单击 确定 按钮即可，如图2-66所示。

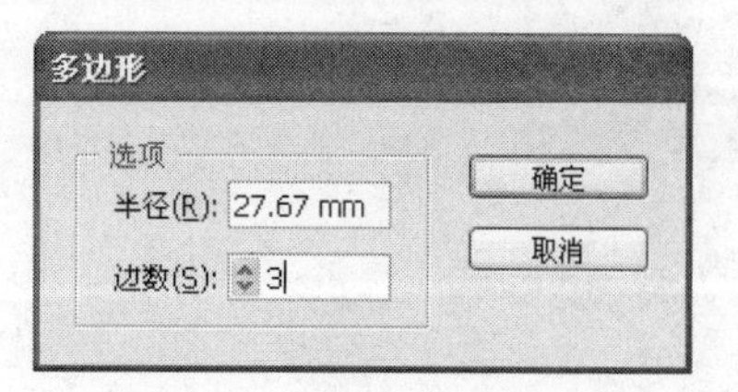

图2-65 绘制的三角形　　图2-66 精确绘制多边形

2.3.5 使用“星形工具”

使用“星形工具”可以绘制出四角星和五角星等各种星形图形，“星形工具”的使用方法如下。

- 拖曳绘制星形：选择工具箱中的“星形工具”，在页面中按住鼠标左键不放并拖曳鼠标可绘制出不同大小的星形，如图 2-67 所示。在释放鼠标前移动指针可调整星形的角度，在绘制时利用方向键可以增加或减少星形的角点数。
- 通过对话框绘制星形：选择工具箱中的“星形工具”，在页面中单击即可打开“星形”对话框，在其中设置星形的半径和角点数后，单击确定按钮即可，如图 2-68 所示。其中“半径 1”是指从星形中心到星形最内点的距离，“半径 2”是指从星形中心到星形最外点的距离。

图 2-67 绘制的四角星

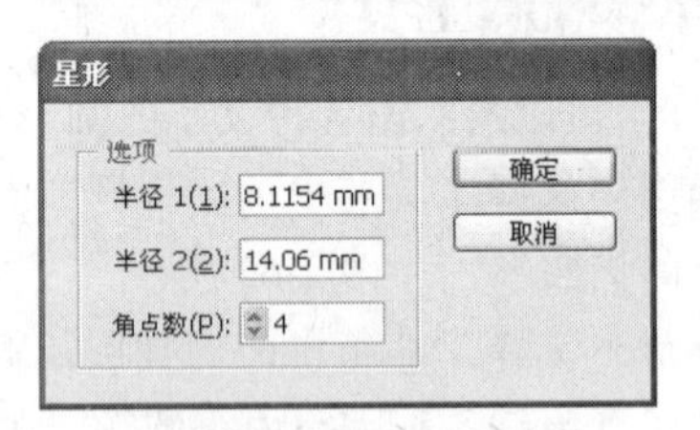

图 2-68 精确绘制星形

2.3.6 使用“光晕工具”

“光晕工具”是一种具有特效功能的工具，它能够绘制出具有闪耀效果的图形对象，这些对象由明亮的中心、射线、光晕和光环等组成，类似于镜头光晕效果。“光晕工具”的使用方法如下。

- 拖曳绘制光晕：选择工具箱中的“光晕工具”，在页面中按住鼠标左键不放并拖曳鼠标绘制光晕中心，此时可通过方向键来增加和减少射线数量，确认后释放鼠标即可。然后在另一位置按住鼠标左键不放并拖曳鼠标确认光晕角度，利用方向键可增加或减少光环数量，确认后释放鼠标即可，如图 2-69 所示。
- 通过对话框绘制光晕：选择工具箱中的“光晕工具”，在页面中单击或直接双击“光晕工具”，均可打开“光晕工具选项”对话框，在其中进行设置后单击确定按钮即可，如图 2-70 所示。其中，“居中”栏用于设置光晕明亮中心的直径、不透明度和亮度；“光晕”栏用于设置光晕的增大频率和模糊程度；“射线”复选框所在的栏用于设置射线数量、最长射线的长度以及射线模糊程度；“环形”复选框所在的栏用于设置最远光环与明亮中心的距离、光环数量、最大光环与最小光晕的比例以及光环方向等。

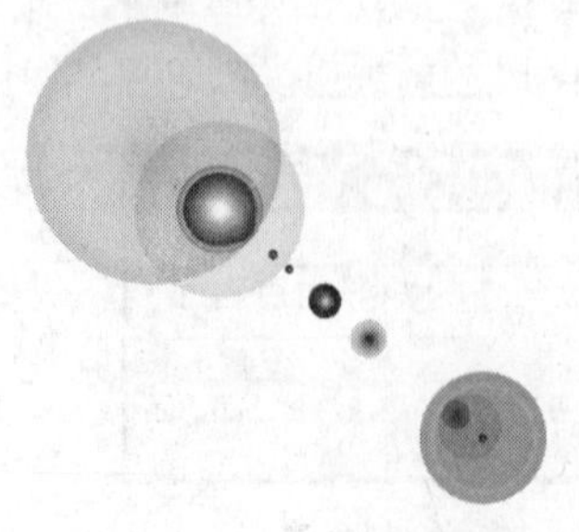

图 2-69 绘制的光晕

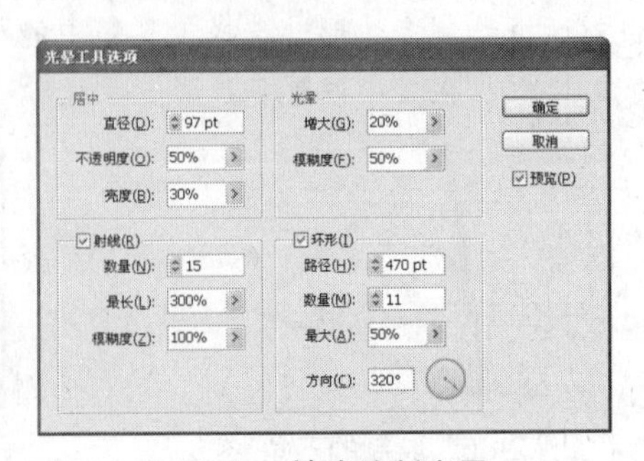

图 2-70 精确绘制光晕

2.4 铅笔工具组的应用

铅笔工具组中包括“铅笔工具”、“平滑工具”和“路径橡皮擦工具”，使用这些工具可以绘制各种图形，并可以修整绘制出的路径。

2.4.1　使用“铅笔工具”

“铅笔工具”可用于绘制开放路径和闭合路径，其效果与使用铅笔在纸上绘图一样，对于快速素描或创建手绘外观非常有效。

【例 2-5】利用“铅笔工具”绘制飞鸟路径，效果如图 2-71 所示。

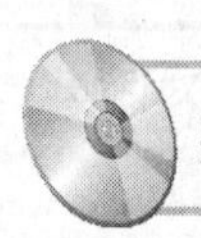

完成效果：效果文件\第 2 章\飞鸟.ai

图 2-71　手绘的飞鸟路径

Step 1：选择工具箱中的“铅笔工具”，在页面中按住鼠标左键开始绘制图形，如图 2-72 所示。

Step 2：按住鼠标左键不放，拖曳鼠标绘制出需要的图形路径，如图 2-73 所示。

Step 3：当需要绘制闭合路径时，按住“Alt”键不放，当鼠标指针变为形状时释放鼠标即可，如图 2-74 所示。

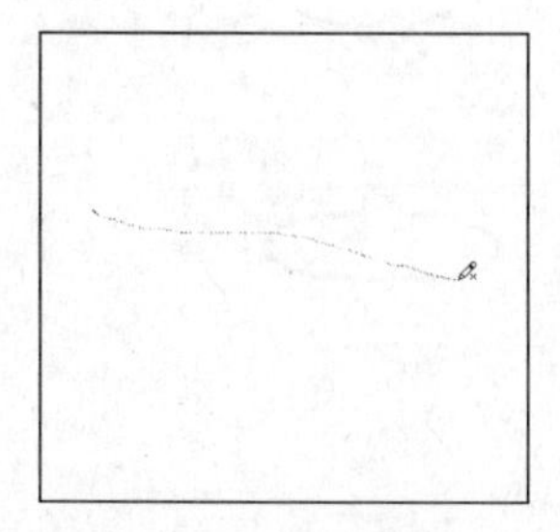

图 2-72　绘制路径

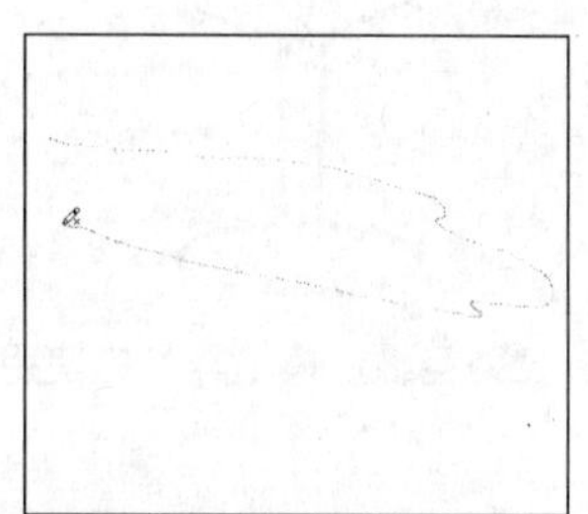

图 2-73　绘制图形

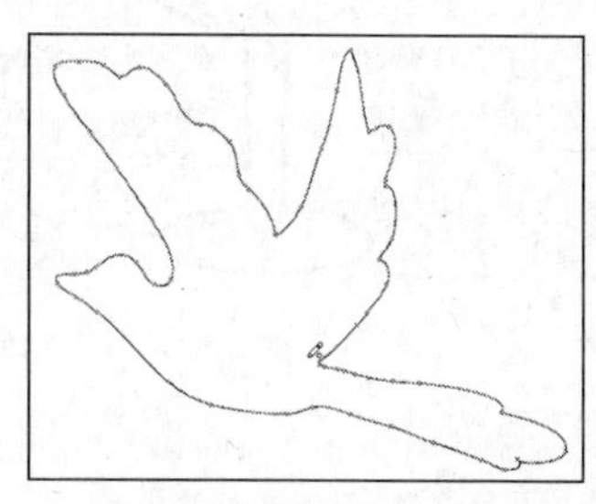

图 2-74　绘制闭合路径

【知识补充】在使用“铅笔工具”绘制路径之前，可双击工具箱中的“铅笔工具”，并在打开的“铅笔工具首选项”对话框中进行相应设置，如图 2-75 所示。这样可使该工具绘制出更符合要求的图形路径。

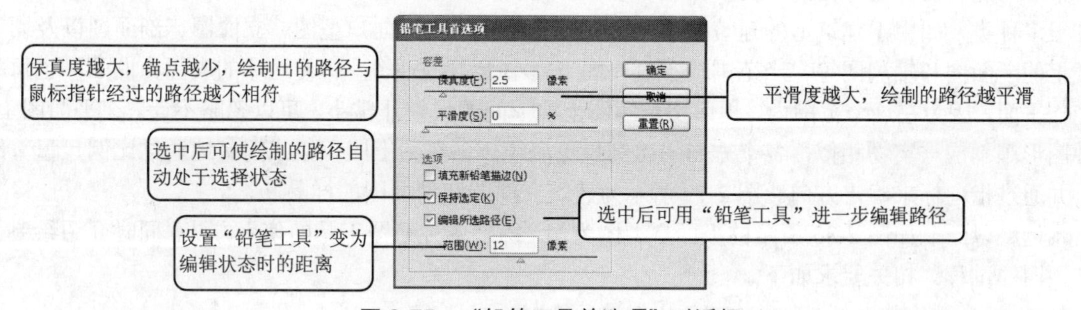

图 2-75　“铅笔工具首选项”对话框

2.4.2 使用“平滑工具”

“平滑工具”可以处理利用“铅笔工具”绘制出的路径的平滑度。该工具的使用方法为，利用“直接选择工具”选择某条“铅笔工具”绘制出的路径，然后在工具箱中选择“平滑工具”，最后在需处理的路径上拖曳即可，如图 2-76 所示。双击平滑工具可打开“平滑工具首选项”对话框，在其中也可设置该工具的保真度和平滑度，如图 2-77 所示。

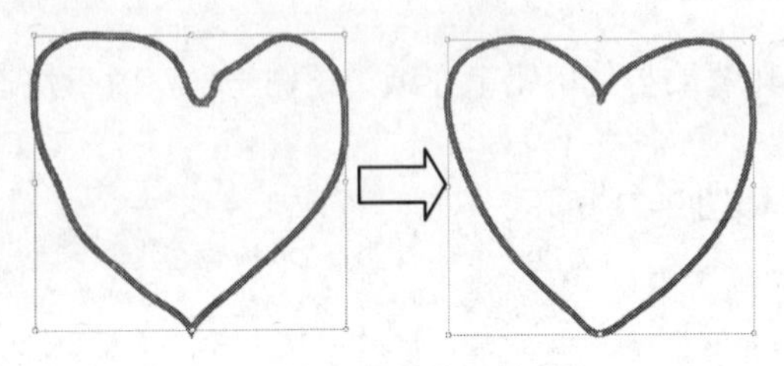

图 2-76 修整前后的路径

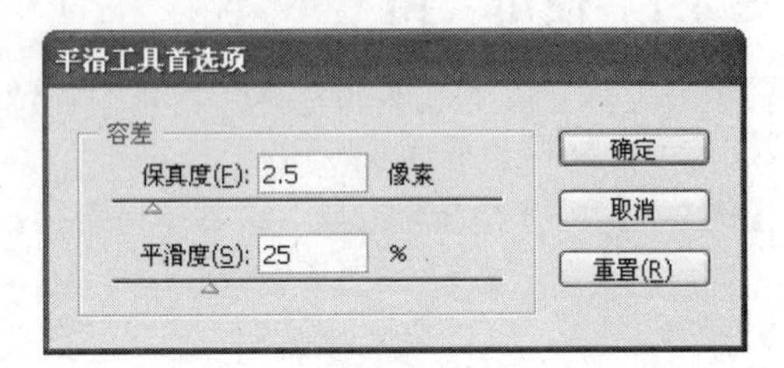

图 2-77 “平滑工具首选项”对话框

2.4.3 使用“路径橡皮擦工具”

使用“路径橡皮擦工具”可以删除用任意工具绘制的路径。该工具的使用方法为，首先利用“直接选择工具”选择某条路径，然后在工具箱中选择“路径橡皮擦工具”，最后沿着要擦除的路径的线条处按住鼠标左键不放并拖即可擦除相应的路径，如图 2-78 所示。

图 2-78 “路径橡皮擦工具”的使用过程

2.5 应用实践——绘制平面户型图

平面图是指忽略地球曲面产生的投影影响，将建筑物和构筑物等在水平投影上得到的图形。平面图分很多种类，如用于建筑上的建筑施工图、建筑总平面图、平面户型图、立面图、剖面图以及用于机械上的断面图和轴测图等。当范围较小时（如半径小于 10 公里），即便地球的表面为曲面，也可将其当作平面，因为在这个范围内，地面实形和图上实形间的误差非常小，可以忽略不计。在平面图上，各种图形等都应与实物相似，各个方向的比例尺也应统一。在图上应直接或间接地通过比例尺量算距离，并通过指向标来确定方向。图 2-79 所示为建筑立面图和剖面图的样品。

本例将以绘制如图 2-80 所示的平面户型图为例，练习各种绘图工具的使用方法，同时介绍绘制平面户型图的过程。相关要求如下。

- 对于房屋的基本框架按 1:100 的比例进行绘制。

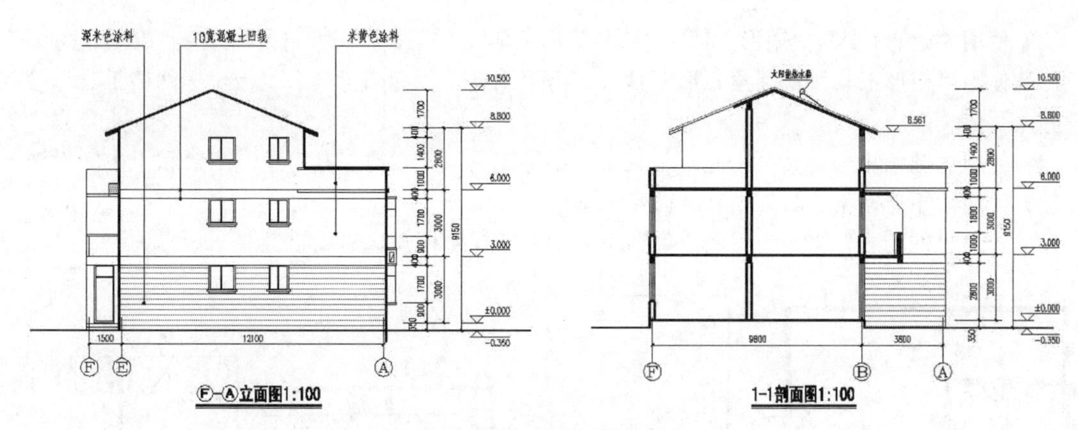

图 2-79 建筑立面图和剖面图样品

- 将小户型房屋的格局清楚地呈现出来。
- 为房屋的各个区域配置一些基础设备，使平面户型图更加形象具体。

所用素材：素材文件\第 2 章\辅助.ai
完成效果：效果文件\第 2 章\户型图.ai
视频演示：第 2 章\应用实践\绘制平面户型图.swf

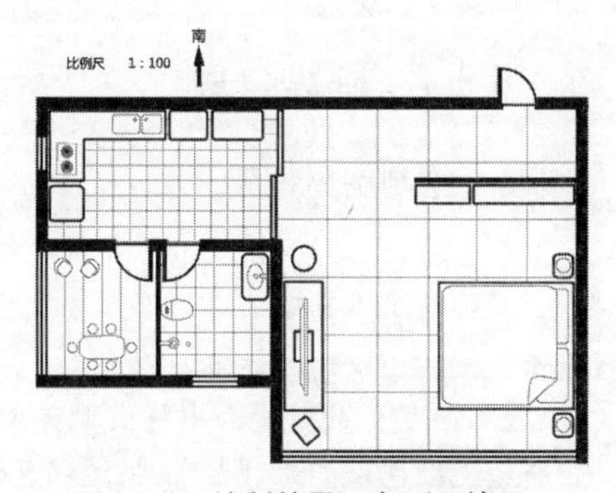

图 2-80 绘制的平面户型图效果

2.5.1 平面户型图的绘制流程

平面户型图是房地产开发公司在宣传和销售时需要用到的文件资料，其优点在于可以使客户对房屋的基础情况、设施、大小和布局等一目了然。平面户型图大致遵循从大到小、从整体到局部的绘制流程，即首先绘制墙体，然后绘制门窗和阳台，最后绘制其他设施。

2.5.2 户型图的创意分析与设计思路

平面户型图除了要直观地表现出房屋的大小和结构之外，还应表现出房屋的朝向、绘图比例以及入户位置等要素。根据本例的制作要求，还可以进行以下一些分析。

- 在房屋框架的绘制上应利用直线段的不同粗细来体现房屋的承重墙。
- 房屋的窗户部分可以考虑用空心矩形或比框架更细的直线段来体现，本例利用的是后一种方式。
- 对于房屋中的设施，应尽量考虑绘制一些必备对象，且绘制的效果尽可能做到简单直观，不需要花费很长时间进行精心描绘。

本例的设计思路如图 2-81 所示，具体设计如下。

（1）使用“直线段工具”、“路径橡皮擦工具”、“弧形工具”绘制房屋框架和门窗。

（2）使用“钢笔工具”、“矩形工具”、“圆角矩形工具”、“椭圆工具”、直接选择工具绘制卧室设施。

（3）使用“矩形工具”、“圆角矩形工具”、“钢笔工具”、“椭圆工具”、“极坐标网格工具”绘制厨房设施。

（4）使用“圆角矩形工具”、“椭圆工具”、“铅笔工具”、“平滑工具”绘制阳台和卫生间设施。

（5）使用“矩形网格工具”绘制地砖和木地板。

（6）导入“辅助.ai”文件为平面户型图添加朝向和比例信息。

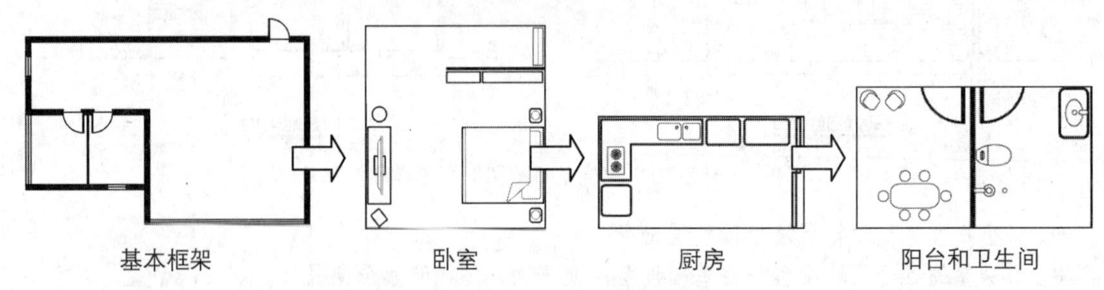

图 2-81　绘制平面户型图的思路

2.5.3　制作过程

1. 绘制房屋框架

Step 1：启动 Illustrator 并新建文件，选择工具箱中的“直线段工具”，在页面上单击即可打开“直线段工具选项”对话框。在“长度”文本框中输入“80mm”，在“角度”文本框中输入“0°”，单击 确定 按钮，如图 2-82 所示。

Step 2：此时页面中将出现符合设置条件的直线段，保持该直线段的选择状态，在常用设置栏中将填充颜色设置为“无”、描边颜色设置为“黑色”、描边粗细设置为“5pt”，如图 2-83 所示。

Step 3：使用相同的方法通过对话框再绘制颜色和粗细与刚才绘制的直线段相同的直线段，其中 3 条水平直线段的长度依次为“35mm”、“35mm”和“45mm”，3 条垂直直线段的长度依次为“30mm”、“40mm”和“50mm”，如图 2-84 所示。

Step 4：选择工具箱中的“选择工具”，将鼠标指针移动到最右侧的垂直直线段上，使其变为形状，如图 2-85 所示。

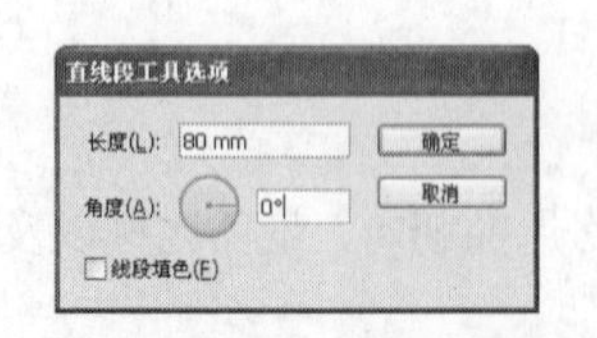

图 2-82　设置直线段参数

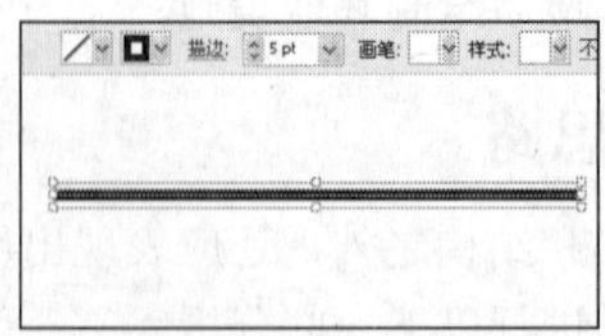

图 2-83　设置直线段

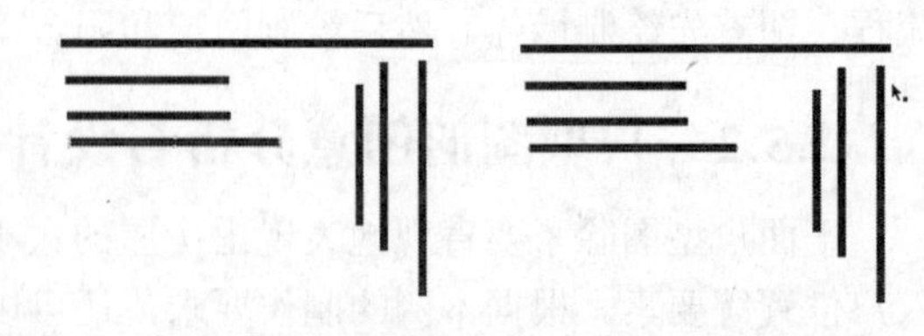

图 2-84　绘制其他直线段　图 2-85　选择直线段

Step 5：将选择的直线段拖曳到最上方的水平直线段右端点处，将其连接在一起，如图 2-86 所示。

Step 6：利用键盘上的方向键对直线段进行微调，使其更加完美地衔接。也可通过在常用设置栏中的“X”数值框和“Y”数值框中输入数字来精确地调整对象在页面中的水平位置和垂直位置，如图 2-87 所示。

Step 7：使用相同的方法将其他直线段进行连接，效果如图 2-88 所示，这样便完成了房屋框架的绘制。

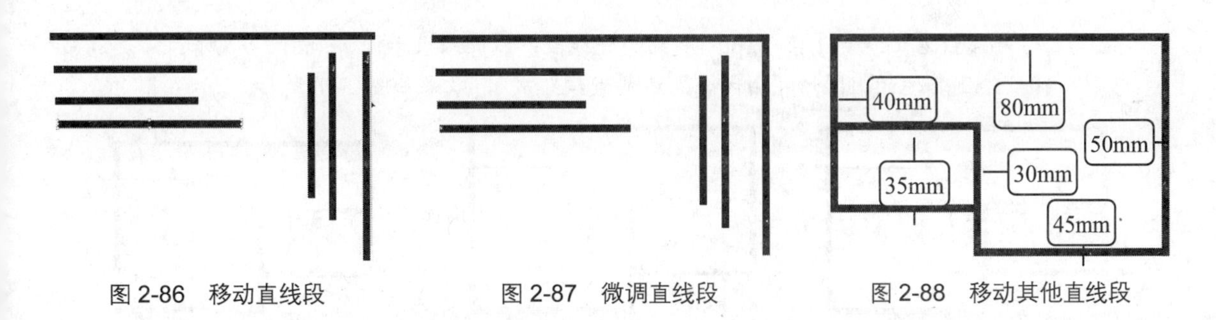

图 2-86　移动直线段　　图 2-87　微调直线段　　图 2-88　移动其他直线段

2. 绘制门窗

Step 1：利用“直线段工具” 绘制粗细为“2pt”的黑色直线段，将其作为隔断和分隔墙，如图 2-89 所示。

Step 2：利用“直接选择工具” 选择右侧的直线段，然后利用“路径橡皮擦工具” 擦除路径上的部分线段，如图 2-90 所示。

Step 3：利用“路径橡皮擦工具” 擦除框架，预留出门窗的位置，效果如图 2-91 所示。擦除后可利用“选择工具” 或“直接选择工具” 对路径进行调整。

Step 4：绘制一条粗细为“1pt”的直线段，然后利用“选择工具” 将其移动到如图 2-92 所示的位置。

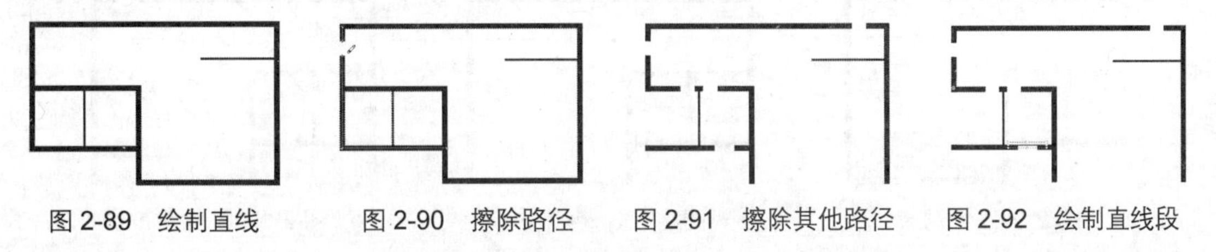

图 2-89　绘制直线　　图 2-90　擦除路径　　图 2-91　擦除其他路径　　图 2-92　绘制直线段

Step 5：绘制两条相同粗细的直线段，并依次向下平行放置，表示该处位置为房屋的窗户，如图 2-93 所示。

Step 6：用相同的方法在如图 2-94 所示的位置绘制多个窗户图形。

Step 7：利用“弧形工具”绘制一个宽度与高度相等的闭合弧线图形，并设置其填充颜色为白色，描边颜色为黑色，描边粗细为“1pt”，如图 2-95 所示。

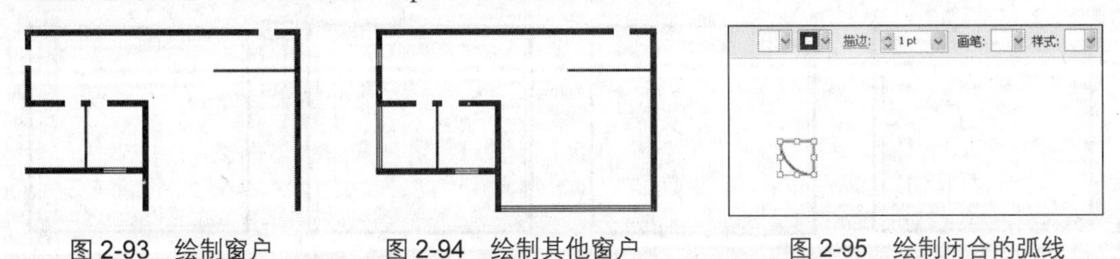

图 2-93　绘制窗户　　图 2-94　绘制其他窗户　　图 2-95　绘制闭合的弧线

Step 8：利用的“选择工具” 将绘制的闭合弧线移动到如图 2-96 所示的位置。

> **提示**：利用“选择工具”拖曳弧线四周的控制点可调整该图形的大小，拖动时按住“Shift”键可等比调整图形。本书在第 4 章会详细介绍编辑图形的方法，读者可参考相关内容进行操作。

Step 9：在弧线右侧绘制 1 条“1pt”粗细的直线段，以此来表示门，如图 2-97 所示。

Step 10：绘制其他的门图形（由闭合弧线和直线组成），效果如图 2-98 所示。

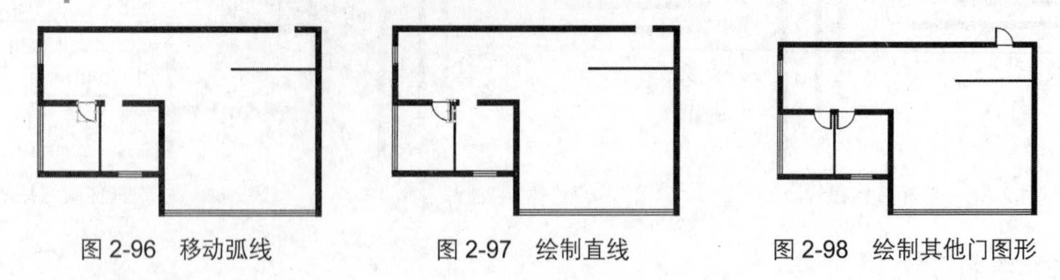

图 2-96　移动弧线　　图 2-97　绘制直线　　图 2-98　绘制其他门图形

3. 绘制床

Step 1：利用“矩形工具”绘制一个矩形作为床，并设置其填充颜色为白色，描边为黑色，描边粗细为“1pt”，然后将其移动到如图 2-99 所示的位置。

Step 2：在矩形上方利用“圆角矩形工具”绘制两个相同的圆角矩形作为枕头，同样设置其填充为白色，描边颜色为黑色，描边粗细为“0.25pt”，如图 2-100 所示。

Step 3：利用“圆角矩形工具”绘制一个圆角矩形作为被子，并设置填充颜色为白色，描边颜色为黑色，描边粗细为“0.25pt”，如图 2-101 所示。

图 2-99　绘制床　　图 2-100　绘制枕头　　图 2-101　绘制被子

Step 4：利用“路径橡皮擦工具”擦除被子图形右下方的部分路径，如图 2-102 所示。

Step 5：利用“多边形工具”绘制一个三角形，并将其移动到如图 2-103 所示的位置。

Step 6：利用“直接选择工具”选择三角形，并调整锚点位置，效果如图 2-104 所示。

Step 7：选择三角形最上方的锚点，单击常用设置栏中的按钮将锚点转换为平滑点，从而制作出被子的折叠效果，如图 2-105 所示。

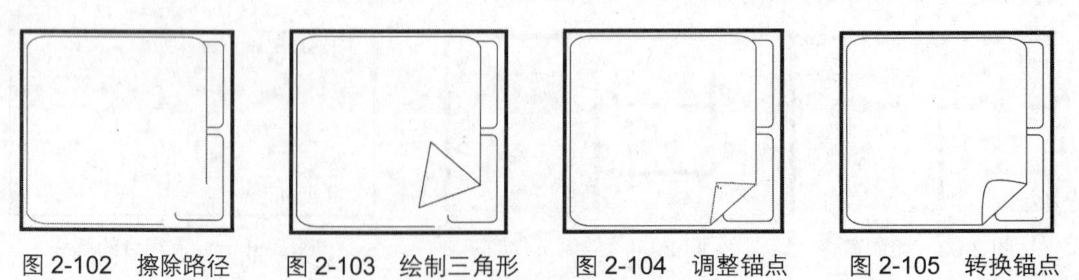

图 2-102　擦除路径　　图 2-103　绘制三角形　　图 2-104　调整锚点　　图 2-105　转换锚点

4. 绘制电视

Step 1：利用“矩形工具”绘制一个矩形作为电视柜，并设置其填充颜色为白色，描边颜色为黑色，描边粗细为“1pt”，然后将其移动到如图 2-106 所示的位置。

Step 2：绘制一个小的矩形作为电视基座，并设置其填充颜色为白色，描边颜色为黑色，描边粗细为“1pt”，然后将其移动到如图 2-107 所示的位置。

Step 3：利用“钢笔工具”绘制类似梯形的图形，设置其填充颜色为白色，描边颜色为黑色，描边粗细为“0.25pt”，并将其移动到如图 2-108 所示的位置。

Step 4：利用“矩形工具”绘制矩形，并设置其填充颜色为白色，描边颜色为黑色，描边粗细为“0.25pt”，然后将其移动到如图 2-109 所示的位置，这样便完成了电视的绘制。

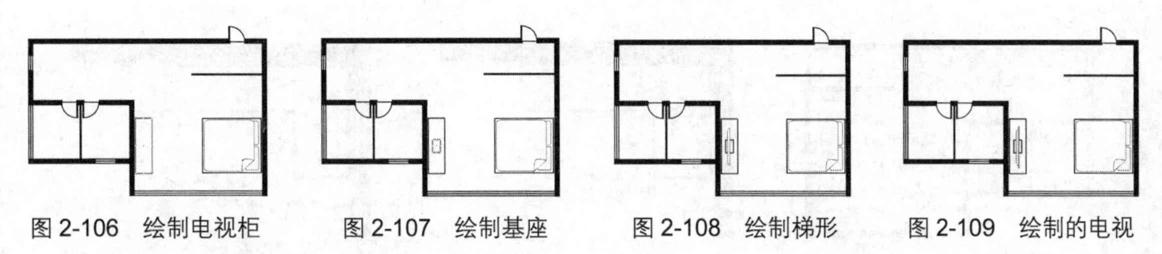

图 2-106 绘制电视柜　图 2-107 绘制基座　图 2-108 绘制梯形　图 2-109 绘制的电视

5. 绘制卧室其他设施

Step 1：利用“圆角矩形工具”绘制一个圆角矩形作为空调，并设置其填充颜色为白色，描边颜色为黑色，描边粗细为“1pt”，然后将其移动到电视下方。将鼠标指针移至该图形边框的控制点附近，当鼠标指针变为有弧度的双向箭头时，拖曳以旋转图形，如图 2-110 所示。

Step 2：利用“椭圆工具”绘制一个圆形作为花瓶，设置其填充颜色为白色，描边颜色为黑色，描边粗细为“1pt”，并将其移动到电视上方，如图 2-111 所示。

Step 3：利用“圆角矩形工具”和“椭圆工具”绘制出床头柜、台灯、衣柜和化妆台等图形，并将它们移动到如图 2-112 所示的位置（其中台灯图形的描边粗细为“0.25 pt”）。

6. 绘制厨房设施

Step 1：使用“钢笔工具”并结合“Shift”键绘制一个“L”形的图形，设置其填充颜色为白色，描边为黑色，描边粗细为“1pt”，并将其移动到如图 2-113 所示的位置。

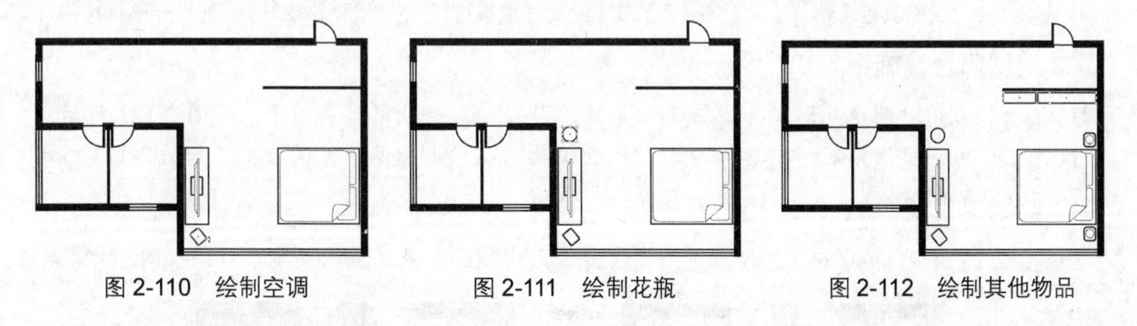

图 2-110 绘制空调　图 2-111 绘制花瓶　图 2-112 绘制其他物品

Step 2：将描边粗细调整为“0.25pt”，分别利用“椭圆工具”和“圆角矩形工具”绘制出圆形和圆角矩形，然后将其移动到如图 2-114 所示的位置作为厨房的水槽。

Step 3：利用“矩形工具”绘制出灶台，如图 2-115 所示。

Step 4：利用“极坐标网格工具”绘制灶，在拖曳时结合方向键设置圆环数量为“3”，射线数量为“8”，如图 2-116 所示。

Step 5：利用“选择工具”将绘制的图形缩小并移动到灶台上，如图 2-117 所示。

Step 6：用相同的方法绘制出另一个灶图形，如图 2-118 所示。

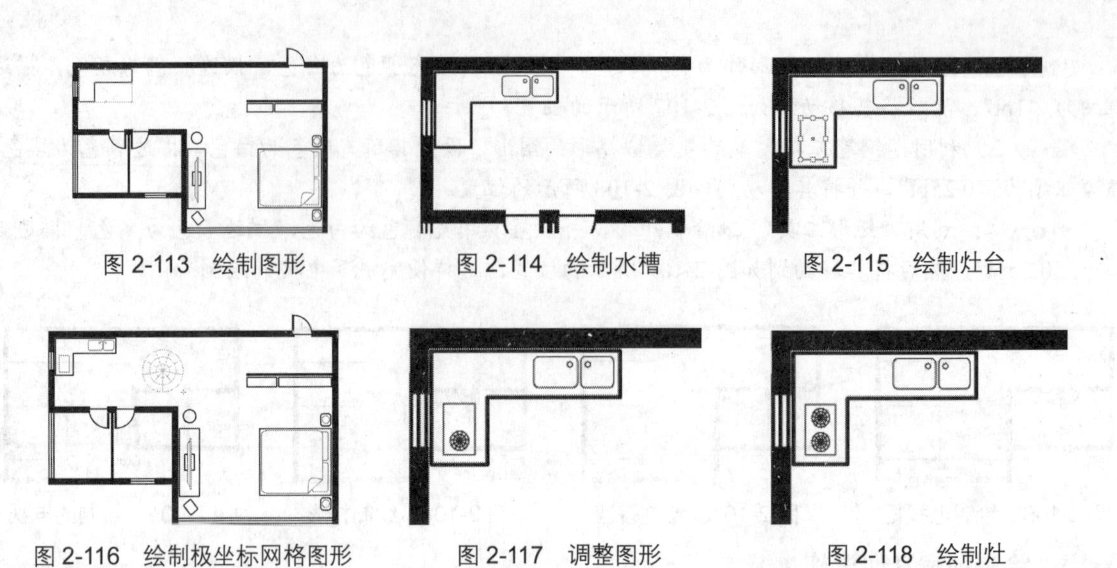

图 2-113 绘制图形　　图 2-114 绘制水槽　　图 2-115 绘制灶台

图 2-116 绘制极坐标网格图形　　图 2-117 调整图形　　图 2-118 绘制灶

Step 7：利用“圆角矩形工具” 绘制洗衣机、电冰箱和消毒柜等图形，并将它们移动到相应的位置，如图 2-119 所示。

Step 8：利用“矩形工具” 绘制矩形作为厨房的推拉门，如图 2-120 所示。

Step 9：绘制出推拉门的另一扇门，如图 2-121 所示。

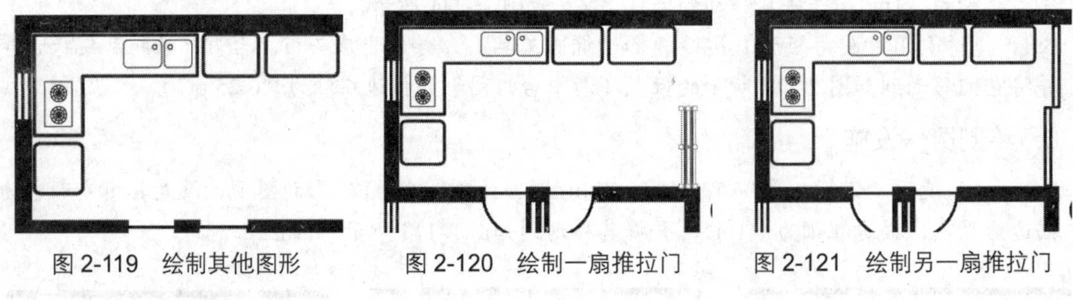

图 2-119 绘制其他图形　　图 2-120 绘制一扇推拉门　　图 2-121 绘制另一扇推拉门

7. 绘制阳台设施

Step 1：利用“圆角矩形工具” 和“椭圆工具” 绘制出餐桌和椅子，如图 2-122 所示。

Step 2：利用“圆角矩形工具” 和“椭圆工具” 绘制出两个休闲沙发，如图 2-123 所示。

8. 绘制卫生间设施

Step 1：利用“圆角矩形工具” 和“椭圆工具” 绘制出花洒以及下水口，如图 2-124 所示。

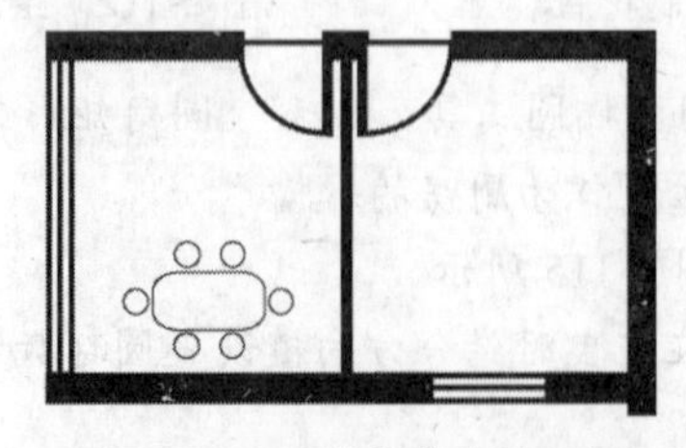

图 2-122 绘制餐桌和椅子

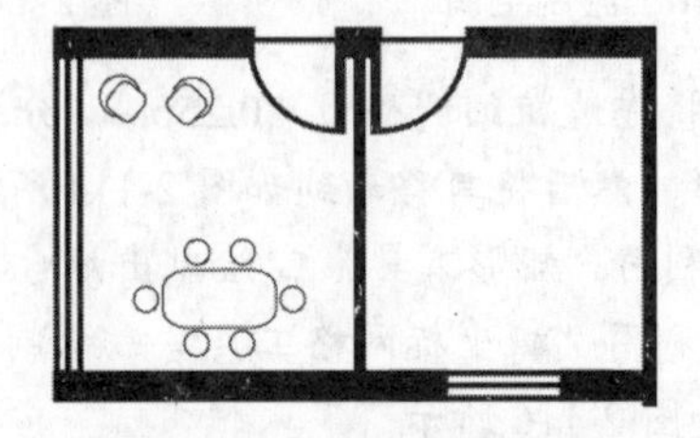

图 2-123 绘制休闲沙发

Step 2：使用“圆角矩形工具” 和“椭圆工具” 绘制出洗漱盆，如图 2-125 所示。

Step 3：利用“铅笔工具”绘制出马桶外形，并利用“平滑工具”调整绘制的图形，如图 2-126 所示。

Step 4：利用“直线段工具”、“圆角矩形工具”和“椭圆工具”为马桶图形添加细节，如图 2-127 所示。

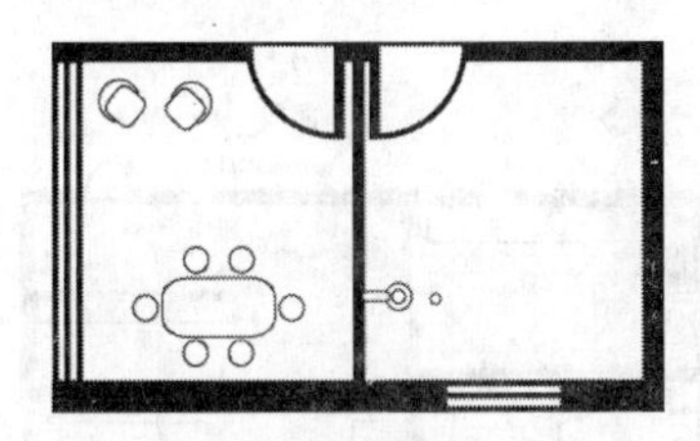

图2-124　绘制花洒和下水口

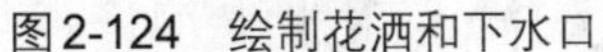

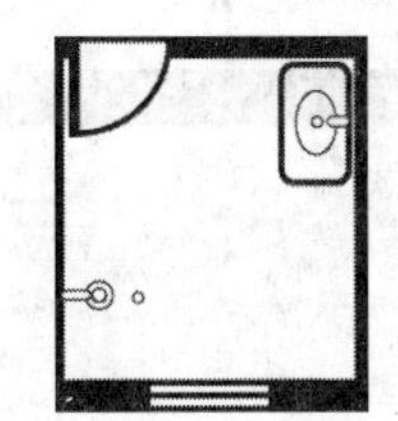

图2-125　绘制洗漱盆

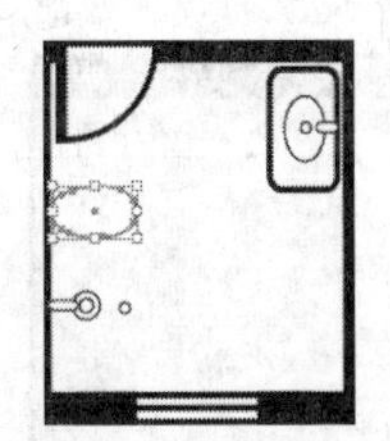

图2-126　绘制马桶

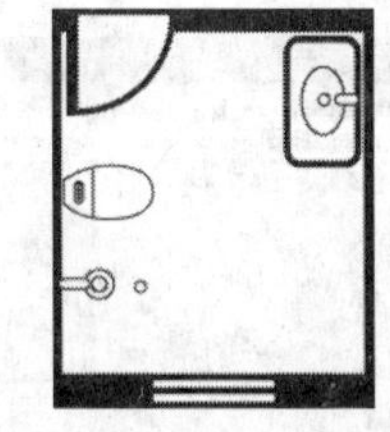

图2-127　修整马桶圆形

9. 绘制地面效果

Step 1：选择“矩形网格工具”，然后在卧室区域拖曳绘制图形，并通过方向键将网格调整为如图 2-128 所示的效果。

Step 2：利用“选择工具”选择绘制的矩形网格图形，然后按“Ctrl+Shift+[”组合键将其移动到最底层，从而制作出大地砖效果，如图 2-129 所示。

Step 3：利用“矩形网格工具”在厨房区域绘制矩形网格图形，此时需要利用方向键将网格适当缩小，效果如图 2-130 所示。

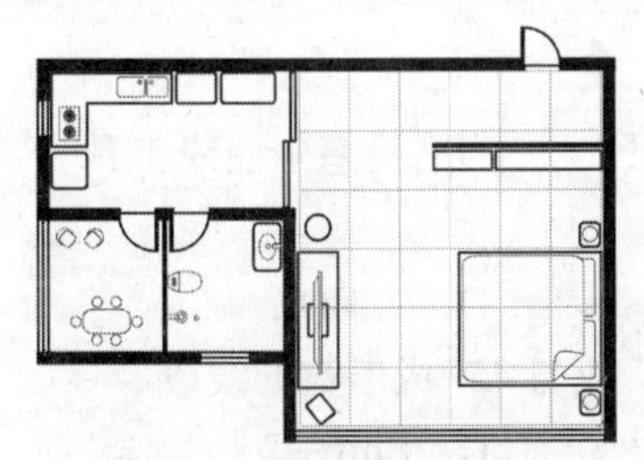

图 2-128　绘制矩形网格

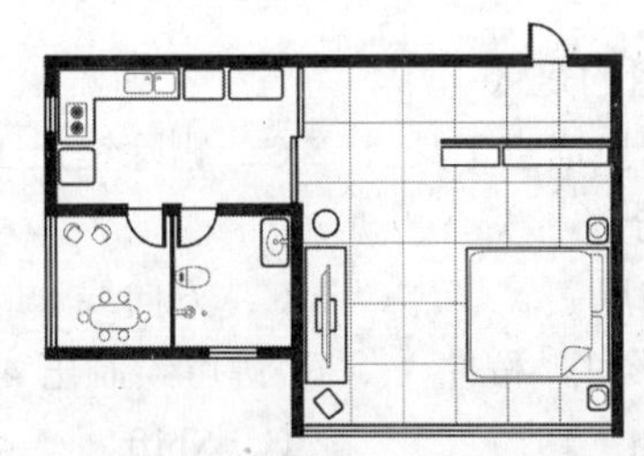

图 2-129　调整矩形网格的位置

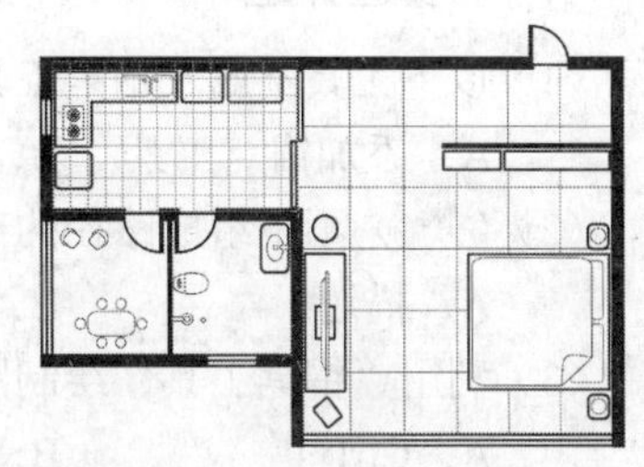

图 2-130　再次绘制矩形网格

Step 4：利用“选择工具”选择绘制的矩形网格图形，然后按“Ctrl+Shift+[”组合键将其移动到最底层，从而制作出厨房的小地砖效果，如图 2-131 所示。

Step 5：用相同的方法分别制作出阳台的木地板效果（利用方向键删除所有行，只保留列）和卫生间的地砖效果，如图 2-132 所示。

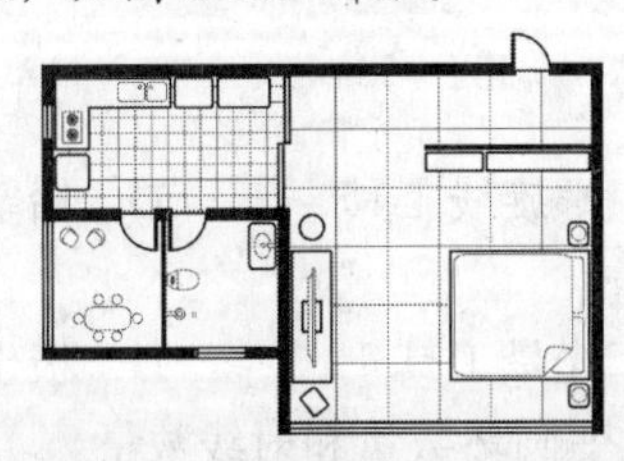

图 2-131　调整矩形网格位置

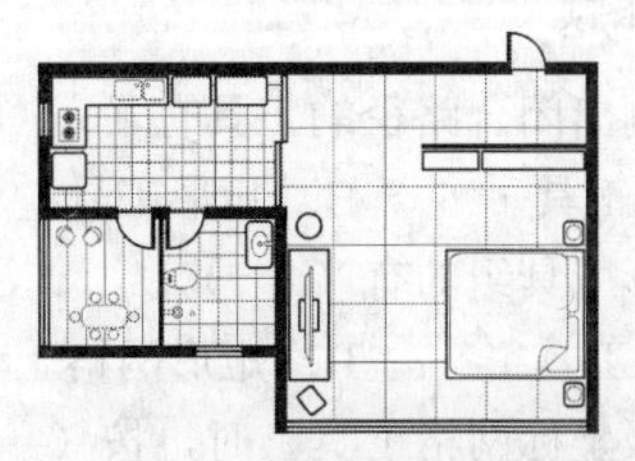

图 2-132　绘制其他矩形网格

10. 制作朝向和比例信息

Step 1：选择【文件】/【置入】命令，打开“置入”对话框，选择光盘提供的“辅助.ai”文件，然后单击 置入 按钮，如图 2-133 所示。

Step 2: 打开“置入 PDF”对话框，在“裁剪到”下拉列表中选择“边框”选项，然后单击 确定 按钮，如图 2-134 所示。

Step 3: 利用“选择工具” 调整置入的图形的位置和大小，如图 2-135 所示。保存文件即可完成本例操作。

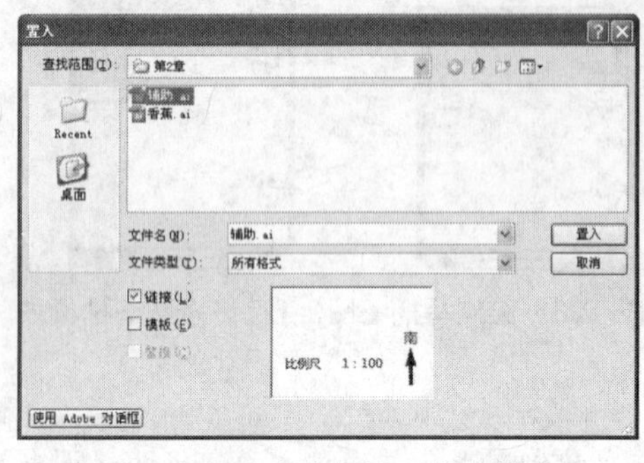

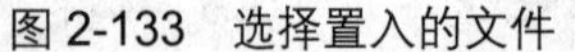
图 2-133 选择置入的文件

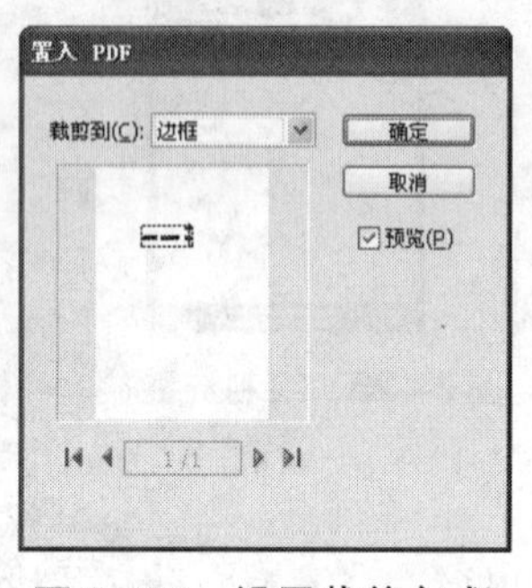

图 2-134 设置裁剪方式

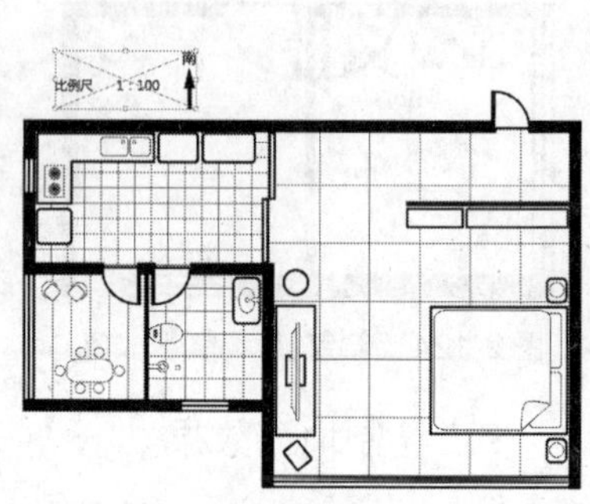

图 2-135 调整图形的大小和位置

2.6 练习与上机

1. 单项选择题

（1）以下工具不属于钢笔工具组的是（　　）。

A．添加锚点工具　B．转换锚点工具　C．删除锚点工具　D．贝塞尔曲线工具

（2）（　　）不是组成路径的部分。

A．描边　B．锚点　C．方向线　D．方向点

（3）利用“钢笔工具”绘制图形时，按住（　　）键可绘制出 45°或与 45°成倍数的线段。

A．Ctrl　B．Alt　C．Shift　D．Shift+C

（4）若想以单击的位置为中心点绘制直线，需在绘制时按住（　　）键。

A．Ctrl　B．Alt　C．Shift　D．Ctrl+Shift

（5）使用“弧形工具”时，按住（　　）键并拖曳可绘制分离的弧线。

A．`　B．E　C．B　D．C

2. 多项选择题

（1）可以绘制出闭合路径的工具有（　　）。

A．钢笔工具　B．弧形工具　C．螺旋线工具　D．铅笔工具

（2）属于矩形工具组的有（　　）。

A．椭圆工具　B．矩形网格工具　C．光晕工具　D．极坐标网格工具

（3）使用“极坐标网格工具”时，按（　　）键可改变圆环数量和射线数量。

A．+－　B．↑ ↓　C．<>　D．← →

（4）利用（　　）键可绘制出五角星。

A．多边形工具　B．钢笔工具　C．星形工具　D．铅笔工具

（5）下列选项中属于光晕图形组成部分的有（　　）。

A．明亮的中心　　B．射线　　C．光晕　　D．光环

3．简单操作题

（1）使用钢笔工具组并结合“直接选择工具”绘制如图 3-136 所示的树叶图形。

完成效果：效果文件\第 2 章\树叶.ai

图 2-136　绘制的树叶图形

提示：首先利用“钢笔工具”绘制树叶的大致轮廓，然后通过“添加锚点工具”或“删除锚点工具”来调整图形细节，最后利用“直接选择工具”进一步修整图形。

（2）使用铅笔工具组绘制如图 3-137 所示的金鱼图形。

提示：首先利用“铅笔工具”绘制金鱼轮廓及其局部特征，然后使用“平滑工具”修整路径。

完成效果：效果文件\第 2 章\金鱼.ai

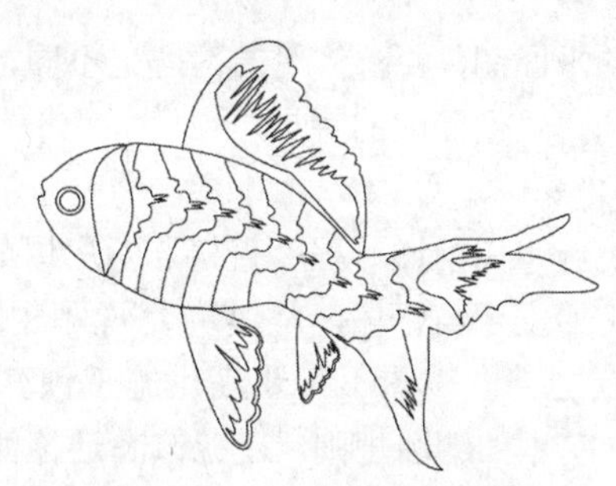

图 2-137　绘制的金鱼图形

4．综合操作题

（1）综合运用各种绘图工具绘制葡萄图形，并尝试对绘制的图形进行填色操作（可参考本书下一章将要讲解的内容），参考效果如图 2-138 所示。

完成效果：效果文件\第 2 章\葡萄.ai
视频演示：第 2 章\综合练习\葡萄.swf

图 2-138　绘制的葡萄图形

（2）按照本章应用实践中的操作思路和方法绘制一个大户型的平面图，参考效果如图 2-139 所示。

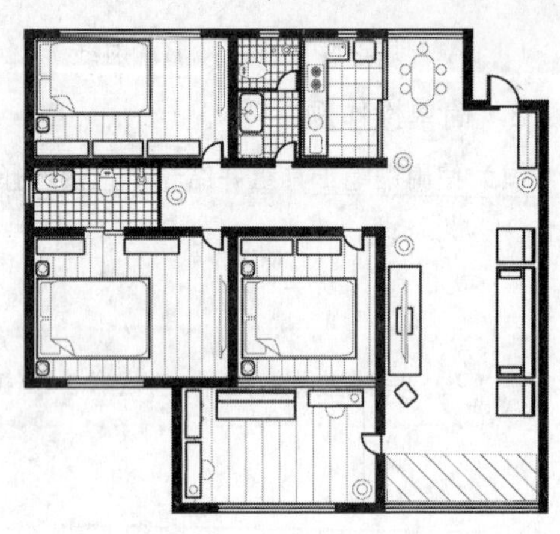

图 2-139　大户型平面图

完成效果：效果文件\第 2 章\大户型图.ai
视频演示：第 2 章\综合练习\大户型图.swf

拓展知识

不同的平面图，要求体现的内容也不同，下面简单介绍建筑施工图和建筑剖面图的特点。

1. 建筑施工图

建筑施工图的详尽程度直接影响房屋前期施工和后期装修维护的安全与好坏，是建筑类平面图中最为重要的图纸之一。该图不仅要满足施工预算和施工准备的要求，遵守基本的绘图规则，还应该满足各种家装对象这类非专业群体的识图需要，因而它应该完整统一，清晰简明，尺寸详尽。总之，建筑施工图需要包括的主要内容如下。

（1）平面图生活区域应有相应名称，并有相应的面积计算。

图 2-140　建筑施工图

（2）家具占地面积因施工方法需除去的，应标注占地面积。

（3）平面图各生活区域的地面与顶面尺寸标高。

（4）平面图必须有统一的比例和向位标识。图 2-140 所示为一个建筑施工图的局部样品。

2. 建筑剖面图

建筑剖面图是假想用一个或多个垂直于外墙轴线的铅垂剖切面将房屋剖开所得的投影图。剖面图用以表示房屋内部的结构或构造形式、分层情况和各部位的联系、材料及其高度等，是与平面图、立面图相互配合的不可缺少的重要图样之一。剖面图首先应表示出墙、柱及其定位轴线，要有表示室内底层地面、地坑、地沟、各层楼面、顶棚，屋顶、门、窗、楼梯、阳台、排水沟及其他装修等剖切到或能见到的内容。另外，剖面图应标出各部位完成面的标高和高度，如室内外地面、各层楼面与楼梯平台等处的标高，门、窗高度，层间高度及总高度等。

第3章 填充图形

📖 学习目标

学习在 Illusrator 中为绘制的图形填充各种颜色和图案，包括描边、填色、实时上色、填充渐变色、填充网格、填充图案和自定义图案等。了解插画在不同领域中的应用以及绘制手法，并掌握儿童插画的特点与绘制方法。

📖 学习重点

掌握“色板”面板、“颜色”面板、“拾取器”对话框、“渐变”面板，“吸管工具”、“画笔工具”、“实时上色工具”、“实时上色选择工具”、“渐变工具”、“网格工具”、图案库等面板及工具的使用方法，并能运用这些工具对图形进行颜色填充操作。

📖 主要内容

- 描边与填色。
- 实时上色。
- 渐变色填充。
- 渐变网格填充。
- 图案填充。
- 绘制儿童读物卡通插画。

3.1 描边与填色

描边是指对象的可视轮廓，填色则是指对象内部的颜色或图案。Illustrator 提供了颜色填充工具、“色板”面板、“颜色”面板、“吸管工具”和“画笔工具”等面板和工具对图形进行描边与填充，下面分别介绍这些面板和工具的使用方法与特点。

3.1.1 使用颜色填充工具

Illustrator 工具箱的底部有两个可以前后切换的颜色框，这就是颜色填充工具（见图 3-1），其中左上角的颜色框代表当前的填充颜色，右下角的颜色框代表当前的描边颜色。单击颜色填充工具左上方的按钮或按“D”键可将填充颜色和描边颜色同时恢复为默认的颜色。单击右上方的按钮或按“Shift+X”组合键可以使填充颜色与描边颜色快速交换。

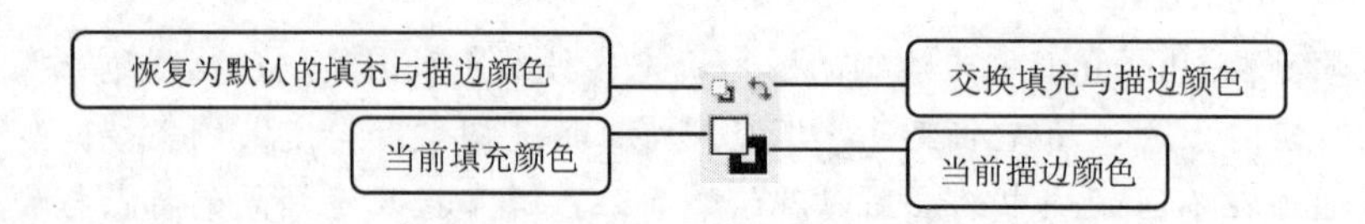

图 3-1 颜色填充工具

使用颜色填充工具为所选图形应用填充颜色或描边颜色的方法为，单击颜色填充工具左上角的按钮，使其处于上层，然后单击颜色填充工具下方的按钮便可为图形应用不同的填充颜色，如图 3-2 所示。单击颜色填充工具右下角的按钮，使其处于上层，然后单击颜色填充工具下方的按钮便可为图形应用不同的描边颜色，各按钮的作用从左到右依次为单色填充、渐变色填充和无颜色填充。

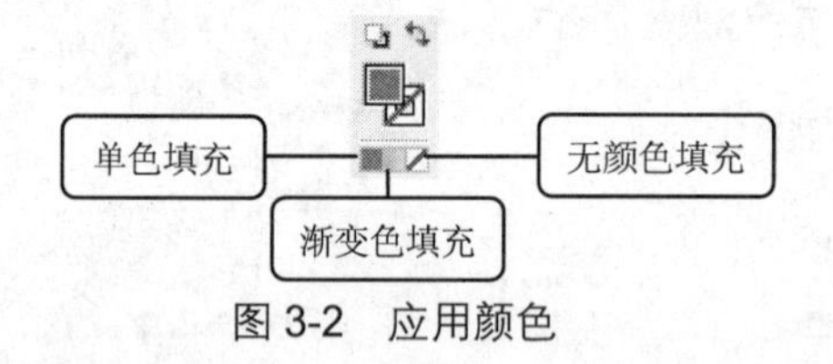

图 3-2 应用颜色

当在闭合路径中填充颜色时，设置的颜色将直接填满整个闭合区域，效果如图 3-3 所示。当绘制的图形为开放路径时，Illustrator 会假设路径的起点与终点之间存在一条直线段，并将开放路径假定为闭合路径进行填充，效果如图 3-4 所示。

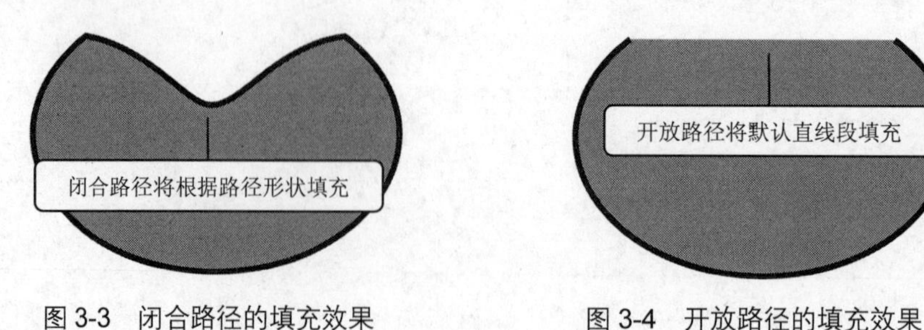

图 3-3 闭合路径的填充效果　　图 3-4 开放路径的填充效果

3.1.2　使用“拾取器”对话框

在“拾取器”对话框中可以更改所选图形的填充颜色和描边颜色，方法为，选择图形，然后双击工具箱中的颜色填充工具中的填充按钮或描边按钮，在打开的“拾取器”对话框中选择颜色即可。

【例 3-1】下面通过“拾取器”对话框为交叉的圆环图形填充不同的颜色，效果如图 3-5 所示。

所用素材：素材文件\第 3 章\圆环.ai
完成效果：效果文件\第 3 章\圆环.ai

Step 1：打开“圆环.ai”文件，利用“Shift”键选择如图 3-6 所示的图形。

图 3-5　填充颜色后的效果

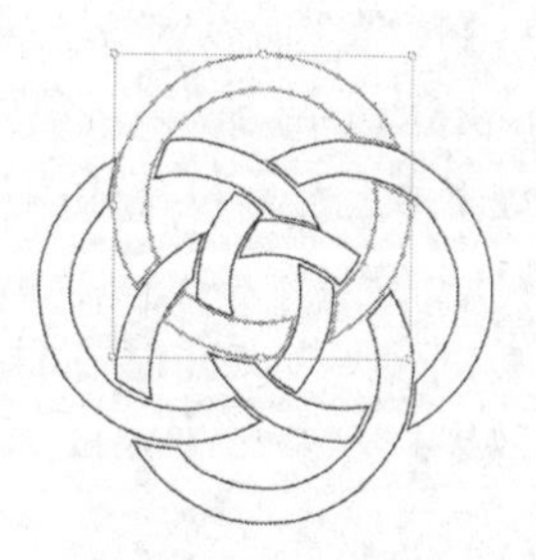

图 3-6　选择图形

Step 2：双击颜色填充工具中的填充按钮，打开“拾色器”对话框，拖曳中间颜色条中的▷◁滑块，然后在左侧的拾色器中选择具体的颜色，完成后单击确定按钮，如图 3-7 所示。

Step 3：所选图形已填充拾色器中选择的颜色，继续选择如图 3-8 所示的图形。

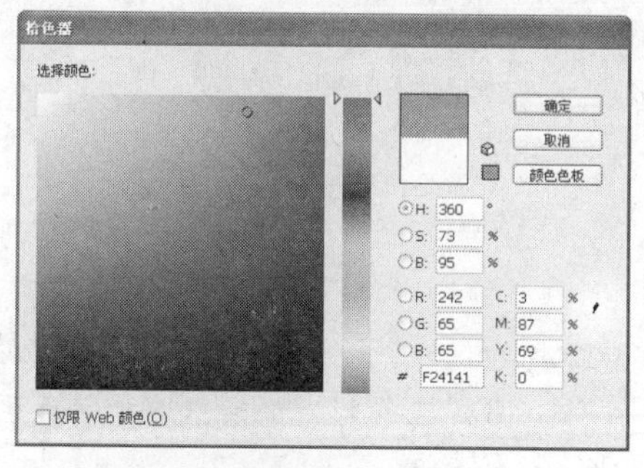

图 3-7　选择颜色

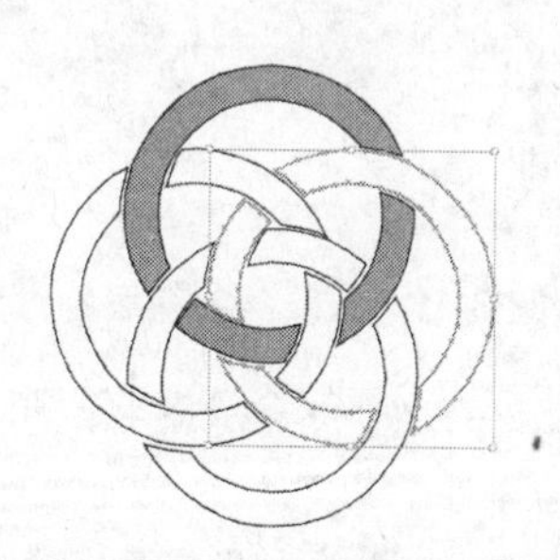

图 3-8　继续选择图形

Step 4：使用相同的方法在打开的“拾色器”对话框中选择如图 3-9 所示的颜色。

Step 5：设置后选择的图形即可应用相应颜色，如图 3-10 所示。使用相同的方法选择其他图形并为其填充颜色即可得到如图 3-5 所示的最终效果。

提示：在“拾色器”对话框中除了可以拖曳滑块来选择颜色外，还可分别在不同模式的颜色文本框中输入数值来准确选择颜色，其中包括 HSB、RGB 和 CMYK 3 种色彩模式，确定某种颜色只需在任意一种色彩模式的文本框中输入数值即可。

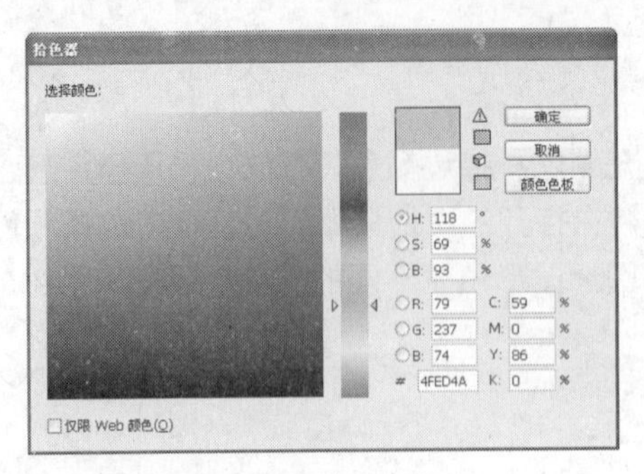

图 3-9　再次选择颜色

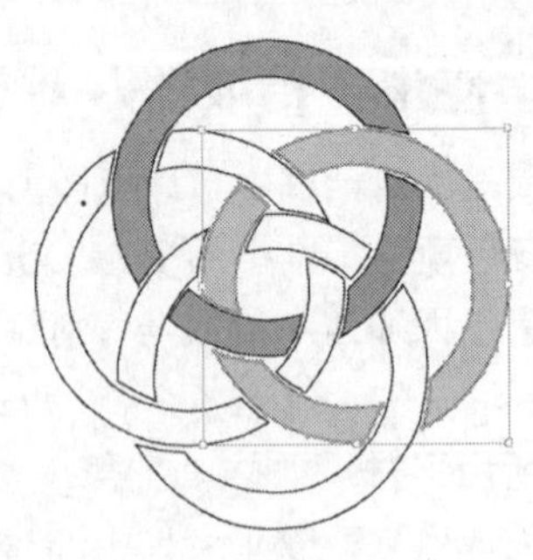

图 3-10　填充颜色

3.1.3　使用“颜色”面板

选择【窗口】/【颜色】命令或按“F6”键可打开“颜色”面板，用户可在其中选择 RGB 或 CMYK 等各种色彩模式，并可以手动调色，从而为图形填充更符合需求的色彩效果。

【例 3-2】通过“颜色”面板更改图形的填充颜色和描边颜色，对比效果如图 3-11 所示。

所用素材：素材文件\第 3 章\贺.ai

完成效果：效果文件\第 3 章\贺.ai

Step 1：打开“贺.ai”文件，利用“直接选择工具”选择红色背景图形，打开“颜色”面板，单击颜色填充工具中的按钮，然后单击色彩光谱条中的黄色区域，如图 3-12 所示。

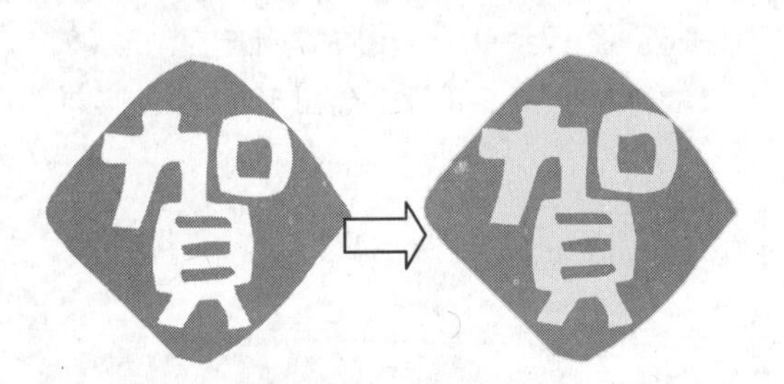

图 3-11　更改颜色前后的对比效果

图 3-12　选择图形

Step 2：此时红色背景将应用黄色描边，如图 3-13 所示。利用“Shift”键选择内部的白色图形区域，然后单击“颜色”面板的颜色填充工具中的□按钮，同样在色彩光谱条中选择黄色区域。

Step 3：所选图形将应用黄色填充颜色，效果如图 3-14 所示。

图 3-13　更改描边颜色

图 3-14　更改填充颜色

【知识补充】“颜色”面板是填充图形时使用较为频繁的面板，为了更好地使用它，下面介绍其中的一些参数的作用，具体内容如下。

- 颜色填充工具：该工具与工具箱中的颜色填充工具的作用和使用方法完全相同，双击其中的某个按钮也可打开“拾色器”对话框。
- “选项”按钮：单击该按钮将弹出下拉列表，在其中可设置“颜色”面板中显示的色彩模式，如图 3-15 所示，默认显示为灰度模式。
- 按钮：单击该按钮可将设置的颜色校正为最接近当前设置颜色的 Web 颜色。
- 色彩滑块：选择不同的色彩模式后，“颜色”面板将显示不同的色彩滑块，拖曳滑块或在右侧的文本框中输入数值便可确定颜色。

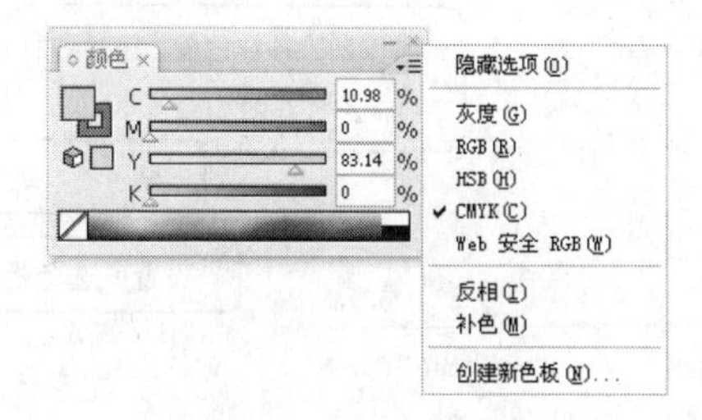

图 3-15　选项下拉列表

- 色彩光谱条：在其上单击便可选择对应的颜色并可将其应用到所选图形上，需注意的是，将鼠标指针移至色彩光谱条上时，鼠标指针会自动变为吸管形状。

3.1.4　使用“色板”面板

选择【窗口】/【色板】命令可打开“色板”面板，其中不仅预设了各种常见的色彩，还自动保留了在绘图过程中使用过的单色、渐变色和图案等色彩对象。使用“色板”面板可以避免手动调色的操作，而快速为图形应用已有的某种颜色。

【例 3-3】利用“色板”面板中已有的渐变色色块填充图形。

所用素材：素材文件\第 3 章\扇.ai　　**完成效果**：效果文件\第 3 章\扇.ai

Step 1：打开“扇.ai”文件，利用“直接选择工具”选择所有扇面图形，如图 3-16 所示。

Step 2：打开“色板”面板，单击其最右侧的渐变色色块，此时所选图形将填充对应的颜色，如图 3-17 所示。

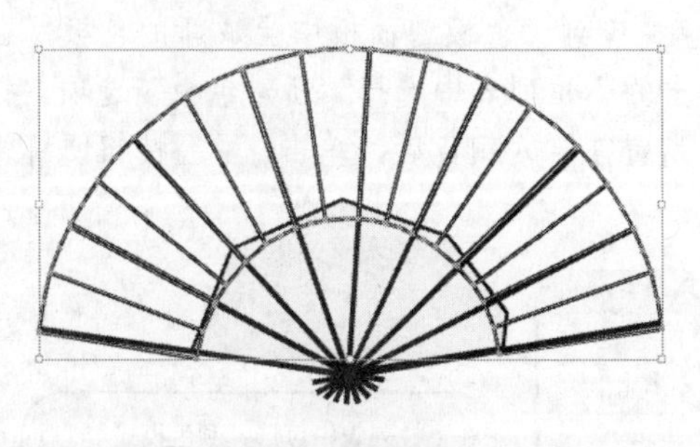

图 3-16　选择图形

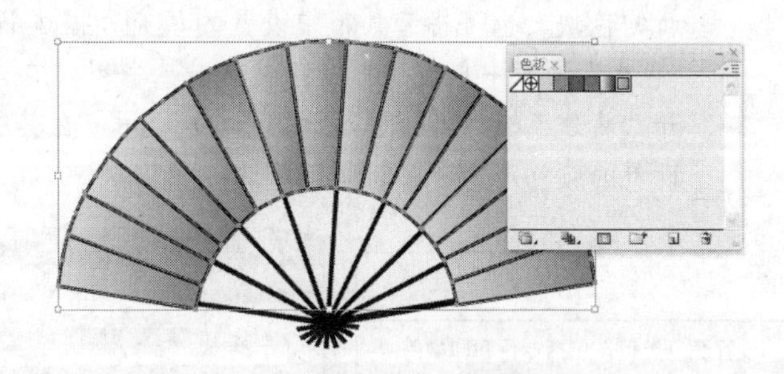

图 3-17　填充颜色

【知识补充】“色板”面板是填充图形和管理颜色的重要对象，它不仅可以记忆使用过的颜色，更能以不同的方式显示颜色和排列颜色，并可新建、复制和删除色板，以满足不同用户对颜色的各种需求。下面进一步介绍“色板”面板的使用方法，如图 3-18 所示。

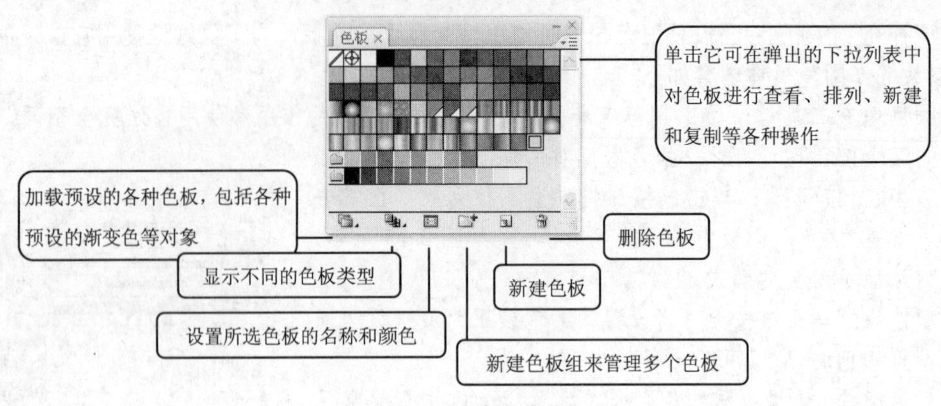

图 3-18 “色板”面板

- 显示色板：单击按钮，在弹出的下拉菜单中选择相应的色板类型即可显示对应的色板，如图 3-19 所示。
- 查看色板：单击按钮，在弹出的下拉列表中选择如图 3-20 所示的选项可以缩略图或列表的方式显示色板中的各种色块。

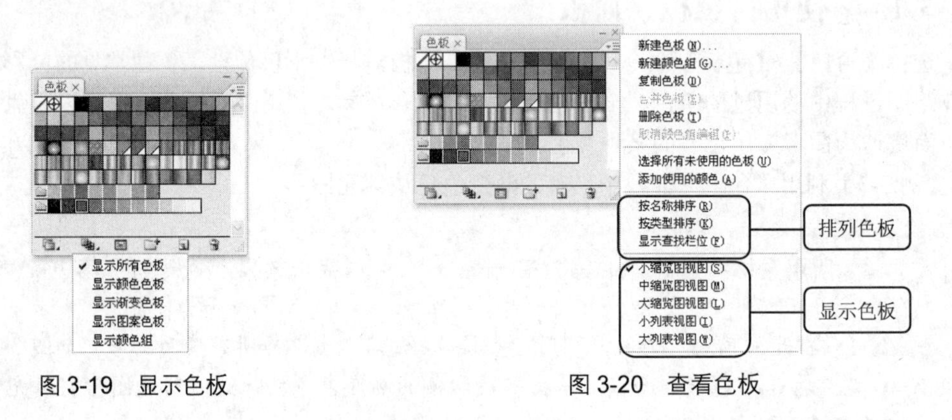

图 3-19 显示色板　　图 3-20 查看色板

- 新建色板：在“颜色”面板中设置所需颜色后，将其拖曳到“色板”面板中即可在其中生成新的色块，也可将工具箱中设置的填充和描边颜色拖曳到“色板”面板中生成新的色板。在“色板”面板中单击按钮或单击按钮，在弹出的下拉列表中选择“新建色板”选项，打开“新建色板”对话框，如图 3-21 所示。在其中设置需要的颜色后，单击确定按钮便可将设置的颜色定义为新的颜色色块。

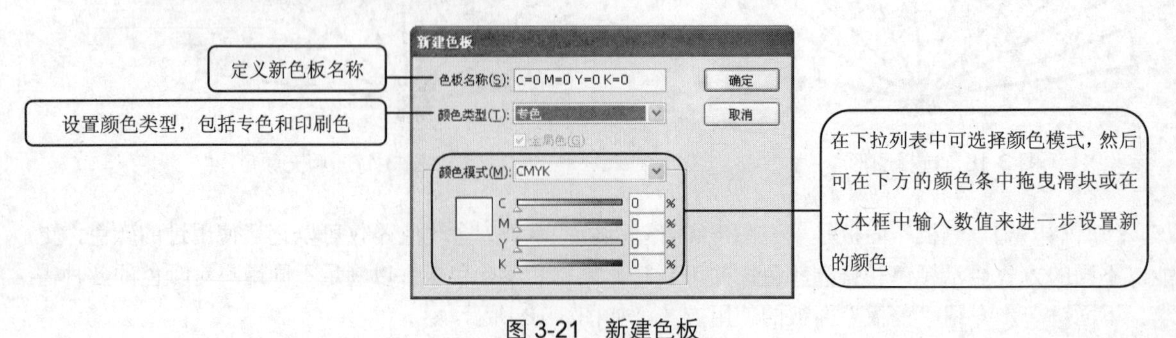

图 3-21 新建色板

注意：专色在分色打印时是单独的一个色板，而印刷色就是通常所说的四色，在进行打印时所有以印刷色定义的颜色都会在青、洋红、黄和黑4块色板上进行表示。由于印刷色所能表现的颜色范围有限，有时作品所需的其他颜色无法表现出来，如烫金或烫银等，因此需要利用专色来完成。

- 复制色板：在“色板”面板中选择需复制的色块，单击按钮，在弹出的下拉列表中选择“复制色板”命令，或直接将选择的色块拖曳到按钮上即可复制色板。
- 删除色板：在“色板”面板中选择需删除的色块，单击按钮，在弹出的下拉列表中选择“删除色板”命令，或单击按钮，即可将选择的色块删除。直接将选择的色块拖曳到按钮上也可以删除色块。

3.1.5 使用“吸管工具”

利用“吸管工具”可以快捷地将一个对象的属性应用到另外一个对象上，其方法为，选择某个图形，单击工具箱中的按钮，然后单击需吸取属性的对象，此时选择的对象将应用被吸取属性的对象的所有属性。

【例3-4】利用“吸管工具”快速为图形应用色彩属性。

所用素材：素材文件\第3章\火焰.ai　　**完成效果**：效果文件\第3章\火焰.ai

Step 1：打开“火焰.ai”文件，通过“选择工具”并结合“Shift”键选择左侧图形最外侧的所有图形对象，如图3-22所示。

Step 2：选择工具箱中的“吸管工具”，在右侧的图形上单击，如图3-23所示。

Step 3：右侧图形的色彩属性将快速应用到所选图形中，效果如图3-24所示。

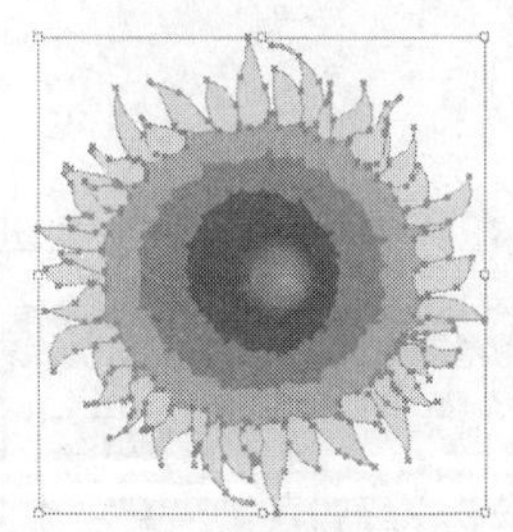
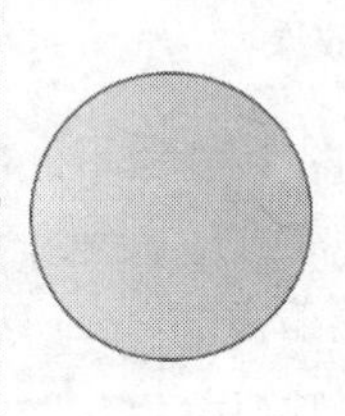

图3-22　选择图形

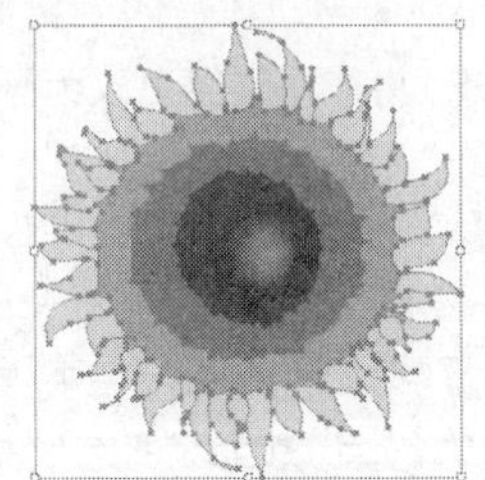
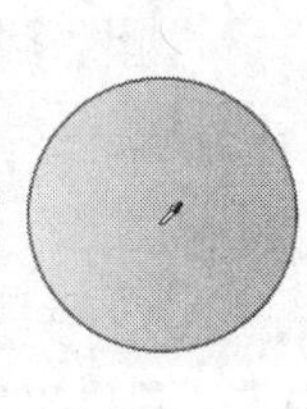

图3-23　吸取属性

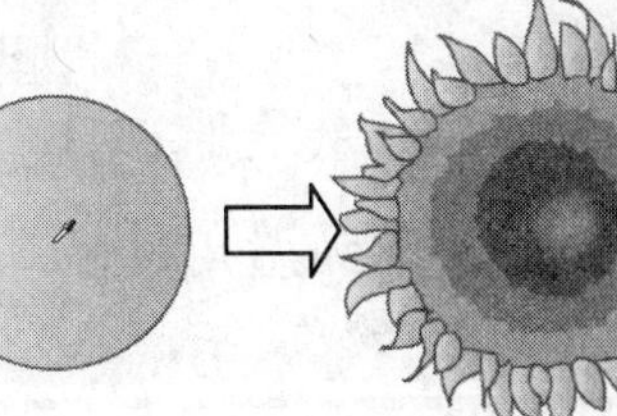

图3-24　应用效果

3.1.6 使用“画笔工具”

利用“画笔工具”和“画笔”面板不仅可以绘制出各种极具艺术性的路径，还能将普通路径转换为各种画笔效果。

1. 认识画笔的类型

Illustrator提供了大量的画笔效果，这些效果可分为4大类型，即书法画笔、散点画笔、图案画笔和艺术画笔，各类型的效果分别如下。

- 书法画笔：这种类型的画笔创建的描边类似于使用书法钢笔带拐角的尖绘制的描边以及沿路径中心绘制的描边，如图 3-25 所示。
- 散点画笔：这种类型的画笔可以将某种对象的许多副本沿着路径进行分布，如图 3-26 所示。
- 图案画笔：这种类型的画笔可以绘制一种图案，该图案由沿路径重复的各个拼贴组成，如图 3-27 所示。
- 艺术画笔：这种类型的画笔可以沿路径均匀拉伸画笔形状或对象，如图 3-28 所示。

图 3-25　书法画笔

图 3-26　散点画笔

图 3-27　图案画笔

图 3-28　艺术画笔

2. 使用与设置“画笔工具”

在工具箱中选择“画笔工具”，然后在“画笔”面板中选择某种画笔样式，即可绘制出具有相应画笔效果的路径。选择已绘制出的某个图形，然后选择某种画笔样式则可将该图形的普通路径更改为该画笔效果，图 3-29 所示为将普通路径更改为某一画笔样式的前后对比效果。

图 3-29　将普通路径更改为画笔效果

双击“画笔工具”将打开“画笔工具首选项”对话框，如图 3-30 所示。在其中可对画笔工具进行一定设置，各参数的作用如下。

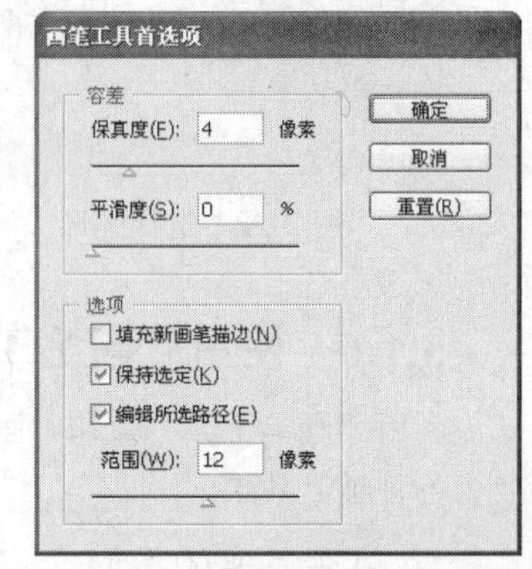

图 3-30　设置“画笔工具”

- “保真度”选项：右侧文本框中的数值决定了绘制的画笔偏离路径的程度。数值越小，路径中的锚点数越多，绘制的路径越接近鼠标指针移动的轨迹；数值越大，路径中的锚点数就越少，绘制的路径与鼠标指针的移动轨迹的差别也就越大。
- “平滑度”选项：右侧文本框中的数值决定了所绘路径的平滑程度。数值越小，路径越粗糙；数值越大，路径越平滑。
- “填充新画笔描边”复选框：选中该复选框后，在绘制路径的过程中会自动根据选择的画笔样式来填充路径。取消选中该复选框后，即使选择了填充样式，绘制出的路径也不会有填充效果。
- “保持选定”复选框：选中该复选框后，路径绘制完成后将处于被选择状态。

- “编辑所选路径”复选框：选中该复选框后，在完成绘制后可以像设置普通路径一样对该画笔路径进行各种编辑。
- “范围”选项：右侧的文本框中的数值决定了前后两条画笔路径的相交处的过度情况。输入范围在2~20之间，值越大，过渡越光滑。

3. 使用“画笔”面板

“画笔”面板是查看、使用、管理画笔的场所，通过它不仅可以选择需使用的画笔样式，更能对画笔进行新建、复制和删除等操作。下面对“画笔”面板中的各种常用操作进行介绍。

选择【窗口】/【画笔】命令或按“F5”键可打开“画笔”面板，如图3-31所示，其中各参数的作用如下。

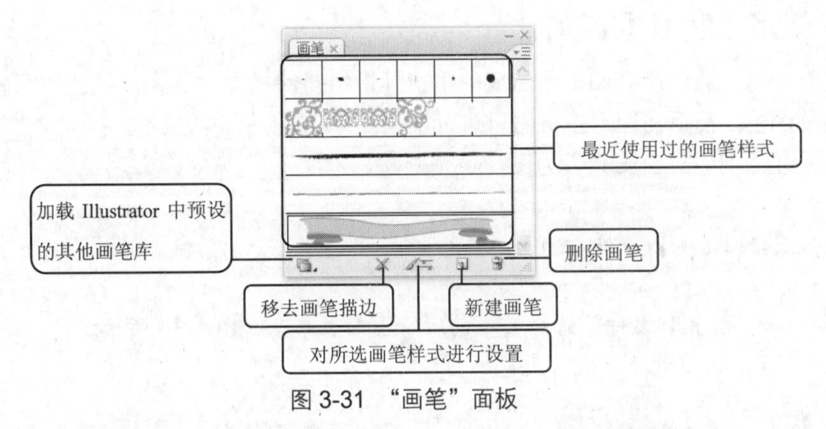

图3-31 “画笔”面板

- 新建画笔：绘制出用于创建画笔的某种图形（新建书法画笔则需绘制），然后单击按钮或单击按钮，在弹出的下拉列表中选择“新建画笔”，打开“新建画笔”对话框，选中需新建的画笔类型单选项，即可新建需要的画笔。图3-32所示为将绘制的五角星图形创建为散点画笔时打开的设置对话框。
- 删除画笔：在“画笔”面板中选择需要删除的画笔，单击面板底部的按钮或单击按钮，在弹出的下拉列表中选择“删除画笔”，在打开的对话框中单击是(Y)按钮即可。若删除的画笔已被应用于某个图形上，则将打开如图3-33所示的对话框，单击扩展描边(E)按钮将删除画笔，同时会将应用该画笔的路径自动转变为画笔的原始图形状态；单击删除描边(R)按钮则将删除画笔，同时将路径恢复为未添加画笔时的状态。

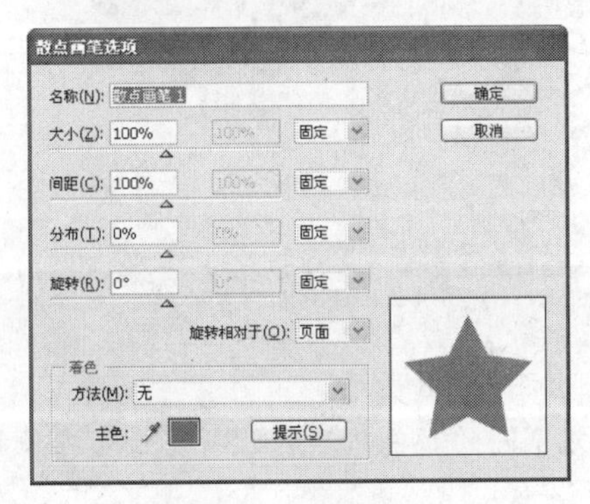

图3-32 新建画笔

图3-33 删除画笔

- 复制画笔：选择需要复制的画笔样式，单击▾☰按钮，在弹出的下拉列表中选择“复制画笔”即可。直接将需要复制的画笔拖曳到底部的 ◻ 按钮上也可将所选择的画笔进行复制。

3.2 实时上色

实时上色是一种创建彩色图画的直观方法，可以任意对交叉图形上的各个部分分别进行着色，如同对画布或纸上的图画进行着色一样，可以使用不同颜色为每条路径描边，并使用不同的颜色、图案或渐变色来填充每条封闭路径。

3.2.1 使用“实时上色工具”

选择需进行实时上色的所有图形，然后单击工具箱中的 按钮，并在“颜色”面板或“色板”面板中选择需要的颜色，然后在图形中单击以进行上色操作。

【例 3-5】利用“实时上色工具”为图形填充颜色。

所用素材：素材文件\第 3 章\盾.ai

Step 1：打开“盾.ai”文件，选择其中的所有图形对象，如图 3-34 所示。

Step 2：选择工具箱中的“实时上色工具” ，在“色板”面板中选择“CMYK 红色”色块，然后在左侧的图形上单击，如图 3-35 所示。

Step 3：该部分图形即可填充所选的颜色，如图 3-36 所示。

图 3-34　选择图形

图 3-35　创建实时上色组

图 3-36　填充

Step 4：在“色板”面板中选择橙色（C=0，M=50，Y=100，K=0），然后单击右侧的图形将其填充为所选颜色，如图 3-37 所示。

Step 5：为如图 3-38 所示的图形填充“CMYK 黄色”，如图 3-38 所示。

Step 6：使用相同的方法在如图 3-39 所示的图形中填充不同的颜色，其中“S”形图形左侧的颜色为蓝紫色（C=100，M=95，Y=5，K=0）。

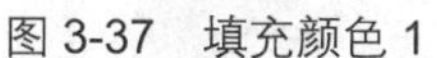

图 3-37 填充颜色 1

图 3-38 填充颜色 2

图 3-39 填充颜色 3

3.2.2 使用“实时上色选择工具”

创建实时上色组后，可利用“实时上色选择工具”编辑组中的各个边缘，包括调整边缘颜色或删除边缘等，从而可以更好地为实时上色组填充需要的颜色。

【例 3-6】利用“实时上色选择工具”编辑实时上色组。

完成效果：效果文件\第 3 章\盾.ai

Step 1：使用上一例中设置后的图形，选择工具箱中的“实时上色选择工具”，在图形右侧的描边上单击以将其选中，如图 3-40 所示。

Step 2：在“色板”面板中选择“CMYK 绿色”色块，此时所选描边将应用相应的颜色，如图 3-41 所示。

Step 3：使用相同的方法依次选择其他描边，并为其填充“CMYK 绿色”，如图 3-42 所示。

图 3-40 选择描边

图 3-41 应用颜色

图 3-42 填充描边颜色

Step 4：选择“S”形图形中与竖线重合的描边，并按如图 3-43 所示的效果为其填充“CMYK 黄色”和蓝紫色（C=100，M=95，Y=5，K=0）。

Step 5：选择“S”形中上方的黑色描边，按“Delete”键将其删除，此时合并后的图形将统一填充橙色，如图 3-44 所示。

Step 6：删除下方的黑色描边即可完成操作，效果如图 3-45 所示。

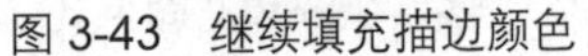

图 3-43　继续填充描边颜色　　图 3-44　删除描边　　图 3-45　最终效果

【知识补充】创建了实时上色组后，可根据需要修改、扩展或释放实时上色组，其方法如下。

- 修改实时上色组：利用“实时上色工具”或“实时上色选择工具”可重新对闭合路径和描边进行上色，除此以外，利用“直接选择工具”可调整实时上色组中的各条路径，同时 Illustrator 会自动为修改后的路径和区域填充颜色，如图 3-46 所示。
- 扩展实时上色组：选择【对象】/【实时上色】/【扩展】命令可扩展实时上色组，从而将其变为与实时上色组相似，但是由单独的填充和描边路径组成的对象，如图 3-47 所示。

图 3-46　修改实时上色组

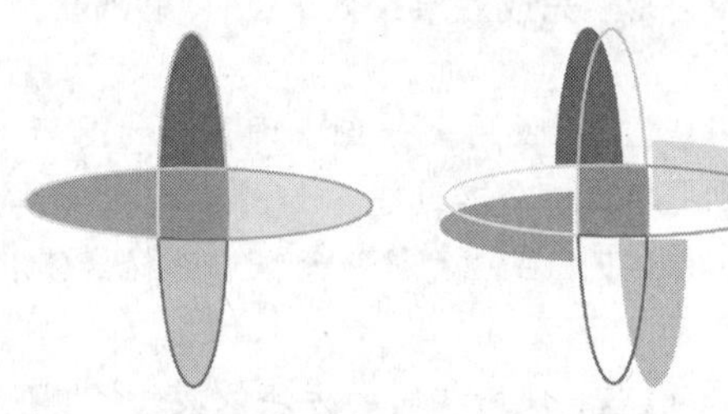

图 3-47　扩展实时上色组

- 释放实时上色组：选择【对象】/【实时上色】/【释放】命令可释放实时上色组，从而将其变为一条或多条普通路径，如图 3-48 所示。

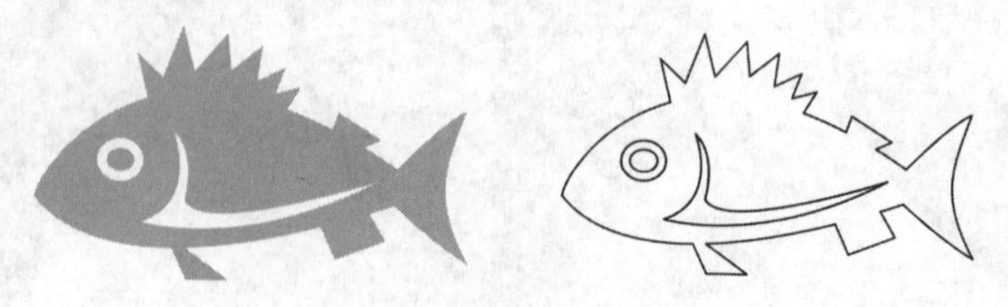

图 3-48　释放实时上色组

3.3 渐变色填充

渐变色是指由两种或两种以上的颜色混合而成的一种填充色，包括线形渐变和径向渐变两种类型。为图形填充渐变色可以使其看上去更加逼真，在实际工作中，渐变色填充是使用较为频繁的一种上色方法。

3.3.1　使用“渐变”面板

选择【窗口】/【渐变】命令或按“Ctrl+F9”组合键可打开“渐变”面板，通过该面板并结合“颜色”面板以及“渐变工具”即可为图形填充各种渐变色。

【例 3-7】利用“渐变”面板和“渐变工具”为图形填充径向渐变效果。

所用素材：素材文件\第 3 章\行星.ai　　**完成效果**：效果文件\第 3 章\行星.ai

Step 1：打开“行星.ai”文件，选择其中的圆形，取消其描边颜色，如图 3-49 所示。

Step 2：打开“渐变”面板，在“类型”下拉列表中选择“径向”选项，然后单击颜色条下方的黑色渐变滑块，如图 3-50 所示。

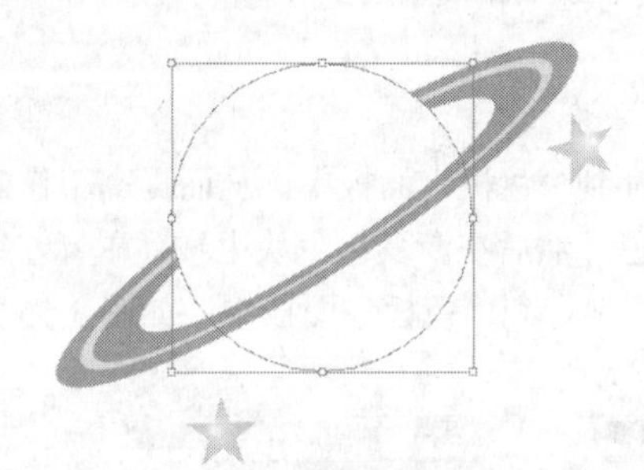

图 3-49　取消描边颜色

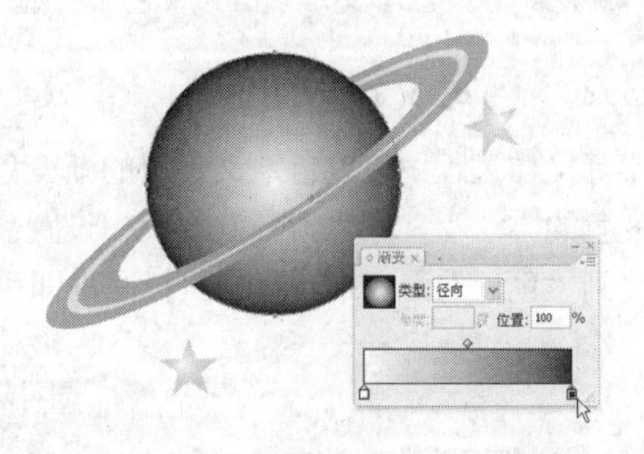

图 3-50　设置径向类型

Step 3：在“颜色”面板中将色彩模式更改为 CMYK 模式，并在文本框中输入如图 3-51 所示的数字以设置颜色。

Step 4：选择工具箱中的“渐变工具”，在圆形中向左下方拖曳以调整径向渐变中心点，如图 3-52 所示。

Step 5：释放鼠标即可完成渐变色的填充与设置，如图 3-53 所示。

图 3-51　设置颜色

图 3-52　填充渐变色

图 3-53　完成效果

【知识补充】“渐变”面板是设置渐变色的重要场所，如图 3-54 所示。下面对该面板中各项参数的作用以及常见的渐变设置进行介绍。

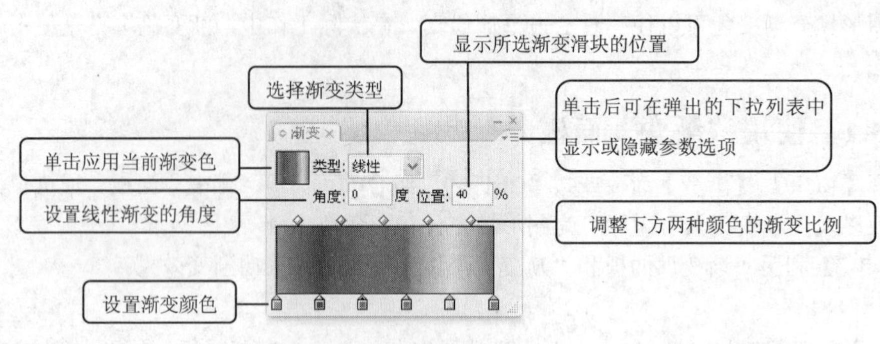

图 3-54 “渐变”面板

- 调整颜色：拖曳某个渐变色中的渐变滑块即可调整该颜色在渐变色中的位置。
- 添加颜色：按住“Alt”键的同时拖曳某个渐变滑块即可在渐变色中添加新的颜色。也可直接在渐变滑块之间单击，从而快速插入新的渐变滑块。
- 删除颜色：将渐变滑块从颜色条上拖出即可删除对应的颜色。

3.3.2 自定义渐变色

在实际操作过程中可以自定义常用的渐变色并将其保存到“色板”面板中，从而提高工作效率。自定义渐变色的方法为，在“渐变”面板中设置需要的渐变色，然后在渐变色色块上按住鼠标左键不放，将其拖曳到“色板”面板中，释放鼠标左键即可将该渐变色保存到“色板”面板中，如图 3-55 所示。

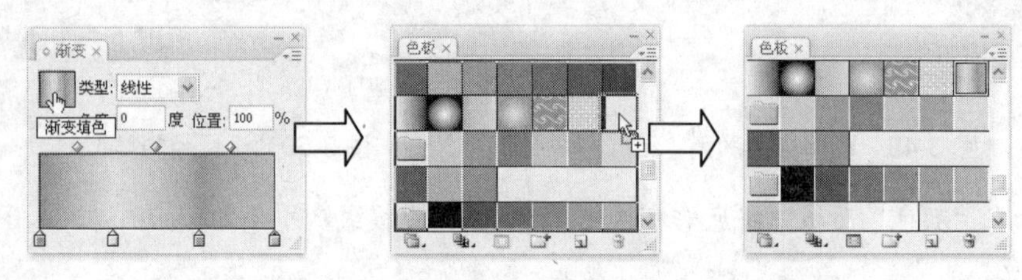

图 3-55 自定义渐变色

3.4 渐变网格填充

利用“网格工具”可以在某个图形中创建多个渐变点，从而为该图形创建不同的渐变填充效果。Illustrator 会自动在不同颜色的相邻区域之间形成自然且平滑的过渡，使整个图形上的色彩看上去更加协调、逼真。

3.4.1 创建并调整网格对象

Illustrator 提供的“网格工具”可以为选择的图形创建多个网格点，通过调整这些网格点可使网格面更符合要求。

【例 3-8】利用“网格工具”为图形创建网格并调整网格点和面。

所用素材：素材文件\第 3 章\苹果.ai

Step 1：打开“苹果.ai”文件，选择工具箱中的“网格工具”，然后在图形中单击，如图3-56所示。

Step 2：单击的位置将创建一个网格点，如图3-57所示。

Step 3：用相同的方法在图形的其他位置单击，从而创建如图3-58所示的网格。

图3-56　单击

图3-57　创建网格点

图3-58　创建网格

Step 4：将鼠标指针移至创建的某个网格点上，当其变为形状时拖曳以调整网格点的位置，如图3-59所示。

Step 5：使用相同的方法调整其他网格点的位置，如图3-60所示。

Step 6：选择某个网格点，拖曳出现在该点两侧的控制柄来调整线段的形状，如图3-61所示。

Step 7：使用相同的方法调整其他线段的形状，效果如图3-62所示。

图3-59　移动网格点

图3-60　调整其他网格点

图3-61　调整线段

图3-62　调整其他线段

【知识补充】在Illustrator中还可通过以下方法来创建与删除网格。

- 创建网格：选择【对象】/【创建渐变网格】命令将打开“创建渐变网格”对话框，如图3-63所示。在其中设置网格的行数、列数以及外观等参数后，单击确定按钮即可创建指定的网格。
- 删除网格：按住“Alt”键的同时将鼠标指针移至已创建的某个网格点上，当鼠标指针变为形状时单击即可删除该网格点，如图3-64所示。

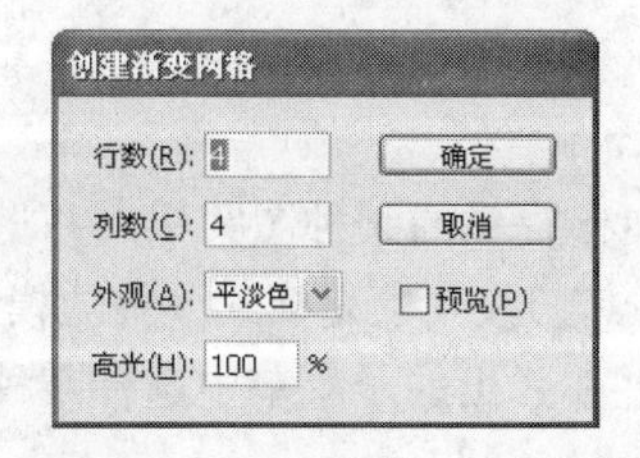

图3-63　利用对话框创建网格

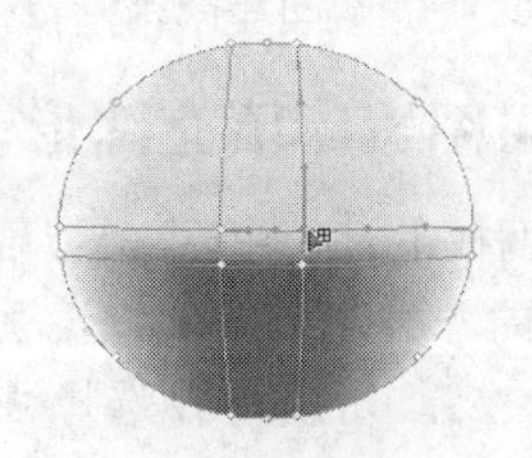

图3-64　删除网格点

3.4.2 为网格对象填色

在图形上创建了网格后，便可为各网格添加不同的颜色，从而得到多种渐变颜色的效果。

【例 3-9】在创建的网格中填充颜色。

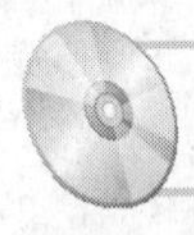

完成效果：效果文件\第 3 章\苹果.ai

Step 1：继续上例的操作，选择右上方的网格点，然后在“色板”面板中选择“CMYK 红色”色块，此时该网格点周围将应用所选颜色，如图 3-65 所示。

Step 2：选择右下方的网格点，用相同方法为其应用“CMYK 红色”，效果如图 3-66 所示。

Step 3：为其他网格点应用“CMYK 红色”，得到的最终效果如图 3-67 所示。

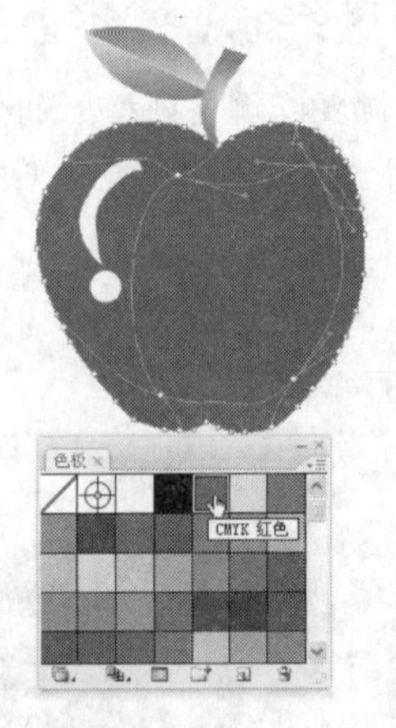

图 3-65 应用颜色 1

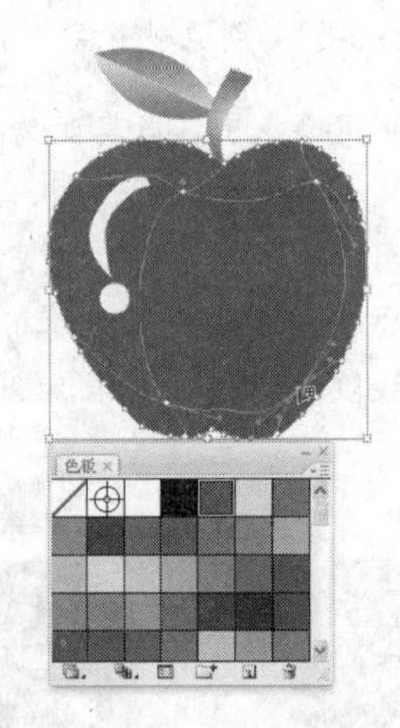

图 3-66 应用颜色 2

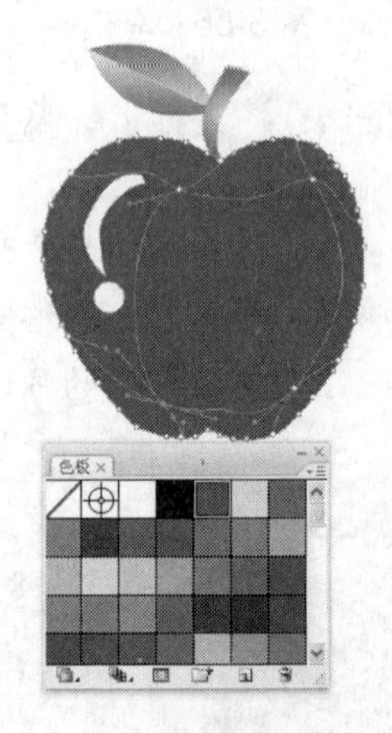

图 3-67 应用颜色 3

提示：将需要的色块直接拖曳到网格中可快速为该区域填充相应的颜色。

3.5 图案填充

Illustrator 提供了很多图案，可以通过“色板”面板选择需要的图案样式并将其填充到封闭路径或描边上，也可根据实际需要创建图案并进行填充。

3.5.1 使用图案库填充图形

利用“色板”面板中的“图案”类型可以选择 Illustrator 提供的某种图案样式并将其填充到需要的图形上。填充图案的方法为：选择图形，利用颜色填充工具切换到填充模式或描边模式，单击“色板”面板中的 按钮，在弹出的菜单中选择“图案”命令，并在弹出的子菜单中选择某种图案类型，然后选择需要的图案样式即可，如图 3-68 所示。

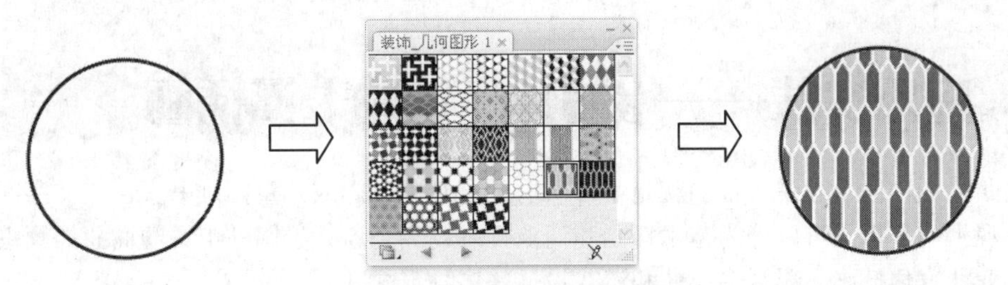

图 3-68　填充图案的操作过程

3.5.2　创建图案

Illustrator 允许用户创建需要的图案样式并将其填充到选择的图形中，以满足实际工作的需要。

【例 3-10】创建名称为“连环”的图案，并将其填充到衣服图形上。

所用素材：素材文件\第 3 章\衣服.ai　　**完成效果**：效果文件\第 3 章\衣服.ai

Step 1：打开“衣服.ai”文件，在其中创建如图 3-69 所示的图形（创建实时上色组来填充颜色）。

Step 2：选择【编辑】/【定义图案】命令，如图 3-70 所示。

Step 3：打开“新建色板”对话框，在“色板名称”文本框中输入“连环”，然后单击 确定 按钮，如图 3-71 所示。

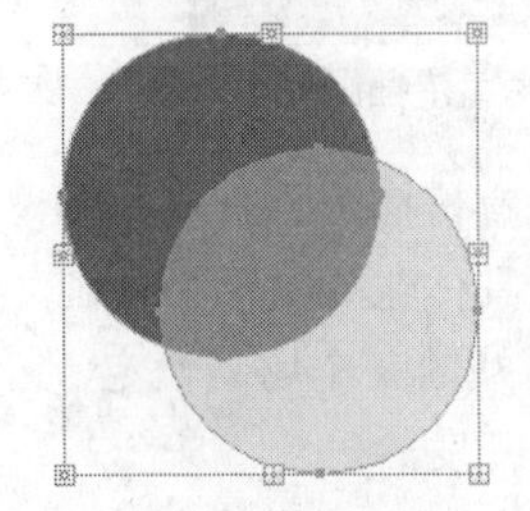

图 3-69　绘制图形

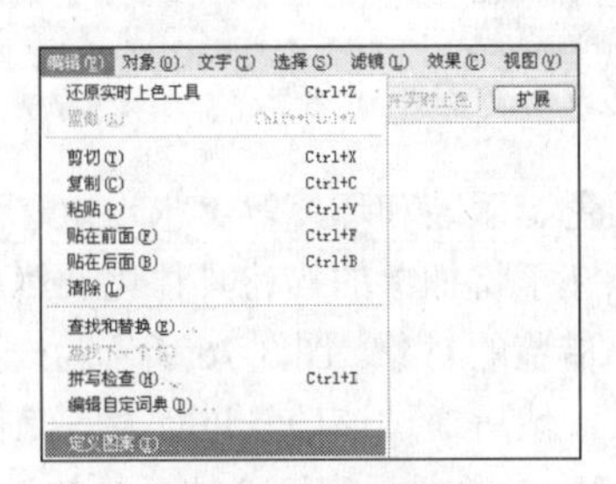

图 3-70　定义图案

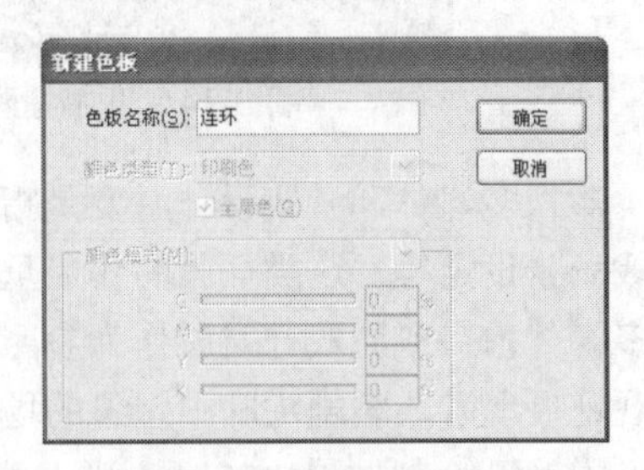

图 3-71　设置图案名称

Step 4：切换到填充模式，选择衣服图形，然后在“色板”面板中单击创建的“连环”图案，如图 3-72 所示。

Step 5：此时衣服图形内部即可填充该图案样式，如图 3-73 所示。

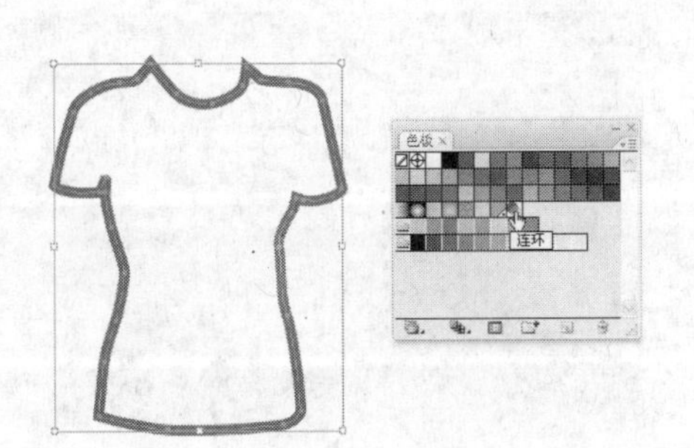

图 3-72　选择需填充图案的图形

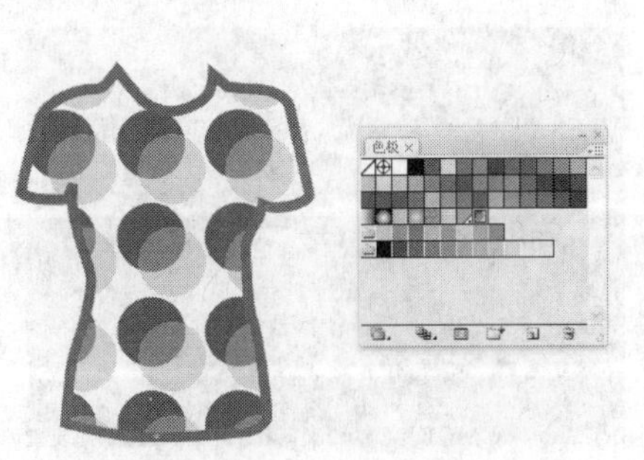

图 3-73　填充图案

3.6 应用实践——绘制儿童读物卡通插画

插画也叫插图，简单地说，插画就是平常所看的报纸、杂志或儿童图画书里，在文字间所加插的图画。从宏观上看，插画可以分为艺术插画和商业插画，当今通行于国外市场的商业插画主要包括出版物插图、商业宣传插画、影视多媒体和游戏设计等多种形式。

出版物插画即报纸、杂志等刊物上所使用的插画，这类插画也可用在书籍封面、内页、外套等地方。图 3-74 所示为一张图书插画，它形象地展示了有关海岸线的视觉效果，对文字中介绍海岸线的地方起到了很好的辅助效果，让读者可以将枯燥的文字形象化，不仅加深记忆，而且在认知上也更加清晰。

商业宣传插画主要包括广告宣传、形象设计和商品包装设计等类别，这类插画的作用主要在于宣传商品以及企业。图 3-75 所示为一张有关快餐店的商业宣传插画，它通过具有创意的设计提升消费者消费欲望，为商家及其产品起到了宣传和推广作用。

图 3-74　图书插画

图 3-75　商业宣传插画

影视多媒体和游戏设计主要是指角色、服装和环境等美术设定、游戏宣传插画、游戏人物设定和游戏场景设定等。这类插画的作用重点在于将抽象的描述具体化，然后以具体化的图形为基础，在影视多媒体拍摄或游戏开发时作为参照和借鉴的对象。图 3-76 所示为一款游戏的某个场景设定，它可以直观地展现游戏编剧头脑中想象的场景，然后通过该场景进行游戏制作与开发。

本例以绘制如图 3-77 所示的儿童读物卡通插画为例介绍插画的设计流程，相关要求如下。

完成效果：效果文件\第 3 章\插画.ai
视频演示：第 3 章\应用实践\绘制插画.swf

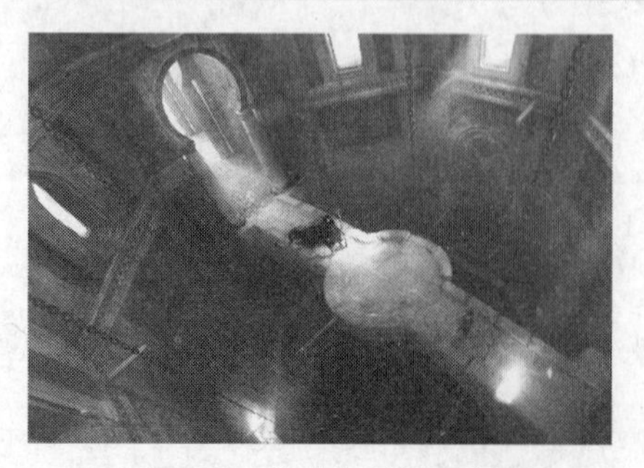

图 3-76　游戏场景设定插画

图 3-77　绘制的插画效果

- 插画尺寸为 190mm×140mm。
- 为书中描写的有关海岛仙山的文字给出直观的、适合小朋友理解的画面。
- 以鲜明、轻快的色彩和简单的图形勾勒出太阳、海、山、树、云等图形。

3.6.1 儿童插画的特点分析

儿童插画是一个充满奇想与创意的世界，每个人都可以尽情发挥自己独特的想象力。在国外，儿童插画目前已经形成相当完善的体系，无论是出版社、杂志还是插画家都能在其中找到合适的位置，并能得到充分发挥。

儿童插画多用在儿童杂志或书籍上，包括封面和内页，颜色较为鲜艳，画面生动有趣，造型或简约，或可爱，或夸张，其目的在于通过鲜艳活泼的图画更加生动地给孩子讲述故事。

3.6.2 卡通插画的创意分析与设计思路

图书插画不仅可以使文字想要表达的意念变得更加明确和清晰，而且可以增加刊物文字所给予的趣味性，使文字能更生动、更形象地活跃在读者心中。特别是在现在的各种出版物中，插画的作用早已远远超越了“形象化文字”，它不但能突出主题思想，更重要的是可以增强艺术感染力。根据本例的制作要求，我的可以对将要绘制的插画进行如下一些分析。

- 由于是儿童刊物，因此插画中的各种对象应尽量以最为简单、直观的方式来表现。
- 为了培养和发挥儿童的想象力及思维力，可以对一些对象的外观进行适当的变形处理，通过这种夸张的手法来达到预期目的。
- 插画的主色调以冷色为主、暖色为辅，这样更能表现出海岛仙山虚无缥缈的感觉。

本例的设计思路如图 3-78 所示，具体设计如下。

（1）使用“矩形工具”、“椭圆工具”绘制天空和太阳，并利用“渐变”面板为图形填充渐变色。然后利用“钢笔工具”绘制云朵并为其填充渐变色。

（2）利用“椭圆工具”绘制图形并复制图形，然后填充单色以组成层峦叠嶂的山石。

（3）利用“钢笔工具”绘制松树和海浪，并为它们填充需要的颜色。

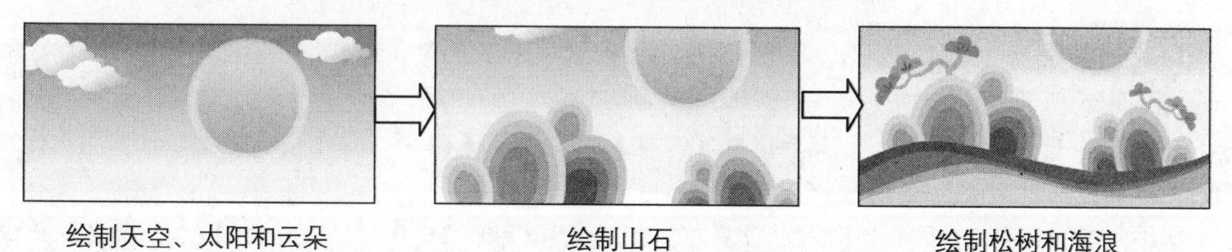

绘制天空、太阳和云朵　　绘制山石　　绘制松树和海浪

图 3-78 制作卡通插画的操作思路

3.6.3 制作过程

1. 绘制天空

Step 1：启动 Illustrator 并新建文件，然后利用“矩形工具”绘制一个 190mm×140mm 的矩形，如图 3-79 所示。

Step 2：打开“渐变”面板，将类型设置为“线性”，角度设置为“90”度，然后单击右侧的渐变滑块，如图 3-80 所示。

Step 3：在“颜色”面板中将所选渐变滑块的颜色设置为（C=100，M=0，Y=0，K=0），如图 3-81 所示。

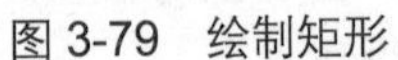

图 3-79　绘制矩形

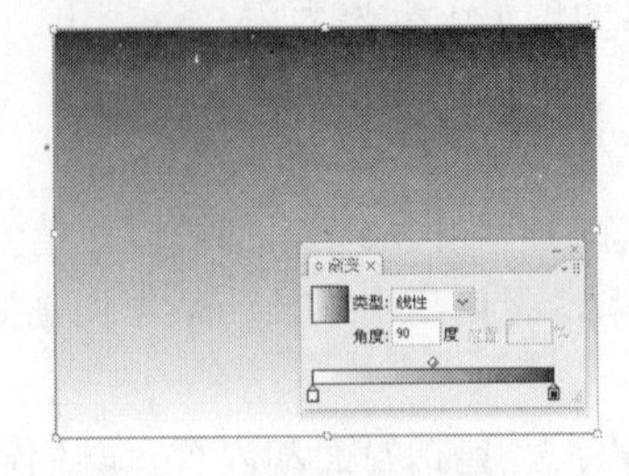

图 3-80　设置渐变类型和角度

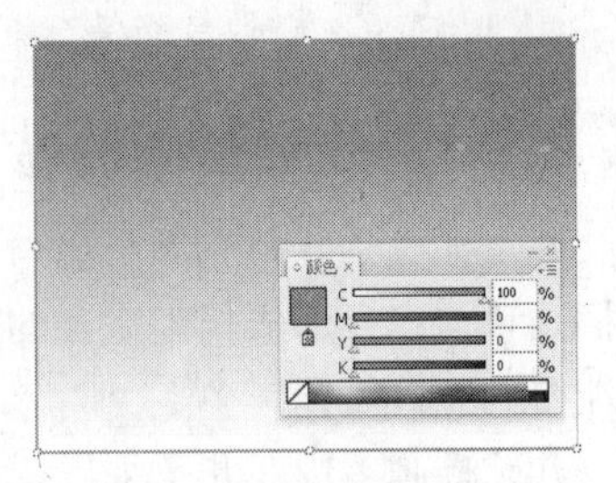

图 3-81　设置渐变色

Step 4：在预设的两个渐变滑块中间单击即可添加新的渐变滑块，然后在“位置”文本框中输入“85”，调整该滑块在颜色条中的位置，如图 3-82 所示。

Step 5：在“颜色”面板中将新增的渐变滑块的颜色设置为（C=60，M=0，Y=0，K=0），如图 3-83 所示。

Step 6：使用相同的方法新增渐变滑块，设置其位置为“50%”，并将其颜色设置为（C=10，M=0，Y=0，K=0），如图 3-84 所示。

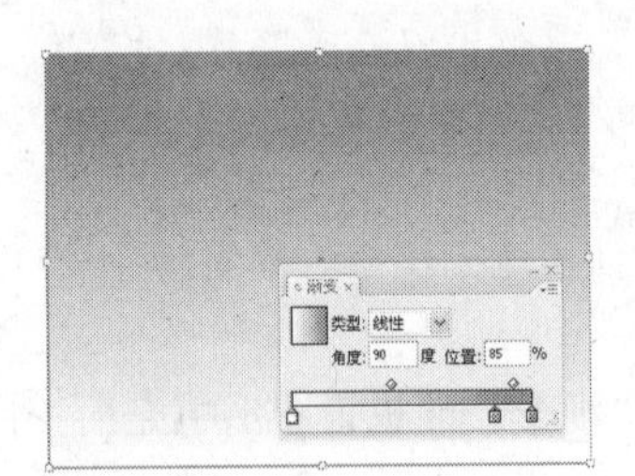

图 3-82　添加渐变滑块

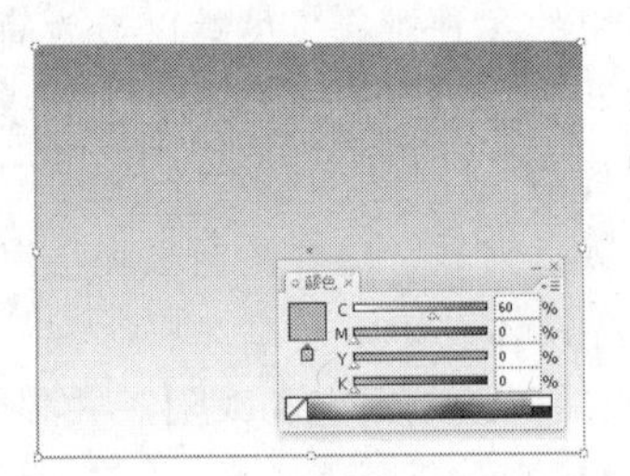

图 3-83　设置渐变滑块颜色

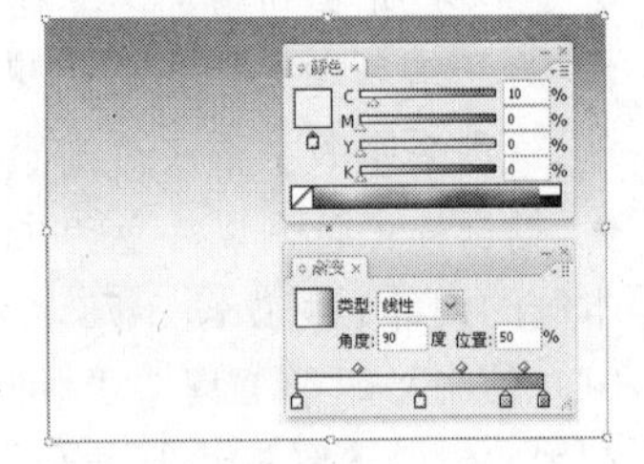

图 3-84　再次添加渐变滑块

2. 绘制太阳

Step 1：利用“椭圆工具”绘制圆形，并设置填充颜色为（C=0，M=0，Y=50，K=0），无描边，如图 3-85 所示。

Step 2：选择绘制的圆形，然后选择【窗口】/【透明度】命令，打开“透明度”面板，并将“不透明度”设置为“50%”，如图 3-86 所示。

Step 3：绘制一个稍小的圆形，设置填充颜色为（C=0，M=0，Y=75，K=0），无描边，并设置“不透明度”为“50%”，然后将其放置到前面绘制的圆形的中心，如图 3-87 所示。

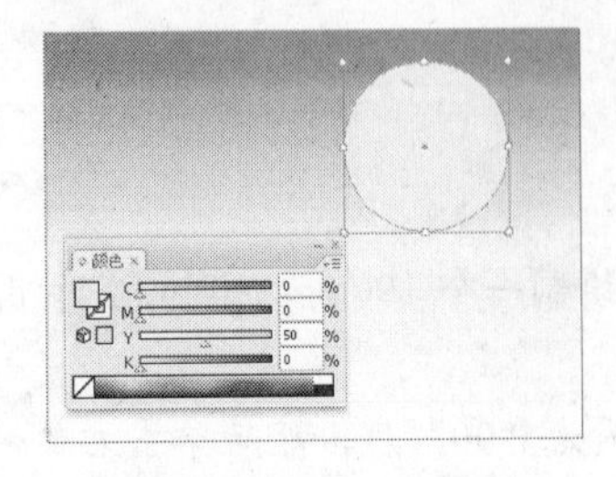

图 3-85　绘制圆形 1

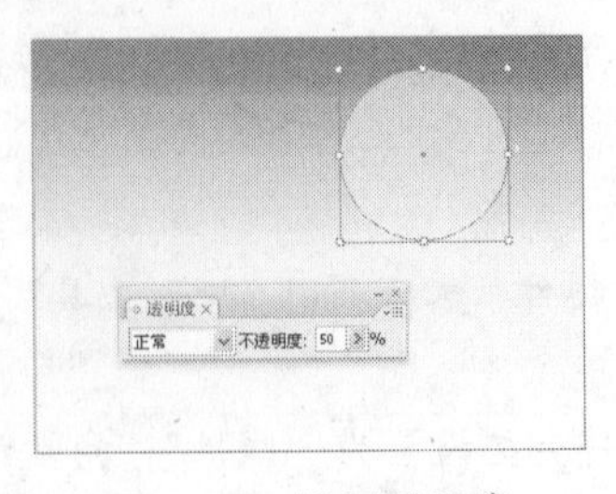

图 3-86　设置透明度

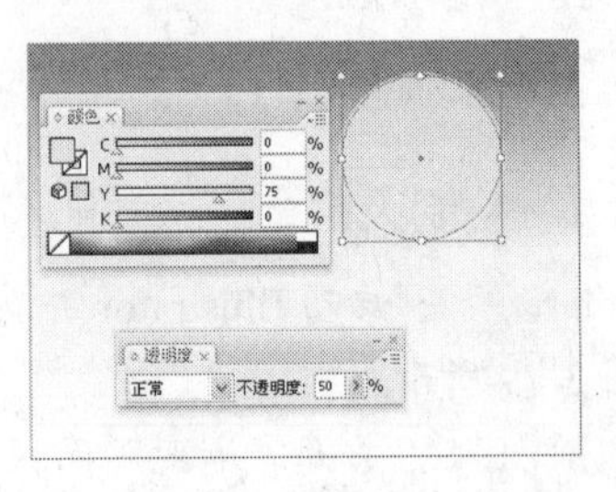

图 3-87　绘制圆形 2

Step 4：再次绘制一个圆形，设置填充颜色为（C=0，M=0，Y=100，K=0），无描边，并设置“不透明度”为“50%”，同样将其放置到前面绘制的圆形的中心，如图 3-88 所示。

Step 5：绘制一个无描边的圆形，设置不透明度为“100%”，并将其放置到前面绘制的圆形的中心，然后为其填充渐变色，渐变类型为“线性”，角度为“-90”度，如图 3-89 所示。其中从左到右的 5 个渐变滑块的位置和颜色依次为 0%（C=0，M=0，Y=100，K=0）、20%和（C=0，M=0，Y=100，K=0）、40%和（C=15，M=0，Y=100，K=0）、70%和（C=0，M=30，Y=100，K=0）以及 100%和（C=0，M=40，Y=100，K=0）。

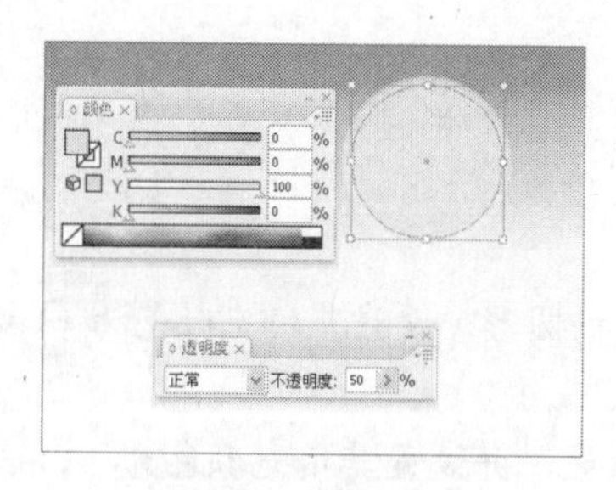

图 3-88　绘制圆形 3

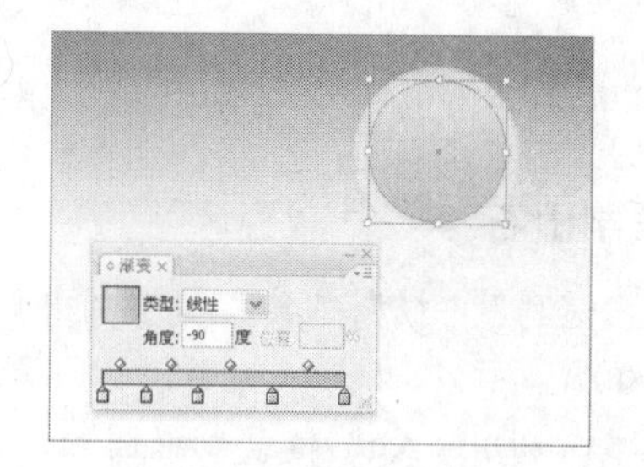

图 3-89　绘制圆形 4

3. 绘制云朵

Step 1：利用“钢笔工具”绘制出如图 3-90 所示的云朵图形。

Step 2：为该图形填充渐变色，渐变类型为“线性”，角度为“-60”度，无描边。其中从左到右的 3 个渐变滑块的位置和颜色依次为 0%和（C=0，M=0，Y=0，K=0）、52%和（C=10，M=0，Y=0，K=0）以及 100%和（C=50，M=0，Y=0，K=0），如图 3-91 所示。

Step 3：按住“Alt”键的同时拖曳绘制的图形，并对其进行复制操作，如图 3-92 所示。

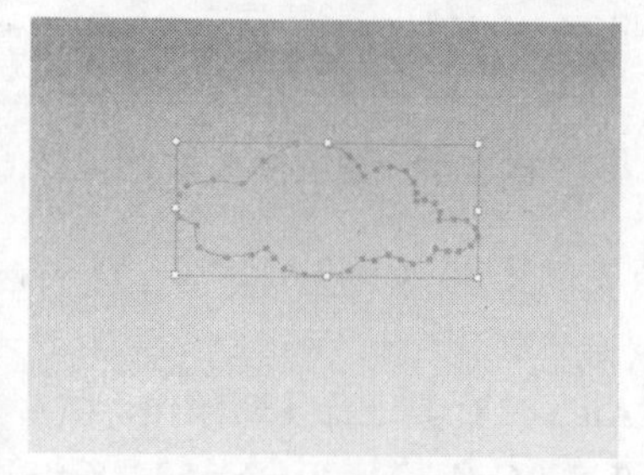

图 3-90　绘制云朵

图 3-91　填充渐变色

图 3-92　复制图形

Step 4：按住“Shift”键的同时拖曳复制出的图形右上角的控制点，将其适当增大，如图 3-93 所示。

Step 5：选择复制出的图形，按“Ctrl+[”组合键将其放置到前面绘制的云朵的下方，并调整其位置，如图 3-94 所示。

图 3-93　增大图形

图 3-94　调整图形位置

Step 6：使用相同的方法再次复制一个云朵图形，并将其放置到如图 3-95 所示的位置。

图 3-95　放置图形

4. 绘制山石

Step 1：利用“椭圆工具” 绘制出如图 3-96 所示的椭圆形，设置其填充颜色为（C=18，M=2，Y=28，K=0）。

Step 2：利用“Alt”键复制椭圆形，调整其大小和位置，并设置其填充颜色为（C=30，M=3，Y=48，K=0），如图 3-97 所示。

Step 3：再次复制椭圆形，并调整其大小和位置，然后设置其填充颜色为（C=53，M=5，Y=91，K=0），如图 3-98 所示。

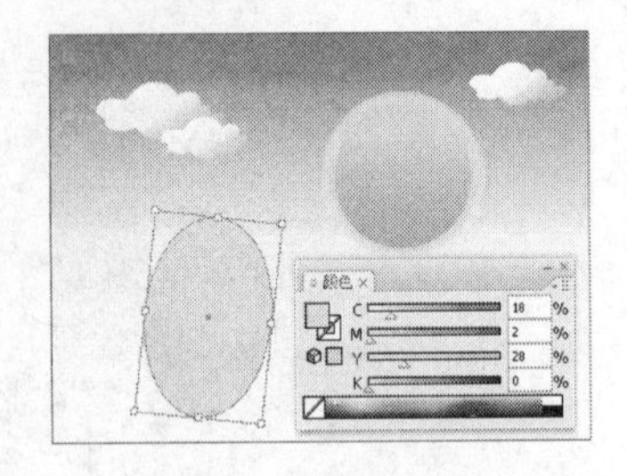

图 3-96　绘制椭圆

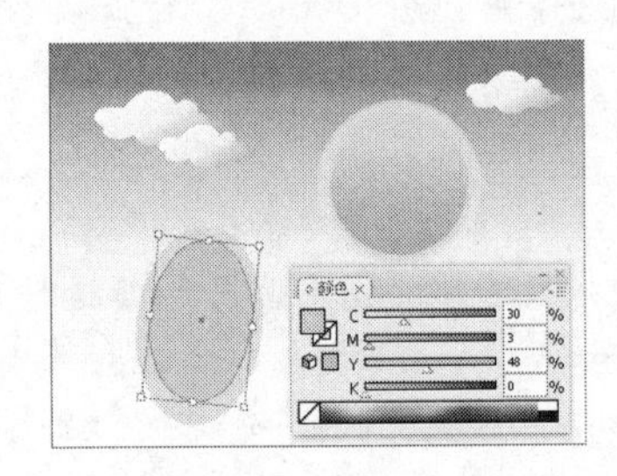

图 3-97　复制椭圆 1

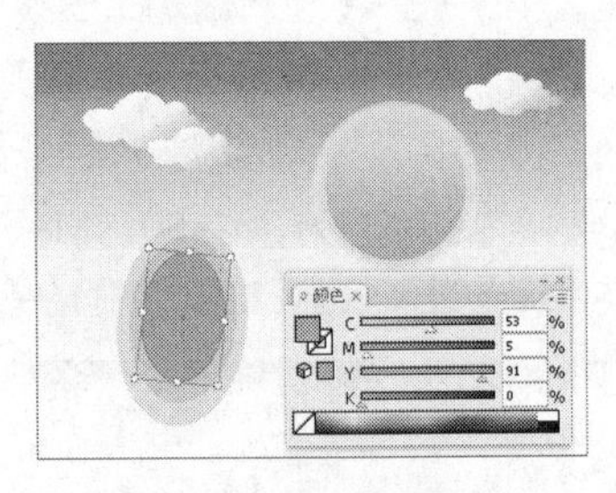

图 3-98　复制椭圆 2

Step 4：继续复制椭圆形，并调整其大小和位置，然后设置其填充颜色为（C=62，M=22，Y=97，K=0），如图 3-99 所示。

Step 5：利用“Shift”键同时选择内部的 3 个椭圆，并利用“Alt”键对其进行复制操作，然后填充复制的图形，从内到外的颜色依次为（C=7，M=52，Y=88，K=0）、（C=4，M=29，Y=50，K=0）和（C=0，M=18，Y=26，K=0），如图 3-100 所示。

Step 6：同时选择复制的 3 个椭圆，缩小其尺寸并调整其位置，然后将鼠标指针移至最外层的描边附近，当鼠标指针变为弧形的双箭头形状时拖曳以旋转图形，如图 3-101 所示。

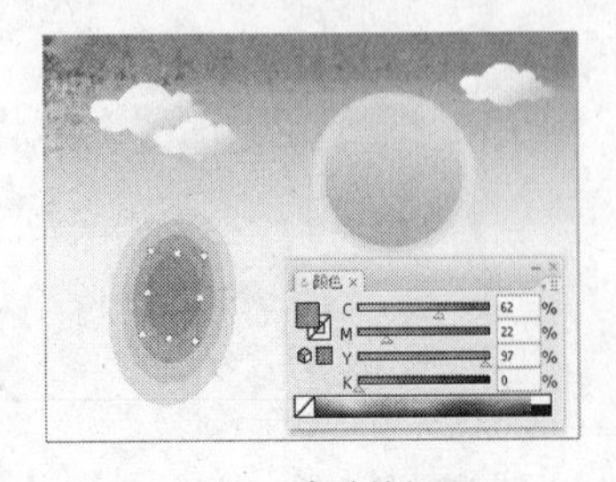

图 3-99　复制椭圆 3

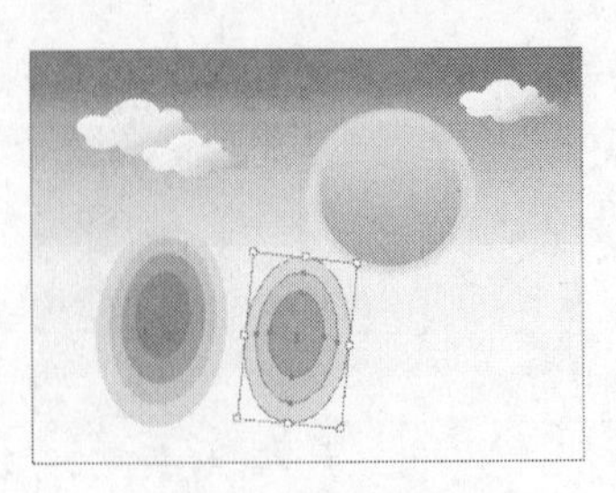

图 3-100　复制椭圆 4

图 3-101　调整椭圆

Step 7：使用相同的方法复制3组该椭圆，并适当调整其大小和角度，然后分别将其放置到如图3-102所示的位置，并利用“Ctrl+[”组合键（下移图形）或“Ctrl+]”组合键（上移图形）调整图形叠放顺序。

Step 8：重复前面的步骤，制作出如图3-103所示的两组椭圆并填充颜色，从内到外的颜色依次为（C=55，M=95，Y=4，K=0）、（C=46，M=74，Y=4，K=0）、（C=32，M=52，Y=4，K=0）和（C=18，M=28，Y=2，K=0），然后调整图形的叠放顺序。

Step 9：制作如图3-104所示的一组椭圆并为其填充颜色，从内到外的颜色依次为（C=85，M=40，Y=58，K=0）、（C=76，M=15，Y=45，K=0）、（C=55，M=4，Y=28，K=0）和（C=32，M=2，Y=15，K=0），然后调整图形的叠放顺序。

图3-102 复制椭圆5

图3-103 复制椭圆6

图3-104 复制椭圆7

5. 绘制松树

Step 1：利用“钢笔工具”绘制如图3-105所示的树枝，并设置其颜色填充为（C=27，M=32，Y=51，K=0）。

Step 2：复制树枝图形，并设置其填充颜色为（C=18，M=18，Y=27，K=43），如图3-106所示。

Step 3：按“Ctrl+[”组合键下移复制的图形，并将其移到原图形的右下方作为树枝的阴影，效果如图3-107所示。

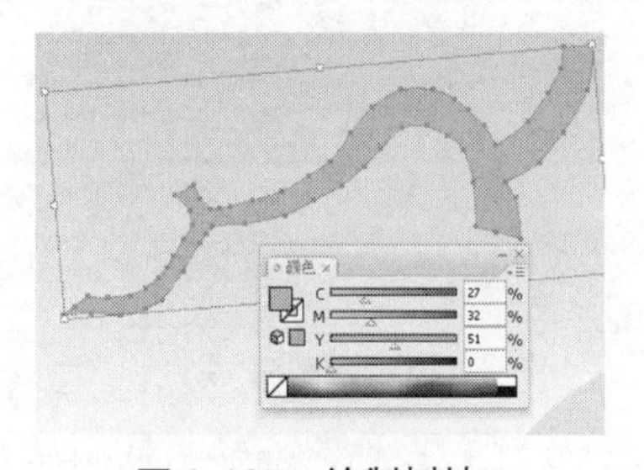

图3-105 绘制树枝

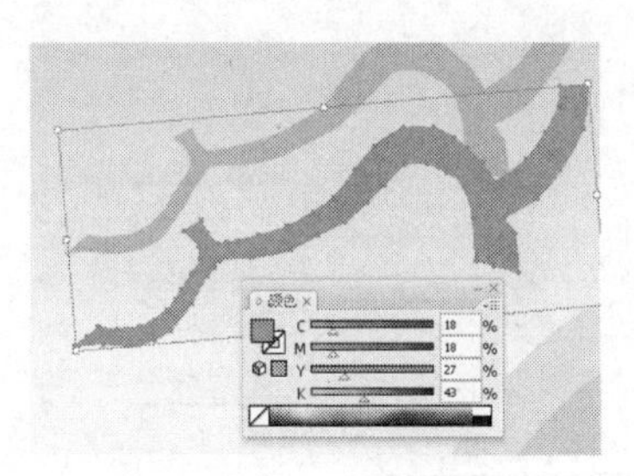

图3-106 复制树枝

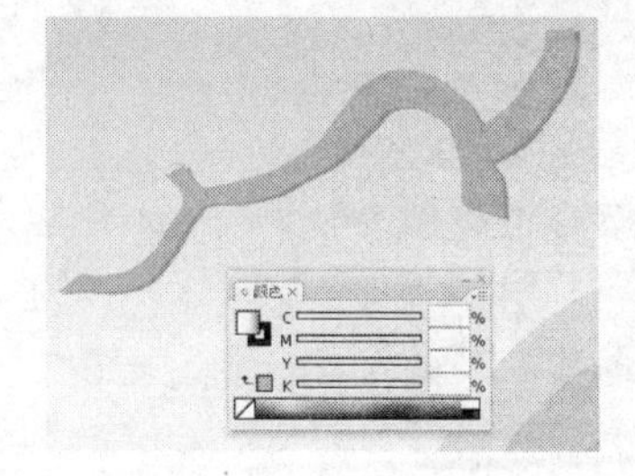

图3-107 调整图形

Step 4：利用“钢笔工具”绘制树叶，并设置其填充颜色为（C=62，M=23，Y=98，K=0），然后利用“直线段工具”在树叶上绘制叶脉，并设置叶脉颜色为“CMYK 绿色”，粗细为“3pt”，如图3-108所示。

Step 5：复制树叶和叶脉图形并将其移动到如图3-109所示的位置，然后利用“Ctrl+[”组合键将其移到所在山石图形的下方。

Step 6：利用“Shift”键选择整个松树图形，并利用“Alt”键对其进行复制操作，将复制的图形移动到如图3-110所示的位置。在复制的图形上单击鼠标右键，在弹出的快捷菜单中选择【变换】/【对称】命令。

图 3-108　绘制树叶和叶脉

图 3-109　复制树叶和叶脉

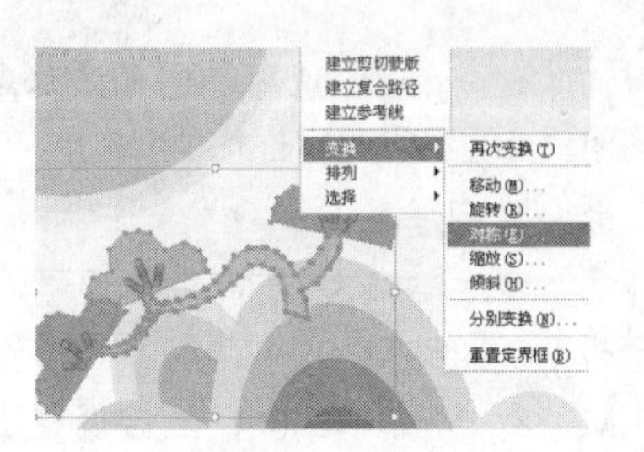

图 3-110　变换图形

Step 7：打开“镜像”对话框，选中“垂直”单选项，默认角度为 90°，然后单击确定按钮，如图 3-111 所示。

Step 8：将图形移到所在山石图形的下方，并将阴影树枝图形移动到树枝的右下方，如图 3-112 所示。

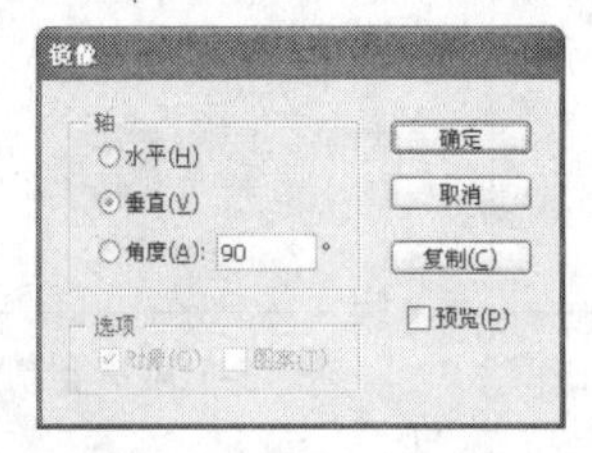

图 3-111　设置树枝镜像参数

图 3-112　调整图形叠放顺序

6. 绘制海浪

Step 1：利用“钢笔工具”绘制出如图 3-113 所示的图形。

Step 2：将绘制的图形颜色填充为（C=90，M=63，Y=7，K=0），如图 3-114 所示。

Step 3：用相同方法绘制如图 3-115 所示的图形，并将其颜色填充为（C=76，M=41，Y=7，K=0）。

图 3-113　绘制图形

图 3-114　填充颜色

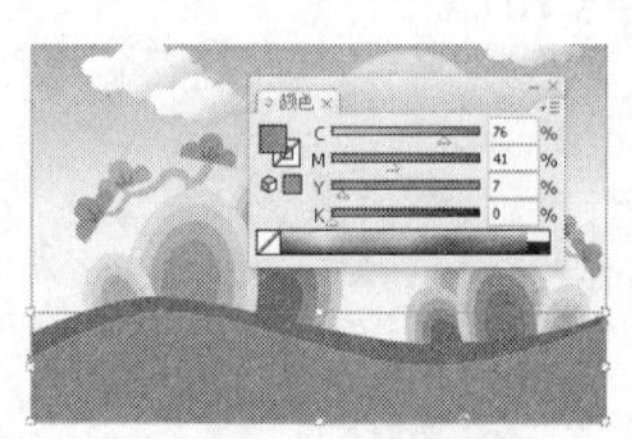
图 3-115　绘制海浪 1

Step 4：绘制第 3 层海浪图形，并将其颜色填充为（C=55，M=1，Y=4，K=0），如图 3-116 所示。

Step 5：绘制第 4 层海浪图形，并将其颜色填充为（C=30，M=2，Y=1，K=0），如图 3-117 所示。

Step 6：保存绘制的插画即可完成操作，效果如图 3-118 所示。

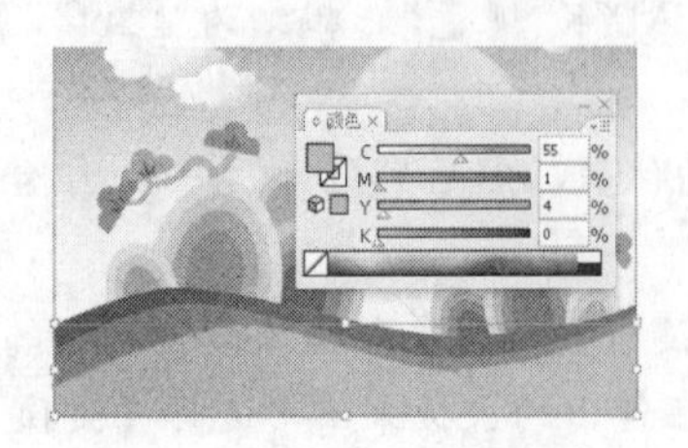
图 3-116　绘制海浪 2

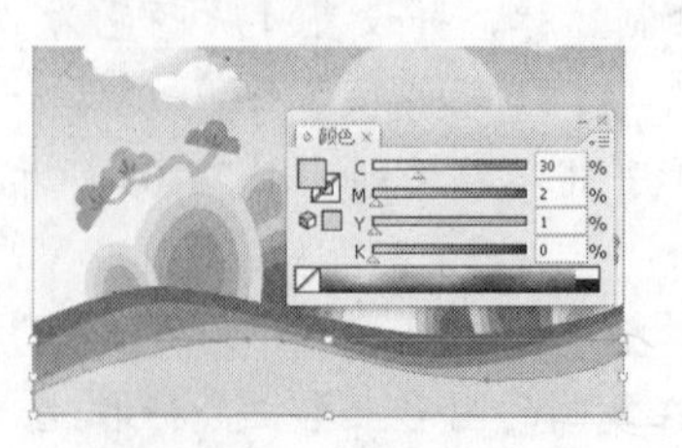
图 3-117　绘制海浪 3

图 3-118　完成操作

3.7 练习与上机

1. 单项选择题

（1）Illustrator默认的填充颜色、描边颜色和快速切换到默认的填充与描边颜色的快捷键分别是（ ）。

A. 黑色 白色 A　　B. 白色 黑色 D

C. 无 无 S　　D. 无 黑色 X

（2）可以快速应用某个对象的描边与填充颜色的工具是（ ）。

A. 吸管工具　　B. 实时上色工具　　C. 网格工具　　D. 画笔工具

（3）在“渐变”面板中设置了渐变色后，将其拖曳到（ ）面板中可生成并保存新的渐变色。

A. 颜色　　B. 画笔　　C. 色板　　D. 颜色参考

（4）绘制好图形后，可选择（ ）菜单中的“定义图案”命令来命名并保存图案。

A. 文件　　B. 选择　　C. 对象　　D. 编辑

2. 多项选择题

（1）使用颜色填充工具时，下到操作中正确的是（ ）。

A. 单击右上方的按钮可交换填充与描边颜色

B. 按“Shift+X”组合键可交换填充与描边颜色

C. 当颜色填充工具呈状态时，表示将为所选图形进行描边上色

D. 当颜色填充工具呈状态时，表示将为所选图形进行填充上色

（2）以下关于实时上色操作的描述，正确的有（ ）。

A. 实时上色是一种创建彩色图画的直观方法，它可以使用不同颜色为每条路径描边，并使用不同的单色、图案或渐变色来分别填充不同的封闭路径

B. 使用“实时上色选择工具”仅能对实时上色组中的各个边缘进行编辑，包括上色和删除等

C. 要想分离实时上色组中的各个图形，可选择【对象】/【实时上色】/【扩展】命令

D. 选择【对象】/【实时上色】/【释放】命令可将实时上色组变为一条或多条普通路径

（3）在“渐变”面板中可以执行的操作包括（ ）。

A. 选择渐变类型　　B. 设置渐变角度

C. 设置渐变滑块的位置　　D. 设置渐变滑块的颜色

（4）下列关于网格填充的描述，错误的是（ ）。

A. 网格填充可以为图形创建多种不同的渐变填充效果

B. 选择【对象】/【创建渐变网格】命令将打开“创建渐变网格”对话框，通过该对话框可定义网格的行数和列数

C. 选择“网格工具”后，按住“Shift”键的同时单击已有的网格点可将该点删除

D. 要想为网格对象填充颜色，必须首先选择其中的某一网格点，然后再进行填充

3. 简单操作题

（1）利用“实时上色工具”和“实时上色选择工具”填充提供的“花盆.ai”文件，操作前后的对

比效果如图 3-119 所示。

提示：选择所有图形，然后利用“实时上色工具”填充相应的颜色，完成后利用“实时上色选择工具”删除图形描边。

所用素材：素材文件\第 3 章\花盆.ai
完成效果：效果文件\第 3 章\花盆.ai

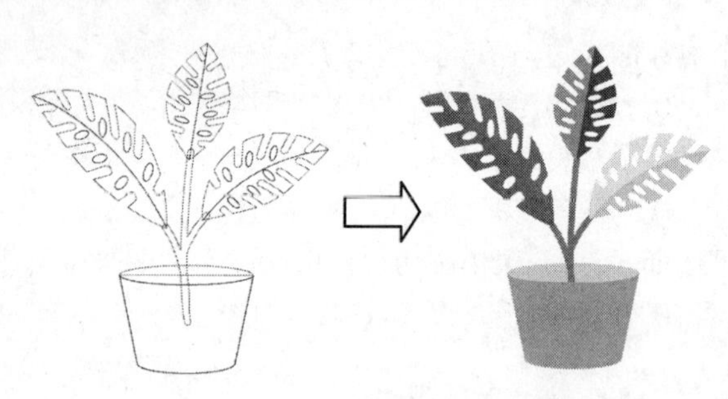

图 3-119　填充前后的对比效果

（2）利用“网格工具”填充提供的“标志.ai”文件，创建的网格与填充后的效果分别如图 3-120 和图 3-121 所示。

提示：选择中间的圆形，利用“网格工具”添加网格点并进行调整，然后将“色板”面板中的颜色拖曳到网格中进行填充。

所用素材：素材文件\第 3 章\标志.ai　　**完成效果**：效果文件\第 3 章\标志.ai

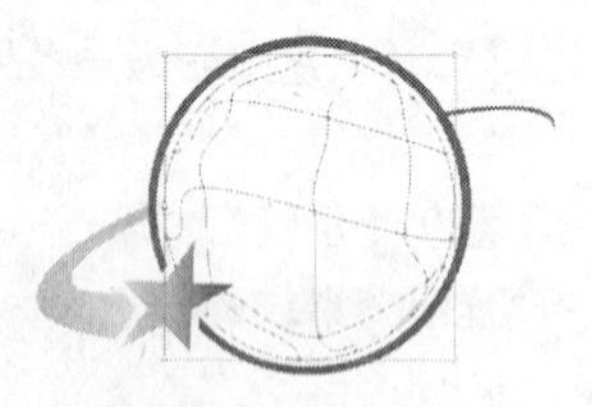

图 3-120　创建网格

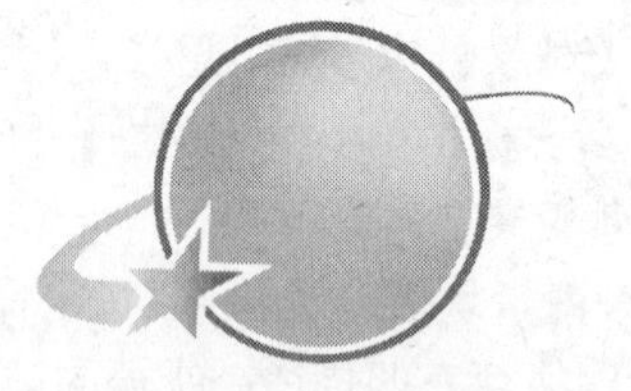

图 3-121　填充效果

4. 综合操作题

（1）为某音乐网站绘制一个 LOGO，要求该 LOGO 要体现出轻松、音乐、视频等主题和元素，参考效果如图 3-122 所示。

完成效果：效果文件\第 3 章\LOGO.ai
视频演示：第 3 章\综合练习\LOGO.swf

（2）绘制一幅展现夕阳西下的风景插画，参考效果如图 3-123 所示。

完成效果：效果文件\第 3 章\夕阳.ai
视频演示：第 3 章\综合练习\夕阳.swf

图 3-122　音乐网站 LOGO

图 3-123　风景插画

拓展知识

插画成为目前艺术门类中迅速蹿红并持续升温的名词，与出版业的良好发展、动漫产业的蓬勃发展以及人们对原创艺术的渴望是分不开的。越来越多的人选择学习插画或将插画作为专攻领域。那么对于初学者而言，应该怎样开始学习插画呢？

1. 具有良好的绘画功底

首先，应练好基本功，如素描和速写的训练。素描可以训练初学者对光影和构图的了解；速写则可以训练记忆，通过简单的笔画快速绘制影像，让手脑更加协调地配合。接着可以尝试使用不同的颜料绘画，如水彩、油墨和粉彩等，这样不仅可以了解各种颜料绘制出来的效果有何特点，而且可以找到适合自己的上色方式。

2. 善用电脑技术绘画

在电脑普及的今天，人们也可以使用电脑绘图，其流程大致如下。首先通过铅笔在纸上描绘出需要的图形线稿，无需修整，只需按素描等方法进行正常描图。然后通过扫描仪将描绘的线稿扫描到电脑中，由于扫描后得到的图像看上去一般比较混乱，因此可利用 Photoshop 进行处理，如可以在线稿图层下方新建一个白色图层，并调整亮度和对比度将线稿和白色背景进行明显区分，此时凌乱的地方将被曝光处理，其他未解决的部分可利用橡皮擦工具擦除，这样便可得到干净的线稿。最后将其置入到 Illustrator 中进行设计制作即可，图 3-124 所示为处理前后的线稿对比效果。

图 3-124　处理前后的线稿

第4章 编辑图形

学习目标

学习在Illustrator中对绘制的图形进行各种编辑操作，包括选择、移动、缩放、复制、擦除、裁剪、旋转、镜像、倾斜、变形、自由变换、封套扭曲和实时描摹等，并掌握宣传画册的设计流程与制作方法。

学习重点

掌握“选择工具”、“直接选择工具”、“编组选择工具”、“魔棒工具”、“套索工具”、“橡皮擦工具”、“剪刀工具”、“美工刀工具”、“旋转工具”、“镜像工具”、“比例缩放工具”、“倾斜工具”、“改变形状工具”、“变形工具”、“旋转扭曲工具”、“缩拢工具”、“膨胀工具”、“扇贝工具”、“晶格化工具”、“皱褶工具”和“自由变换工具”等各种工具的使用方法以及封套扭曲和实时描摹操作，并能熟练选择和运用这些工具对图形进行编辑。

主要内容

- 基本编辑操作。
- 橡皮擦工具组的应用。
- 旋转工具组的应用。
- 比例缩放工具组的应用。
- 变形工具组的应用。
- “自由变换工具”的应用。
- 封套扭曲。
- 实时描摹。
- 制作宣传画册。

4.1 基本编辑操作

基本编辑操作主要是指对图形的选择、移动和复制等，这需要利用 Illustrator 提供的各种选择工具来实现。本书前面讲解的知识中或多或少地涉及了图形的选择、移动和复制等操作，下面将系统地对相关内容进行讲解。

4.1.1 图形的选择

Illustrator 提供了“选择工具”、“直接选择工具”、“编组选择工具”、“魔棒工具”和“套索工具”这 5 种选择工具来实现图形的选择操作。

1. 选择工具

利用“选择工具”可以选择一个或多个图形对象，常用的操作有以下几种。

- 选择工具箱中的“选择工具”，将鼠标指针移动到页面中需选择的对象上，当其变为形状时单击即可，此时鼠标指针将变为形状，如图 4-1 所示。按住“Shift”键的同时继续单击其他图形即可将这些图形对象同时选择。
- 选择工具箱中的“选择工具”，在页面中按住鼠标左键不放并拖曳鼠标，此时将出现一个灰色的矩形虚线框。释放鼠标左键后，位于此虚线框内或与虚线框相交的所有图形对象都将被选择，如图 4-2 所示。

图 4-1　单击选择图形

图 4-2　拖曳选择图形

2. 直接选择工具

“直接选择工具”主要用于选择路径或图形中的某一部分，被选择的对象可以是锚点、部分曲线或部分线段等。“直接选择工具”也可通过单击或拖曳的方法选择单条或多条路径等，其使用方法与“选择工具”相同。需要注意的是，选择某条路径或某个锚点后，可利用该工具对图形进行局部调整，如图 4-3 所示，这在本书前面的讲解中也有所体现，这里就不再重复讲解了。

图 4-3　选择路径

3. 编组选择工具

"编组选择工具"主要用于选择群组中的任意一个图形。群组是指将多个图形组合在一起，进行统一移动和复制等操作。当多个图形被选择后，使用"直接选择工具"会选择所有的图形，而使用"编组选择工具"则可以选择其中的任意一个图形，如图 4-4 所示，其使用方法与"选择工具"相同。

4. 魔棒工具

使用"魔棒工具"可以同时选择具有相同属性的多个图形对象，包括填充颜色、描边粗细和不透明度等。如果需要选择页面中所有填充颜色为黄色的图形对象，则可选择工具箱中的"魔棒工具"，然后单击其中一个具有黄色填充色的图形即可选择所有的填充色为黄色的图形，如图 4-5 所示。

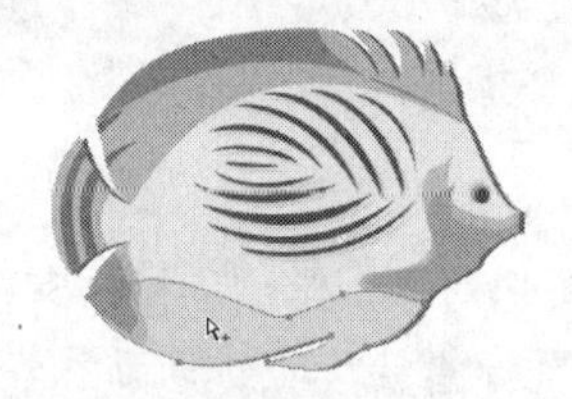

图 4-4　选择群组中的某条单独路径

图 4-5　快速选择所有填充色为黄色的图形

【例 4-1】设置"魔棒工具"的描边粗细属性。

Step 1：双击工具箱中的"魔棒工具"按钮或选择【窗口】/【魔棒】命令。

Step 2：打开"魔棒"面板，单击按钮，在弹出的下拉列表中选择"显示描边选项"选项，如图 4-6 所示。

Step 3：选中显示的"描边粗细"复选框，并将右侧的数值设置为"1.5mm"，如图 4-7 所示，表示当图形的描边粗细在"1.5mm"范围内的都将被选择。

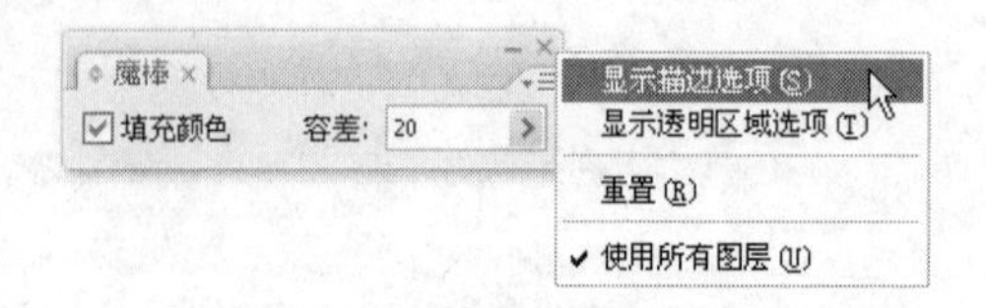

图 4-6　显示描边选项

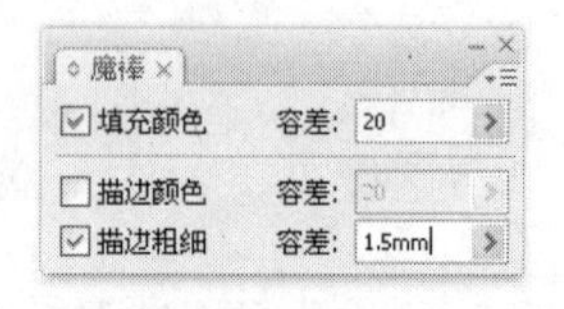

图 4-7　设置描边粗细

【知识补充】在绘制较为复杂的图形时，"魔棒工具"的作用便会非常明显。为了更好地使用该工具，下面对"魔棒"面板中的所有参数进行补充介绍。

- "隐藏描边选项"选项和"隐藏透明选项"选项：当"魔棒"面板中显示了描边选项和透明选项时，单击按钮将出现如图 4-8 所示的下拉列表，根据需要选择相应的选项即可。若面板中没有描边和透明选项，则下拉列表中的选项分别为"显示描边选项"和"显示透明区域选项"，根据需要选择相应的选项即可。

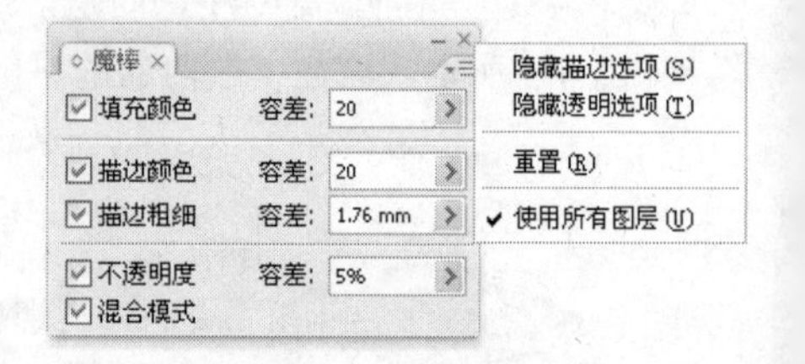

图 4-8　"魔棒"面板

- "重置"选项：选择该选项将恢复默认的参数设置状态。
- "使用所有图层"选项：当该选项左侧出现✔标记时，表示"魔棒工具"的应用范围为页面中的所有图层，否则应用范围仅为当前图层。

- “填充颜色”复选框：选中该复选框可使“魔棒工具”快速选择具有相同或相似填充色的图形。右侧的“容差”组合框用于设置选择的参考范围（后面的“容差”组合框作用相同）。
- “描边颜色”复选框：选中该复选框可使“魔棒工具”快速选择具有相同或相似描边颜色的图形。
- “描边粗细”复选框：选中该复选框可使“魔棒工具”快速选择具有相同或相似描边粗细的图形。
- “不透明度”复选框：选中该复选框可使“魔棒工具”快速选择具有相同或相似不透明度的图形。
- “混合模式”复选框：选中该复选框可使“魔棒工具”快速选择具有相同混合模式的图形。

5. 套索工具

拖曳“选择工具”只能通过矩形虚线框选择图形，而拖曳“套索工具”则可以自动绘制各个形态的虚线框来选择图形，如图 4-9 所示，这便是“套索工具”的主要用途。

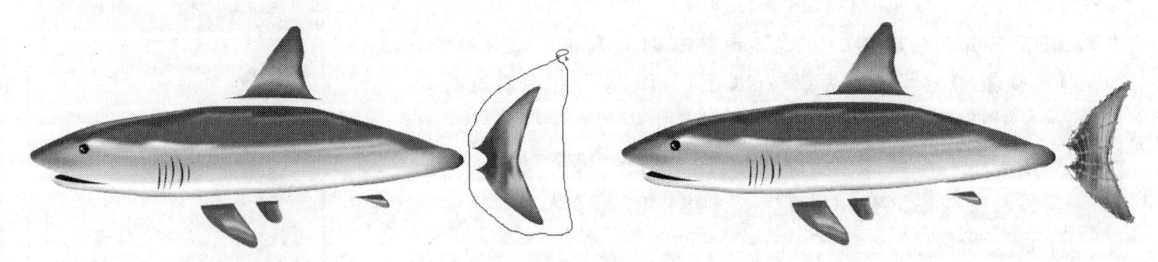

图 4-9 “套索工具”的用法

4.1.2 图形的移动、复制和缩放

选择图形后，即可对该图形进行移动、复制和缩放操作，这些操作均可通过“选择工具”实现。

【例 4-2】通过对图形进行移动、复制和缩放操作来制作按钮图形。

所用素材：素材文件\第 4 章\按钮.ai　　**完成效果：**效果文件\第 4 章\按钮.ai

Step 1：利用“多边形工具”绘制一个三角形，并为其填充银灰色（C=25，M=25，Y=40，K=0），无描边，如图 4-10 所示。

Step 2：选择工具箱中的“选择工具”，然后在该图形上按住鼠标左键不放并将其拖曳到已有的圆形中，如图 4-11 所示。

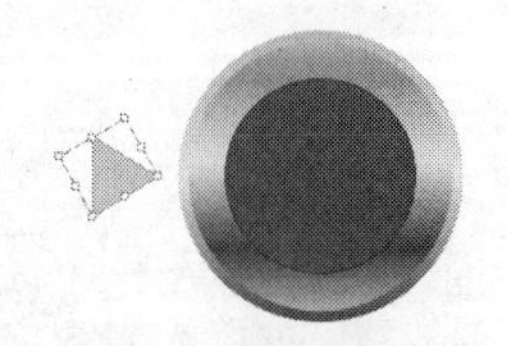

图 4-10 绘制三角形

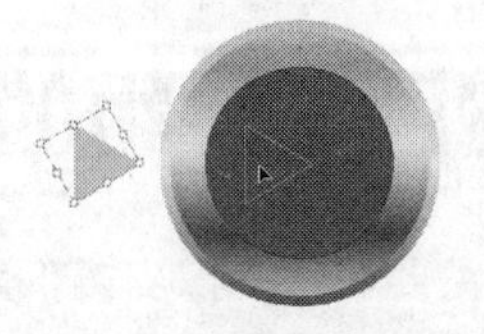

图 4-11 移动三角形

Step 3：按住“Alt”键的同时将该图形拖曳到右侧，从而对该图形进行复制操作，如图 4-12 所示。

Step 4：按住“Shift”键的同时将鼠标指针移至图形周围的任意一个控制点上，然后向外侧拖曳以适当放大图形，如图 4-13 所示。

Step 5：将复制的图形移动到合适的位置即可，如图 4-14 所示。

图 4-12　复制三角形

图 4-13　调整三角形

图 4-14　再次移动三角形

【知识补充】移动、复制和缩放图形是平面设计中使用较为频繁的操作。为了方便用户更好地操作，Illustrator 提供了多种实现这些操作的方法，具体如下。

- 拖曳鼠标移动图形：除了利用“选择工具”移动图形外，利用“直接选择工具”、“编组选择工具”均可将图形移动到其他位置。
- 通过对话框移动图形：选择需移动的对象后，选择【对象】/【变换】/【移动】命令或按“Ctrl+Shift+M”组合键，打开“移动”对话框，如图 4-15 所示。在其中的“水平”和“垂直”文本框中输入移动后图形的坐标值，或在“距离”文本框中输入需移动的距离，在“角度”文本框中输入移动角度，设置完后单击确定按钮即可。

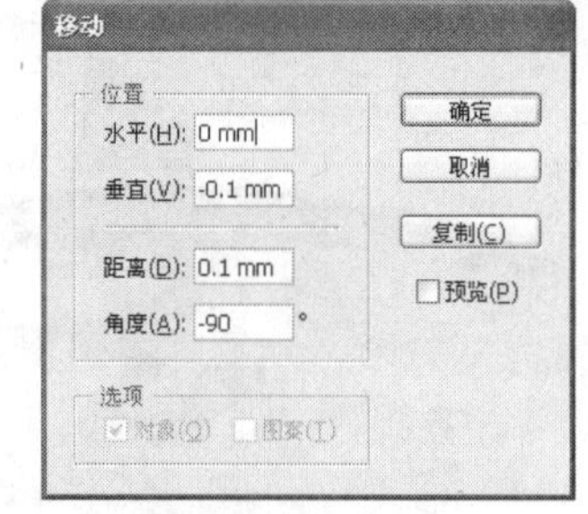

图 4-15　精确移动图形

- 通过剪贴板复制与剪切图形：除了利用“Alt”键可以复制图形外，选择【编辑】/【复制】命令或按“Ctrl+C”组合键也可将所选图形移动到系统的剪贴板中，然后选择【编辑】/【粘贴】命令或按“Ctrl+V”组合键即可将剪贴板中的图形复制出来。若选择【编辑】/【剪切】命令（或按“Ctrl+X”组合键）和【编辑】/【粘贴】命令则可达到剪切图形的目的。
- 缩放图形：除了可以利用“选择工具”拖曳图形周围的控制点对图形进行缩放外，还可利用“比例缩放工具”来缩放图形，具体操作将在本章后面进行介绍，这里只需了解即可。

提示：对图形进行编辑操作后，选择【编辑】/还原命令或按“Ctrl+Z”组合键可逐步还原最近的一步操作。选择【编辑】/【重做】命令或按“Ctrl+Shift+Z”组合键又可逐步恢复最近还原的操作。

4.2 橡皮擦工具组的应用

橡皮擦工具组中主要包括“橡皮擦工具”、“剪刀工具”和“美工刀工具”，利用这些工具可以清除不需要的图形或将某个图形进行分割操作。

4.2.1　使用“橡皮擦工具”

使用“橡皮擦工具”可以擦除页面中所有图形或选择的某个图形。“橡皮擦工具”的使用方法为，选择需擦除的图形（若不选择图形，则表示将擦除页面中所有图层中的图形），选择工具箱中的“橡皮擦工具”，拖曳即可进行擦除操作，如图 4-16 所示。在擦除前，通过按“[”和“]”键可随时调整橡皮擦的擦除范围。

若需要设置“橡皮擦工具”的属性，可双击工具箱中的“橡皮擦工具”，在打开的“橡皮擦工具选项”对话框中进行设置即可，如图 4-17 所示，其中各参数的作用分别如下。

图 4-16 “橡皮擦工具”的使用方法

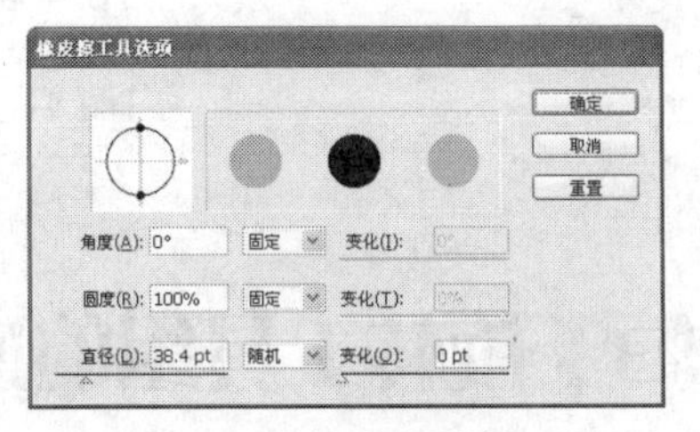

图 4-17 设置“橡皮擦工具”

- “角度”文本框：设置“橡皮擦工具”在擦除时的旋转角度，拖曳上方预览区中的灰色箭头或直接在文本框中输入数值均可进行设置。
- “圆度”文本框：设置“橡皮擦工具”的圆度，拖曳预览区中的黑点或直接在文本框中输入数值均可进行设置。
- “直径”文本框：设置“橡皮擦工具”的直径，拖曳下方的滑块或直接在文本框中输入数值均可进行设置。

注意：无论是角度、圆度还是直径，在相应参数右侧的下拉列表框中均可设置“橡皮擦工具”的形状变化依据，其中包括“固定”、“随机”、“压力”、“光笔轮”、“倾斜”、“方位”和“旋转”等选项。

4.2.2 使用“剪刀工具”

使用“剪刀工具”可以将任意一条路径剪断，从而将一条开放路径变为两条或多条开放路径，或将一条闭合路径变为一条或多条开放路径，类似于用剪刀剪断绳索的效果。“剪刀工具”的使用方法为，选择工具箱中的“剪刀工具”，然后在路径中的任意位置单击，此时该位置将出现两个重叠的锚点，利用“直接选择工具”拖曳出现的锚点便可分隔原有路径，如图 4-18 所示。

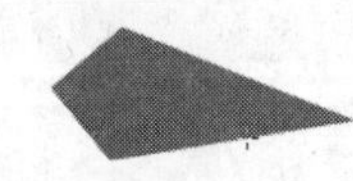

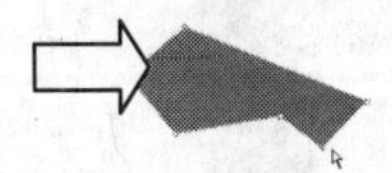

图 4-18 “剪刀工具”的使用方法

4.2.3 使用“美工刀工具”

利用“美工刀工具”在图形上拖曳，Illustrator 会沿着鼠标指针的轨迹将图形分隔为两个或多个图形，类似于用美工刀在纸上切割的效果。“美工刀工具”的使用方法为，选择工具箱中的美工刀工具，然后在图形上拖曳，释放鼠标后便可利用“选择工具”或“直接选择工具”等工具移动和编辑分隔开的图形，如图 4-19 所示。

图 4-19 “美工刀工具”的使用方法

4.3 旋转工具组的应用

旋转工具组中主要包括“旋转工具”和“镜像工具”，利用它们可以实现对所选图形进行旋转和镜像等编辑。

4.3.1 使用“旋转工具”

在前面的讲解中已经提到利用“选择工具”选择图形后，可将鼠标指针移至所选图形的任意一个控制点上，当其变为具有一定弧度的双向箭头时拖曳即可旋转图形。这里将重点介绍使用“旋转工具”实现对图形的旋转的操作，该工具可以实现更为便捷和精确的旋转。

【例 4-3】通过旋转图形来制作风车旋转的效果。

完成效果：效果文件\第 4 章\风车.ai

Step 1：新建空白文件，利用“钢笔工具”绘制如图 4-20 所示的图形。

Step 2：选择工具箱中的“旋转工具”，此时图形左侧的空白区域将出现一个蓝色的标记，它表示旋转图形时的中心点，如图 4-21 所示。

Step 3：在图形的上方单击，将旋转中心点定位到该处，如图 4-22 所示。

图 4-20 绘制图形

图 4-21 出现的旋转中心点

图 4-22 调整中心点的位置

Step 4：按住“Alt”键的同时在图形上向右拖曳，此时将复制图形并进行旋转操作，如图 4-23 所示（若不按住“Alt”键，则只进行旋转）。

Step 5：选择【对象】/【变换】/【再次变换】命令或按“Ctrl+D”组合键将重复执行相同操作，按多次“Ctrl+D”组合键即可达到如图 4-24 所示的风车旋转的效果。

图 4-23　复制并旋转图形

图 4-24　执行多次相同操作

【知识补充】若想更为精确地旋转图形，可双击“旋转工具”，并在打开的“旋转”对话框中进行设置即可，如图 4-25 所示。

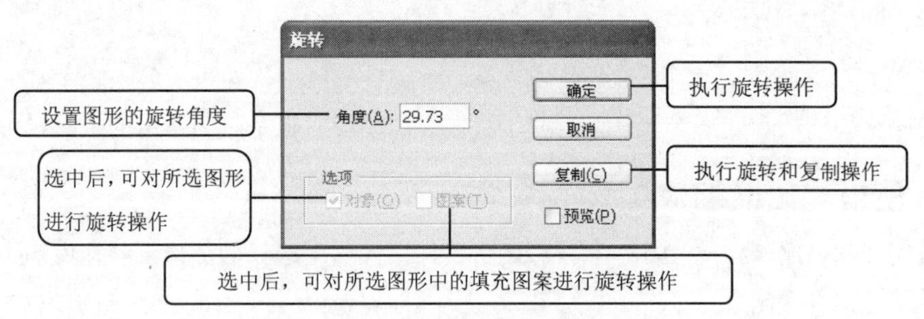

图 4-25　精确旋转图形

4.3.2　使用“镜像工具”

使用“镜像工具”可以对图形进行任意角度的翻转和复制，从而快速得到镜像效果。

【例 4-4】通过使用“镜像工具”来制作蝴蝶图形。

所用素材：素材文件\第 4 章\蝴蝶.ai　　**完成效果**：效果文件\第 4 章\蝴蝶.ai

Step 1：打开“蝴蝶.ai”文件，选择其中的图形，然后选择工具箱中的“镜像工具”，此时将出现镜像中心点，如图 4-26 所示。

Step 2：在图形最右侧的位置单击以改变中心点的位置，如图 4-27 所示。

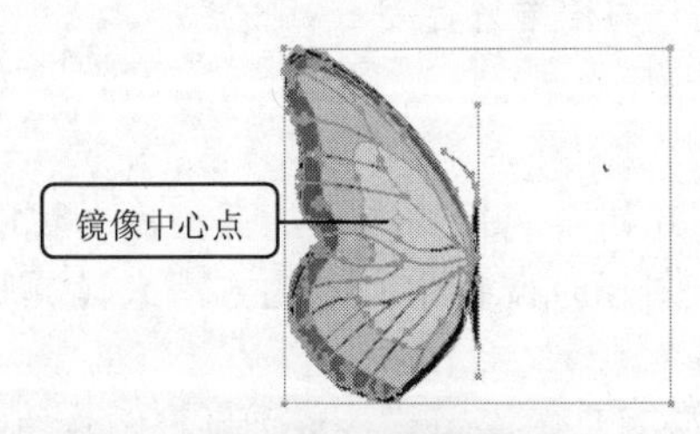

图 4-26　选择图形

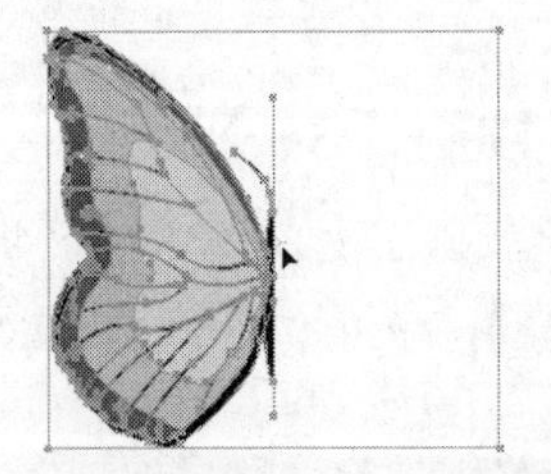
图 4-27　调整中心点的位置

Step 3：按住“Alt”键的同时在图形上拖曳，此时将复制图形并同时进行翻转操作，如图 4-28 所示（若不按住“Alt”键，则只进行翻转）。

Step 4：释放鼠标后即可得到镜像后的图形，如图 4-29 所示。

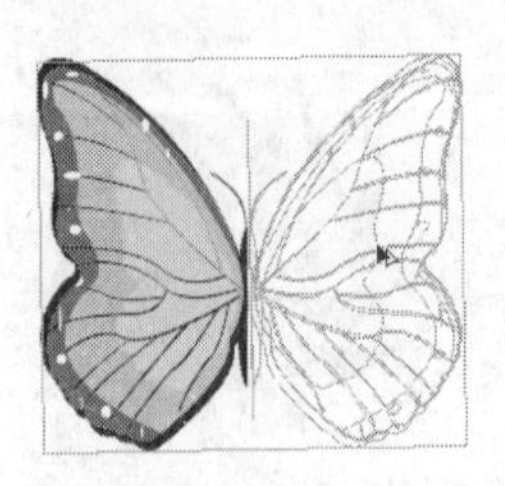

图 4-28　镜像图形

图 4-29　最终效果

4.4 比例缩放工具组的应用

比例缩放工具组主要包括“比例缩放工具”、“倾斜工具”和“改变形状工具”，使用它们可以实现对图形的缩放和变形等操作，这些工具在设计图形时也是较为常用的工具。

4.4.1 使用“比例缩放工具”

选择工具箱中的“比例缩放工具”，然后将鼠标指针移至选择的图形上并拖曳即可随意缩小或放大图形。

若想对图形进行精确缩放，那么首先选择需进行缩放的图形，然后双击工具箱中的“比例缩放工具”，最后在打开的“比例缩放”对话框中进行精确设置即可，如图 4-30 所示。其中各参数的作用如下。

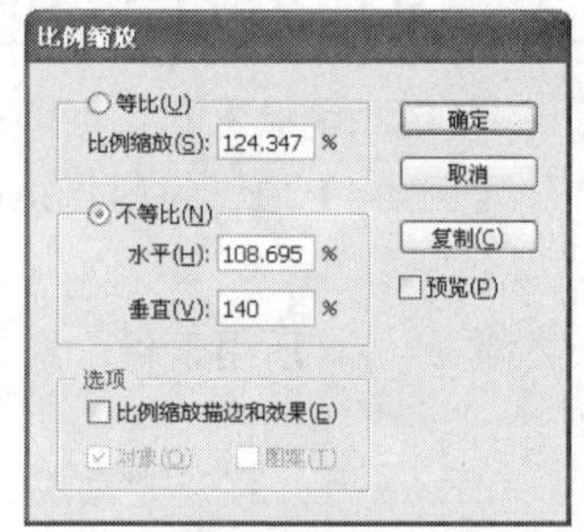

图 4-30　精确缩放图形

- “等比”单选项：选中该单选项并在下方的“比例缩放”文本框中输入具体的数值即可对图形进行等比例缩放。
- “不等比”单选项：选中该单选项后，可分别在“水平”文本框和“垂直”文本框中输入具体的数值，从而分别在水平方向和垂直方向上对图形进行非等比缩放。
- “比例缩放描边和效果”复选框：选中该复选框后将对图形的描边和为描边应用的效果同时进行缩放。
- “对象”复选框：选中该复选框后将对图形进行缩放。
- “图案”复选框：选中该复选框后将对图形中填充的图案进行缩放。

4.4.2 使用“倾斜工具”

选择工具箱中的“倾斜工具”，然后将鼠标指针移至选择的图形上并拖曳即可随意倾斜图形，也可按照旋转或镜像图形时调整中心点的方法来设置倾斜时的参照中心。

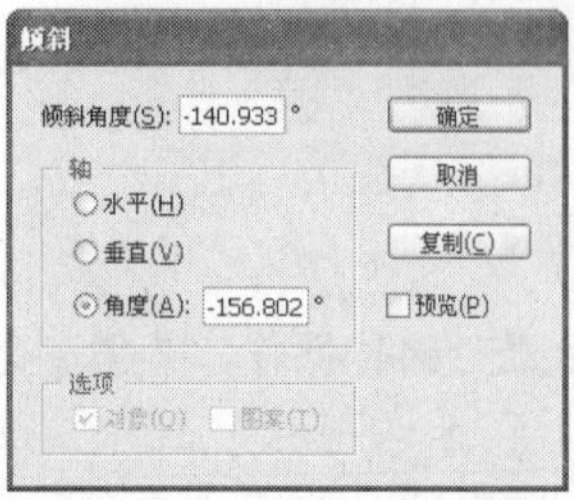

若想对图形进行精确倾斜，那么首先选择需进行倾斜的图形，然后双击工具箱中的“倾斜工具”，最后在打开的“倾斜”对话框中进行精确设置即可，如图 4-31 所示。其中各参数的作用如下。

图 4-31　精确倾斜图形

- “倾斜角度”文本框：用于设置图形的倾斜角度。
- “水平”单选项：选中该单选项后图形将在水平方向上倾斜。

- “垂直”单选项：选中该单选项后图形将在垂直方向上倾斜。
- “角度”单选项：选中该单选项后图形将在设置的角度方向上倾斜。
- “对象”复选框：选中该复选框后将对图形进行倾斜。
- “图案”复选框：选中该复选框后将对图形中填充的图案进行倾斜。

4.4.3　使用“改变形状工具”

“改变形状工具”具有“添加锚点工具”和“直接选择工具”的作用，可以为路径添加锚点并调整锚点，但最大的不同在于，它可以在保持路径整体细节完整无缺的同时，对选择的锚点进行调整。图 4-32 和图 4-33 所示为使用“改变形状工具”和“直接选择工具”调整图形的对比效果。

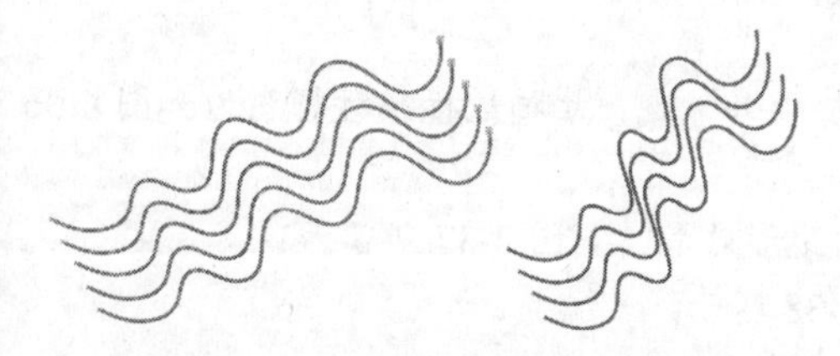

图 4-32　利用“改变形状工具”调整的图形

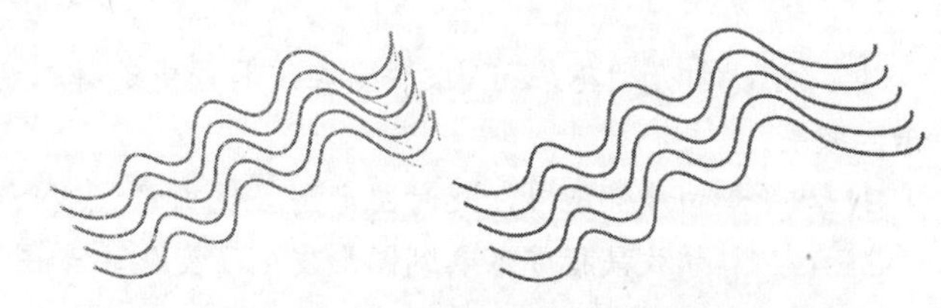

图 4-33　利用“直接选择工具”调整的图形

“改变形状工具”的使用方法为，选择需进行调整的图形，单击工具箱中的“改变形状工具”按钮，然后将鼠标指针移至所选图形的路径上，当其变为形状时单击即可添加锚点，拖曳已有的锚点或新增锚点即可对图形的形状进行整体调整。图 4-34 所示为使用“改变形状工具”调整图形的操作过程。

图 4-34　改变形状工具的使用方法

4.5 变形工具组的应用

变形工具组主要包括“变形工具”、“旋转扭曲工具”、“缩拢工具”、“膨胀工具”、“扇贝工具”、“晶格化工具”和“皱褶工具”，通过使用这些工具可对图形进行各种艺术化变形处理。

4.5.1　使用“变形工具”

使用“变形工具”可以达到类似用手指或某种物体涂抹图形的效果。

【例 4-5】通过“变形工具”的涂抹效果将花朵从含苞未放的状态调整为盛放的状态，如图 4-35 所示。

所用素材：素材文件\第 4 章\花朵.ai
完成效果：效果文件\第 4 章\花朵.ai

图 4-35 制作效果

Step 1：打开“花朵.ai”文件，在工具箱中选择“变形工具”，此时鼠标指针将变为如图 4-36 所示的效果。

Step 2：向外侧拖曳，此时图形将呈现出预览线条的变形效果，如图 4-37 所示。

Step 3：释放鼠标即可看到图形发生了变化，如图 4-38 所示。

图 4-36 选择工具后的鼠标指针

图 4-37 拖曳

图 4-38 变形图形

Step 4：将鼠标指针移至图形的另一个位置，然后同样向外侧拖曳，如图 4-39 所示。

Step 5：释放鼠标即可调整图形，如图 4-40 所示。

Step 6：使用相同的方法对图形进行变形操作即可，效果如图 4-41 所示。

图 4-39 再次拖曳

图 4-40 变形

图 4-41 设置后的效果

【知识补充】选择“变形工具”后，按任意轨迹进行拖曳，此时图形会按照鼠标指针经过的路径进行变形。另外，可双击“变形工具”，在打开的“变形工具选项”对话框中设置画笔大小和变形细节等内容，如图 4-42 所示。其中各参数的作用如下。

- “宽度”组合框：用于设置画笔的宽度（即鼠标指针的圆圈宽度）。
- “高度”组合框：用于设置画笔的高度（即鼠标指针的圆圈高度）。
- “角度”组合框：用于设置图形变形的角度，参照角度为鼠标指针移动的方向。
- “强度”组合框：用于设置图形变形的程度。
- “细节”选项：用于设置图形变形后细节的变化程度。
- “简化”选项：用于设置图形变形后简化的程度。
- “显示画笔大小”复选框：选中该复选框可显示鼠标指针的圆圈大小。

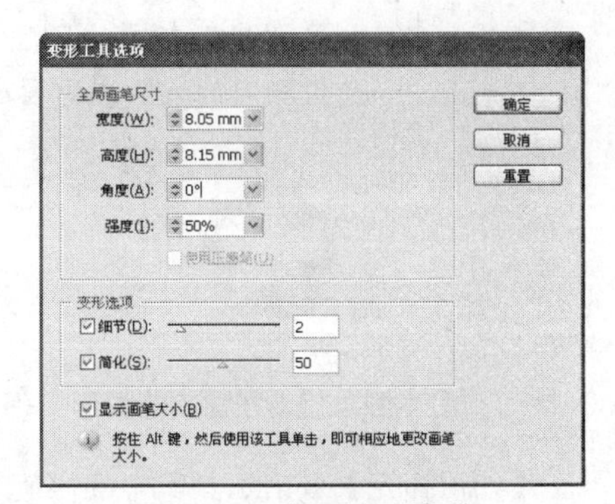

图 4-42　设置变形参数

4.5.2　使用“旋转扭曲工具”

使用“旋转扭曲工具”可以将整个图形或部分图形按圆周的方向不停地扭曲旋转，从而达到类似抽丝的效果。

【例 4-6】通过使用“旋转扭曲工具”调整五星图形，效果如图 4-43 所示。

所用素材：素材文件\第 4 章\五星.ai
完成效果：效果文件\第 4 章\五星.ai

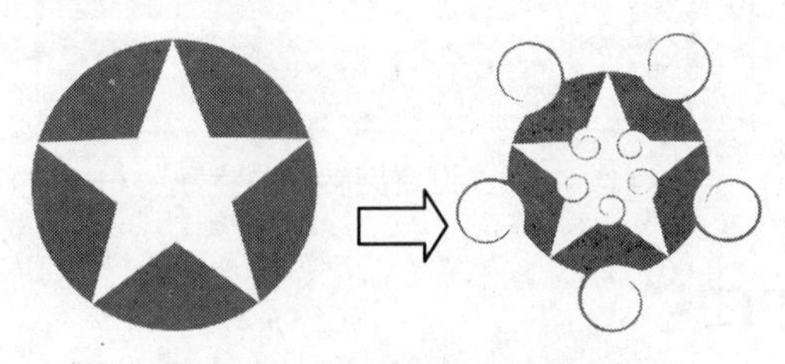

图 4-43　旋转扭曲后的效果

Step 1：打开“五星.ai”文件，在工具箱中选择“旋转扭曲工具”，将鼠标指针移至页面中，按住“Alt”键的同时拖曳即可调整工具的作用范围，如图 4-44 所示。

Step 2：将调整后的鼠标指针移至需进行旋转扭曲的图形处，拖曳即可旋转并扭曲图形，如图 4-45 所示。

Step 3：当旋转扭曲到需要的程度时释放鼠标即可，效果如图 4-46 所示。

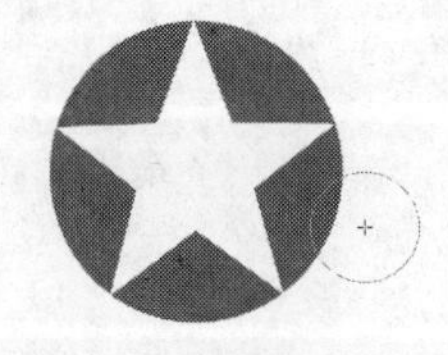

图 4-44　调整鼠标指针大小

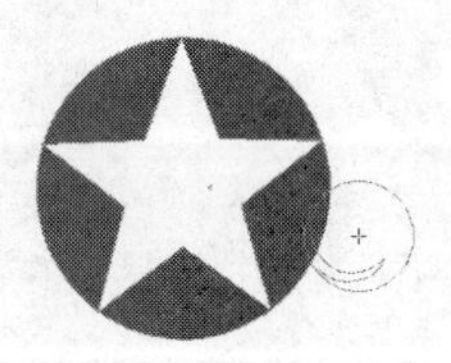

图 4-45　旋转扭曲图形

图 4-46　旋转扭曲后的效果

Step 4：使用相同的方法在图形外围的其他 4 处旋转并扭曲部分图形，如图 4-47 所示。

Step 5: 利用“Alt”键再次调整鼠标指针的大小，如图 4-48 所示。

Step 6: 使用相同的方法在需要的位置单击，从而旋转并扭曲图形，效果如图 4-49 所示。

图 4-47　旋转扭曲其他图形　图 4-48　调整鼠标指针的大小　图 4-49　再次旋转扭曲图形

【知识补充】双击工具箱中的“旋转扭曲工具”还可打开“旋转扭曲工具选项”对话框，其中大部分参数的作用与“变形工具选项”对话框中对应参数的作用完全相同，如图 4-50 所示。而其独有的“旋转扭曲速率”参数主要用于设置旋转扭曲时图形的变形速度。

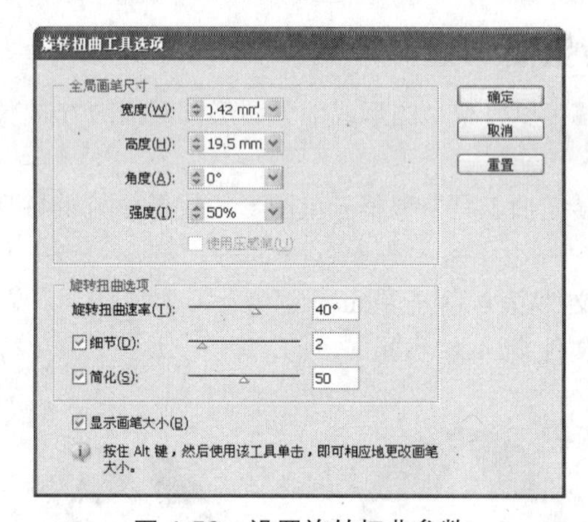

图 4-50　设置旋转扭曲参数

4.5.3　使用“缩拢工具”

“缩拢工具”的用法与“旋转扭曲工具”完全相同，双击该工具也可在的打开的对话框中进行参数设置。“缩拢工具”的作用主要是使鼠标指针范围内的图形向鼠标指针的中心点收缩，效果如图 4-51 所示。

图 4-51　“缩拢工具”的效果

4.5.4　使用“膨胀工具”

“膨胀工具”的作用与“缩拢工具”相反，它主要是使鼠标指针范围内的图形由中心点向边缘膨胀，效果如图 4-52 所示。

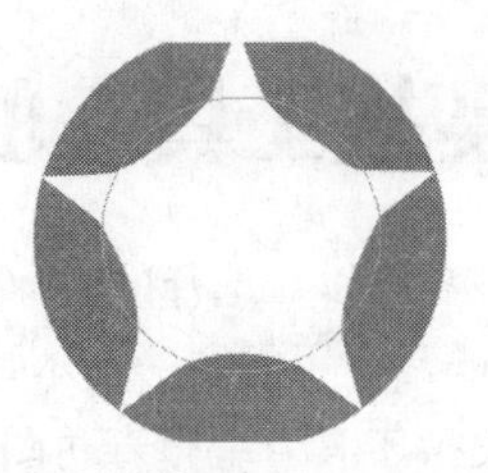

图 4-52 “膨胀工具”的效果

4.5.5　使用“扇贝工具”

使用“扇贝工具”可以向图形的轮廓中添加随机弯曲的细节，其用法也与变形工具组中的工具相同，效果如图 4-53 所示。

图 4-53 “扇贝工具”的效果

4.5.6　使用“晶格化工具”

使用“晶格化工具”可以向图形的轮廓中添加随机锥化的细节，效果如图 4-54 所示。

图 4-54 “晶格化工具”的效果

4.5.7　使用“皱褶工具”

使用“皱褶工具”可以向图形的轮廓中添加类似于皱褶的细节，效果如图 4-54 所示。

图 4-55 “皱褶工具”的效果

4.6 “自由变换工具”的应用

使用“自由变换工具“▣可以对选择的对象进行移动、缩放、旋转、镜像和倾斜以及透视等编辑操作，“自由变换工具”是非常实用的图形基本编辑工具之一。

【例 4-7】使用“自由变换工具”编辑寿司图形。

所用素材：素材文件\第 4 章\寿司.ai　　**完成效果：**效果文件\第 4 章\寿司.ai

Step 1：打开“寿司.ai”文件，利用“选择工具”选择其中的图形，然后选择工具箱中的“自由变换工具”▣。将鼠标指针移至选择的图形上并拖曳即可移动图形，如图 4-56 所示。

Step 2：将鼠标指针移至所选图形的控制框外侧，当鼠标指针变为具有一定弧度的双向箭头时拖曳即可旋转图形，如图 4-57 所示。

Step 3：将鼠标指针移至所选图形的控制点上，拖曳即可对图形进行缩放编辑，如图 4-58 所示。

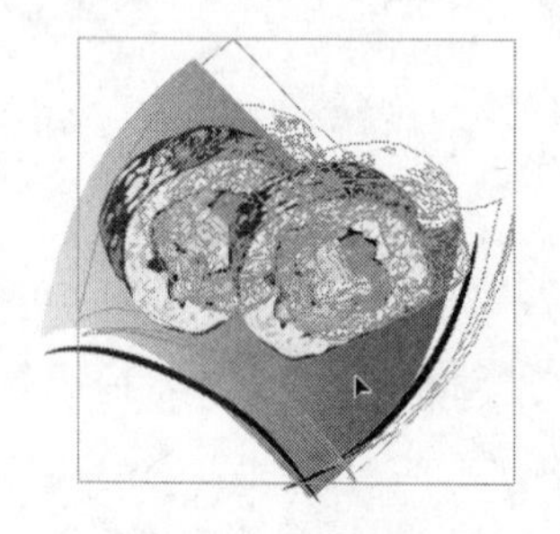

图 4-56　移动图形

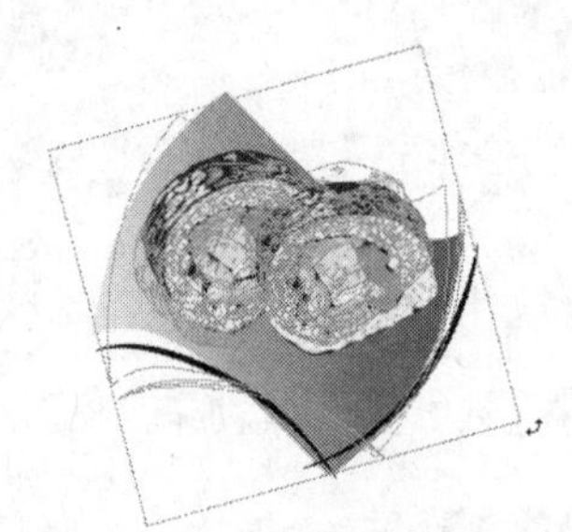

图 4-57　旋转图形

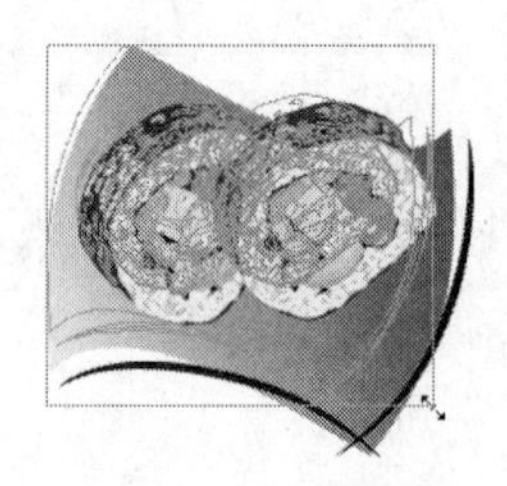

图 4-58　缩放图形

Step 4：将鼠标指针移至任意一边的控制点上并拖曳越过另一边的控制点，即可对图形进行镜像编辑，如图 4-59 所示。

Step 5：将鼠标指针移至任意一个控制点上，按住“Ctrl”键的同时拖曳可倾斜图形，如图 4-60 所示。

Step 6：将鼠标指针移至任意一角的控制点上，按住“Ctrl+Shift+Alt”组合键的同时拖曳，可将图形编辑为透视效果，如图 4-61 所示。

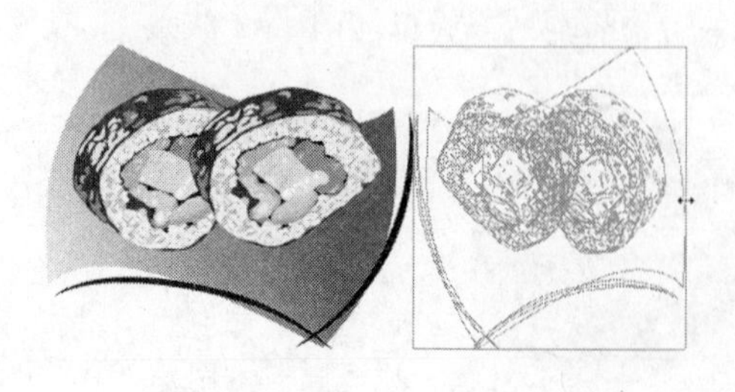

图 4-59　镜像图形

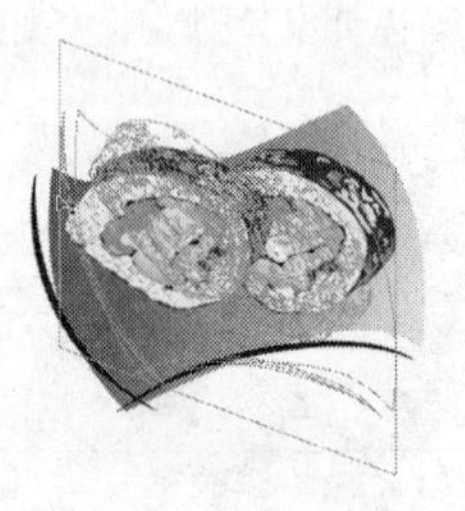

图 4-60　倾斜图形

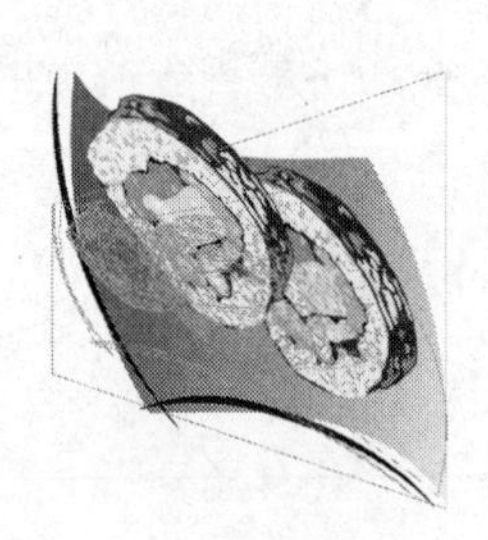

图 4-61　透视图形

【知识补充】除了可以利用“自由变换工具”综合编辑图形外，还可通过对话框和面板对图形进行各种基本的编辑。

- 利用对话框编辑。选择【对象】/【变换】/【分别变换】命令或“按 Ctrl+Shift+Alt+D”组合键，打开“分别变换”对话框。在其中的“缩放”、“移动”、“旋转”和“对称”栏中进行设置可对图形进行大小缩放、位置移动、角度旋转和镜像翻转等操作，如图 4-62 所示。
- 利用面板编辑。选择【窗口】/【变换】命令或“按 Shift+F8”组合键，打开“变换”面板，如图 6-43 所示。在“X”和“Y”文本框中可设置图形的位置（即移动图形），在“W”和“H”文本框中可设置图形的大小（即缩放图形），在下方左侧的下拉列表框中可设置图形的旋转角度，在右侧的下拉列表框中可设置图形的倾斜角度。单击面板右上方的按钮，在弹出的下拉列表中选择“水平翻转”或“垂直翻转”选项可对图形进行镜像操作。

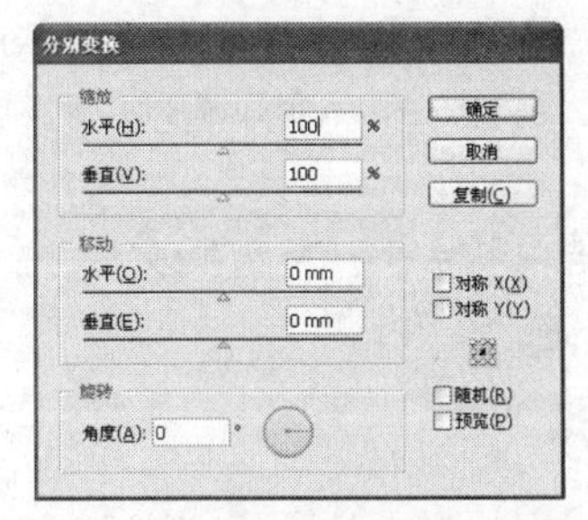

图 4-62　通过对话框编辑图形

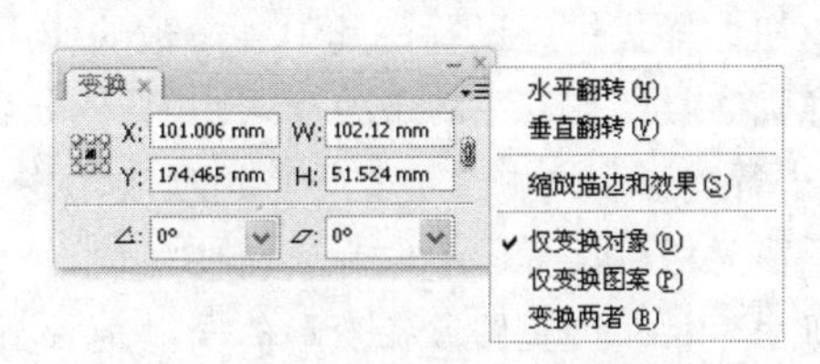

图 4-63　通过面板编辑图形

4.7 封套扭曲

封套是指对所选图形进行扭曲和改变其形状的参照对象。在 Illustrator 中，用户可以利用各种对象来制作封套，或使用预设的变形形状或网格作为封套，从而获得使用普通绘图工具无法获得或无法快速获得的变形效果。

4.7.1 创建封套扭曲

Illustrator 提供了 3 种创建封套扭曲的方法，分别是通过变形创建、通过网格创建以及通过顶层对象创建等。

1. 通过变形创建

通过变形创建封套扭曲是指利用 Illustrator 预设形状来快速为所选图形进行封套扭曲设置。

【例 4-8】利用预设的“拱形”样式对骰子图形进行封套扭曲。

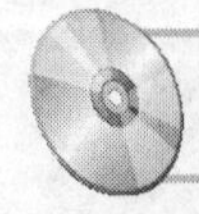

所用素材：素材文件\第 4 章\骰子.ai　　**完成效果：**效果文件\第 4 章\骰子.ai

Step 1：打开“骰子.ai”文件，选择其中的图形对象，然后选择【对象】/【封套扭曲】/【用变形建立】命令或“按 Ctrl+Shift+Alt+W”组合键，如图 4-64 所示。

Step 2：打开“变形选项”对话框，在“样式”下拉列表中选择“拱形”选项，然后单击 确定按钮，如图 4-65 所示。

Step 3：所选图形应用了封套扭曲，如图 4-66 所示。

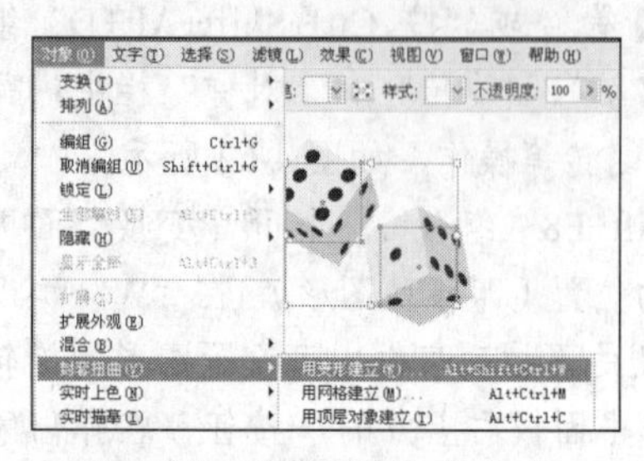

图 4-64　选择封套扭曲方式

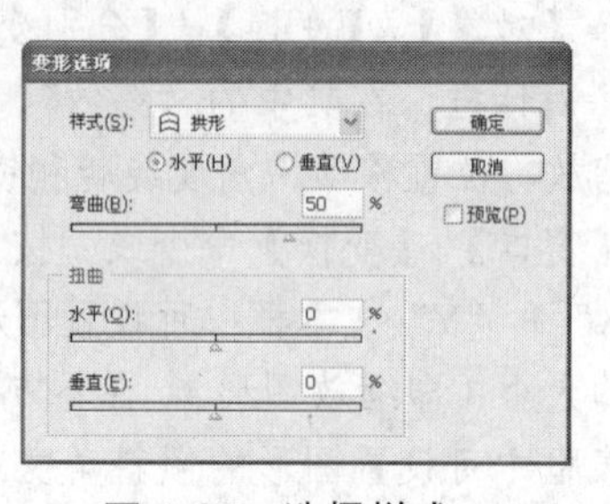

图 4-65　选择样式

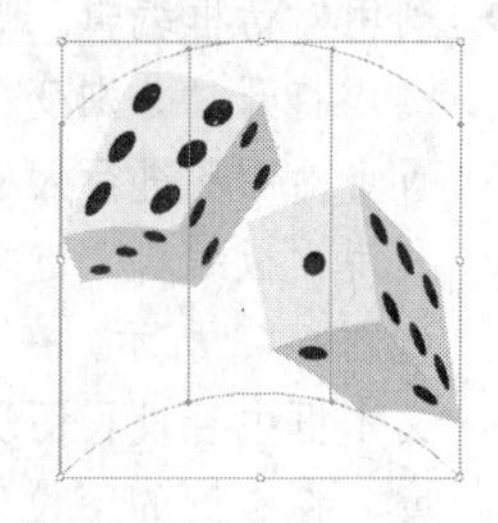

图 4-66　应用封套扭曲

【知识补充】为图形应用封套扭曲后，可利用“直接选择工具”或“网格工具”对图形上的任意锚点或路径进行进一步修改，以使图形更加符合设计需要。另外，在“变形选项”对话框中还可对所选封套扭曲样式进行设置，其中各参数的作用如下。

- “样式”栏：在其中的下拉列表中可选择预设的样式，选中“水平”单选项表示将在水平方向上进行变形；选中“垂直”单选项表示将在垂直方向上进行变形。
- “弯曲”栏：设置图形的封套扭曲程度。
- “扭曲”栏：设置图形在变形的同时是否扭曲。
- “预览”复选框：选中该复选框后将同步预览所选图形的效果。

2. 通过网格创建

通过网格创建封套扭曲是指在所选图形上添加指定行列数的网格，并进一步利用“网格工具”或“直接选择工具”来调整网格的方式。

【例 4-9】为“梅花”图形创建网格封套扭曲并进行调整。

所用素材：素材文件\第 4 章\梅花.ai　　**完成效果**：效果文件\第 4 章\梅花.ai

Step 1：打开“梅花.ai”文件，选择其中的图形对象，然后选择【对象】/【封套扭曲】/【用网格建立】命令或“按 Ctrl+Alt+M”组合键。

Step 2：打开“封套网格”对话框，将“行数”和“列数”均设置为“4”，然后单击 确定 按钮，如图 4-67 所示。

Step 3：所选图形上将创建一个 4 行 4 列的网格，如图 4-68 所示。

Step 4：利用“网格工具”或“直接选择工具”调整网格形状，如图 4-69 所示。

Step 5：图形的最终封套扭曲效果如图 4-70 所示。

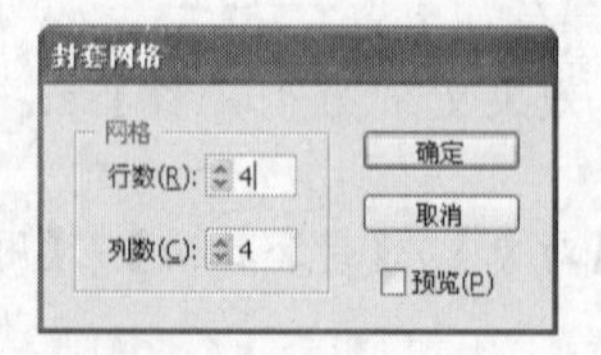

图 4-67　设置网格行列数

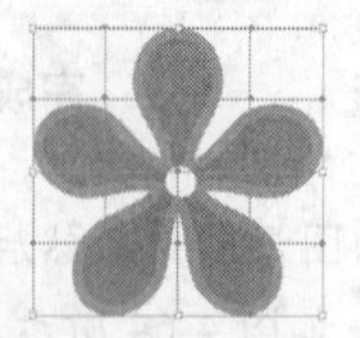

图 4-68　创建网格

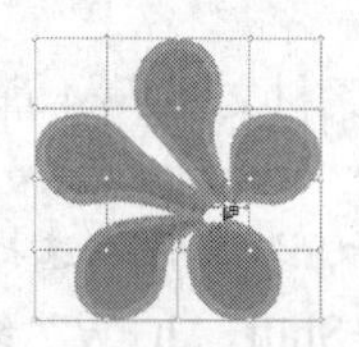

图 4-69　调整网格形状

图 4-70　最终效果

3. 通过顶层对象创建

通过顶层对象创建封套扭曲是指以某个对象作为封套，让所选对象在该封套中实现扭曲效果。

【例 4-10】为直线段创建以圆形为封套的扭曲效果。

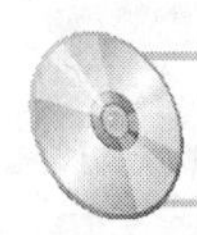

完成效果：效果文件\第 4 章\圆.ai

Step 1：新建空白文件，在其中绘制多条水平的直线段，然后绘制一个正圆，如图 4-71 所示。

Step 2：选择绘制的所有图形，然后选择【对象】/【封套扭曲】/【用顶层对象建立】命令或“按 Ctrl+Alt+C”组合键，如图 4-72 所示。

Step 3：所有直线段将以圆形为封套而发生扭曲，效果如图 4-73 所示。

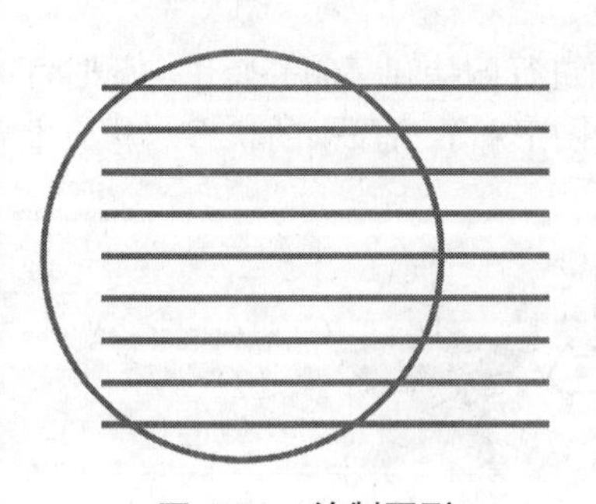

图 4-71　绘制图形

图 4-72　选择封套扭曲方式

图 4-73　封套扭曲的效果

4.7.2　编辑、释放与扩展封套扭曲

为图形创建封套扭曲后，还可根据实际需要对封套扭曲的图形对象进行编辑、释放或扩展设置，从而进一步编辑图形对象。

1. 编辑封套扭曲

创建封套扭曲后，图形由封套和其中发生扭曲的图形两部分组成。选择创建封套扭曲的图形后，选择【对象】/【封套扭曲】/【编辑内容】命令或按“Ctrl+Shift+V”组合键可对封套中的扭曲图形进行进一步编辑，也可利用常用设置栏中的按钮切换需编辑的封套对象以进行设置（无论是设置封套本身还是设置其中的内容，都可利用“直接选择工具”或“网格工具”来设置），如图 4-74 所示。

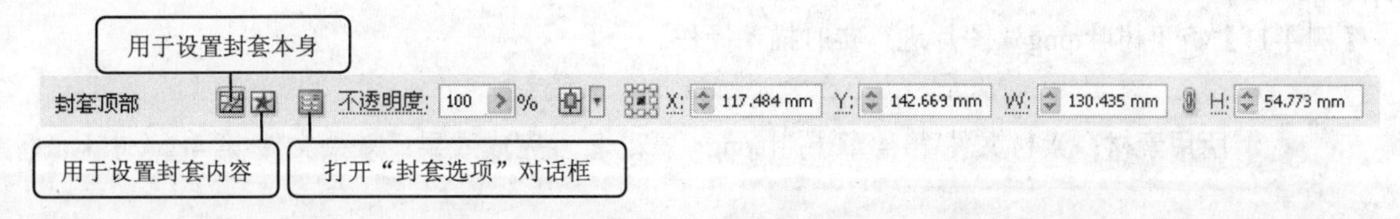

图 4-74　常用设置栏中的封套扭曲参数

单击常用设置栏中的按钮或选择【对象】/【封套扭曲】/【封套选项】命令，均可打开“封套选项”对话框，如图 4-75 所示，其中部分参数的作用如下。

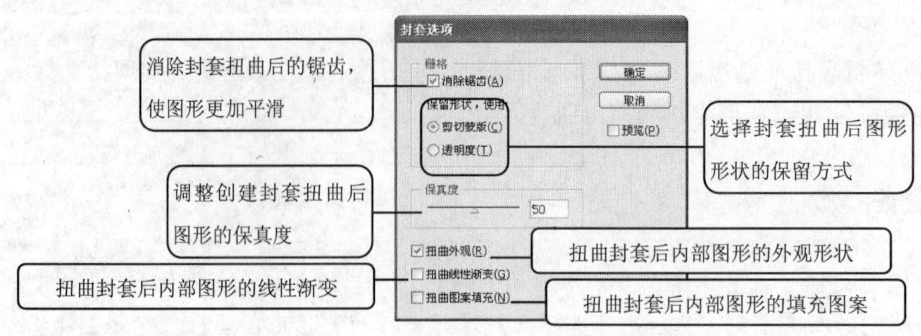

图 4-75　封套选项设置

2. 释放封套扭曲

创建封套扭曲后，原来的两个图形便成为了一个整体，无法单独进行删除和复制等操作。此时可通过选择【对象】/【封套扭曲】/【释放】命令将创建了封套扭曲的图形释放为原来的状态，从而重新编辑原来的两个图形，如图 4-76 所示。

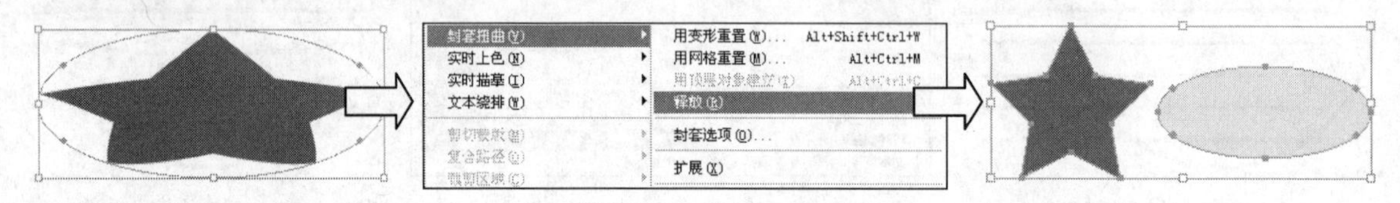

图 4-76　释放封套扭曲的过程

3. 扩展封套扭曲

选择【对象】/【封套扭曲】/【扩展】命令可以删除封套，但图形对象仍保持扭曲的状态。它与释放封套扭曲的不同之处在于，释放封套扭曲是还原到扭曲前的状态，扩展则是取消封套扭曲的组合图形，转而将其确定为一个单独的图形。

4.8 实时描摹

使用实时描摹功能可以快速地将置入 Illustrator 中的位图转换为矢量图，以便进行各种编辑操作。

【例 4-11】将“树叶.png”图片进行实时描摹操作。

所用素材：素材文件\第 4 章\树叶.png　　**完成效果**：效果文件\第 4 章\树叶.ai

Step 1：新建空白文件，然后在其中置入“树叶.png”位图图片，如图 4-77 所示。

Step 2：选择置入的位图，选择【对象】/【实时描摹】/【描摹选项】命令，如图 4-78 所示。

Step 3：打开“描摹选项”对话框，在“模式”下拉列表中选择“彩色”选项，在“最大颜色”组合框中将数字设置为“12”，然后单击 描摹 按钮，如图 4-79 所示。

图 4-77　置入位图

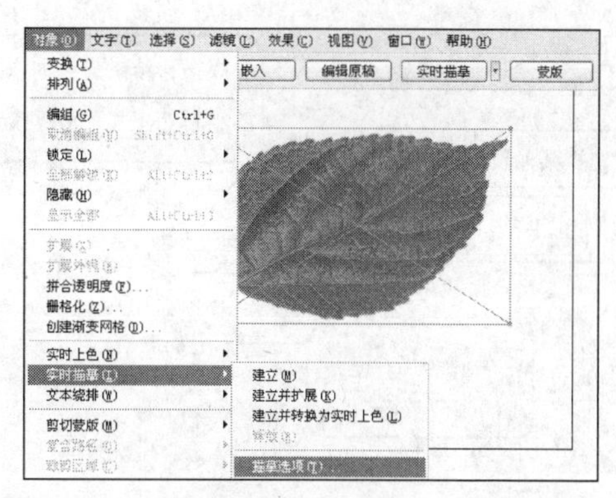

图 4-78　选择命令

Step 4：此时导入的位图将根据设置的描摹选项转换为矢量图，如图 4-80 所示。

Step 5：选择【对象】/【实时描摹】/【扩展】命令或直接单击常用设置栏中的 扩展 按钮可以将转换后的矢量图扩展为路径，如图 4-81 所示。

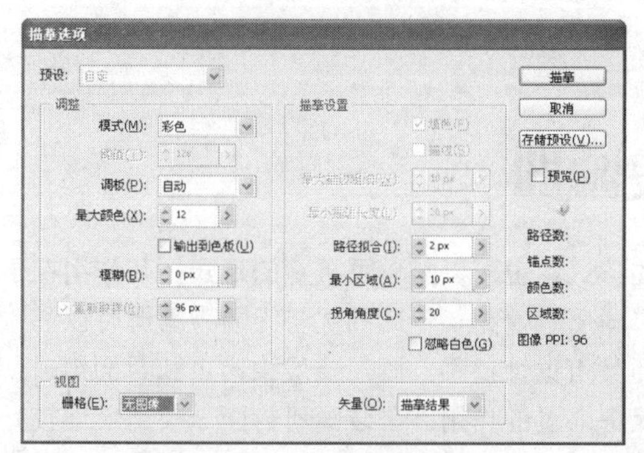

图 4-79　设置描摹选项

图 4-80　转换为矢量图

图 4-81　扩展为路径

【知识补充】实时描摹是一种非常实用的快速将位图图像转换为矢量图形的方法，它可以更加充分地利用各种资源以提高矢量图的设计效率。为了使读者更好地掌握实时描摹功能的使用方法，下面对此知识点进行适当的扩展和补充介绍。

- 常用设置栏中的参数的作用。通过实时描摹将位图转换为矢量图后，可利用常用设置栏中的各个参数对转换后的图形进行设置，其中部分参数的作用如图 4-82 所示。

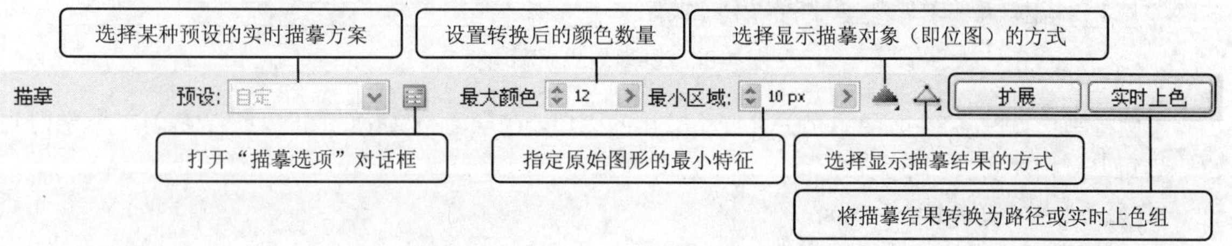

图 4-82　常用设置栏中的参数的作用

- 认识“描摹选项”对话框。该对话框中涉及许多参数，了解这些参数的作用和设置方法后，可以将位图描摹为更加符合要求的矢量图。对话框中部分参数的作用如图 4-83 所示。

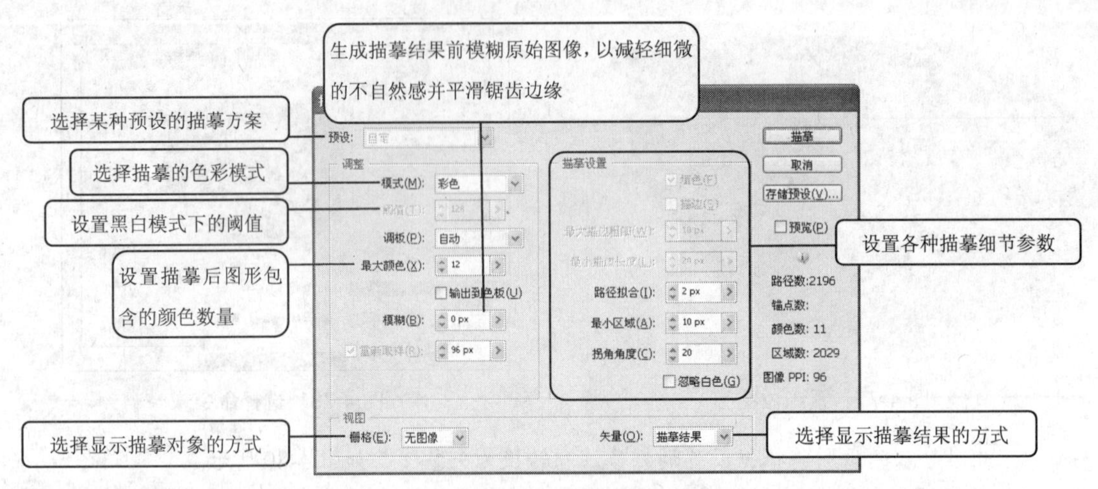

图 4-83　各种描摹参数

- 释放实时描摹。选择【对象】/【实时描摹】/【释放】命令可将转换后的矢量图恢复为置入时的位图状态。

4.9 应用实践——制作宣传画册

画册是指装订成册的图画。目前画册可以是多页的形式，也可以是单页折叠的形式，其作用在于推广和展示个人或企业。相对于单一的文字或是图册，画册有着无与伦比的优势。因为画册可以通过图画结合文字的形式让人一目了然，不仅内容丰富，而且可读性更强。画册一般由内页和封面组成。画册封面也叫书皮，是画册的表层部分，具有装饰和保护书页的作用。平装画册封面一般用质地较好的纸质材料制成。精装画册封面由裱装材料（如漆布、人造革）和里层纸板材料组成。画册设计封壳有软壳和硬壳之分，软壳是用较薄的卡纸壳塑料加工而成的，硬壳是由较硬的纸板加工而成的。图 4-84 所示为一本样品画册的封面和内页。

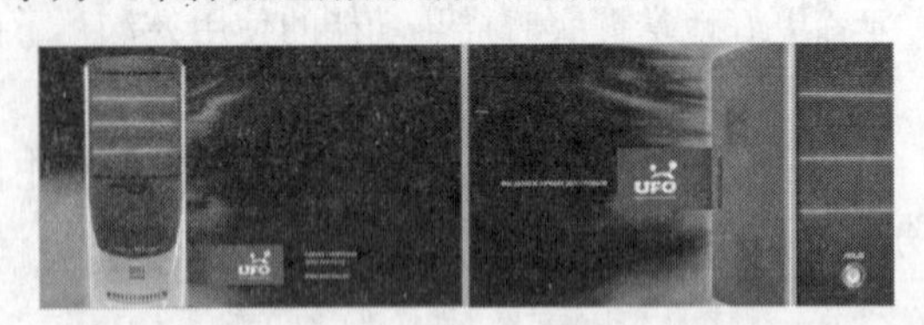

图 4-84　画册的封面和内页

本例将制作如图 4-85 所示的有关宣传茶文化的画册，在学习茶文化的同时，综合练习本章学习到的一些知识。相关要求如下。

- 画册尺寸：200mm×140mm
- 画册要求：画册为对折页样式，包括封面和内页。
- 制作要求：首先以绿色为主色调突出茶文化的韵味，通过对图形的绘制与编辑来制作画册花边以及花纹，然后通过置入位图或实时描摹位图来丰富画册内容，最后复制文字完成画册的制作。

所用素材： 素材文件\第 4 章\文字.ai、00.png、01.png……07.png

完成效果： 效果文件\第 4 章\宣传画册.ai　**视频演示：** 第 4 章\应用实践\制作宣传画册.swf

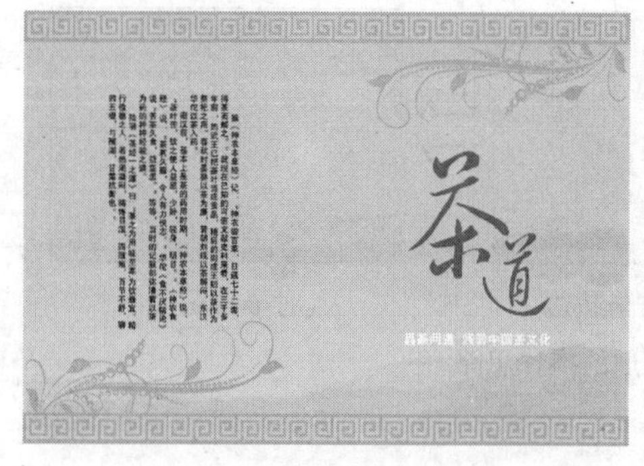

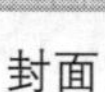

封面　　　内页

图 4-85　绘制的茶文化宣传画册

4.9.1　宣传画册的设计流程

宣传画册是画册的一种类型，它在推广企事业单位的形象或产品以及服务营销中的作用越来越重要。通过精美的宣传画册可以静态地展现需要表达的内容，并能进一步展示企业、单位或组织的文化、理念、产品以及品牌形象，对公司的宣传、营销和发展起着很大的作用。画册的主要设计流程如下。

- 客户沟通：通过与客户沟通，了解客户使用画册的目的，如宣传企业或是宣传产品，并了解客户对画册的要求，是希望画册简洁直观还是希望其色彩艳丽等。
- 提出方案：根据客户的要求给出几套方案供客户参考，并根据客户的意图反复修正，直至确定最终方案。
- 获取素材：包括企业标志、产品图片、工厂图片等一系列素材，以保证后期正常设计。
- 开始设计：按照方案和获得的素材开始设计画册，其中需要注意确定色彩模式，以便印刷出符合效果的画册，并确定画册字体等细节。
- 完成设计：将最终设计出的样品给客户审阅，客户确认后即可送印刷厂印刷。

4.9.2　画册的创意分析与设计思路

无论宣传画册宣传的是企事业单位、产品还是某种活动等，其最根本的目的都是提高看到画册的群体对相关内容的兴趣。对于本例制作的有关茶文化的宣传画册而言，它属于宣传文化活动的一类，要想让广大群众参与到茶文化活动中来，可对此任务进行以下分析。

- 突出整个宣传画册古朴清新的感觉。
- 画册以画面和图片为主，以文字为辅，在设计时要考虑这些元素之间的使用比例。
- 画册中的图片要排放整齐，不能太过凌乱。
- 图片与文字必须清晰，要让观看者在仅有的时间和空间中快速了解宣传的内容。

本例的设计思路如图 4-86 所示，具体设计如下。

（1）通过“钢笔工具”、“直接选择工具”、“自由变换工具”等绘制与编辑花纹。

（2）通过“矩形工具”、“钢笔工具”等绘制画册背景与花边。

（3）实时描摹位图，从而制作出画册背景。

（4）置入位图与复制文字，从而丰富画册内容。

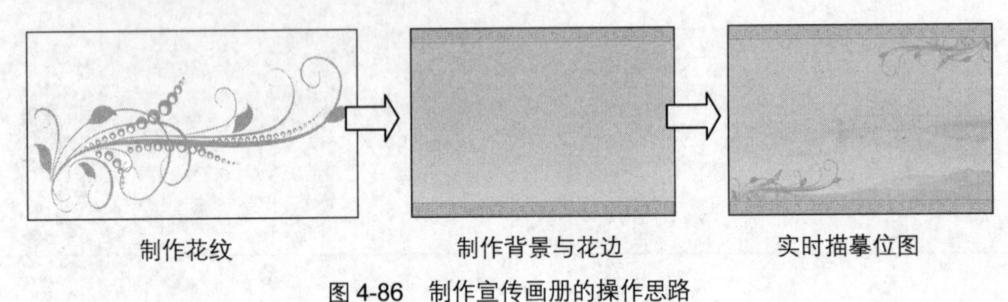

图 4-86　制作宣传画册的操作思路

4.9.3　制作过程

1. 绘制花纹

Step 1：启动 Illustrator 并新建文件，利用“钢笔工具”绘制如图 4-87 所示的图形，并设置其填充颜色为（C=50，M=20，Y=90，K=0），无边框。

Step 2：按住“Alt”键复制绘制的图形，并利用“自由变换工具”适当地移动、旋转和缩放图形，从而得到如图 4-88 所示的效果。

Step 3：使用相同的方法利用“自由变换工具”制作出如图 4-89 所示的图形效果。

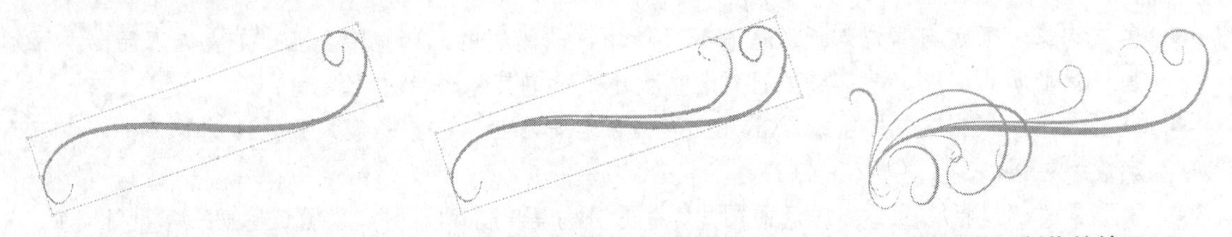

图 4-87　绘制图形　　图 4-88　复制并编辑图形　　图 4-89　制作的效果

Step 4：利用“钢笔工具”绘制类似树叶的图形，并将其填充颜色设置为（C=50，M=20，Y=90，K=0），无边框，如图 4-90 所示。

Step 5：复制绘制的树叶图形，通过“自由变换工具”或创建网格封套来改变图形形状，然后将其移动到相应的位置，从而得到如图 4-91 所示的效果。

图 4-90　绘制树叶图形

图 4-91　复制并编辑树叶图形

Step 6：绘制两个椭圆并为其填充相同的颜色，利用“选择工具”选择这两个图形，然后单击鼠标右键，在弹出的快捷菜单中选择“建立复合路径”命令，如图 4-92 所示。

Step 7：得到如图 4-93 所示的圆环图形。

Step 8：将得到的圆环图形进行复制、移动和缩放等编辑，然后将其放置到相应的位置，从而最终完成花纹的制作，效果如图 4-94 所示。

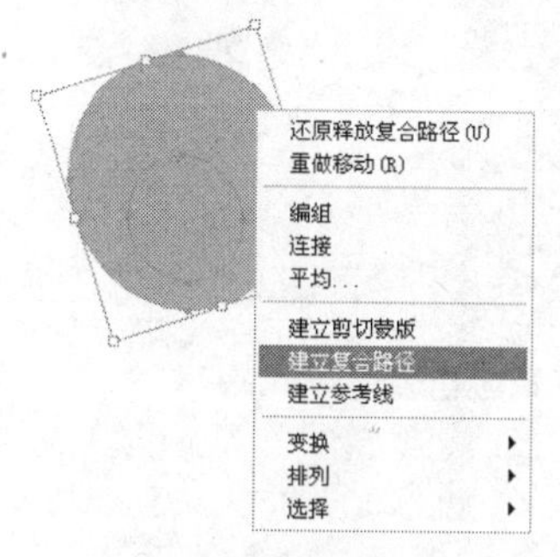

图 4-92 选择命令

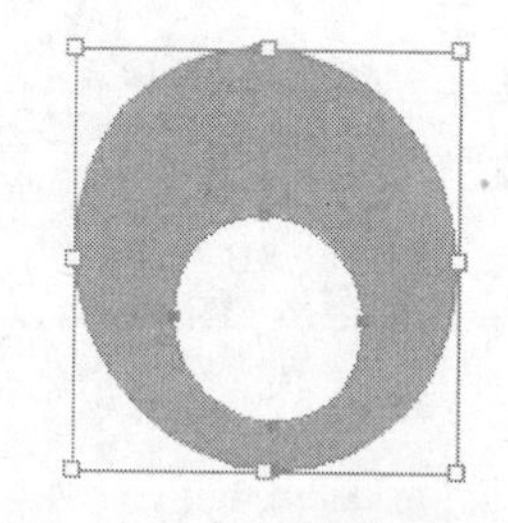

图 4-93 创建复合路径

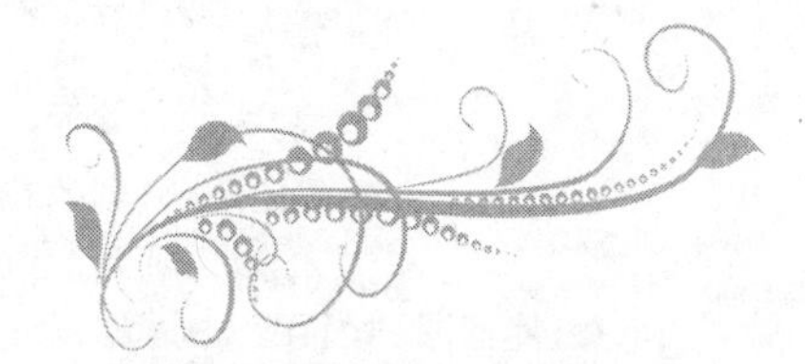

图 4-94 制作的花纹

2. 制作背景与花边

Step 1：绘制一个 200mm×140mm 的矩形，并为其添加 90° 的线性渐变效果，其中最左侧的渐变滑块颜色为（C=25，M=0，Y=40，K=0），上方菱形滑块的位置为“20%”，最右侧的渐变滑块颜色为（C=35，M=0，Y=70，K=0），效果如图 4-95 所示。

Step 2：绘制一个 200mm×10mm 的矩形，将其填充颜色设置为（C=50，M=20，Y=90，K=0），然后将绘制的图形进行复制，并将它们分别放置在 200mm×140mm 的矩形上方和下方，如图 4-96 所示。

Step 3：使用“钢笔工具”绘制如图 4-97 所示的路径，并将其描边粗细设置为“3pt”，颜色设置为（C=30，M=0，Y=70，K=0）。

图 4-95 绘制矩形

图 4-96 再次绘制矩形

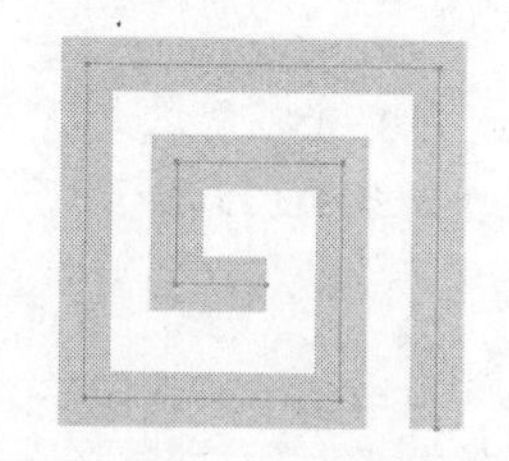

图 4-97 绘制路径

Step 4：选择绘制的路径，选择工具箱中的“镜像工具”，将中心点定位在图形右侧，然后在按住“Alt”键的同时拖曳，这样即可复制并翻转图形，如图 4-98 所示。

Step 5：将中心点定位在复制出的图形中间，然后拖曳以再次镜像图形，如图 4-99 所示。

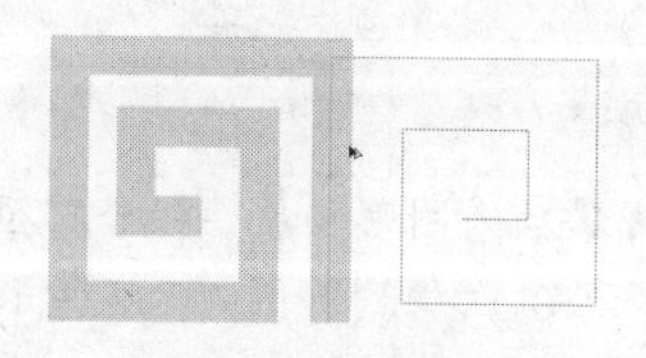

图 4-98 镜像图形

图 4-99 再次镜像图形

Step 6：利用“选择工具”稍微调整图形位置，得到如图 4-100 所示的花边图形。

Step 7：将花边图形复制并移动到两个深色的矩形上，从而完成背景与花边的制作，如图 4-101 所示。

图 4-100　得到的花边图形

图 4-101　制作的背景与花边

3. 制作画册封面

Step 1：选择制作的花纹，按“Ctrl+G”组合键进行编组，然后将其移动到如图 4-102 所示的位置。

Step 2：复制编组的花纹图形，将其进行旋转操作，并移动到如图 4-103 所示的位置。

Step 3：置入素材提供的“00.png”位图，并将其调整到如图 4-104 所示的大小。

图 4-102　移动花纹

图 4-103　复制与旋转花纹

图 4-104　置入位图

Step 4：单击常用设置栏中的 实时描摹 按钮右侧的下三角按钮，然后在弹出的下拉列表中选择“16 色”选项，如图 4-105 所示。

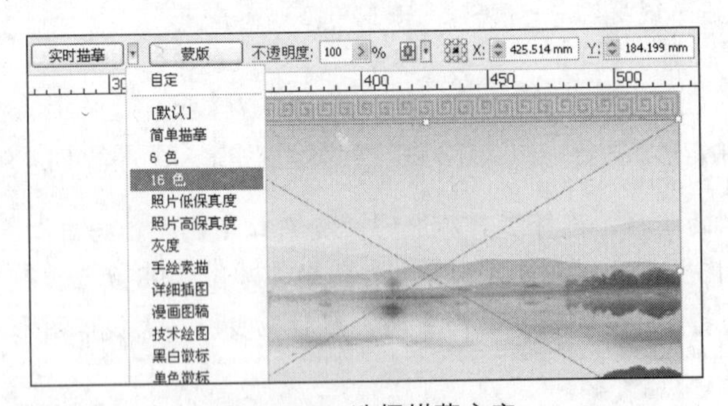

图 4-105　选择描摹方案

Step 5：单击常用设置栏中的 扩展 按钮，将描摹后的图形扩展为组合路径，如图 4-106 所示。

Step 6：将常用设置栏中的“不透明度”设置为“10”，得到如图 4-107 所示的效果。

Step 7：打开素材提供的“文字.ai”文件，将其中的“茶道”文字和垂直方向排列的文字复制到画册上，并调整位置，从而完成画册封面的制作，效果如图 4-108 所示。

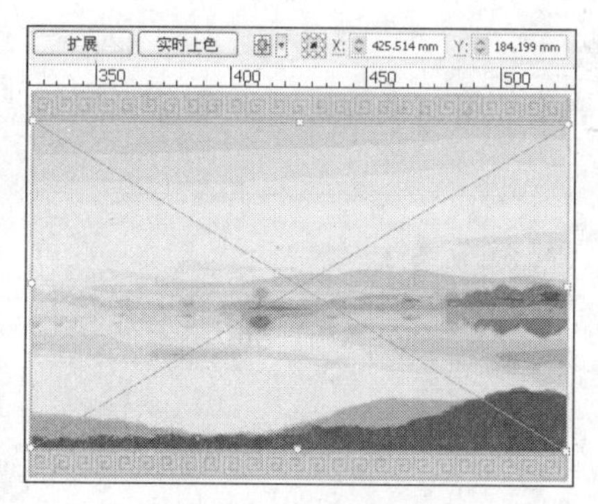

图 4-106　扩展图形

图 4-107　设置图形不透明度

图 4-108　复制文字 1

4. 制作画册内页

Step 1：将画册封面垂直复制到文件中，并删除其中的花纹和文字，然后将“文字.ai”文件中的文字复制到画册上，如图 4-109 所示。

Step 2：置入素材提供的“01.png”位图，并调整其位置，如图 4-110 所示。

Step 3：使用相同的方法置入 02.png ~ 06.png 位图，并调整其位置，如图 4-111 所示。

图 4-109　复制文字 2

图 4-110　置入位图 1

图 4-111　置入位图 2

Step 4：置入素材提供的“07.png”位图，设置描摹方案为“16 色”，并将描摹后的图形扩展为组合路径，如图 4-112 所示。

Step 5：利用“自由变换工具”对图形进行旋转、镜像和缩放操作，如图 4-113 所示。

Step 6：将调整后的图形移动到画册内页的左下方，然后按“Ctrl+Shift+G”组合键取消编组，并删除其中的白色背景，这样便完成了本例的制作，如图 4-114 所示。

图 4-112　置入并描摹位图

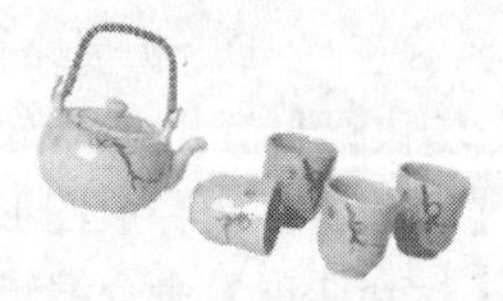

图 4-113　编辑图形

图 4-114　完成效果

4.10 练习与上机

1. 单项选择题

（1）关于图形的选择，以下说法正确的是（　　）。

A．使用“选择工具”只能选择页面中的某一个图形对象

B．“直接选择工具”主要用于选择路径或图形中的某一部分，并可调整所选路径

C．“编组选择工具”用于将所选图形进行编组

D．使用“魔棒工具”只能选择具有相同填充色的图形

（2）利用“选择工具”复制图形时，拖曳的同时需结合（ ）键才能实现。

A．Ctrl　　B．Shift　　C．Alt　　D．Ctrl+Shift

（3）按（ ）组合键可还原最近执行的操作。

A．Ctrl+Z　　B．Ctrl+Shift+Z　　C．Ctrl+Y　　D．Ctrl+Shift+Y

（4）使用“橡皮擦工具”时，按“[”和“]”键可（ ）。

A．调整橡皮擦位置　　B．调整橡皮擦擦除力度

C．调整橡皮擦擦除颜色　　D．调整橡皮擦擦除范围

（5）对图形进行移动、缩放、旋转等操作后，按（ ）组合键可快速执行相同操作。

A．Ctrl+A　　B．Ctrl+B　　C．Ctrl+C　　D．Ctrl+D

2．多项选择题

（1）关于旋转工具组的应用，以下说法中正确的是（ ）。

A．使用“旋转工具”旋转图形时，可调整旋转的中心点

B．旋转图形时按住“Alt”键可复制图形

C．使用“镜像工具”可以实现对图形进行任意角度的翻转和复制

D．镜像图形时按住“Alt”键可复制图形

（2）对于变形工具组中各工具的作用，以下说法错误的是（ ）。

A．“变形工具”可以达到类似用手指或某种物体涂抹图形的效果

B．使用“旋转扭曲工具”可将整个图形或部分图形按圆周方向不停地扭曲旋转，从而达到类似抽丝的效果

C．“扇贝工具”可以向图形的轮廓中添加随机锥化的细节

D．“晶格化工具”可以向图形的轮廓中添加随机弯曲的细节

（3）封套扭曲可以通过（ ）创建。

A．Illustrator预设的变形样式　　B．网格

C．任意顶层图形　　D．扩展路径

（4）无法对创建了封套扭曲的图形进一步执行封套扭曲操作的有（ ）。

A．选择【对象】/【封套扭曲】/【释放】命令释放图形

B．选择【对象】/【封套扭曲】/【封套选项】命令编辑图形

C．选择【对象】/【封套扭曲】/【扩展】命令扩展图形

D．按“Ctrl+Shift+V”组合键

（5）关于实时描摹功能的介绍下列正确的是（ ）。

A．可以快速地将置入Illustrator中的位图转换为矢量图

B．实时描摹后无法恢复置入时的状态

C．可以选择Illustrator预设的各种方案来快速描摹

D．选择【对象】/【实时描摹】/【释放】命令可以使位图恢复到置入时的状态

3. 简单操作题

（1）通过对图形进行绘制、复制、移动和旋转等操作来快速制作如图 4-115 所示的五彩纸屑图形。

提示：首先利用“矩形工具”和“星形工具”绘制矩形和五角星图形，然后利用“选择工具”或“自由变换工具”对图形进行复制、移动、倾斜、旋转和缩放等操作。

完成效果：效果文件\第 4 章\五彩纸屑.ai

（2）使用封套扭曲的方法快速地将提供的剪影素材编辑为如图 4-116 所示的效果。

提示：绘制一个等边三角形，然后选择剪影和三角形，并利用通过顶层图形创建封套扭曲的方法创建图形。

所用素材：素材文件\第 4 章\剪影.ai
完成效果：效果文件\第 4 章\剪影.ai

图 4-115　五彩纸屑的图形

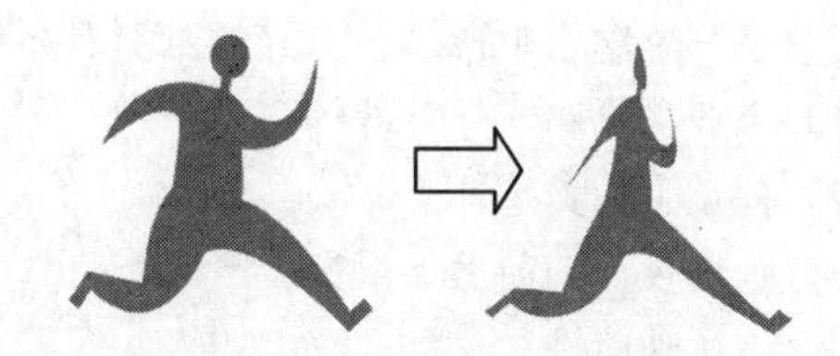

图 4-116　剪影封套效果

4. 综合操作题

（1）利用提供的花纹制作如图 4-117 所示的地毯纹理图形。

所用素材：素材文件\第 4 章\花纹.ai
完成效果：效果文件\第 4 章\地毯.ai
视频演示：第 4 章\综合练习\地毯.swf

（2）绘制一个菜谱的画册封面，参考效果如图 4-118 所示。

所用素材：素材文件\第 4 章\文本.ai
完成效果：效果文件\第 4 章\封面.ai
视频演示：第 4 章\综合练习\封面.swf

图 4-117　地毯纹理

图 4-118　菜谱画册封面

拓展知识

我们可以用流畅的线条、和谐的图片或优美的文字等元素组合成一本富有创意，又具有可读、可观赏性的精美画册，全方位立体展示企业或个人的风貌和理念，宣传产品和品牌形象。下面简单介绍设计宣传画册时的注意事项。

1. 具备特点

画册是一个展示平台，一本好的画册具备以下几个标准。

（1）企业文化和产品特性的整体体现。

（2）视觉上的美感。

（3）画册设计的前后连贯性。

（4）展示功能性。

2. 基础决定创意

精彩的创意往往会令人眼前一亮、印象深刻，但许多设计师并不会第一时间把注意力集中在创意上。他们首先解决的始终是画册的宣传内容，只有把画册的基础内容确定后，才继续在这些元素上寻找具有创意的方案。如果一开始就把心思花在创意上，那么往往会出现本末倒置的后果。这一点对于初学者而言尤为重要。

3. 主题明了

不管是什么样的画册创意，一定要以读者为导向。宣传画册上可供展示的页面极为有限，如何充分利用这个空间将需要表达的内容清晰地展示在读者眼前这是最为重要的。对创意而言，也应该从简单明了、易于联想的角度出发，让读者首先能读懂内容，接着才能引发联想。图 4-119 所示为有关房地产的宣传画册，它在展示了基本信息的同时，以创新的排版、精美的文字和图片向读者清晰地展示了此房地产公司开发的楼盘情况，让人一目了然。

图 4-119　房地产宣传画册

第5章 组织图形

📖 学习目标

学习如何对路径或图形进行排列和编组等多种组织图形的方法，包括使用路径查找器、编辑路径、排列图形、编组和应用图层以及设置透明度等。了解利用 Illustrator 制作简单 POP 海报的方法，并掌握海报的表现形式与制作方法。

📖 学习重点

掌握“路径查找器”面板、“对齐”面板、“图层”面板和“透明度”面板、路径编辑命令、各种排列按钮、图形编组等各种对象和操作的使用方法，并能熟练利用所学知识编辑与组织图形。

📖 主要内容

- 组织路径。
- 排列与编组。
- 使用“图层”面板。
- 使用“透明度”面板。
- 制作 POP 橱窗海报。

5.1 组织路径

路径是 Illustrator 中构成任意图形的关键，掌握路径的各种编辑与组织方法，能绘制或设计出更加满意的图形。下面将从路径查找器的使用以及路径的各种特殊编辑方法方面，全面地介绍有关组织路径的知识。

5.1.1 使用路径查找器

使用路径查找器可以通过对所选的多个图形的路径进行重新组织或编辑，从而创建出新的图形对象。选择【窗口】/【路径查找器】命令或按“Ctrl+Shift+F9”组合键，打开“路径查找器”面板，在其中可对路径进行重新组织和编辑。

【例 5-1】通过“路径查找器”面板将正圆形创建为 LOGO 图形。

完成效果：效果文件\第 5 章\LOGO.ai

Step 1：新建空白文件，然后绘制 4 个大小相同的正圆形，并将其填充为“CMYK 绿色”，无描边，如图 5-1 所示。

Step 2：将上面的两个圆稍微重叠放置，如图 5-2 所示，然后单击“路径查找器”面板中“形状模式”栏中的按钮。

Step 3：得到如图 5-3 所示的效果后，单击“路径查找器”面板中的扩展按钮。

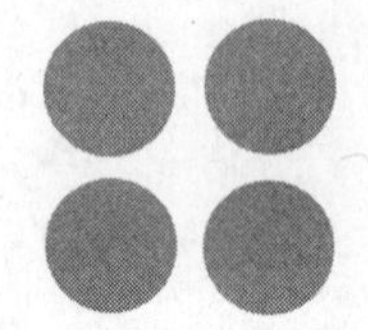

图 5-1　绘制图形

图 5-2　组织路径

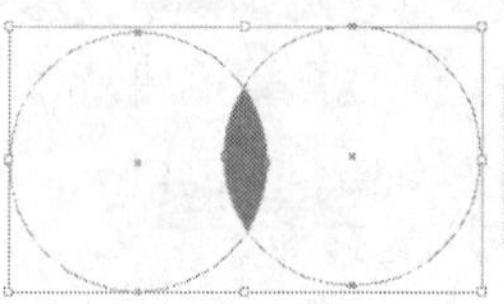

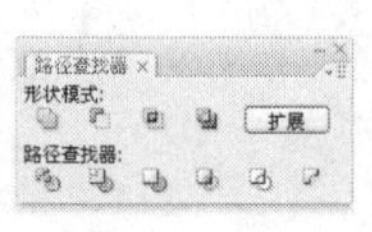

图 5-3　扩展路径

Step 4：得到如图 5-4 所示的图形。

Step 5：将下方的两个正圆按如图 5-5 所示的效果重叠放置，然后单击“路径查找器”面板中“形状模式”栏中的按钮。

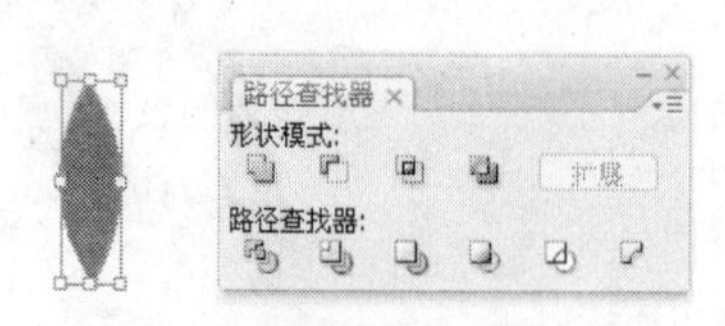

图 5-4　得到的新图形

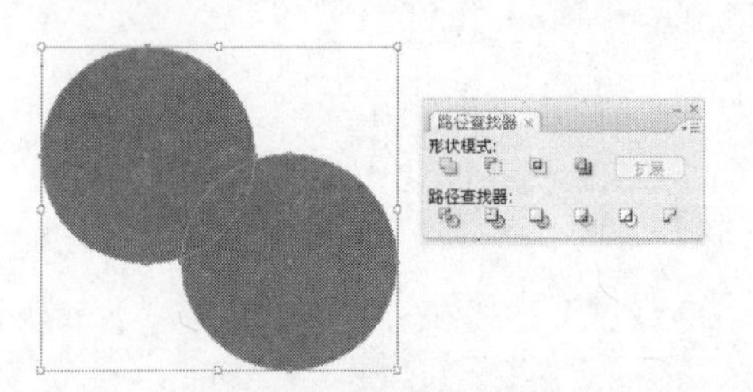

图 5-5　重叠放置

Step 6：得到如图 5-6 所示的效果后，单击“路径查找器”面板中的扩展按钮。

Step 7：得到如图 5-7 所示的图形。

Step 8：调整新图形的角度和位置后便可得到需要的 LOGO 图形，如图 5-8 所示。

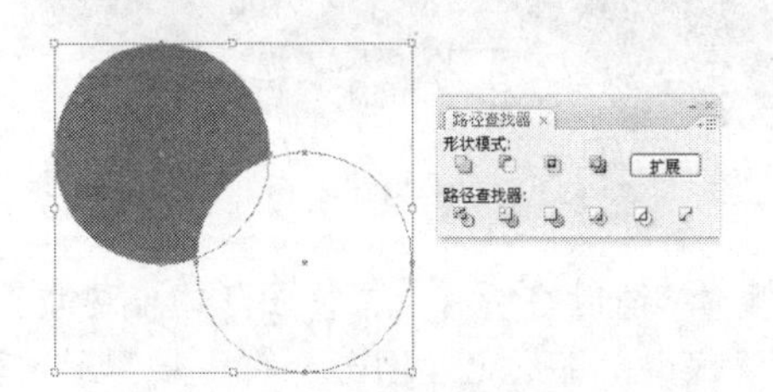

图 5-6　扩展路径

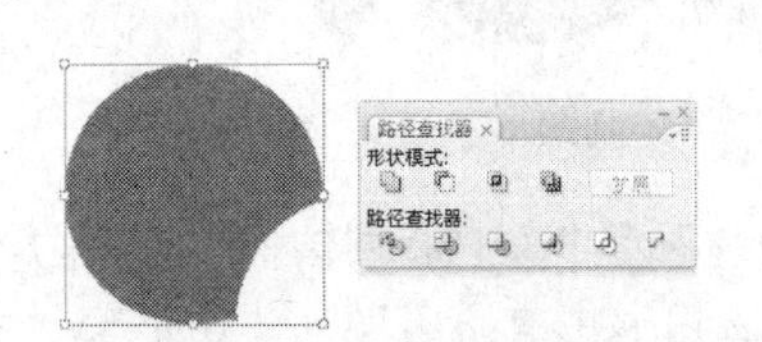

图 5-7　得到新图形

图 5-8　LOGO 效果

【知识补充】“路径查找器”面板分为“形状模式”栏和“路径查找器”栏，其中的各个按钮具有不同的路径组织与编辑功能，下面分别介绍这些按钮的作用。

- 按钮：将所选图形进行合并，生成一个新的图形，原图形之间的重叠区域合为一体，且描边自动消失，效果如图 5-9 所示。
- 按钮：用上层的图形减去最底部的图形，且上层图形在页面中消失，最底部的图形与上层图形的重叠区域被剪切掉，效果如图 5-10 所示。

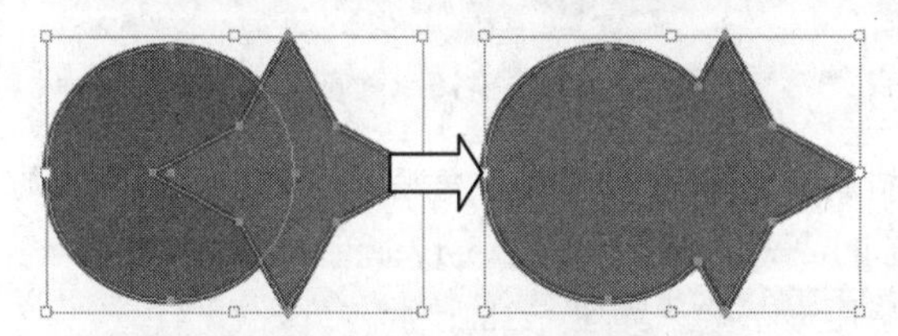

图 5-9　与形状区域相加

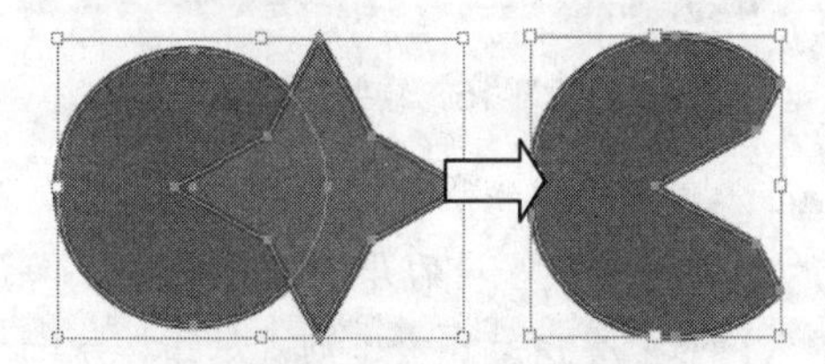

图 5-10　与形状区域相减

- 按钮：只保留所选图形的重叠区域，而未重叠的区域将被删除，且生成的新图形的填充颜色和描边颜色与原上层图形相同，效果如图 5-11 所示。
- 按钮：将保留原图形的未重叠区域，且生成的新图形的填充颜色和描边颜色与原上层图形相同，效果如图 5-12 所示。

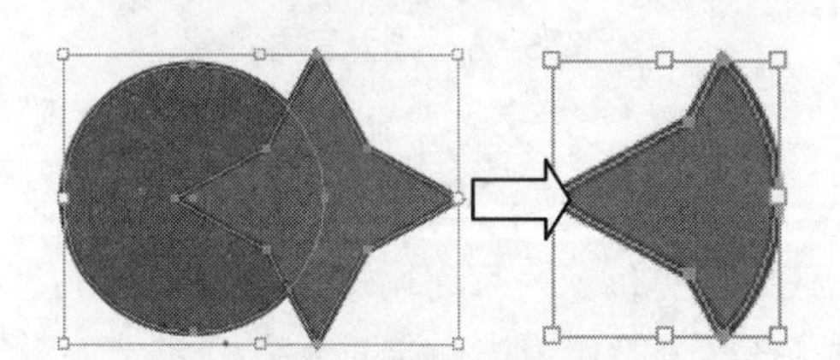

图 5-11　与形状区域相交

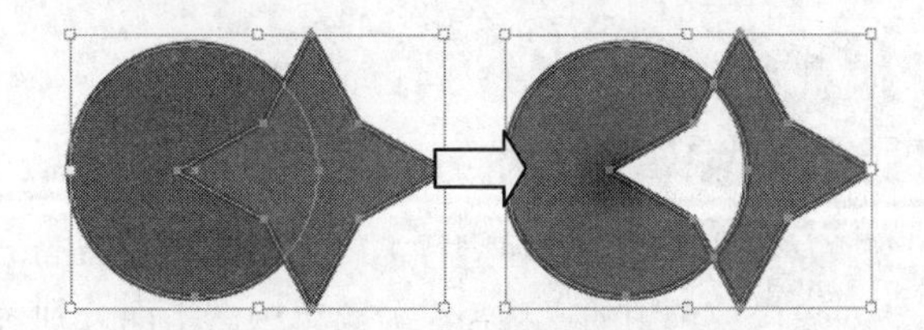

图 5-12　排除重叠形状区域

- 扩展按钮：单击“形状模式”栏中的某个按钮后，图形不会被删除。要想生成一个独立的新图形，则需要单击扩展按钮，也可在按住“Alt”键的同时单击某个形状模式按钮直接扩展图形。
- 按钮：把选择的图形以其重叠区域的描边定义为分界线，并把所选图形分割成多个不同的闭合对象，效果如图 5-13 所示。
- 按钮：根据所选图形中最上层的图形来剪掉下层图形被覆盖的区域，同时删除所选图形中的所有描边，效果如图 5-14 所示。

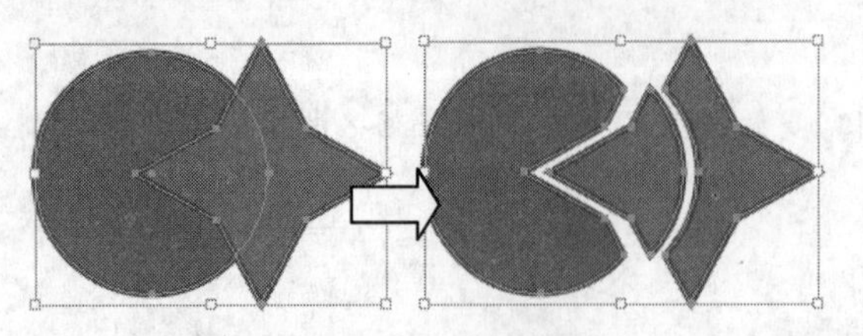

图 5-13　分割图形

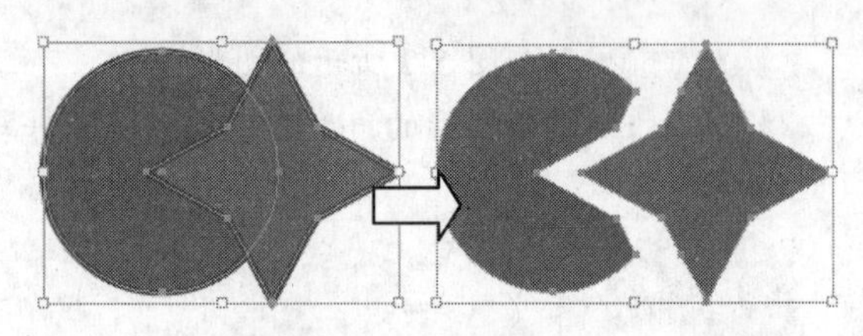

图 5-14　修边图形

- 按钮：将所选图形中颜色相同的图形合并为一个整体，同时将所有选择的图形的描边删除。另外，如果所选图形中有不同颜色的图形处于重叠区域中，那么上层图形会将下层图形被覆盖的区域修剪掉，效果如图 5-15 所示。
- 按钮：下层图形对位于上层的图形进行修剪，保留图形的重叠区域，并将所有图形的描边删除，效果如图 5-16 所示。

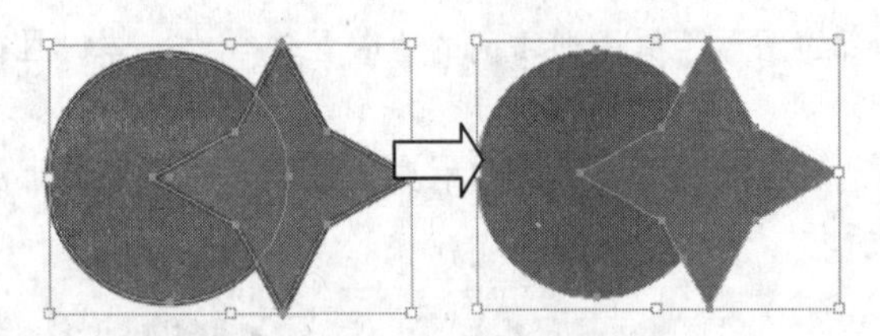

图 5-15　合并图形

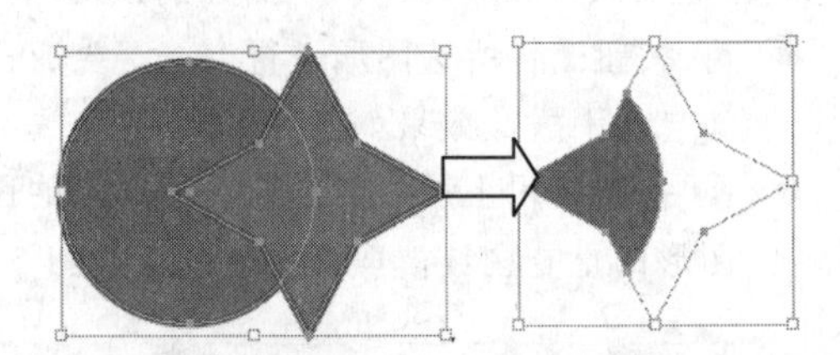

图 5-16　裁剪图形

- 按钮：将选择的图形转化为描边，且描边颜色与原图形的填充颜色相同，同时生成的描边将被分割成小段的开放路径，这些路径会自动成组，效果如图 5-17 所示。
- 按钮：所选图形中的上层图形减去下层图形，效果如图 5-18 所示。

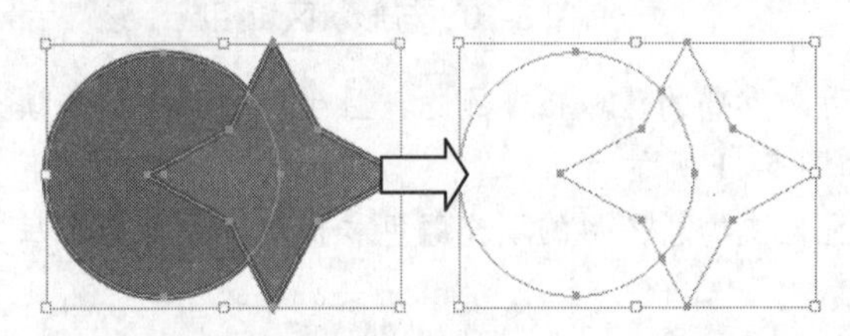

图 5-17　轮廓化图形

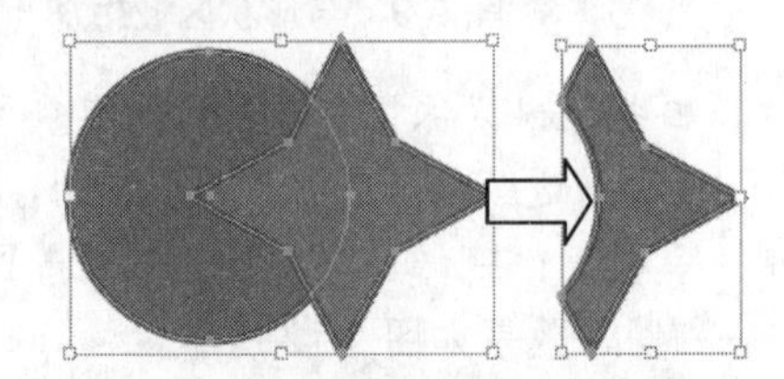

图 5-18　减去后方对象

5.1.2　编辑路径

为了方便使用者对路径进行编辑或组织，Illustrator 还专门提供了一系列编辑路径的命令，它们均位于“对象”菜单中的“路径”子菜单中。下面分别对这些命令的作用进行详细介绍。

1. 连接

使用【连接】命令可以将位于开放路径两端的锚点连接起来，使开放路径闭合或将两条开放路径连接为一条开放路径。

当需要连接一个开放路径的两个端点时，可首先选择该路径，然后选择【对象】/【路径】/【连接】命令或按“Ctrl+J”组合键。此时这条路径的两个端点之间会自动生成一条线段，将该路径重新组织为一条闭合路径，效果如图 5-19 所示。

当需要连接的是两条开放路径的端点时，则需要首先利用“直接选择工具”选择相应的锚点，然后选择【对象】/【路径】/【连接】命令或按“Ctrl+J”组合键。此时这两条开放路径中被选择的锚点就会连接起来，效果如图5-20所示。

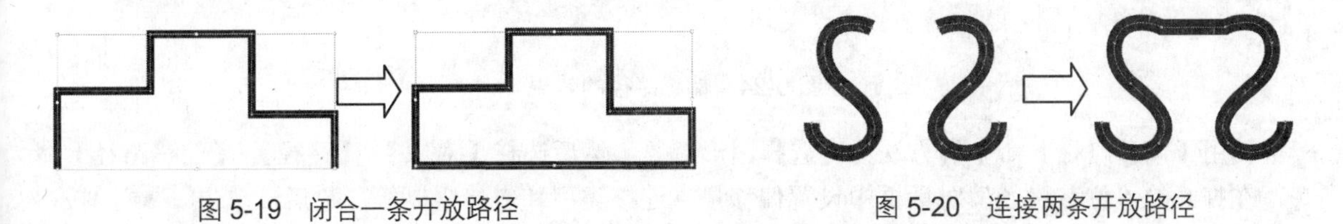

图5-19 闭合一条开放路径　　图5-20 连接两条开放路径

2. 平均

使用【平均】命令可以将所选的多个锚点按设置的坐标轴进行平移，效果如图5-21所示。使用【平均】命令的方法为，首先利用“直接选择工具”选择需平均的锚点，然后选择【对象】/【路径】/【平均】命令或按“Ctrl++Alt+J”组合键，并在打开的“平均”对话框中设置移动方向，最后单击确定按钮即可，如图5-21所示。

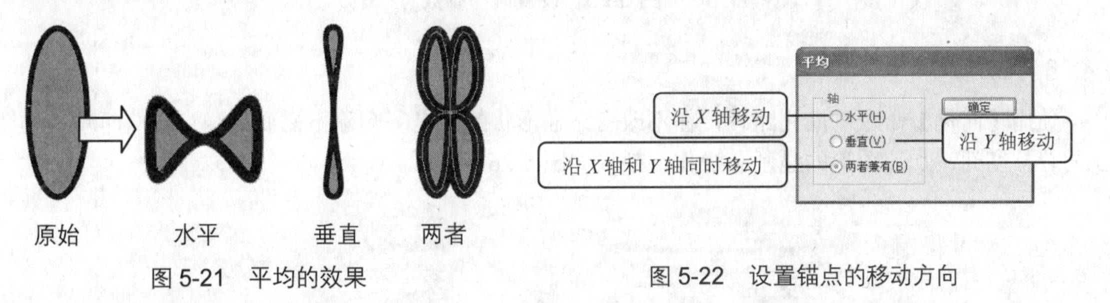

图5-21 平均的效果　　图5-22 设置锚点的移动方向

3. 轮廓化描边

使用【轮廓化描边】命令可以将图形的描边与填充部分分离，从而可以对这些对象进行独立的编辑，效果如图5-23所示。使用【轮廓化描边】命令的方法为，首先选择需进行轮廓化描边的图形，然后选择【对象】/【路径】/【轮廓化描边】命令，最后利用“直接选择工具”编辑分离后的图形即可。

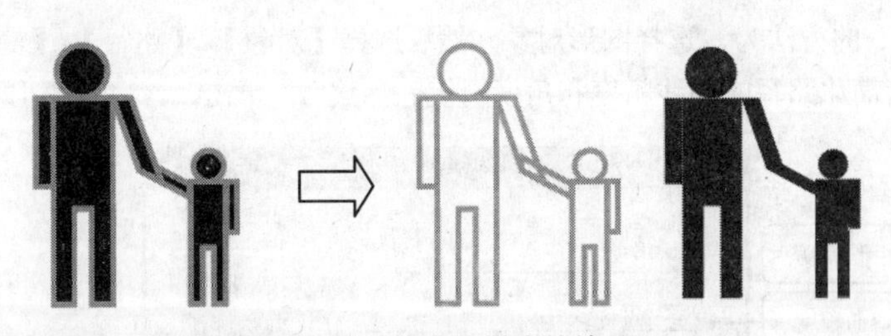

图5-23 轮廓化描边的效果

4. 偏移路径

使用【偏移路径】命令可以对所选图形的整条路径进行收缩或扩充，从而复制出位于同一中心点的不同大小的图形。图5-24所示为通过两次偏移路径制作出的同心圆效果。

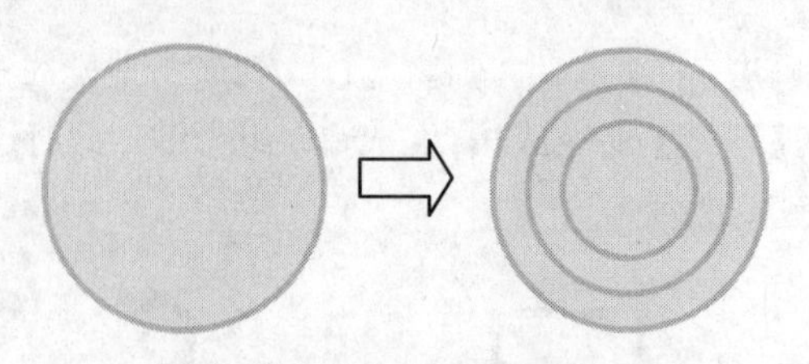

图 5-24　偏移路径的效果

使用【偏移路径】命令的方法为，选择图形对象，然后选择【对象】/【路径】/【偏移路径】命令，在打开的“位移路径”对话框中设置偏移量、连接类型和斜接限制等参数后，单击 确定 按钮即可，如图 5-25 所示。

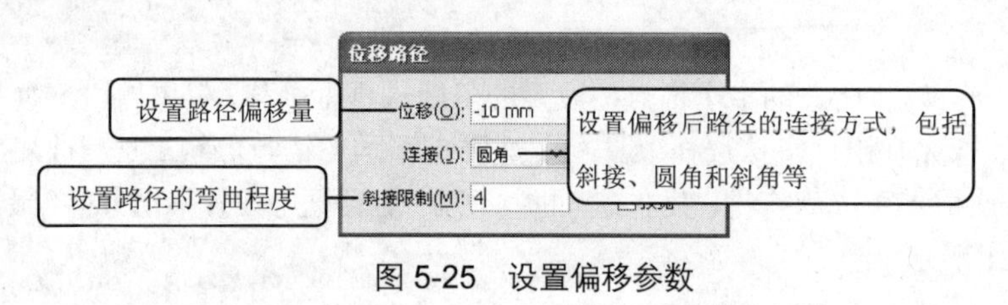

图 5-25　设置偏移参数

5．简化

使用【简化】命令可简化路径，在不改变路径形状的前提下删除不需要的锚点，从而减小文件所占的存储空间，加速图形的显示和操作，效果如图 5-26 所示。

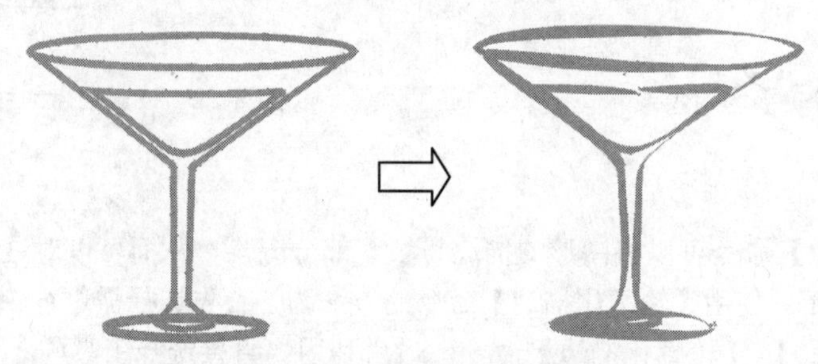

图 5-26　简化路径后的效果

使用【简化】命令的方法为，选择图形对象，然后选择【对象】/【路径】/【简化】命令，在打开的“简化”对话框中设置简化路径的曲线精度和角度阈值等参数后，单击 确定 按钮即可，如图 5-27 所示。

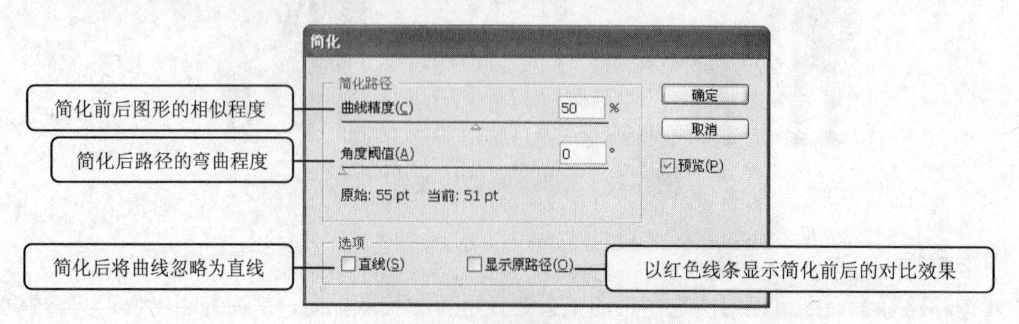

图 5-27　设置简化路径的参数

6. 添加锚点和移去锚点

使用【添加锚点】命令可以在所选路径的各锚点之间添加一个锚点，其使用方法为，选择某条路径，然后选择【对象】/【路径】/【添加锚点】命令即可。使用【移去锚点】命令则将移去所有锚点，即删除图形，使用方法为，选择某条路径，然后选择【对象】/【路径】/【移去锚点】命令即可。

7. 分割下方对象

使用【分割下方对象】命令可以将所选路径作为切割器，然后将下方的图形对象进行分割。图5-28所示为用八角星图形分割圆形后的效果。使用【分割下方对象】命令的方法为，将上层图形移动到下层对象需分割的位置并选择上层图形，然后选择【对象】/【路径】/【分割下方对象】命令即可。

8. 分割为网格

使用【分割为网格】命令可以将一个或多个对象分割为多个按行和列排列的矩形对象，效果如图5-29所示。

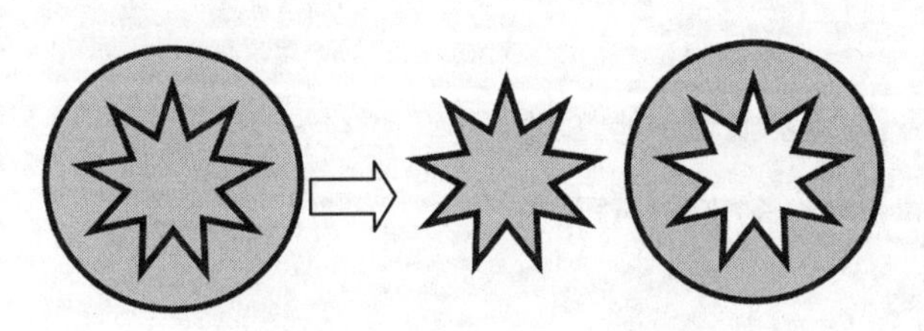

图5-28　分割下方对象的效果

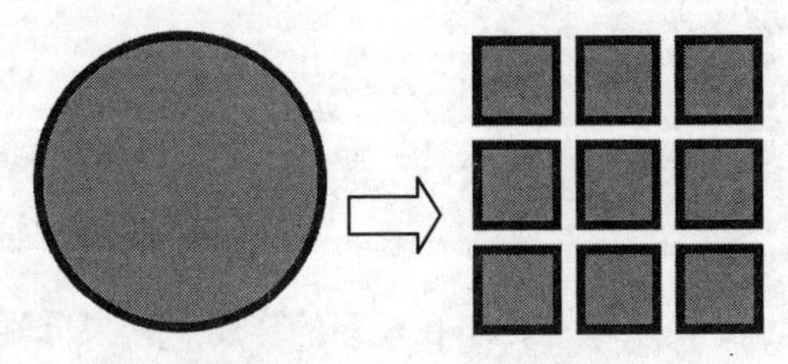

图5-29　分割为网格的效果

使用【分割为网格】命令的方法为，选择图形对象，然后选择【对象】/【路径】/【分割为网格】命令，在打开的【分割为网格】对话框中设置行、列参数后，单击确定按钮即可，如图5-30所示。

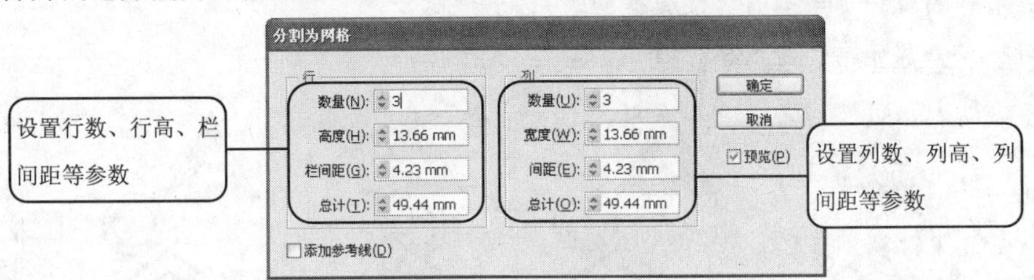

图5-30　设置行和列

9. 清理

使用【清理】命令可以删除页面中无用的锚点、未上色的对象或空文本路径等，可以减少文件所占的存储空间，清除其中的无用信息。使用【清理】命令的方法为，选择【对象】/【路径】/【清理】命令，在打开的“清理”对话框中选中需删除的对象对应的复选框后，单击确定按钮即可，如图5-31所示。

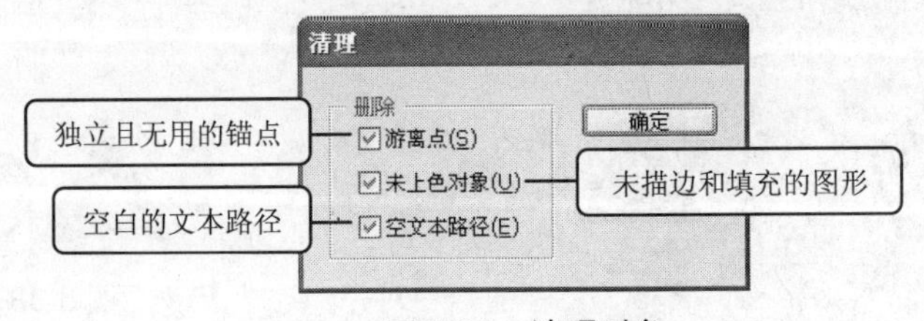

图5-31　清理对象

5.2 排列与编组

当处理多个图形对象时，往往可利用 Illustrator 提供的编组功能和各种排列功能来设计和编辑对象。下面介绍在 Illustrator 中排列、编组、锁定以及隐藏图形对象的方法。

5.2.1 排列图形

排列图形包括对图形进行对齐和分布等情况，在 Illustrator 中可以通过常用设置栏或“对齐”面板来实现对图形的对齐与分布操作。

1. 利用常用设置栏排列

要想通过常用设置栏排列图形，首先应选择这些图形对象，然后单击该栏中相应的按钮即可，如图 5-32 所示。

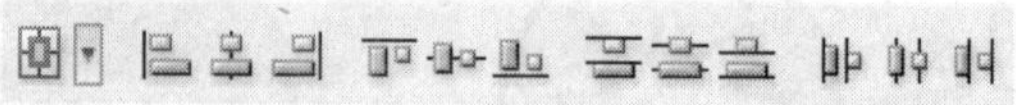

图 5-32 常用设置栏中的各种排列按钮

常用设置栏中各按钮的作用与效果分别如下。

- 按钮：单击该按钮右侧的下三角按钮，可在弹出的下拉列表中选择排列的参考对象，包括画板和裁剪区域两个选项。
- 按钮：使对象沿左边缘对齐，效果如图 5-33 所示。
- 按钮：使对象水平居中对齐，效果如图 5-34 所示。
- 按钮：使对象沿右边缘对齐，效果如图 5-35 所示。

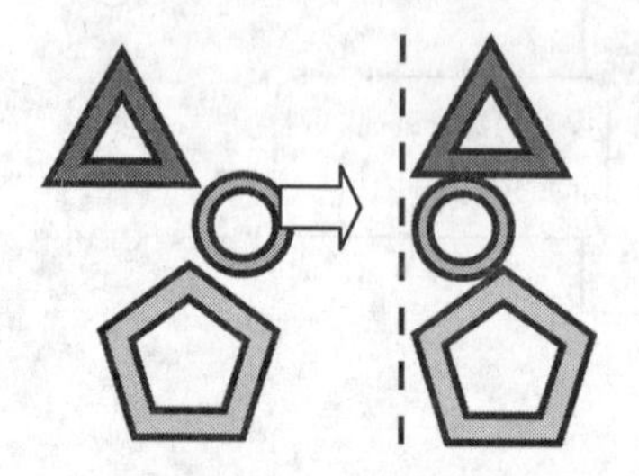
图 5-33 左对齐

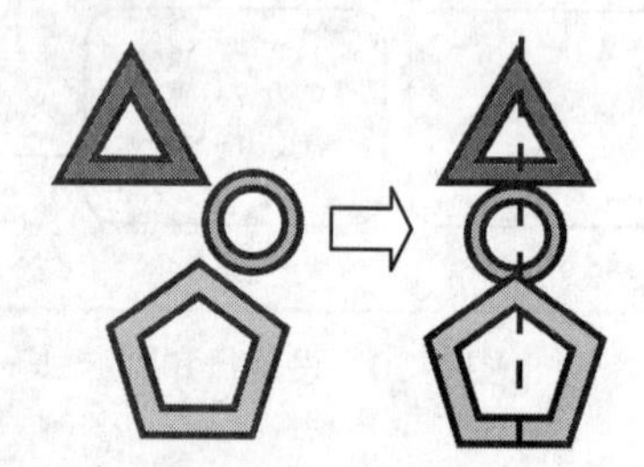
图 5-34 居中对齐

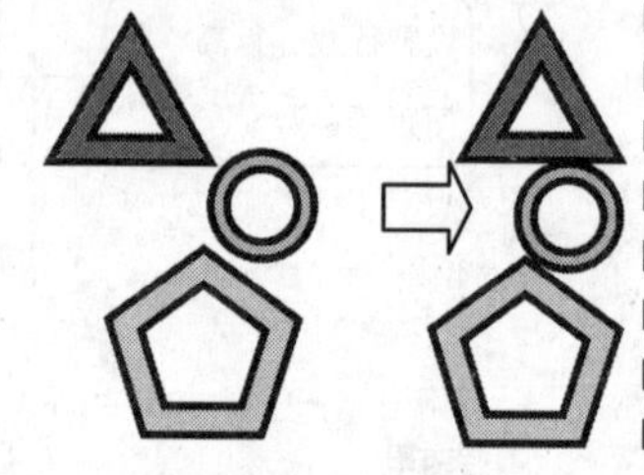
图 5-35 右对齐

- 按钮：使对象沿上边缘对齐，效果如图 5-36 所示。
- 按钮：使对象垂直居中对齐，效果如图 5-37 所示。
- 按钮：使对象沿下边缘对齐，效果如图 5-38 所示。

图 5-36 顶端对齐

图 5-37 垂直居中对齐

图 5-38 底端对齐

- 按钮：使对象在垂直方向上按顶端平均分布，效果如图 5-39 所示。
- 按钮：使对象在垂直方向上按中心平均分布，效果如图 5-40 所示。
- 按钮：使对象在垂直方向上按底端平均分布，效果如图 5-41 所示。

图 5-39 按顶端分布

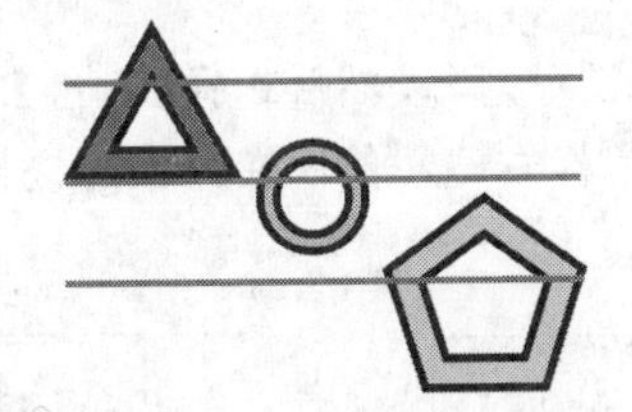
图 5-40 按垂直中心分布

图 5-41 按底端分布

- 按钮：使对象在水平方向上按左边缘平均分布，效果如图 5-42 所示。
- 按钮：使对象在水平方向上按中心平均分布，效果如图 5-43 所示。
- 按钮：使对象在水平方向上按右边缘平均分布，效果如图 5-44 所示。

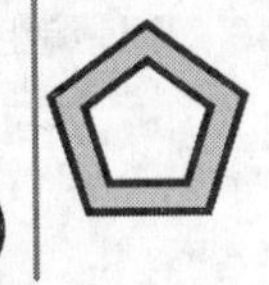
图 5-42 按左边缘分布

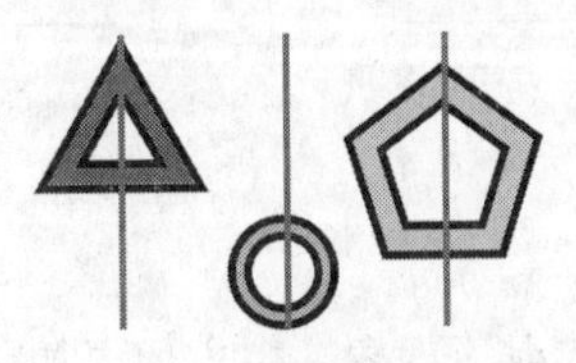
图 5-43 按水平中心分布

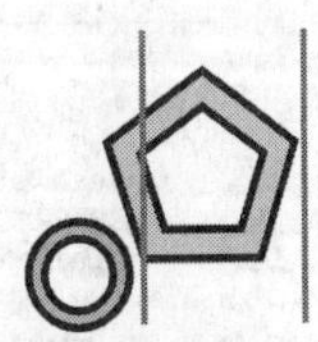
图 5-44 按右边缘分布

2. 利用“对齐”面板排列

选择【窗口】/【对齐】命令或按“Shift+F7”组合键即可打开“对齐”面板，如图 5-45 所示。其中，“对齐对象”栏与“分布对象”栏中的按钮的作用与常用设置栏中对应按钮的作用相同，而“分布间距”栏中的两个按钮的作用与效果如下。

- 按钮：使相邻两个对象之间的间距在垂直方向上均匀分布，效果如图 5-46 所示。
- 按钮：使相邻两个对象之间的间距在水平方向上均匀分布，效果如图 5-47 所示。

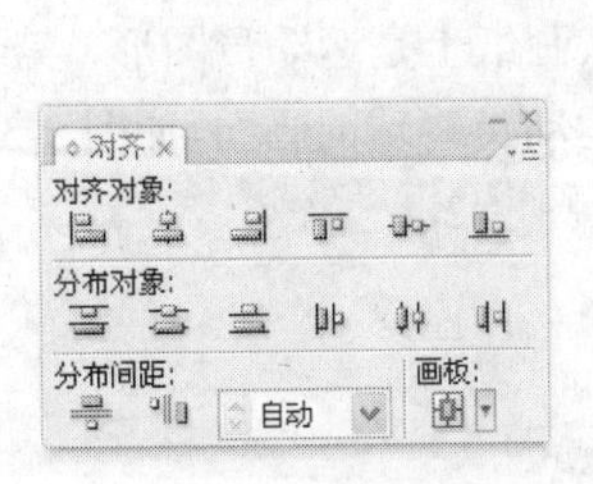

图 5-45 “对齐”面板

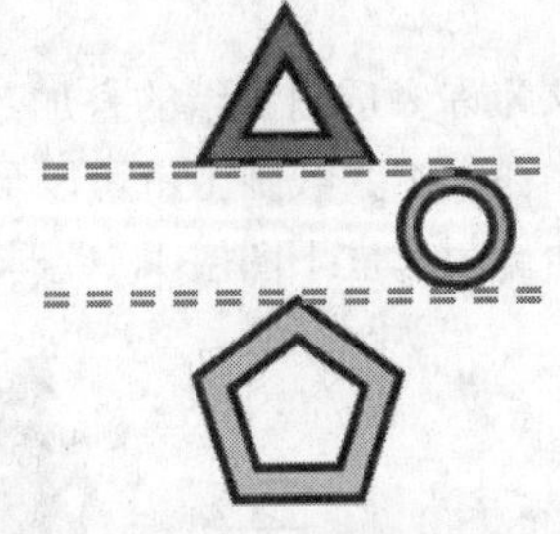
图 5-46 垂直间距分布

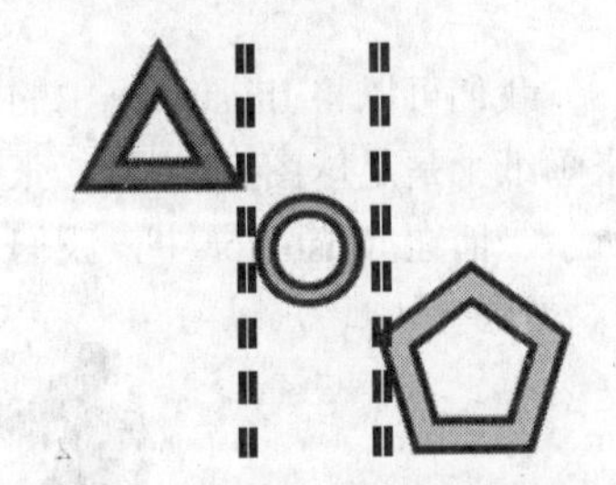
图 5-47 水平间距分布

5.2.2 编组与取消编组图形

当需要对多个图形统一进行移动和缩放等操作时，可考虑使用 Illustrator 的编组功能将其编成一组，以便同时编辑这些图形而不会影响各自的属性或相对位置。编组后若想单独编辑某个图形，那么将其进行取消编组处理即可。

- 编组：选择需编组的多个图形对象，然后选择【对象】/【编组】命令或按“Ctrl+G”组合键，如图5-48所示。在所选图形上单击鼠标右键，然后在弹出的快捷菜单中选择【编组】命令也可编组图形。
- 取消编组：选择需取消编组的图形对象，然后选择【对象】/【取消编组】命令或按“Ctrl+Shift+G”组合键。在所选图形上单击鼠标右键，然后在弹出的快捷菜单中选择【取消编组】命令也可以取消编组，如图5-49所示。

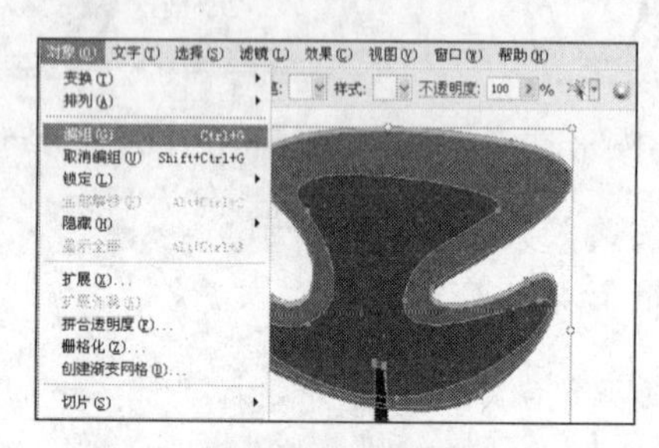

图5-48 编组

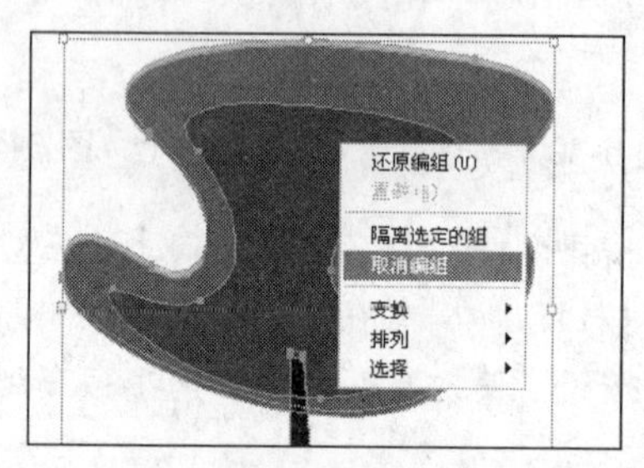

图5-49 取消编组

5.2.3 锁定与隐藏图形

编辑复杂图形时，可以锁定或隐藏某个对象，以方便更加灵活自主地进行图形设计。

- 锁定：选择图形对象，然后选择【对象】/【锁定】/【所选对象】命令或按“Ctrl+2”组合键即可。锁定后的对象无法进行编辑，只有选择【对象】/【全部解锁】命令或按“Ctrl+Alt+2”组合键解锁图形后才能重新编辑。
- 隐藏：选择图形对象，然后选择【对象】/【隐藏】/【所选对象】命令或按“Ctrl+3”组合键。要想重新显示隐藏的对象，那么可选择【对象】/【显示全部】命令或按“Ctrl+Alt+3”组合键。

5.3 使用“图层”面板

我们可以将Illustrator中的图层想象为许多透明画纸的叠加，如第1张画纸上是运动员图形，第2张画纸上是足球图形，将第2张画纸叠加在第1张纸画上就可以形成一个运动员踢球的画面，如图5-50所示。而在Illustrator中，我们就称运动员图形位于图层1，足球图形位于图层2。

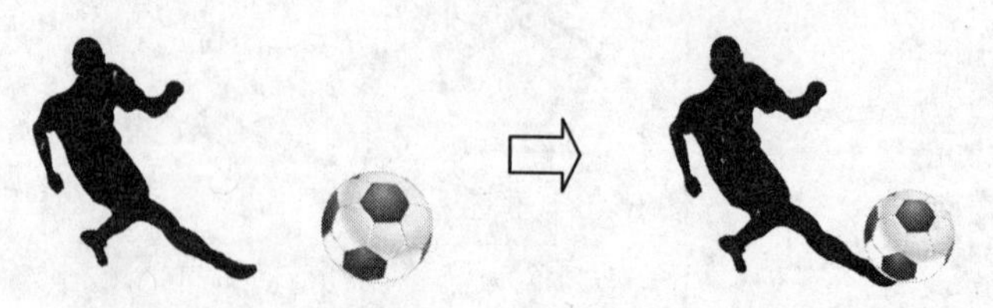

图5-50 图层的概念

在设计复杂图形时，图层的作用非常重要。利用图层来管理不同的图形可以提高设计效率，也可以丰富图形的效果。选择【窗口】/【图层】命令或按“F7”键可以打开“图层”面板，通过它便可对图层进行新建、选择、移动、复制、删除和合并等操作。

5.3.1 创建与选择图层

下面首先介绍创建与选择图层的方法。

1. 创建图层

新建一个空白文件后，Illustrator 会自动创建一个图层，此时也可根据需要手动新建图层。

【例 5-2】新建图层并将动物图形移动到新建的图层中。

所用素材：素材文件\第 5 章\创建图层.ai **完成效果**：效果文件\第 5 章\创建图层.ai

Step 1：打开“创建图层.ai”文件并打开“图层”面板，单击面板右上角的按钮，在弹出的下拉列表中选择“新建图层”选项，如图 5-51 所示。

Step 2：打开“图层选项”对话框，默认其中的图层名称和颜色，然后单击确定按钮，如图 5-52 所示。

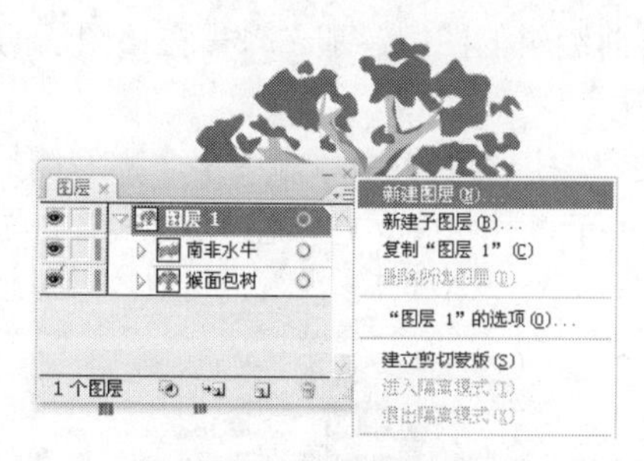

图 5-51 新建图层

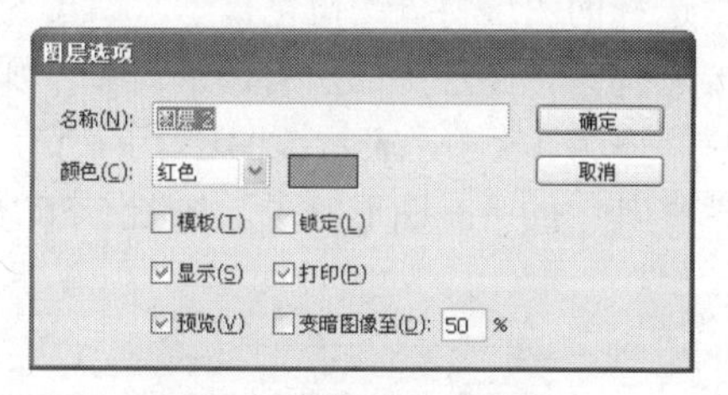

图 5-52 设置图层选项

Step 3：在“图层”面板中将“南非水牛”图形拖曳到“图层 2”中，如图 5-53 所示。

Step 4：释放鼠标后即可调整图形所在的图层，如图 5-54 所示。

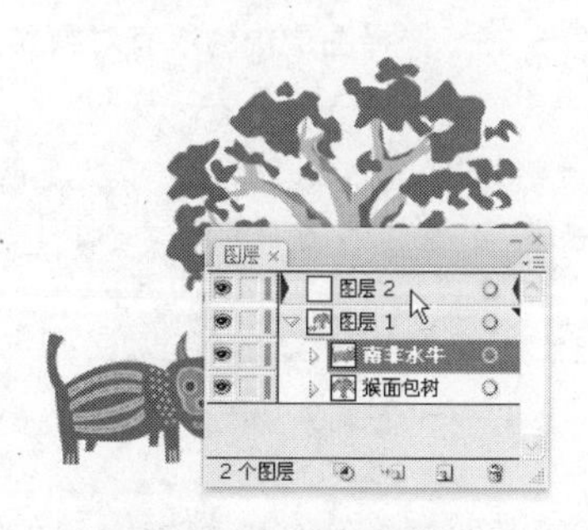

图 5-53 拖曳图形

图 5-54 移动后的图形

提示：单击“图层”面板下方的按钮也可新建图层，按住“Alt”键的同时单击该按钮则可打开“图层选项”对话框。

【知识补充】根据不同的需要，可在“图层选项”对话框中对新建的图层的属性进行设置，其中各参数的作用如下。

- “名称”文本框：设置图层的名称。
- “颜色”下拉列表框：设置在该图层中编辑图形时出现的线条的颜色。
- “模板”复选框：将当前图层转换为模板。
- “锁定”复选框：锁定当前图层中的对象，锁定后将不可编辑。
- “显示”复选框：将当前图层中的对象显示在页面中。
- “打印”复选框：允许打印当前图层中的对象。
- “预览”复选框：以预览的形式显示当前图层中的对象。
- “变淡图像至”复选框：使当前图层中的对象变暗显示，并可在右侧的文本框中设置变暗程度。

另外，Illustrator 中的图层允许进行嵌套，即创建了新图层后，还可以在该图层中创建子图层，其方法为，选择图层，单击“图层”面板右上角的▾≡按钮，在弹出的下拉列表中选择“新建子图层”选项，或直接单击“图层”面板下方的按钮。当图层包含子图层或对象时，单击图层左侧的▷按钮可展开该图层，并显示其所包含的内容，而且▷按钮会变为▽按钮，单击▽按钮将折叠图层。

2. 选择图层

如果要在“图层”面板中选择某一图层使其成为当前编辑的图层，那么只需在该图层的名称上单击即可，被选择的图层将以深蓝色显示，如图 5-55 所示。

如果要选择某一图层中的所有图形对象，那么可在“图层”面板中单击图层名称右侧的○图标，此时该图标将变为◎状态，表示该图层中的所有对象均处于选择状态。在按住“Alt”键的同时单击图层也可以选择其中的所有图形对象，如图 5-56 所示。

图 5-55 选择图层

图 5-56 选择图层中的所有对象

提示：按住“Shift”键的同时单击除当前所选图层外的其他图层，可以将两个图层之间的所有图层同时选择。按住“Ctrl”键的同时单击除当前所选图层外的其他图层，可以选择多个不相邻的图层。

5.3.2 移动与复制图层

“图层”面板中的图层是按照一定的顺序叠放在一起的。图层叠放的顺序不同，反映在页面中的图形的堆叠效果也就不同。因此在实际操作时可根据需要调整图层的叠放顺序。

- 移动图层：在“图层”面板中要移动的图层上按住鼠标左键不放并上、下拖曳鼠标便可移动图层。拖曳图层时，“图层”面板中会有一个矩形的虚线框跟随鼠标指针移动，当该虚线框显示到需要的位置时，释放鼠标即可将所选图层移动到对应的图层位置。
- 复制图层：选择需复制的图层，然后单击面板右上角的▾≡按钮，在弹出的下拉列表中选择“复制（对应图层名称）”选项，或直接将图层拖曳到面板下方的 或 按钮上即可。

5.3.3 删除与合并图层

删除图层可以将不需要的图层从面板中删除以便管理图形，合并图层则可将多个图层合并为一个图层以节省资源空间。下面对这两种操作进行介绍。

1. 删除图层

删除图层的方法为，选择需删除的图层，然后单击面板下方的 按钮或直接将所选图层拖曳到该按钮上。单击面板右上角的按钮，在弹出的下拉列表中选择“删除（对应图层名称）”选项也可以删除图层，如图 5-57 所示。

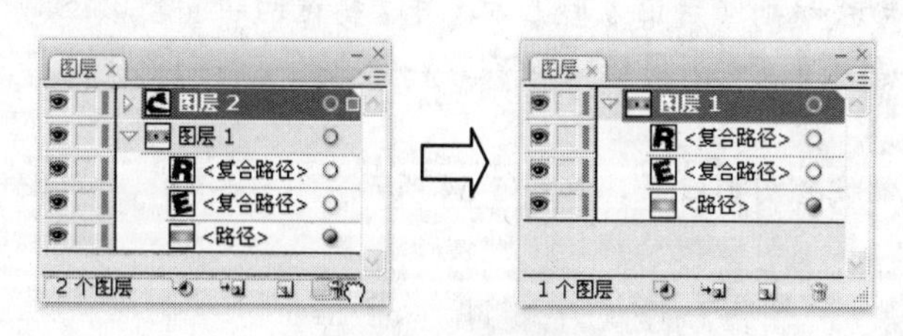

图 5-57 删除图层

2. 合并图层

合并图层的方法为，在“图层”面板中利用“Shift”键或“Ctrl”键选择多个图层，然后单击面板右上角的按钮，在弹出的下拉列表中选择“合并所选图层”选项即可，如图 5-58 所示。

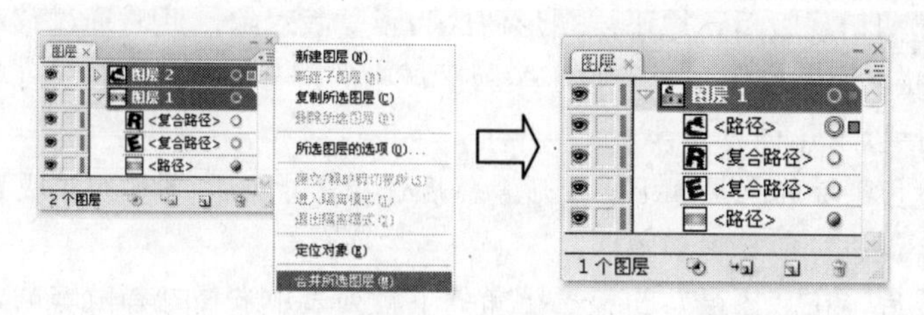

图 5-58 合并图层

5.3.4 创建图层蒙版

图层蒙版也称为剪切蒙版，是指利用任意形状来遮盖某个对象，以达到只显示蒙版形状内的图形的目的。

【例 5-3】通过图层蒙版制作网格花朵。

完成效果：效果文件\第 5 章\图层蒙版.ai

Step 1：新建空白文件，利用“圆角矩形工具”绘制圆角正方形，然后通过复制和排列等方法制作如图 5-59 所示的图形。

Step 2：选择所有圆角正方形图形，在其上单击鼠标右键，然后在弹出的快捷菜单中选择【建立复合路径】命令，如图 5-60 所示。

Step 3：绘制如图 5-61 所示的花朵图形并将其创建为复合路径。

图 5-59　绘制圆角正方形

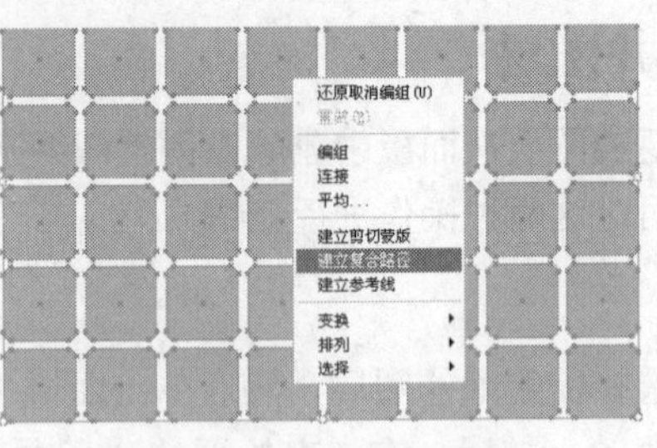

图 5-60　创建复合路径

图 5-61　绘制花朵图形

Step 4：将花朵图形移动到圆角正方形上方，并选择这两组复合路径，效果如图 5-62 所示。

Step 5：单击“图层”面板右上角的▾☰按钮，在弹出的下拉列表中选择“建立剪切蒙版”选项，如图 5-63 所示。

Step 6：得到剪切蒙版的图形效果，如图 5-64 所示。

图 5-62　移动并选择图形

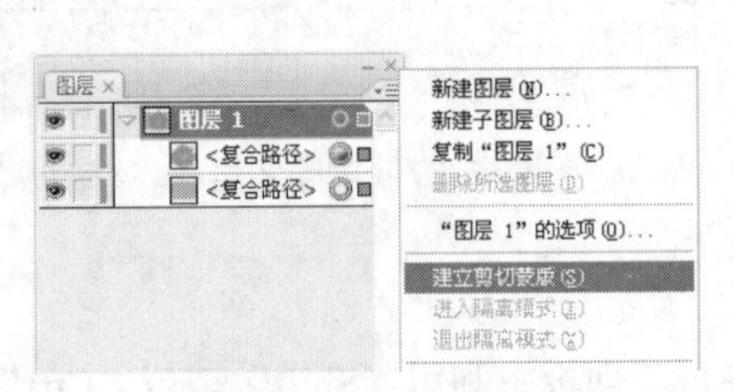

图 5-63　创建剪切蒙版

图 5-64　得到的效果

【知识补充】创建剪切蒙版后，原下层图形便成为了蒙版对象，此时通过移动或编辑蒙版对象可以改变蒙版位置和形状，原上层图形只有位于蒙版区域中的部分才会显示出来。除此以外，常见的一些剪切蒙版操作还包括以下几种。

- 选择需创建剪切蒙版的上层和下层图形，然后选择【对象】/【剪切蒙版】/【建立】命令或按“Ctrl+7”组合键也可创建剪切蒙版。
- 创建剪切蒙版后，在“图层”面板右上角的下拉列表中选择“释放剪切蒙版”选项可取消剪切蒙版状态。直接单击面板下方的 ◙ 按钮也可以创建或取消剪切蒙版。

5.4 使用“透明度”面板

使用“透明度”面板可以实现降低对象的不透明度、使用混合模式更改重叠对象的颜色影响效果、使用不透明蒙版创建不同的透明度、应用包含透明度的渐变色和网格、应用包含透明度的效果或图形样式等多种功能，是制作各种特效图形的常用工具之一。

5.4.1 设置图形不透明度

选择【窗口】/【透明度】命令或按“Ctrl+Shift+F10”组合键即可打开“透明度”面板。在页面中选中需要修改透明度的图形对象，然后设置“透明度”面板中的“不透明度”参数即可更改图形的不透明度，如图 5-65 所示。

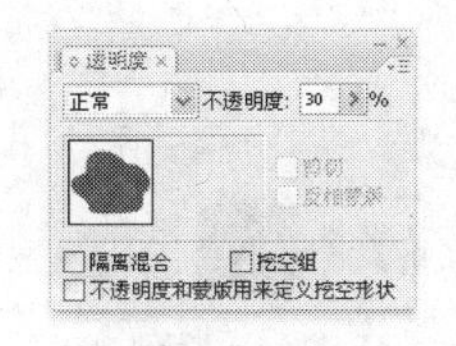

图 5-65　设置图形不透明度的过程

5.4.2　应用混合模式

混合模式主要用于对重叠图形的颜色进行设置，以改变图形之间的影响。使用混合模式的方法为，选择图形，然后在“透明度”面板左侧的下拉列表中选择某种混合模式即可，如图 5-66 所示。

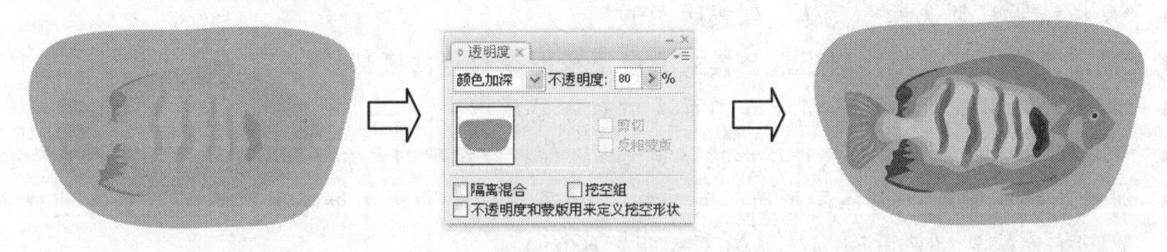

图 5-66　设置混合模式的过程

5.4.3　创建不透明蒙板

使用不透明蒙版可以隐藏蒙版中的深色调区域，显示蒙版中的浅色调区域，而中间色调区域则呈现不同程度的透明效果。

【例 5-4】利用不透明蒙版制作苹果 LOGO。

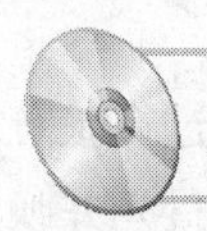

所用素材：素材文件\第 5 章\苹果.ai　　**完成效果**：效果文件\第 5 章\苹果.ai

Step 1：打开“苹果.ai”文件，将其中的“A”图形填充为黑白渐变效果，然后将边框颜色设置为“CMYK 红色”，如图 5-67 所示。

Step 2：选择“A”图形和矩形，如图 5-68 所示。

Step 3：在“透明度”面板中单击▾≡按钮，在弹出的下拉列表中选择“建立不透明蒙版”选项，如图 5-69 所示。

图 5-67　填充颜色

图 5-68　选择图形

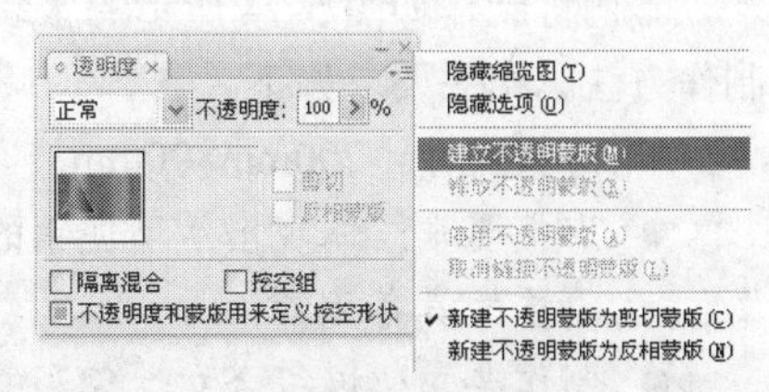

图 5-69　创建不透明蒙版

Step 4：得到如图 5-70 所示的效果。

Step 5：选中“透明度”面板中的“剪切”复选框和“反相蒙版”复选框，如图 5-71 所示。

Step 6：得到最终需要的 LOGO 图形，如图 5-72 所示。

图 5-70 创建不透明蒙版后的效果

图 5-71 设置不透明蒙版

图 5-72 最终的 LOGO 效果

【知识补充】创建不透明蒙版后，还可利用“透明度”面板中的各种参数或下拉列表来设置与释放蒙版。下面补充介绍该面板中各参数的作用以及释放蒙版的方法。

- “剪切”复选框：可以得到根据蒙版进行剪切后生成的具有部分隐藏效果的图形。
- “反相蒙版”复选框：反转得到蒙版图形。
- “隔离混合”复选框：防止混合模式的应用范围超过组的底部。
- “挖空组”复选框：防止组元素相互透过对方显示出来。
- “不透明度和蒙版用来定义挖空形状”复选框：使挖空组中的元素按其不透明度和蒙版来显示形状。
- 创建不透明蒙版：选择图形后，可直接在“透明度”面板中缩略图的右侧双击以创建不透明蒙版（本例是将已有图形转换为不透明蒙版的）。
- 编辑不透明蒙版：按住“Alt”键的同时单击面板缩略图中的蒙版区域，此时可选择作为蒙版的图形并可结合“直接选择工具”等修改该图形的外观。
- 删除不透明蒙版：在面板右下角的下拉列表中选择“释放不透明蒙版”选项即可退出蒙版状态。

5.5 应用实践——制作 POP 橱窗海报

POP 是“Point Of Purchase”的缩写，意为“卖点广告”。POP 海报的主要作用是通过夸张且幽默的形式、强烈分明的色彩等刺激并引导消费以及活跃卖场气氛，从而有效地吸引顾客的目光并唤起其购买欲。POP 海报可以传达商品的品牌、价值、特点、内容和材料，并可以通过创意让人联想到商品的品质。除此以外，优秀的 POP 海报还能表现出商家的品味，营造购物的气氛，并进一步配合促销活动增加节庆和各种活动的效果与气氛。POP 海报的形式多种多样，主要包括户外招牌、展板、橱窗海报、店内台牌、价目表等。图 5-73 所示为一张有关国庆促销的 POP 海报，通过该海报能让人感受到节日气氛以及商家促销的活动主题。

本例将制作如图 5-74 所示的服装卖场的 POP 橱窗海报，通过练习来了解 POP 海报的表现形式和制作方法。相关要求如下。

- 海报尺寸：200mm×90mm。
- 海报要求：体现出活动促销的内容与规则，并显示活动商家、活动日期、地点等 POP 海报所需要的具备元素。
- 制作要求：以符合女性色彩的整体风格制作海报的各个内容。

所用素材：素材文件\第 5 章\文字.ai
完成效果：效果文件\第 5 章\POP 海报.ai
视频演示：第 5 章\应用实践\制作 POP 海报.swf

图 5-73　国庆促销 POP 海报

图 5-74　绘制的 POP 海报效果

5.5.1　POP 海报的表现形式

根据 POP 海报应用场所的不同，可将其分为店内海报、招商海报和展览海报等。不同的海报具有不同的表现形式，下面简要介绍这几类海报的不同表现形式和设计重点。

- 店内海报。店内海报通常应用于营业店内，用于店内装饰和宣传。这类海报的设计需要考虑到店内的整体风格、色调及营业的内容，力求与环境相融。
- 招商海报。招商海报通常以商业宣传为目的，采用引人注目的视觉效果达到宣传某种商品或服务的目的。其设计应明确商业主题，同时在文案的应用上要注意突出重点，不宜太花哨。
- 展览海报。展览海报主要用于展览会的宣传，常分布于街道、影剧院、展览会、商业闹区、车站、码头和公园等公共场所。它具有传播信息的作用，涉及内容广泛，艺术表现力丰富，远视效果强。

5.5.2　POP 海报的创意分析与设计思路

POP 海报是目前广泛使用的商业宣传介质，无论是企业宣传商品还是社团策划活动，都可通过这种介质来达到宣传促销的目的。优秀的 POP 海报可以使商业促销的作用最大化，而不同类型的 POP 海报，制作时侧重的地方也不相同。根据本例的制作要求，我们可以对将要绘制的 POP 海报进行如下一些分析。

- 服务群体为大众化女性，因此整体色彩考虑以桃红色为主。
- 海报中的元素应以柔美的线条来展现，这样比较符合女性温柔、美丽的气质。
- 通过创意展现促销内容，让其处于整个海报的中心位置，吸引受众的注意力。

本例的设计思路如图 5-75 所示，具体设计如下。

（1）利用“矩形工具”、“钢笔工具”绘制海报的整体背景，然后利用“渐变”面板和“透明度”面板对背景对象进行填充及设置。

（2）利用“钢笔工具”绘制女性图形，并通过对路径的编辑将该图形制作成矩形分割的效果。

（3）绘制并设置心形图形来点缀背景。

（4）利用“椭圆工具”、“钢笔工具”和“路径查找器”面板等制作“8”字创意图形。

（5）导入文字素材并制作活动内容版块。

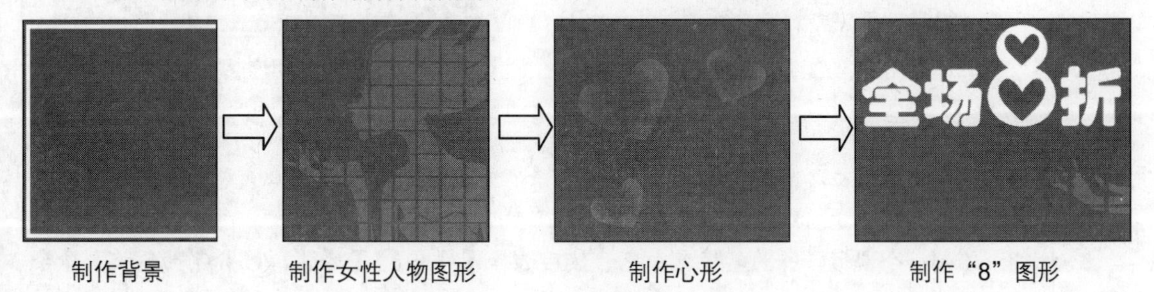

图 5-75　POP 海报的设计思路

5.5.3 制作过程

1. 制作 POP 海报背景

Step 1：新建空白文件，然后利用“矩形工具” 绘制一个 200mm×90mm 的无边框矩形，并为其填充渐变色，渐变类型为“线性”，角度为“–90”度，如图 5-76 所示。其中从左到右的两个渐变滑块的颜色依次为（C=35，M=85，Y=15，K=0）和（C=10，M=95，Y=15，K=0），上方的菱形滑块的位置为“50%”。

Step 2：绘制一个稍小的无填充矩形，并设置边框粗细为“5pt”，颜色为“白色”，然后将其放置在上一个矩形的边框附近，如图 5-77 所示。

图 5-76 绘制并填充矩形

图 5-77 绘制矩形边框

Step 3：利用“钢笔工具” 绘制一个无边框图形，并设置其填充色为（C=0，M=95，Y=20，K=0），效果如图 5-78 所示。

Step 4：选择绘制的图形，然后将“透明度”面板中的“不透明度”参数设置为 15%，如图 5-79 所示。

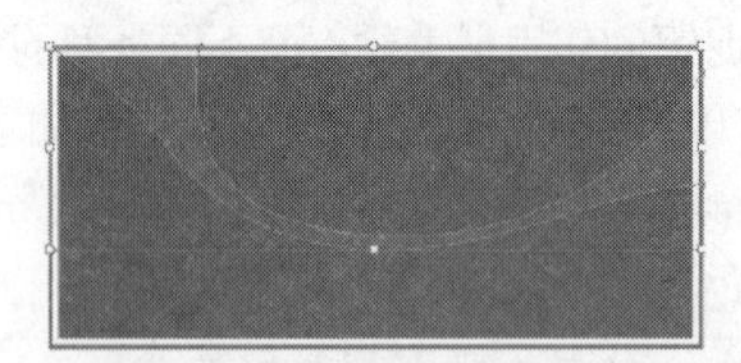

图 5-78 绘制并填充图形 1

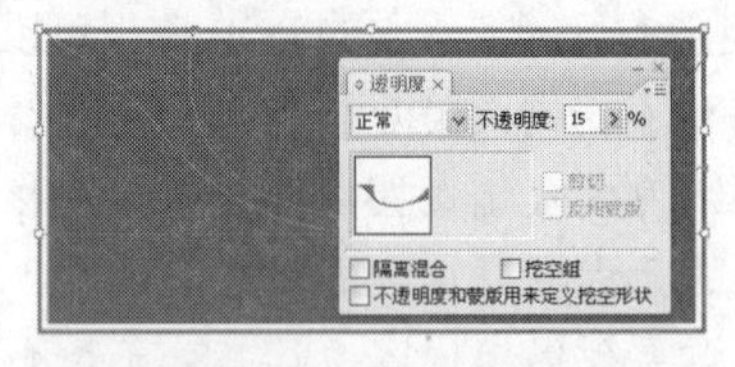

图 5-79 设置不透明度 1

Step 5：利用“钢笔工具” 绘制无边框图形，并为其填充与上一个图形相同的颜色，如图 5-80 所示。

Step 6：将该图形的不透明度设置为 30%，如图 5-81 所示。

图 5-80 绘制并填充图形 2

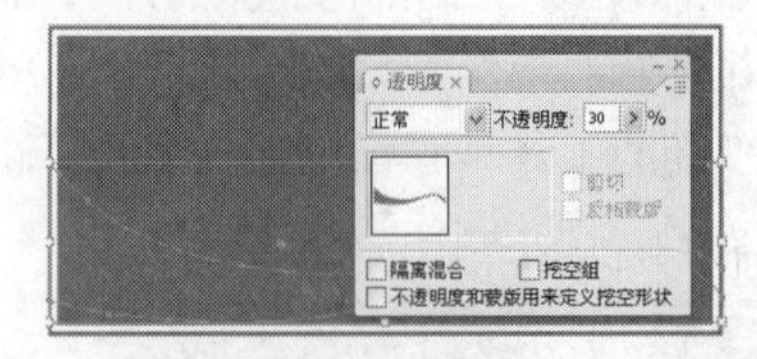

图 5-81 设置不透明度 2

2. 制作女性人物图形

Step 1：利用“钢笔工具” 绘制如图 5-82 所示的无边框图形，并为其填充白色。

Step 2：将图形进行适当缩放，并移动到如图 5-83 所示的位置。

Step 3：绘制一个圆形，并为其填充白色，然后选择【对象】/【路径】/【分割为网格】命令，如图 5-84 所示。

图 5-82 绘制图形

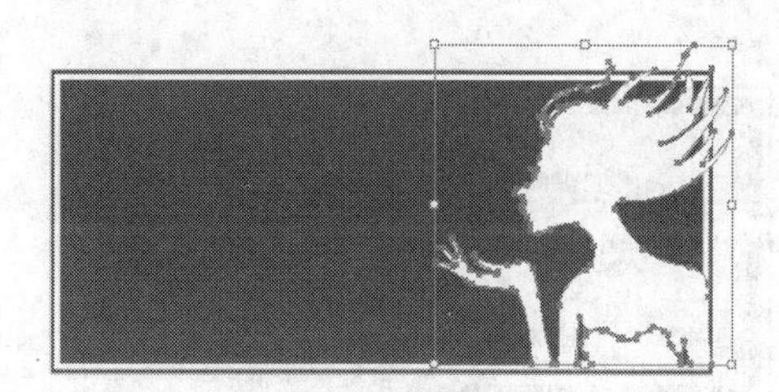

图 5-83 调整图形

Step 4: 打开"分割为网格"对话框，将行和列的数量设置为"10"，高度和宽度均设置为"4.5mm"，然后单击 确定 按钮，如图 5-85 所示。

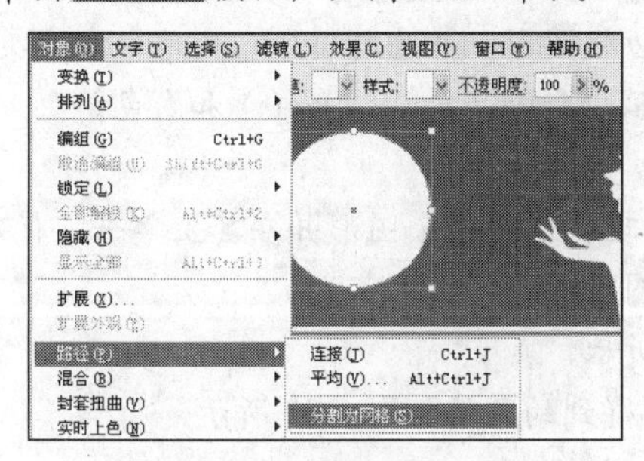

图 5-84 分割路径

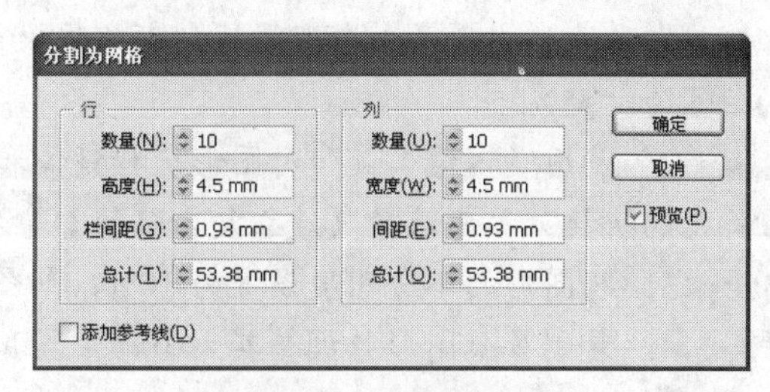

图 5-85 设置分割参数

Step 5: 按 "Ctrl+8" 组合键将分割出的多个图形创建为复合路径，如图 5-86 所示。

Step 6: 将图形适当放大，并移动到如图 5-87 所示的位置。

图 5-86 创建复合路径

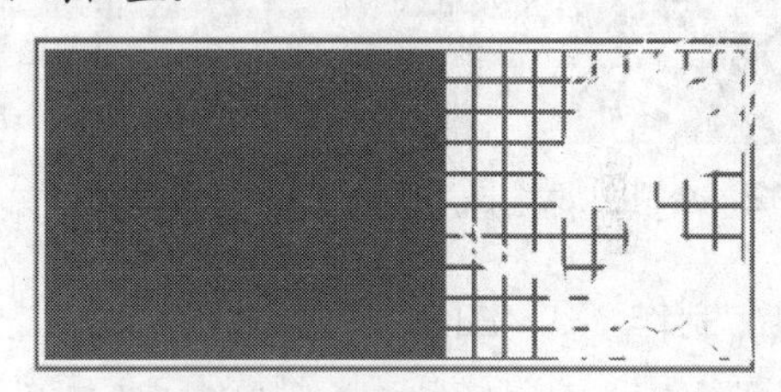

图 5-87 调整图形

Step 7: 选择女性人物图形和矩形网格图形，然后在按住 "Alt" 键的同时单击 "路径查找器" 面板中的 按钮，如图 5-88 所示。

Step 8: 得到修剪后的图形，如图 5-89 所示。

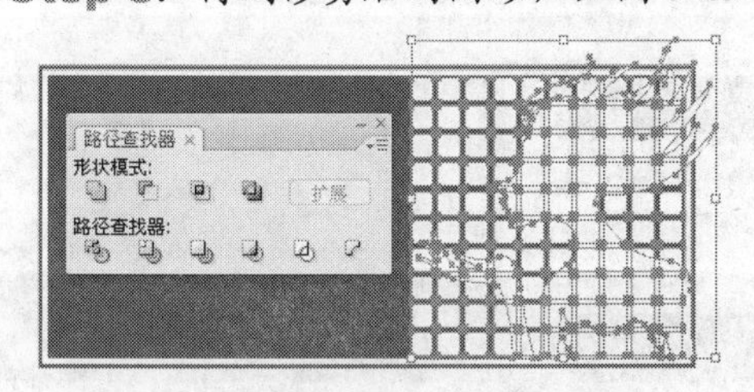

图 5-88 使用路径查找器编辑路径

图 5-89 得到的图形

Step 9: 将图形的不透明度设置为 10%，如图 5-90 所示。

Step 10: 完成女性人物图形的制作，效果如图 5-91 所示。

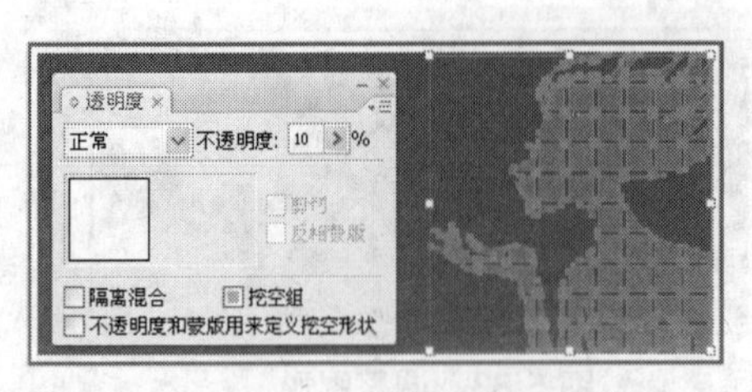

图 5-90　设置不透明度

图 5-91　设置后的效果

3. 绘制心形

Step 1：利用“钢笔工具”绘制如图 5-92 所示的无边框图形，并为其填充渐变色，渐变类型为“径向”。其中从左到右的两个渐变滑块的颜色依次为（C=0，M=95，Y=20，K=0）和白色，上方菱形滑块的位置为“75%”。

Step 2：利用“镜像工具”对图形进行镜像和复制处理。选择两个图形并在其上单击鼠标右键，然后在弹出的快捷菜单中选择【建立复合路径】命令，如图 5-93 所示。

Step 3：将图形的不透明度设置为 10%，如图 5-94 所示。

Step 4：复制多个图形并调整其大小、位置和角度，得到的效果如图 5-95 所示。

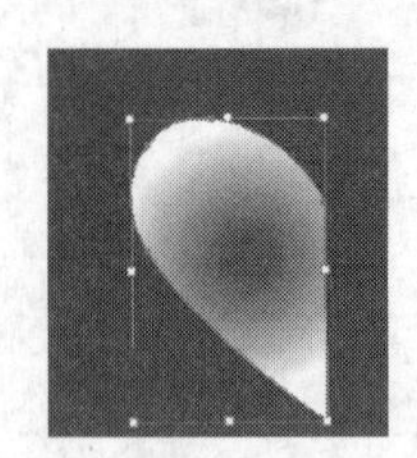

图 5-92　绘制图形 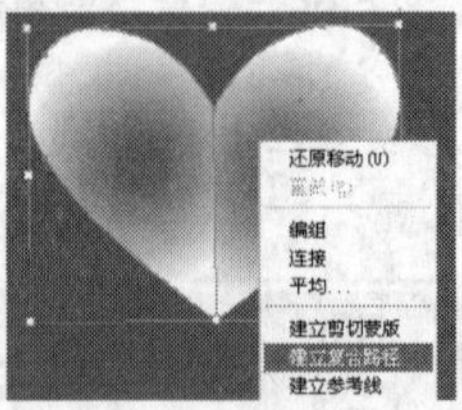　图 5-93　创建复合路径

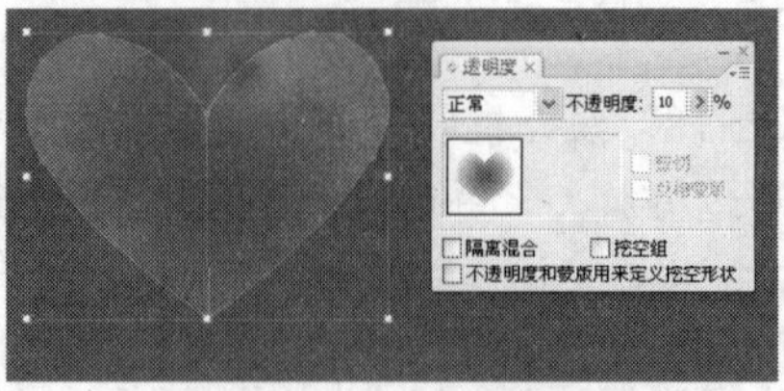

图 5-94　设置不透明度

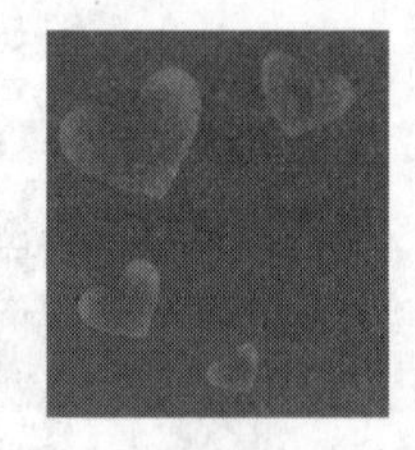

图 5-95　复制图形

4. 制作“8”图形

Step 1：绘制两个不同大小的正圆形并为其填充白色，接着将其按如图 5-96 所示的效果进行放置，然后单击“对齐”面板中的 按钮。

Step 2：按住“Alt”键的同时单击“路径查找器”面板中的 按钮，如图 5-97 所示。

Step 3：复制前面绘制的心形图形，并将其不透明度调整为 100%，然后与合并的图形垂直居中对齐，如图 5-98 所示。

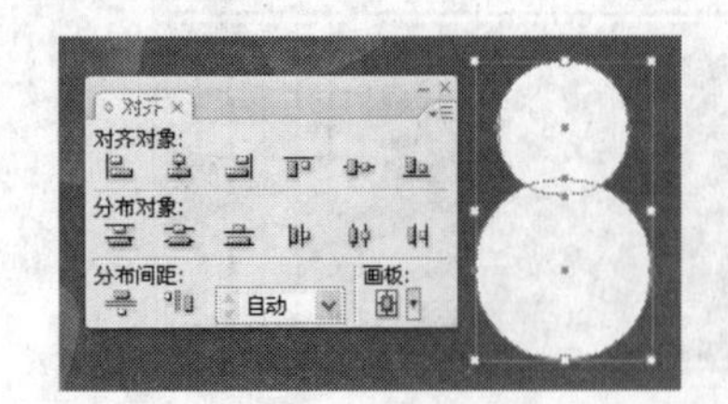

图 5-96　对齐图形

图 5-97　合并图形

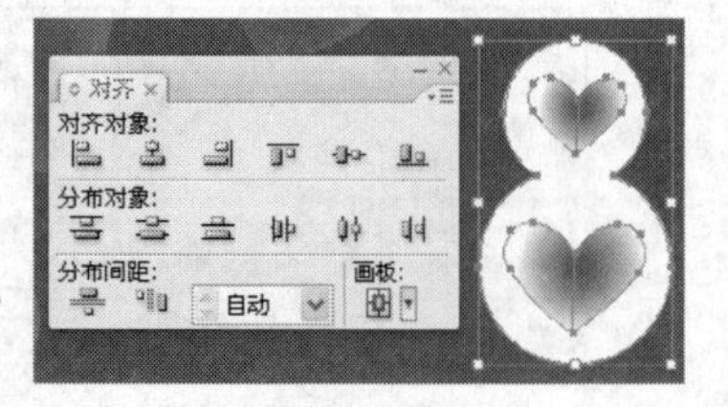

图 5-98　对齐

Step 4：按住“Alt”键的同时单击“路径查找器”面板中的 按钮，如图 5-99 所示。

Step 5：设置后的效果如图 5-100 所示。

图5-99 减去重叠区域

图5-100 设置后的效果

5. 管理图层并导入文字

Step 1: 双击“图层”面板中的“图层1”，如图5-101所示。

Step 2: 打开“图层选项”对话框，将“名称”文本框中的文本设置为“形状图层”，然后单击 确定 按钮，如图5-102所示。

Step 3: 完成对图层的命名后，单击“图层”面板下方的 按钮，如图5-103所示。

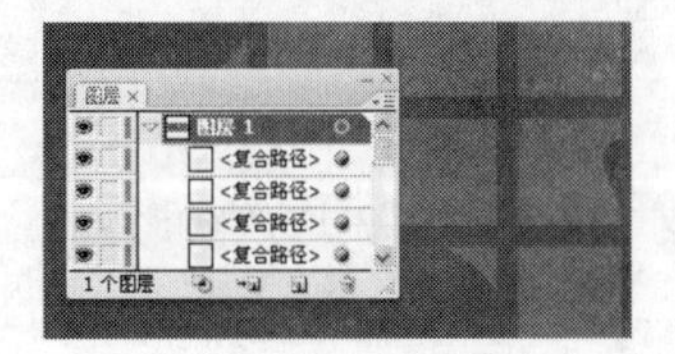

图5-101 设置图层

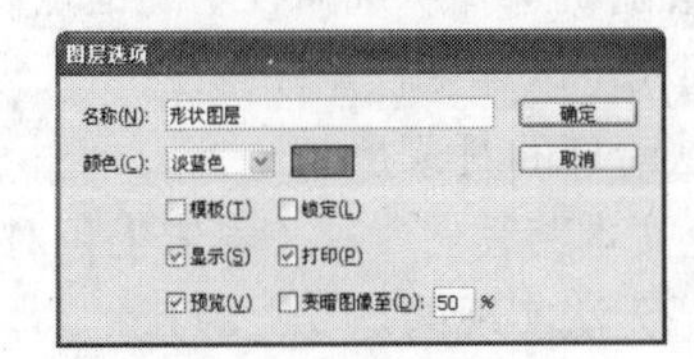

图5-102 更改图层名称

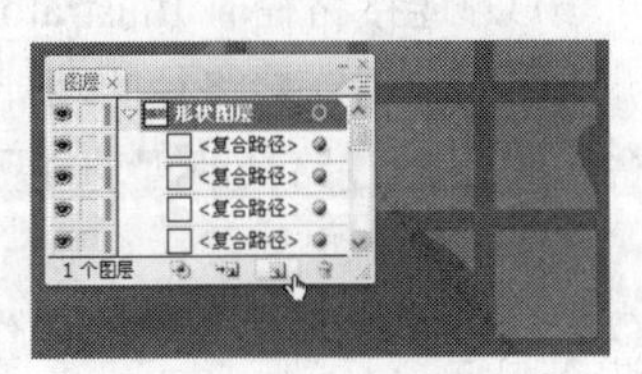

图5-103 新建图层

Step 4: 新建图层2，并将其名称设置为“文字图层”，如图5-104所示。

Step 5: 打开“文字.ai”文件，将其中的所有文字复制到绘制的海报中，此时可以看到所有文字对象都位于“文字图层”下方，如图5-105所示。

Step 6: 将复制的文字对象按如图5-106所示的位置放置。

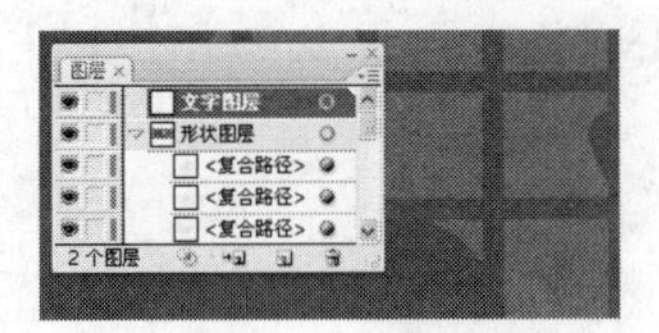

图5-104 设置图层名称

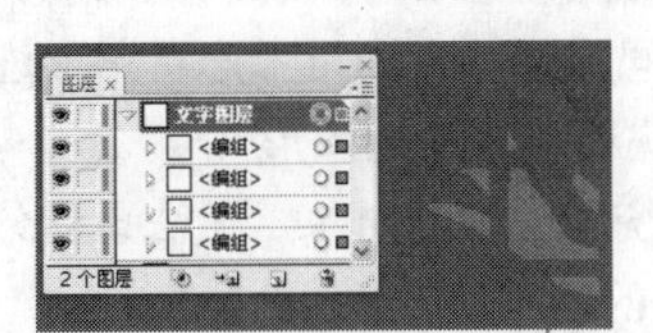

图5-105 复制文字对象

图5-106 调整文字位置

Step 7: 绘制一个圆角矩形并为其填充白色，然后将其放置在活动内容上方，接着将该对象移动到“形状图层”中，如图5-107所示。

Step 8: 将圆角矩形的混合模式设置为“柔光”，如图5-108所示，保存设置即可完成本例操作。

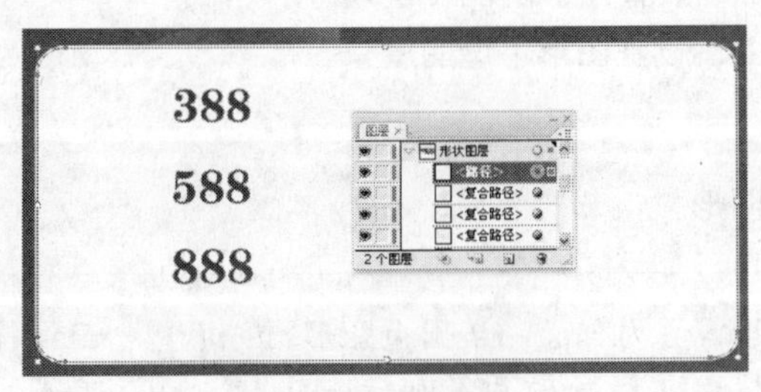

图5-107 绘制图形

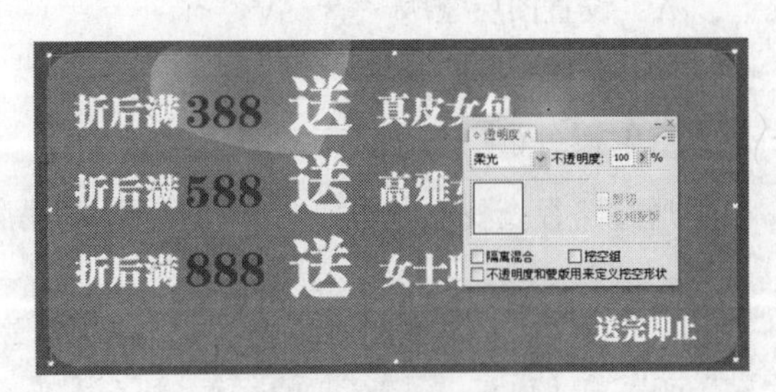

图5-108 设置混合模式

5.6 练习与上机

1. 单项选择题

（1）选择下列选项中的左图，然后单击“路径查找器”面板中“形状模式”栏中的“与形状区域相加”按钮，得到的正确效果应该是（　　）。

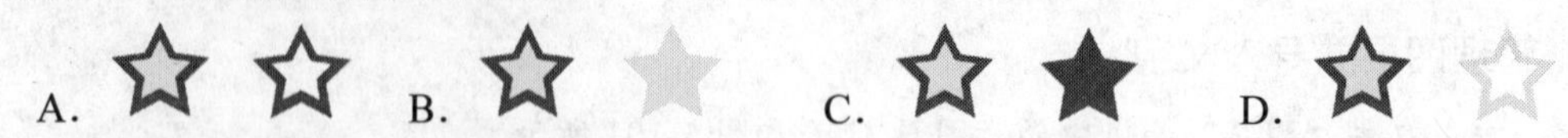

（2）关于路径的连接，以下说法正确的是（　　）。

A．按“Ctrl+J”组合键可连接路径

B．Illustrator只能将开放的路径连接为闭合的路径

C．连接路径时Illustrator会随机选择所选路径上的锚点

D．利用连接路径的功能同样可以连接任意图形

（3）以下通过路径清理功能无法清理的对象是（　　）。

A．游离点　　B．空文本路径　　C．未上色对象　　D．无填色图形

（4）以下关于新建图层的操作，无法实现的是（　　）。

A．可以单击按钮来新建图层　　B．可以按快捷键新建图层

C．可以选择菜单命令新建图层　　D．可以单击按钮新建子图层

2. 多项选择题

（1）关于排列和编组，以下说法正确的是（　　）。

A．利用常用设置栏中的按钮只能进行对齐排列，无法实现分布排列

B．要想使多个图形之间的间隙相等，则可考虑对图形进行分布排列

C．按“Ctrl+G”组合键可快速编组所选图形

D．图形编组后将成为一个统一的独立对象，无法重新分离

（2）以下对图层蒙版的叙述错误的是（　　）。

A．图层蒙版也称为剪切蒙版

B．图层蒙版可以利用任意的形状来遮盖某个对象

C．遮盖的对象无论位于什么位置都将只显示蒙版形状区域内的图形

D．图层蒙版一旦确立就无法修改

（3）利用“透明度”面板可以实现的功能包括（　　）。

A．设置图层蒙版　　B．设置图形的混合模式

C．设置不透明蒙版　　D．设置图形不透明度

3. 简单操作题

（1）通过路径查找器制作如图5-109所示的吊牌图形。

提示：首先将圆形和圆角矩形组合，然后减去内部的一个圆角矩形，并填充“西红柿”渐变色（通过“色板”面板预设的渐变色类型来填充），最后复制提供的“SALE”文字。

所用素材：素材文件\第 5 章\SALE.ai
完成效果：效果文件\第 5 章\吊牌.ai

（2）通过创建不透明蒙版制作如图 5-110 所示的环保标志。

提示：首先为“DI”图形添加黑白渐变效果，然后将该图形与下方的圆形创建不透明蒙版，最后反相蒙版即可。

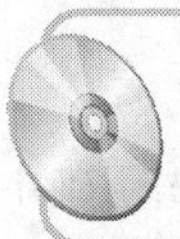

所用素材：素材文件\第 5 章\标志.ai
完成效果：效果文件\第 5 章\标志.ai

图 5-109　吊牌效果

图 5-110　标志效果

4. 综合操作题

（1）绘制一款商品标贴，参考效果如图 5-110 所示。

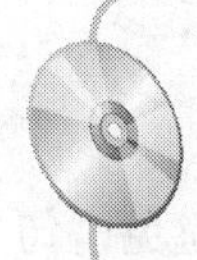

所用素材：素材文件\第 5 章\natural.ai
完成效果：效果文件\第 5 章\标贴.ai
视频演示：第 5 章\综合练习\标贴.swf

（2）绘制一个火锅店招牌，参考效果如图 5-112 所示。

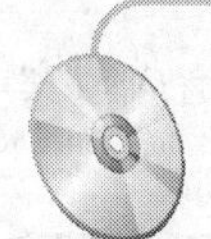

所用素材：素材文件\第 5 章\火锅.ai、火焰.ai
完成效果：效果文件\第 5 章\招牌.ai
视频演示：第 5 章\综合练习\招牌.swf

图 5-111　标贴效果

图 5-112　招牌效果

拓展知识

POP 海报以其低价高效的优势，被越来越多的企业和个人应用在宣传、推广或促销领域中。不同的 POP 海报虽然侧重的表现形式不相同，但海报设计都应该考虑以下元素。

1. 版面编排

海报具有很多元素，这些元素在编排上应首先考虑是直式还是横式，若任意编排，则会导致版面分散，不够集中，并且给人以粗制滥造之感。其次，字体大小、款式与整个版面颜色的搭配也要统一融合，不能过于凌乱。

2. 主标题

POP 海报的主标题是整个版面的重心，一定要醒目、清晰且容易理解。设计时应首先明确主标题，其他所有元素都应该为主标题服务。在如图 5-113 所示的海报中，虽然主标题“9 折”字样很明显，但由于上方的“全场一律”字样的字体选择不到位，因此导致“全场一律 9 折”的思想不容易让人看清，这种海报的其他元素就没有完全为主标题服务的作用。

图 5-113　不太成功的海报设计

3. 说明文字

说明文字的作用在于将 POP 海报的内容和目的进行充分说明，设计时应简明扼要，避免语句不顺以及错别字的出现。字体选择应在体现风格的基础上，保证文字清晰可见。同一款海报中的字体不宜过多，否则海报整体效果会给人凌乱的感觉。

4. 插图

插图可以增强 POP 海报的可读性和美观性，但它不能比主标题更引人注目，否则会造成喧宾夺主的不良效果。

第 6 章 文字的应用

学习目标

学习如何在 Illustrator 中创建与应用文字，包括创建普通文字、创建区域文字、创建路径文字、编辑文字、设置字符格式、设置段落格式、设置区域文字、设置路径文字和将文字转换成图形以及图文混排等。了解出版物版面设计的要素，并且掌握时尚杂志的制作和排版方法。

学习重点

掌握各种文字工具、“字符”面板和“段落”面板等对象的使用方法，以及创建轮廓和文本绕排等操作的实现方法，并能熟练利用所学知识对文字对象进行各种设置与编辑操作。

主要内容

- 文字的创建与编辑。
- 文字的设置。
- 文字的高级应用。
- 制作与排版时尚杂志。

6.1 文字的创建与编辑

文字的创建与编辑是 Illustrator 的一个重要功能体现，也是平面设计中不能忽视的操作。Illustrator 提供了多种文字工具和文字命令，通过它们能轻松创建与编辑文字。

6.1.1 创建普通文字

利用工具箱中的“文字工具”T.和“直排文字工具”IT.均可在页面上创建需要的文字内容。其中“文字工具”创建的文字将从左到右输入，“直排文字工具”创建的文字则将从上到下输入。

1. 单击创建文字

在工具箱中选择“文字工具”T.或“直排文字工具”IT.后，在页面中单击即可定位文字插入点，此时可切换到需要的输入法并创建文字。

【例 6-1】通过单击来创建水平方向上的文字。

Step 1：新建空白文件，选择“文字工具”T.，并在页面中单击以定位文字插入点，如图 6-1 所示。

Step 2：切换到中文输入法并输入需要的文字，如图 6-2 所示。

Step 3：选择工具箱中的“选择工具”↖即可完成文字的创建，如图 6-3 所示。

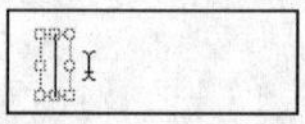

图 6-1　定位文字插入点

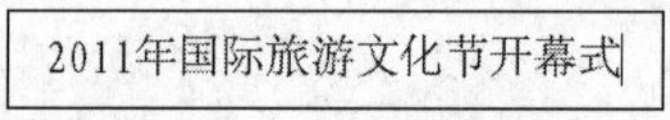

2011年国际旅游文化节开幕式

图 6-2　输入文字

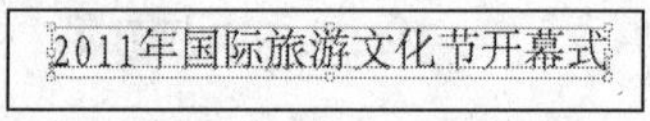

2011年国际旅游文化节开幕式

图 6-3　完成文字的创建

【知识补充】通过单击创建的文字不会自动换行，它们以一行或一列的方式显示。若要换行，则需在输入过程中按“Enter”键，这种创建方式非常适合内容较少的文字。另外，通过这种方式创建的文字还具有以下一些特性。

- 旋转文字时，文字本身的显示方向也会发生变化，如图 6-4 所示。
- 缩放文字时，文字本身的显示大小也会发生变化，如图 6-5 所示。

图 6-4　旋转文字

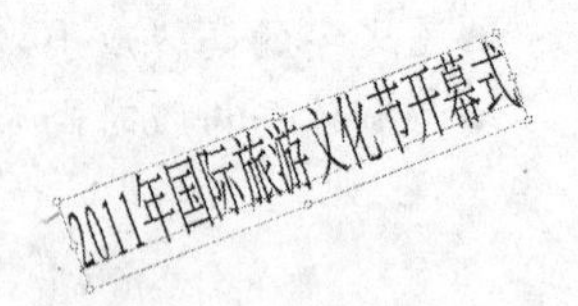

图 6-5　缩放文字

2. 拖曳创建文字

在工具箱中选择“文字工具”T.或“直排文字工具”IT.后，可在页面中拖曳绘制文字的创建区域，释放鼠标后便可在该区域中创建文字了。

【例 6-2】通过拖曳来创建垂直方向上的文字。

Step 1：新建空白文件，选择“直排文字工具”IT.，并在页面中拖曳绘制一个文本框，如图 6-6 所示。

Step 2：释放鼠标后即可输入需要的文字，完成后选择“选择工具”↖确认即可，如图 6-7 所示。

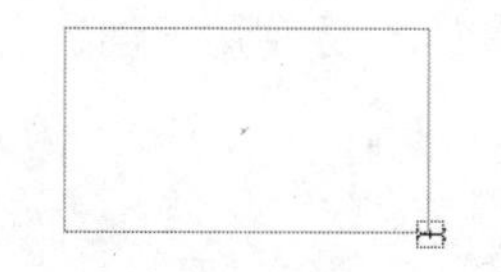

图 6-6　创建文字输入区域

图 6-7　输入文字

【知识补充】通过拖曳方式创建的文字会在到达区域边界时自动换行，适用于创建内容较多的文字。在旋转和缩放以这种方式创建的文字时，文字本身的显示方向和大小不会发生变化，如图 6-8 所示。

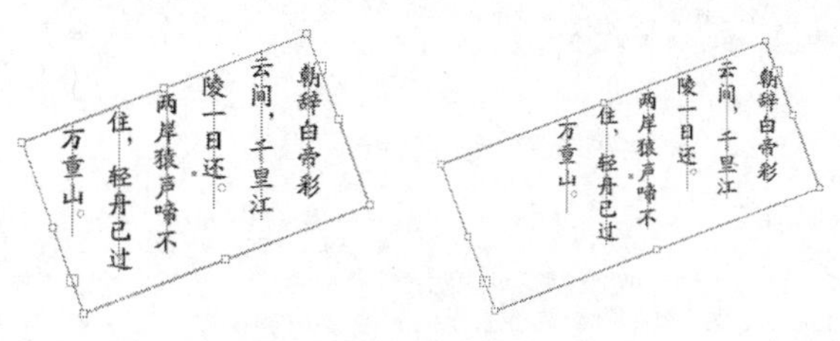

图 6-8　旋转和缩放文字

6.1.2　创建区域文字

区域文字是指可将文字创建在绘制的闭合路径中，使文字的排列方式别具一格。Illustrator 提供的“区域文字工具”和“直排区域文字工具”分别用于创建水平排列和垂直排列的区域文字。

【例 6-3】创建水平方向的四角星形区域文字。

Step 1：新建空白文件，然后绘制一个四角星形图形，如图 6-9 所示。

Step 2：选择“区域文字工具”，然后将鼠标指针移至绘制图形的路径上并单击，如图 6-10 所示。

Step 3：此时将在图形内定位文字插入点，输入需要的文字即可，如图 6-11 所示。创建的文字将根据图形路径进行排列显示。

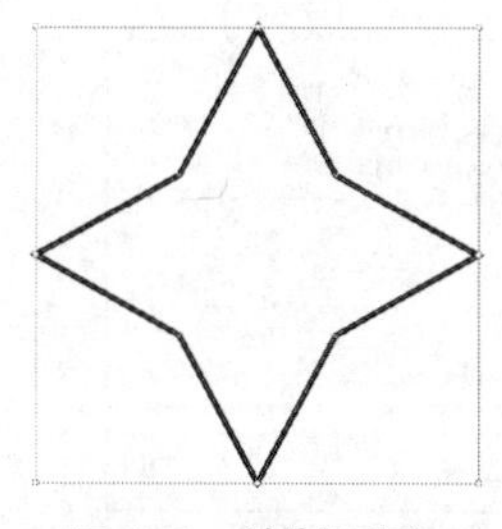

图 6-9　绘制图形

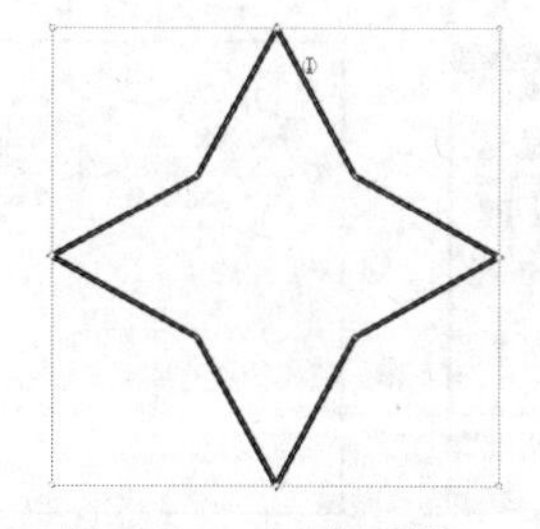

图 6-10　创建区域

图 6-11　输入文字

提示：选择“文字工具”或“直排文字工具”后，将鼠标指针移动到创建的闭合路径上，此时鼠标指针将变为形状，单击也可创建区域文字。

6.1.3　创建路径文字

路径文字是指可将文字创建在绘制的开放路径中，并能通过调整路径来更改文字的显示方式。

Illustrator 提供的“路径文字工具”和“直排路径文字工具”分别用于创建水平排列和垂直排列的路径文字。

【例 6-4】创建螺旋形路径文字。

Step 1：新建空白文件，然后利用“螺旋线工具”绘制一个螺旋形图形对象，如图 6-12 所示。

Step 2：选择“路径文字工具”，然后将鼠标指针移至绘制的路径上并单击，如图 6-13 所示。

Step 3：在路径上定位文字插入点，然后输入需要的文字即可，如图 6-14 所示。创建的文字将根据路径进行排列显示。

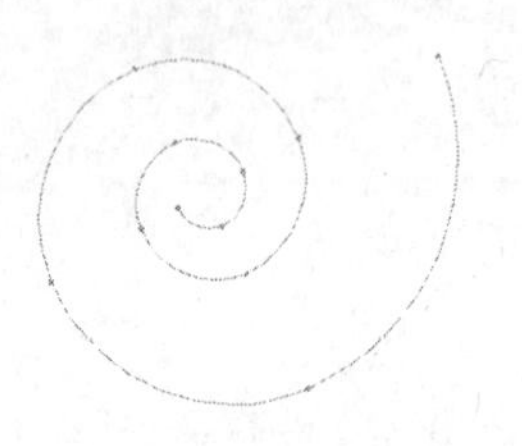

图 6-12　绘制图形

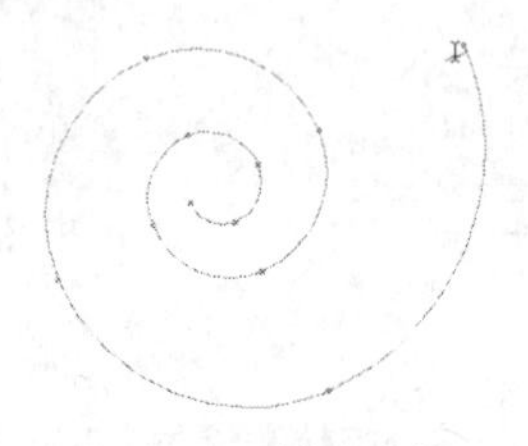

图 6-13　创建路径

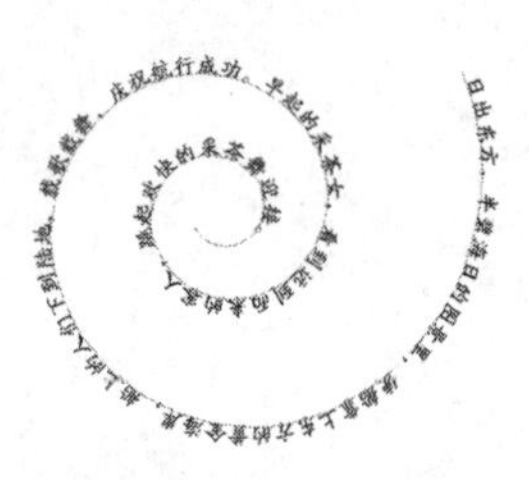

图 6-14　输入文字

提示：选择“文字工具”或“直排文字工具”后，将鼠标指针移动到创建的开放路径上，当鼠标指针变为形状时，单击也可创建路径文字。

6.1.4　置入文字

当需要的大量文字在其他文件中时（如在 Word 文档或记事本文件中等），可通过置入的方法将这些文字快速置入到 Illustrator 中以便使用。置入文字的方法为，选择【文件】/【置入】命令，在打开的对话框中双击需置入的文字所在的文件，此时将打开“文本导入选项”对话框，如图 6-15 所示。在其中进行适当设置后单击 确定 按钮即可置入文件中的文字，如图 6-16 所示。

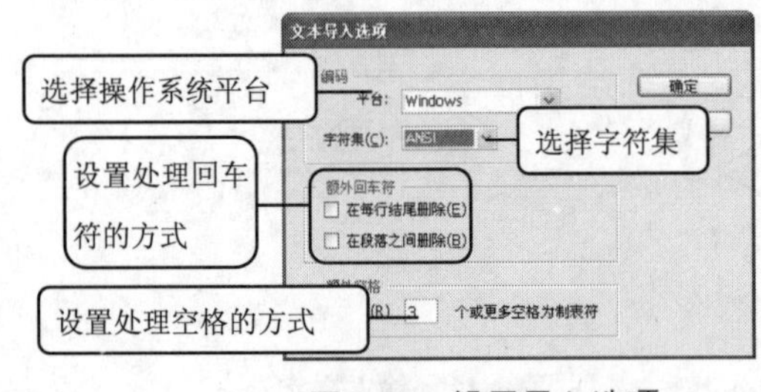

图 6-15　设置导入选项

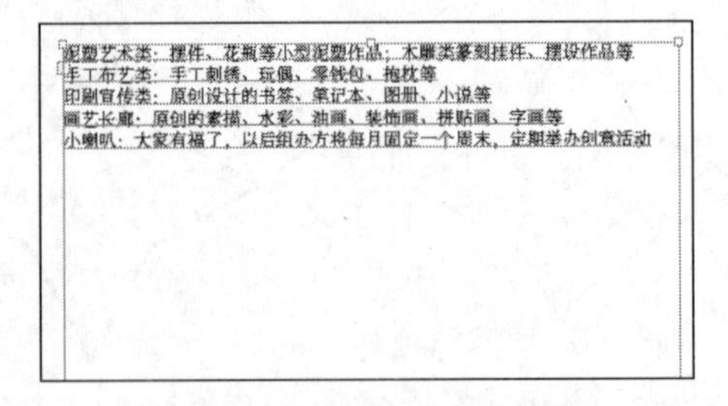

图 6-16　置入文字后的效果

6.1.5　编辑文字

创建文字后，需要根据实际需求的不同对文字进行修改等各种编辑，下面就重点对文字的选择、修改和处理文字块等内容进行讲解。

1. 选择文字

选择文字的方法为，选择工具箱中的“文字工具”T 或“直排文字工具”IT，然后在要选择的文字处拖曳即可。另外，双击处于选择状态的整个文字块中的某个文字区域，可以将文字插入点定位到其中，并自动切换到相应的文字工具状态。如果要选择整个文字块，则直接利用“选择工具”单击该文字块。

2. 修改文字

选择文字后，按“Delete”键或“Back Space”键可将选择的文字删除，此时可重新输入新的文字，从而实现对文字的修改操作。直接在需添加文字的位置单击以定位文字插入点，然后输入需要的文字可以实现文字的添加。另外，Illustrator 允许对现有文字的方向进行更改，其方法为，利用“选择工具”选择整个文字块，然后选择【文字】/【文字方向】命令，在弹出的子菜单中选择需要的排列方式即可。图 6-17 所示为将水平方向排列的文字更改为垂直方向排列的文字的过程。

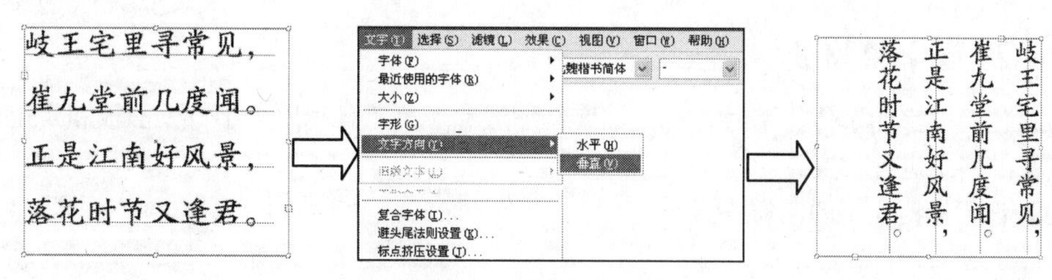

图 6-17　更改文字方向

3. 串接文字块

文字块是指利用“选择工具”选择创建的文字后所出现的区域，该对象可以按照编辑图形的方法进行移动、缩放和旋转等各种操作，其方法与图形的编辑完全相同。下面将重点介绍文字块的串接操作。当文字块中的文字无法完全显示时，文字块左下角或右下角将出现红色的⊞标记，表示该文字块中包含隐藏的文字，此时除了可以通过放大文字块的区域来显示隐藏的文字之外，还可以利用串接的方法显示隐藏的文字。

【例 6-5】通过串接文字块显示其中隐藏的文字内容。

所用素材：素材文件\第 6 章\广告促销语.ai
完成效果：效果文件\第 6 章\广告促销语.ai

Step 1: 打开“广告促销语.ai”文件，选择其中的文字块和图形对象，如图 6-18 所示。

Step 2: 选择【文字】/【串接文本】/【创建】命令，如图 6-19 所示。

Step 3: 文字块中隐藏的文字将通过串接的方式显示在所选图形中，如图 6-20 所示。

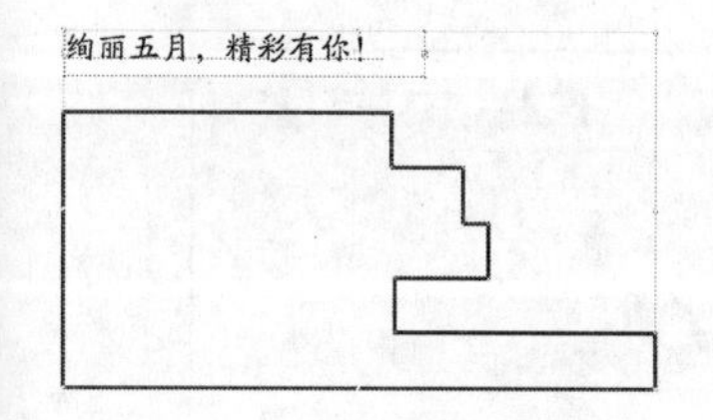

图 6-18　选择文字块和图形

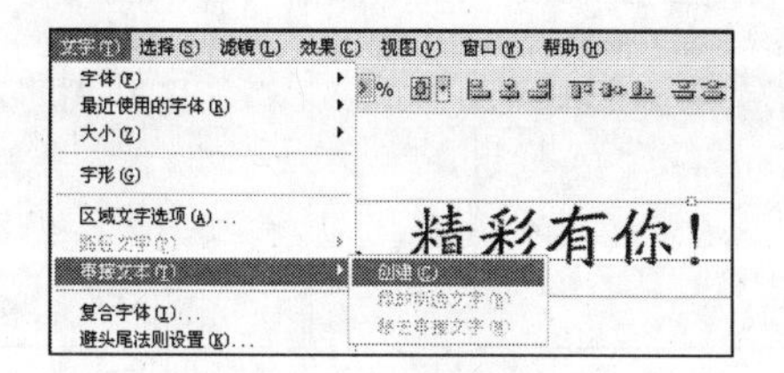

图 6-19　串接文本

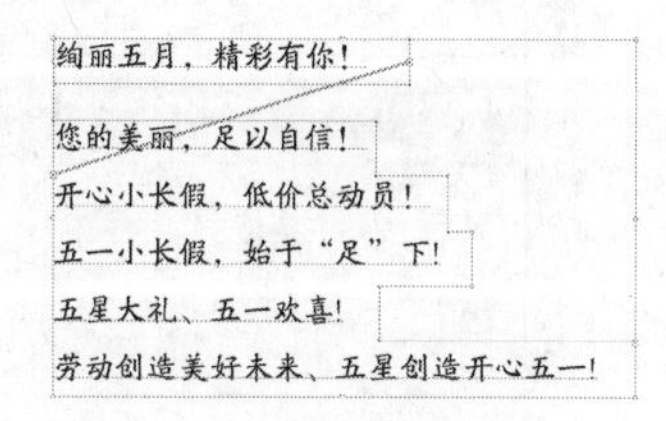

图 6-20　串接后的效果

提示：单击⊞标记，然后在需要串接的图形路径上单击也可快速实现文字的串接操作。

【知识补充】串接文字后，选择【文字】/【串接文本】/【释放所选文字】命令将释放串接的对象；选择【文字】/【串接文本】/【移去串接文字】命令将删除串接，但文字仍保留在串接后的位置。

6.2 文字的设置

创建并编辑文字后，可通过对文字格式进行设置来美化文字对象，下面将全面介绍在 Illustrator 中设置文字的各种方法。

6.2.1 设置字符格式

字符格式包括文字的字体、字号、行距、字符缩放和颜色等。利用“字符”面板和常用设置栏均可对所选字符的格式进行设置。

【例 6-6】设置标语文字的字符格式。

所用素材：素材文件\第 6 章\标语.ai　　完成效果：效果文件\第 6 章\标语.ai

Step 1：打开“标语.ai”文件，选择其中的文字块，然后在常用设置栏的填充颜色下拉列表中单击“CMYK 红色”色块来设置文字颜色，如图 6-21 所示。

Step 2：选择【窗口】/【文字】/【字符】命令，打开“字符”面板，在其中最上方的下拉列表中选择“方正大标宋简体”选项来设置文字字体，如图 6-22 所示。

Step 3：将“字符”面板中字号组合框中的值设置为“21pt”，如图 6-23 所示。

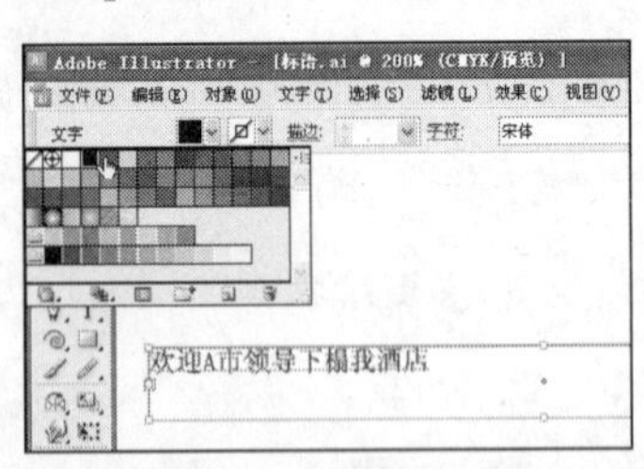

图 6-21　设置颜色

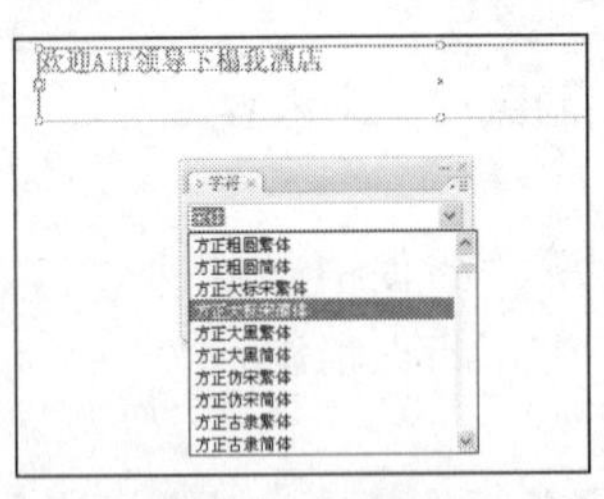

图 6-22　设置字体

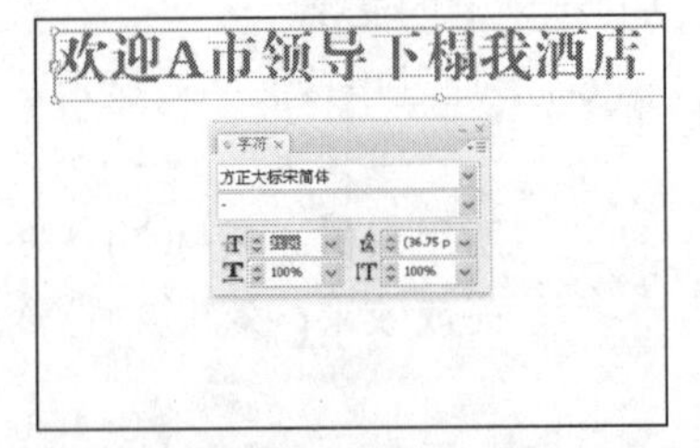

图 6-23　设置字号

Step 4：将“字符”面板中“水平缩放”组合框中的值设置为“125%”，如图 6-24 所示。

Step 5：将“字符”面板中“垂直缩放”组合框中的值设置为“75%”，如图 6-25 所示。

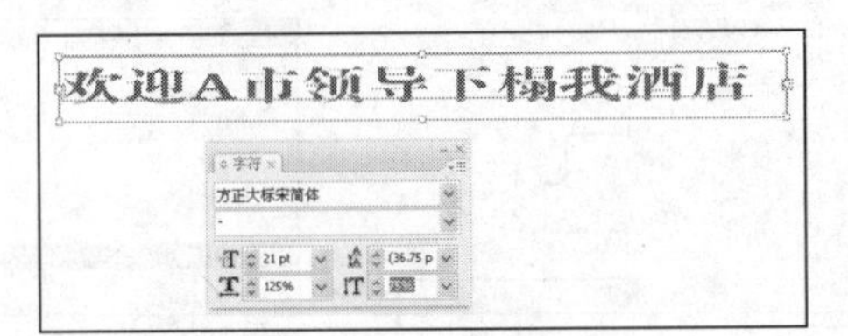

图 6-24　设置字符水平缩放

图 6-25　设置字符垂直缩放

【知识补充】选择文字块后将对其中的所有文字的格式进行设置，若只想设置文字块中的部分文字对象，则需要首先选择相应的文字对象，然后利用常用设置栏或“字符”面板进行设置。在“字符”面板中单击按钮，然后在弹出的下拉列表中选择“显示选项”选项可显示该面板的所有设置参数，如图6-26所示。为了使用户更好地使用该面板进行字符设置，下面将介绍其中各参数的作用。

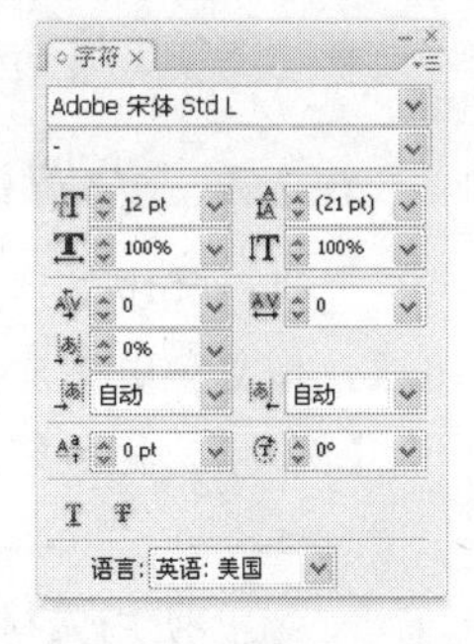

图6-26 “字符”面板

- Adobe 宋体 Std L 字体下拉列表框：设置字符的字体外观。
- 下拉列表框：设置字符大小。
- 下拉列表框：设置各行文字之间的距离。
- 下拉列表框：设置字符在水平方向上的缩放比例。
- 下拉列表框：设置字符在垂直方向上的缩放比例。
- 下拉列表框：设置字符与字符之间的字间距。
- 下拉列表框：设置字符与字符之间的距离。
- 下拉列表框：设置字符间距的比例。
- 下拉列表框：设置在字符前面插入的空格大小。
- 下拉列表框：设置在字符后面插入的空格大小。
- 下拉列表框：设置字符基线的偏移量。
- 下拉列表框：设置字符旋转的角度。
- 按钮：为字符添加下画线。
- 按钮：为字符添加删除线。

6.2.2 设置段落格式

当通过按“Enter”键对文字进行换行后，前面的文字会形成一个段落。段落格式设置主要是指对齐方式、段落缩进和段落间距等设置。

选择【窗口】/【文字】/【段落】命令，打开“段落”面板，如图6-27所示。通过它可对选择的段落对象进行设置，具体方法与设置字符格式的相同，其中各参数的作用分别如下。

图6-27 “段落”面板

- 按钮：设置段落左对齐。
- 按钮：设置段落居中对齐。
- 按钮：设置段落右对齐。
- 按钮：设置段落两端对齐，最后一行左对齐。
- 按钮：设置段落两端对齐，最后一行居中对齐。
- 按钮：设置段落两端对齐，最后一行右对齐。
- 按钮：设置整个段落两端对齐。
- 数值框：设置段落左边界的缩进距离。
- 数值框：设置段落右边界的缩进距离。
- 数值框：设置段落首行的缩进距离。
- 数值框：设置当前段落与上一段落之间的距离。
- 数值框：设置当前段落与下一段落之间的距离。
- “避头尾集”下拉列表框：设置行首与行尾的显示状态。

- “标点挤压集”下拉列表框：设置标点符号的挤压规则。
- “连字”复选框：设置英文字母跨行时的连字状态。

6.2.3 设置区域文字

通过对区域文字进行设置，可以将文字块中的文字进行分行、分列以及调整内边距等设置，从而可以，使文字更符合排版的需要。

【例 6-7】将区域文字分列显示并调整内边距。

所用素材：素材文件\第 6 章\鹦鹉.ai　　**完成效果**：效果文件\第 6 章\鹦鹉.ai

Step 1：打开“鹦鹉.ai”文件，选择其中的文字块，然后选择【文字】/【区域文字选项】命令，如图 6-28 所示。

Step 2：打开“区域文字选项”对话框，将“列”栏中“数量”数值框中的数字设置为“3”，将“位移”栏中“内边距”数值框中的数字设置为“2mm”，然后单击 确定 按钮，如图 6-29 所示。

Step 3：所选文字块中的文字将按照所作设置显示，效果如图 6-30 所示。

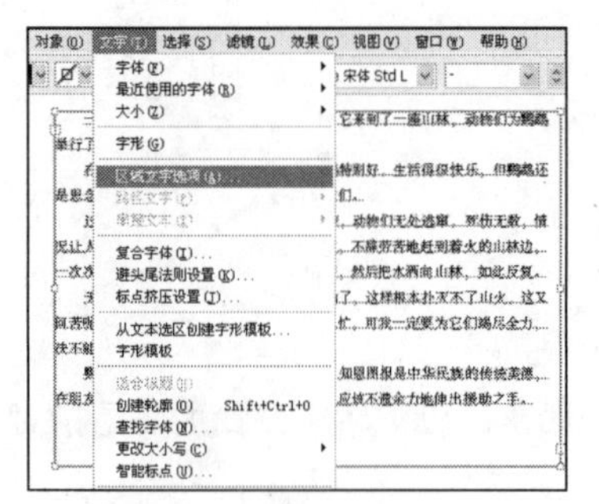

图 6-28　设置区域文字

图 6-29　分列显示并调整内边距

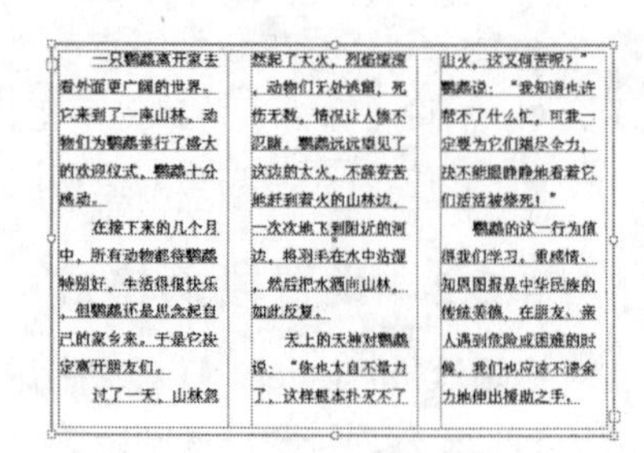

图 6-30　设置后的效果

6.2.4 设置路径文字

根据实际需要可以对路径文字在路径上的位置、垂直对齐方式以及效果等属性进行设置。

1. 移动与翻转路径文字

利用“选择工具”或“直接选择工具”选择路径文字，此时路径文字的中间将出现一条直线，将鼠标指针移至该直线上，它会变为形状，如图 6-31 所示。此时沿路径方向拖曳可调整文字在路径上的位置，如图 6-32 所示，将鼠标指针拖曳到路径的另一方可翻转文字，如图 6-33 所示。

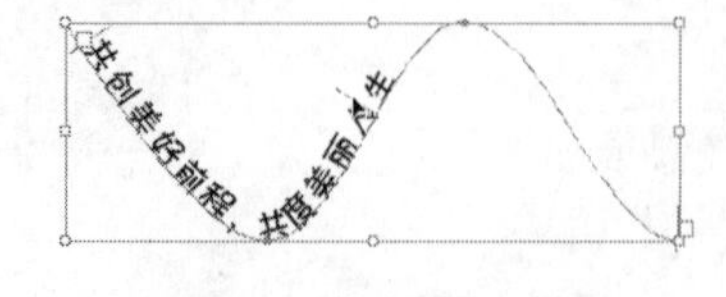

图 6-31　拖曳路径文字

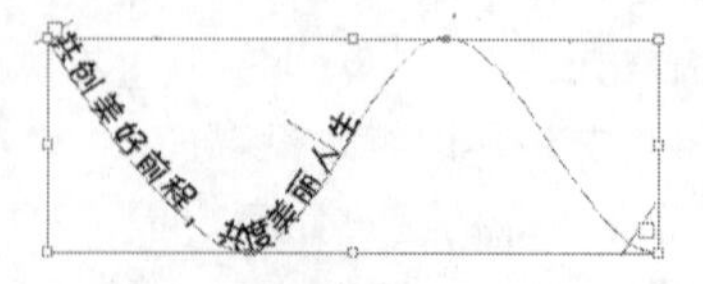

图 6-32 调整文字位置

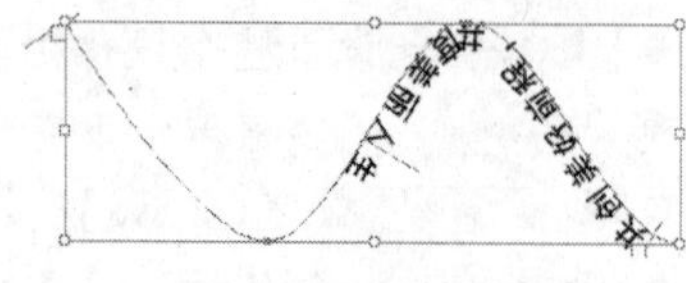

图 6-33　翻转文字

2. 更改路径文字的效果和垂直对齐方式

利用“路径文字选项”对话框可以更改路径文字的效果和垂直对齐方式，其方法为，选择路径文字，选择【文字】/【路径文字】/【路径文字选项】命令，打开“路径文字选项”对话框，如图 6-34 所示。在“效果”下拉列表框中可设置路径文字的效果，在“对齐路径”下拉列表框中可设置路径文字的垂直对齐方式。

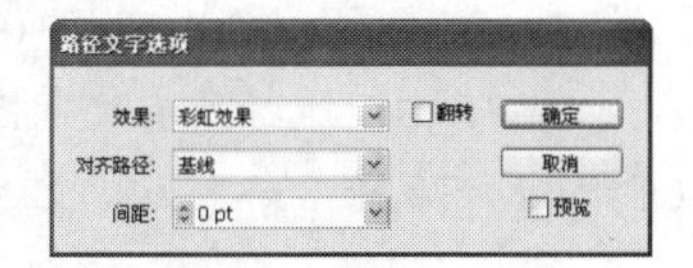

图 6-34 设置路径文字

Illustrator 一共提供了 5 种效果和 4 种对齐方式，效果如图 6-35 所示。

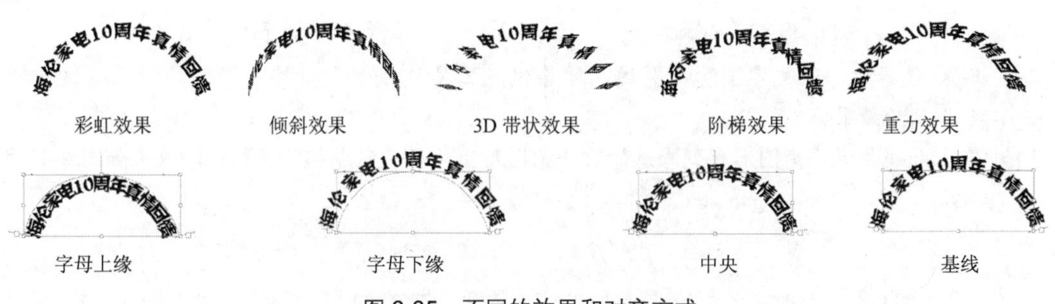

图 6-35 不同的效果和对齐方式

6.3 文字的高级应用

文字的高级应用这一节将主要介绍将文字转换成图形路径以及图文混排的方法。

6.3.1 将文字转换成图形路径

Illustrator 虽具备强大的文字设计功能，但仍具有一定的局限性，如滤镜效果只能对图形路径有用，此时只有将文字转换成图形路径才能应用滤镜效果。因此为了方便使用，Illustrator 允许将文字转换成图形路径，其方法为，选择文字，然后选择【文字】/【创建轮廓】命令或在文字块上单击鼠标右键，在弹出的快捷菜单中选择【创建轮廓】命令，也可直接按“Ctrl+Shift+O”组合键。

【例 6-8】通过将文字转换成图形路径来制作招牌文字效果。

所用素材：素材文件\第 6 章\招牌.ai　　**完成效果**：效果文件\第 6 章\招牌.ai

Step 1：打开“招牌.ai”文件，在其中输入文字“牛魔王夜宵”，并设置字体为“方正康体简体”，如图 6-36 所示。

Step 2：利用“选择工具”并选择创建的文字块，在其上单击鼠标右键，然后在弹出的快捷菜单中选择【创建轮廓】命令，如图 6-37 所示。

Step 3：按住“Shift”键的同时拖曳以等比例放大文字，如图 6-38 所示。

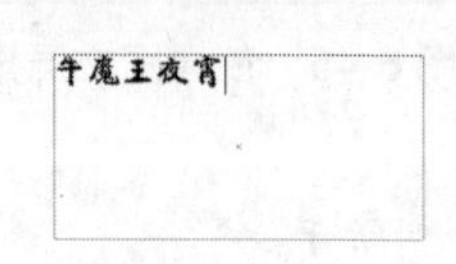

图 6-36 输入文字

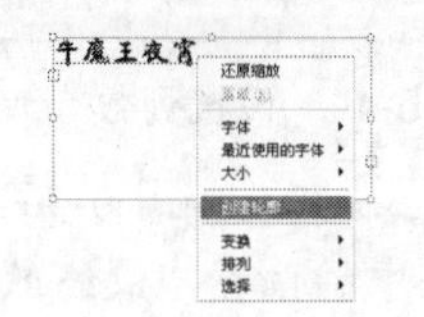

图 6-37 创建轮廓

图 6-38 放大文字

Step 4：按“Ctrl+Shift+G”组合键取消文字编组，然后单独将“夜宵”图形放大，如图 6-39 所示。

Step 5：选择所有文字图形，将其填充颜色设置为（C=20,M=0,Y=100,K=0），描边颜色设置为（C=50,M=70,Y=80,K=70），粗细设置为“1pt”，如图 6-40 所示。

图 6-39　放大图形

图 6-40　填充图形

Step 6：选择“牛”文字图形，利用“删除锚点工具”和“直接选择工具”将该图形调整为如图 6-41 所示的效果。

Step 7：将提供的牛角图形移到修改的“牛”图形上，从而完成招牌的制作，效果如图 6-42 所示。

图 6-41　修改图形

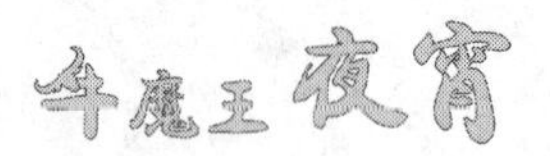

图 6-42　制作效果

6.3.2　图文混排

在进行书刊、杂志等平面媒体设计时，往往需要涉及图文混排的操作。Illustrator 具有很好的图文混排功能，利用这些功能可以实现文字块与矢量图形或位图的图文混排效果。

【例 6-9】将提供的文字块和矢量图形进行图文混排操作。

所用素材：素材文件\第 6 章\书籍.ai　　　**完成效果**：效果文件\第 6 章\书籍.ai

Step 1：打开“书籍.ai”文件，选择其中的文字块，然后选择【文字】/【区域文字选项】命令，如图 6-43 所示。

Step 2：打开“区域文字选项”对话框，将其中的列数设置为“2”，然后单击确定按钮，如图 6-44 所示。

Step 3：选择文字块和大象图形（确认大象图形位于文字块上方），然后选择【对象】/【文本绕排】/【建立】命令，如图 6-45 所示。

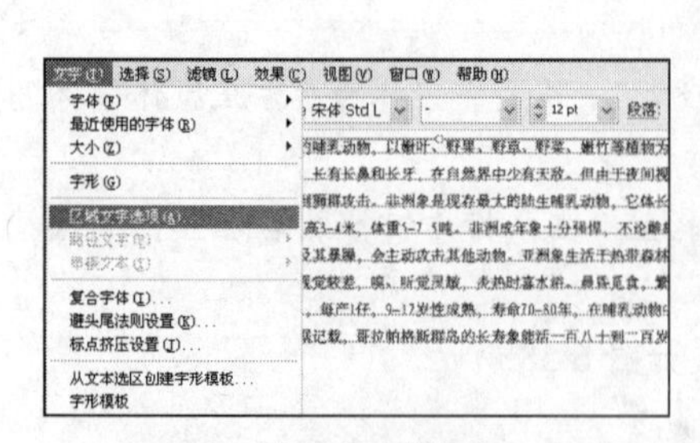

图 6-43　设置区域文字

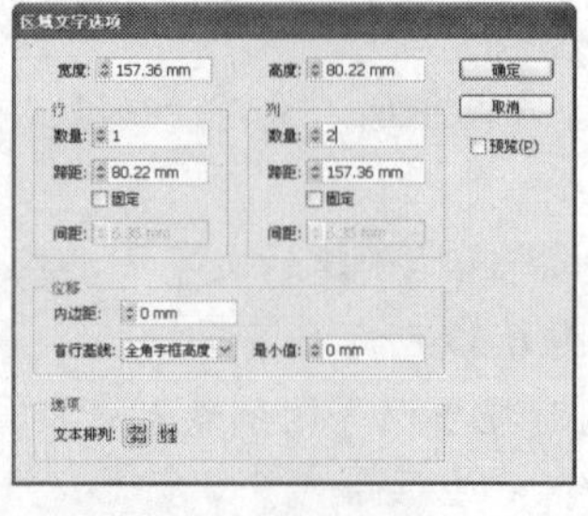

图 6-44　设置列数

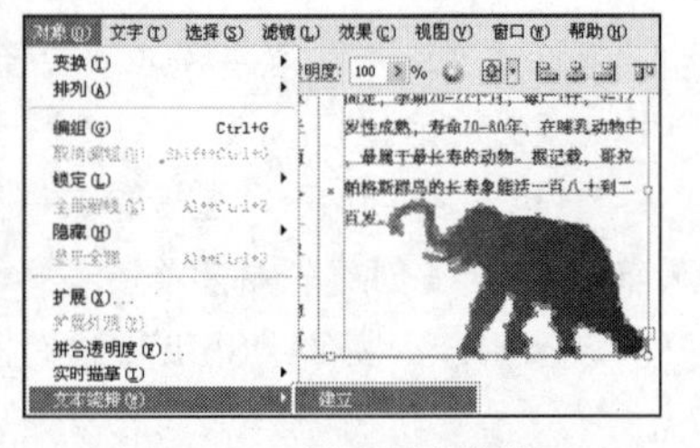

图 6-45　创建图文混排

Step 4：打开提示对话框，单击确定按钮，如图 6-46 所示。

Step 5：拖曳大象图形调整其在文字块中的位置，最终效果如图 6-47 所示。

【知识补充】要想取消对象的图文混排状态，可选择相应的对象，然后选择【对象】/【文本绕排】/【释放】命令。另外，选择【对象】/【文本绕排】/【文本绕排选项】命令将打开“文本绕排选项”对话框，如图 6-48 所示，在其中可设置图文混排后整个对象外边框的位移大小。

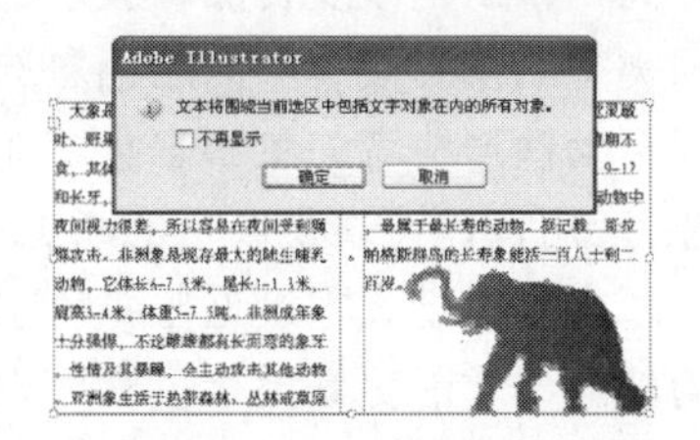

图 6-46　确认操作

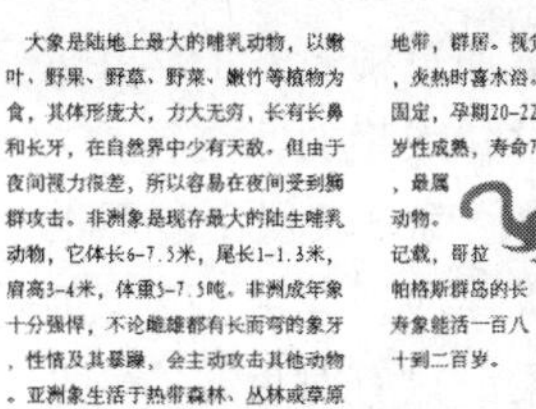
大象是陆地上最大的哺乳动物，以嫩叶，野果、野草、野菜、嫩竹等植物为食，其体形庞大，力大无穷，长有长鼻和长牙，在自然界中少有天敌。但由于夜间视力很差，所以容易在夜间受到狮群攻击。非洲象是现存最大的陆生哺乳动物，它体长6-7.5米，尾长1-1.3米，肩高3-4米，体重5-7.5吨。非洲成年象十分强悍，不论雌雄都有长而弯的象牙，性情及其暴躁，会主动攻击其他动物。亚洲象生活于热带森林、丛林或草原地带，群居。视觉较差，嗅、听觉灵敏，炎热时喜水浴。晨昏觅食，繁殖期不固定，孕期20-22个月，每产1仔，9-12岁性成熟，寿命70-80年，在哺乳动物中，最属于最长寿的动物。据记载，哥拉帕格斯群岛的长寿象能活一百八十到二百岁。

图 6-47　最终效果

图 6-48　“文本绕排选项”对话框

6.4 应用实践——制作与排版时尚杂志

版面设计又称为版式设计，是平面设计中的一大分支，主要是指运用造型要素及形式原理，对版面内的文字字体、图像/图形、线条、表格和色块等要素按照一定的要求进行编排，并以一定的视觉方式艺术地表达出来，使观看者直观地感受到要传递的意思。版面设计一般包括构图、选稿、正稿和清样等流程。选稿是指从草图中选取一个或几个较贴近设计要求的方案，并进一步描绘出其细节；正稿是指在选出的方案中进行设计和编排；清样是指从印刷设备上制作出的校样，它应当同最终成品一致。制作清样是为了防止在正式印刷制作前仍有没发现的文字错误、纰漏和不合乎设计要求的细节，或是没有调整好分色方案等。如果出现错误，就需要回到上一步继续修改。图 6-49 所示为几种杂志类型的版面设计样品。

图 6-49　赛车杂志和科技杂志的版面样品

本例将以制作并排版如图 6-50 所示的有关时尚杂志的某页版面为例，介绍杂志编版的设计方法与制作过程。相关要求如下。

- 页面尺寸：89mm × 109.2mm。
- 杂志要求：通过绘制矢量图形来体现时尚感，通过文字展现具体的杂志内容。
- 制作要求：整个页面以黑、白、桃红 3 色为主，力求通过简明的色彩搭配淋漓尽致地体现时尚杂志前卫的味道。通过参考线分割页面以确定页面版式构成。

完成效果：效果文件\第 6 章\杂志.ai
视频演示：第 6 章\应用实践\版面设计.swf

图 6-50　杂志编排效果

6.4.1 时尚杂志的色彩应用

杂志印刷相对更为精美、纸张更为精细，所以对色彩的要求也更高。特别是涉及食品、服装、时尚、装饰和汽车等内容的杂志时，就要更加重视色彩的运用。不同类型的杂志具有不同的色彩选择理念，例如，女性杂志的色彩一般较为柔和或艳丽，这样更容易迎合女性消费者的色彩感觉。而对于时尚杂志而言，在杂志里运用金色或银色可以表现出华丽的感觉；应用黄色可表现高贵的感觉；应用绿色可以表现松弛、健康且新鲜的感觉；应用黑色可表现庄重、严肃的感觉。不过这些颜色也有可能由于内容的不同而展现出不同的效果。只有对色彩有深层次的理解，才能更好地让色彩为设计服务。

6.4.2 杂志的创意分析与设计思路

杂志的版面设计并不仅仅是对软件的应用，还需要设计者在色彩、绘画、摄影和专业领域等各个方面具备深厚的功底。好的版面设计者不仅在色彩、图片和字体段落等方面有很高的造诣，而且会根据观看人群进行心理分析，从而制作出适合这类读者的版面风格。本例只是简单地制作杂志的页面版式，目的在于综合练习本章所学的相关知识。根据本例的制作要求，我们可以进行以下一些分析。

- 矢量图形可以占据大约 2/3 的版面。
- 为了让整个页面具有统一的风格，页面的色彩和字体样式不能过多。
- 打破常规的左文右图的版式以及上文下图的呆板风格，利用图文交错的方式来展现时尚的感觉。

本例的设计思路如图 6-51 所示，具体设计如下。

（1）利用各种绘图工具和文字工具制作页面中的矢量图形。

（2）制作标题文字和引言。

（3）制作具体的杂志文字内容。

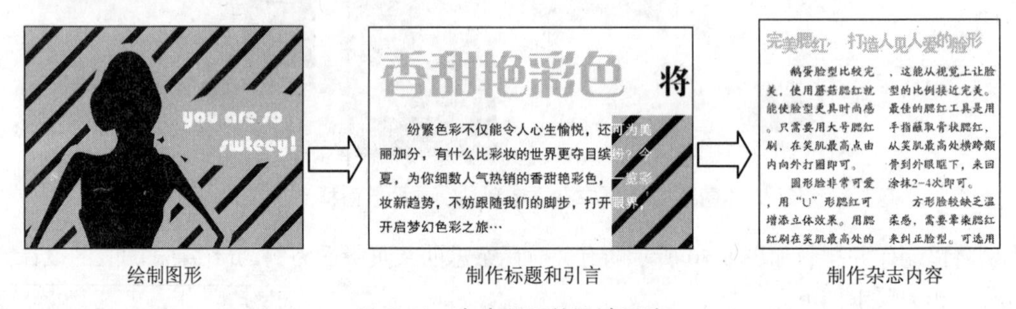

绘制图形　　制作标题和引言　　制作杂志内容

图 6-51　杂志版面的设计思路

6.4.3 制作过程

1. 确定页面及版面构成

Step 1：新建空白文件，利用“矩形工具”绘制一个 89mm × 109.2mm 的无填充矩形，边框颜色为“黑色”，粗细为“1pt”，然后将其作为页面边界，如图 6-52 所示。

Step 2：按“Ctrl+R”组合键显示出标尺，如图 6-53 所示然后在垂直标尺上按住鼠标左键不放，然后向页面中拖曳出参考线，并将能考线移到绘制的矩形左侧。

Step 3：使用相同的方法拖曳出其他的水平参考线和垂直参考线，然后将它们调整到如图 6-54

所示的位置，从而确定杂志的版面构成。

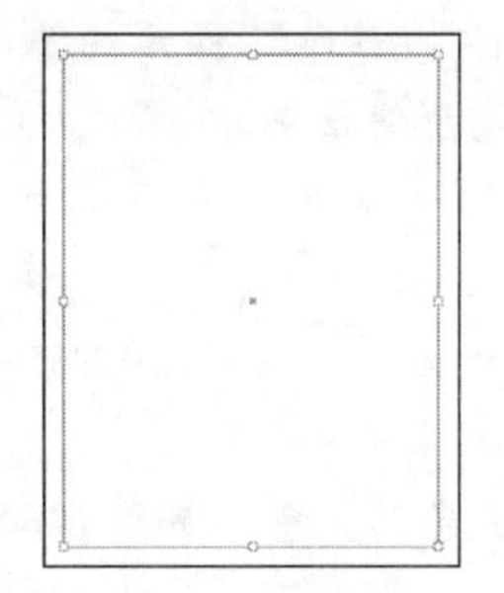

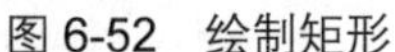
图 6-52　绘制矩形

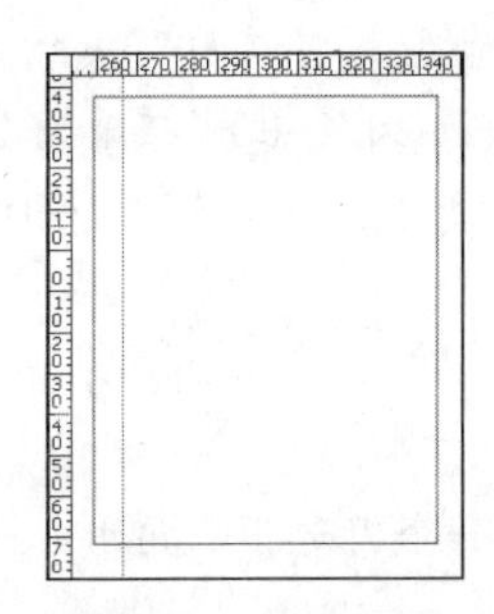

图 6-53　显示标尺

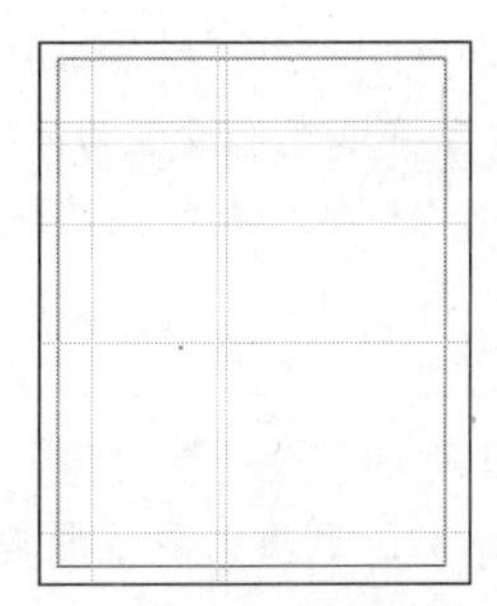

图 6-54　创建参考线

2. 制作图形背景

Step 1：绘制一个无边框矩形，将其填充色设置为（C=0,M=50,Y=20,K=0），并按照如图 6-55 所示的参考线调整大小。

Step 2：将绘制的矩形进行复制操作，如图 6-56 所示。

Step 3：绘制一个条状矩形，然后双击工具箱中的“旋转工具”，在打开的对话框中将角度设置为－45°，如图 6-57 所示。

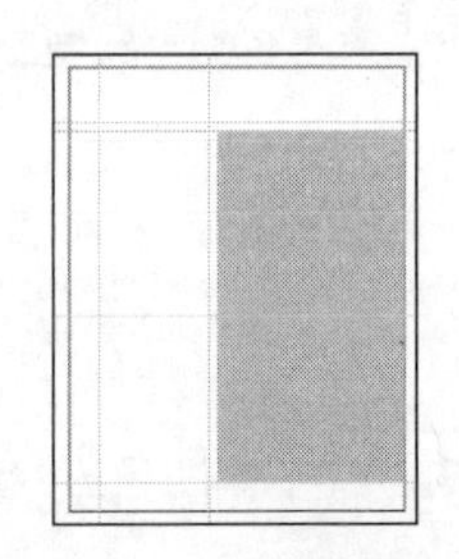

图 6-55　绘制矩形

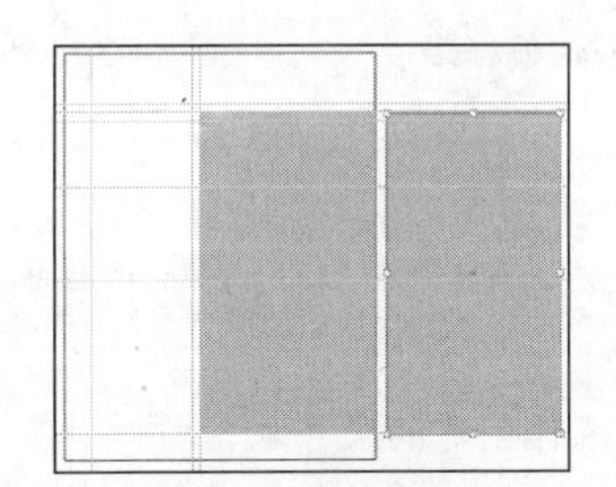

图 6-56　复制矩形

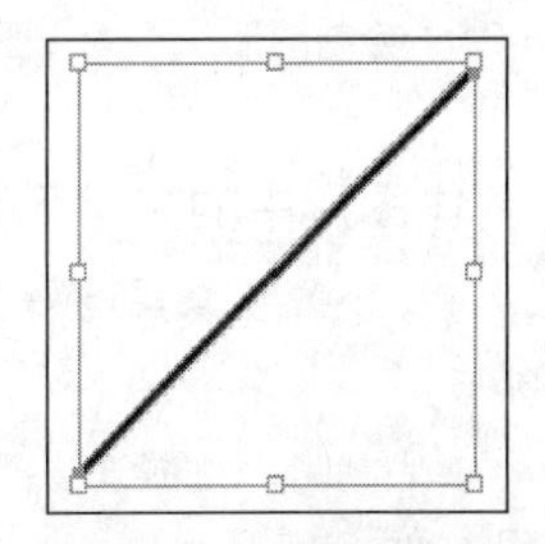

图 6-57　绘制条状矩形

Step 4：将绘制的条状矩形移动到复制出的矩形上，然后按相同间隔在矩形上复制多个条状矩形（可按“Ctrl+D”组合键快速执行相同操作），效果如图 6-58 所示。

Step 5：选择所有条状矩形，按“Ctrl+8”组合键创建复合路径。选择创建的复合路径和下方的矩形，利用路径查找器取其相交的图形，从而得到如图 6-59 所示的对象。

Step 6：将得到的图形移动到前面绘制的矩形上（可利用“对齐”面板进行水平和垂直居中对齐来使两个图形完全重叠），从而完成杂志中图形背景的设置，如图 6-60 所示。

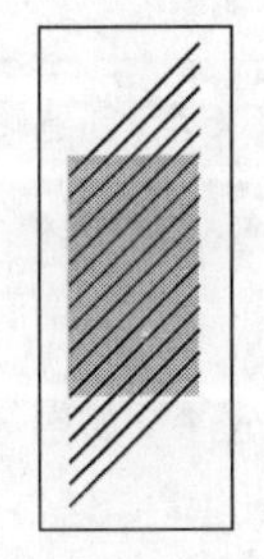

图 6-58　复制条状矩形

图 6-59　取相交部分

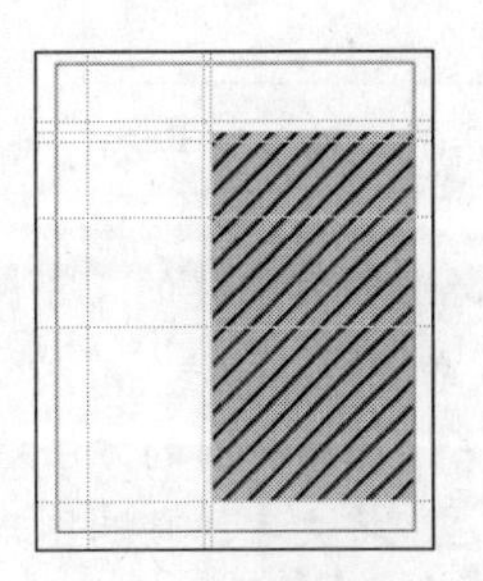

图 6-60　移动图形

3. 绘制其他图形元素

Step 1：利用“钢笔工具”和“直接选择工具”绘制并编辑出如图 6-61 所示的图形，取消边框，然后将填充色设置为（C=0,M=50,Y=20,K=0），接着将其移动到图形背景中。

Step 2：将绘制的图形进行偏移路径设置，偏移量为-1mm，然后将得到的图形填充为黑色，如图 6-62 所示。

Step 3：利用“椭圆工具”绘制一个无边框椭圆，并设置填充色为（C=0,M=50,Y=20,K=0），如图 6-63 所示。

Step 4：利用“多边形工具”绘制一个无边框三角形，并设置填充色为黑色，如图 6-64 所示。

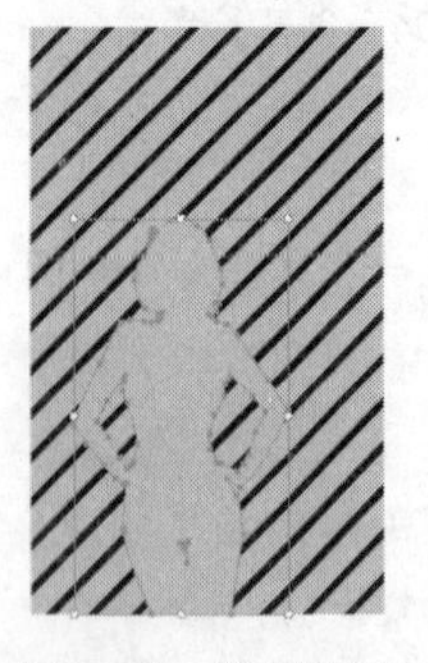
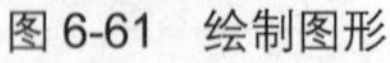
图 6-61 绘制图形

图 6-62 偏移路径

图 6-63 绘制椭圆

图 6-64 绘制三角形

4. 制作图形中的文字元素

Step 1：选择工具箱中的“文字工具”T，然后在页面中单击并输入“you are so swteey!”，如图 6-65 所示。

Step 2：利用“选择工具”选择创建的文字块，打开“字符”面板，将字体设置为“Bauhaus 93”，如图 6-66 所示。

Step 3：在文字块上单击鼠标右键，然后在弹出的快捷菜单中选择【创建轮廓】命令，如图 6-67 所示。

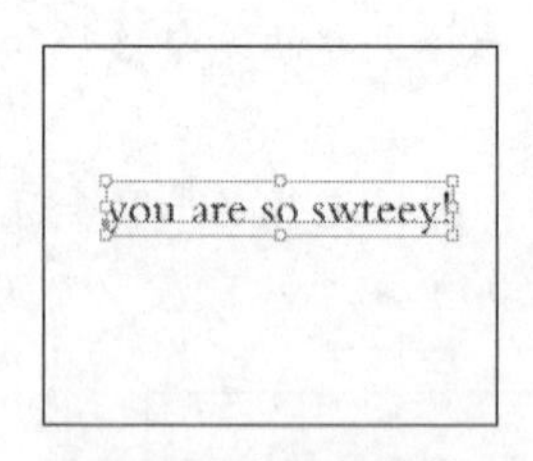

图 6-65 输入文字数 1

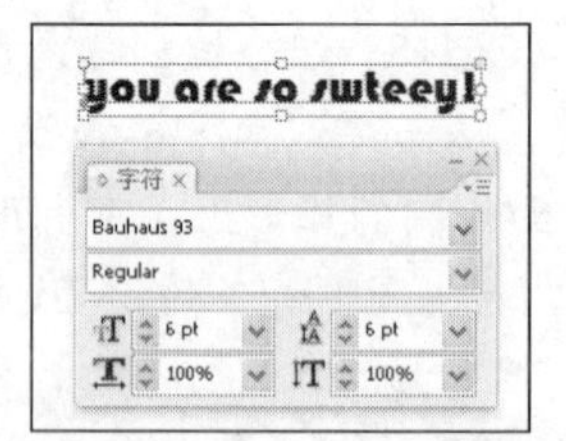

图 6-66 设置字体和字号 1

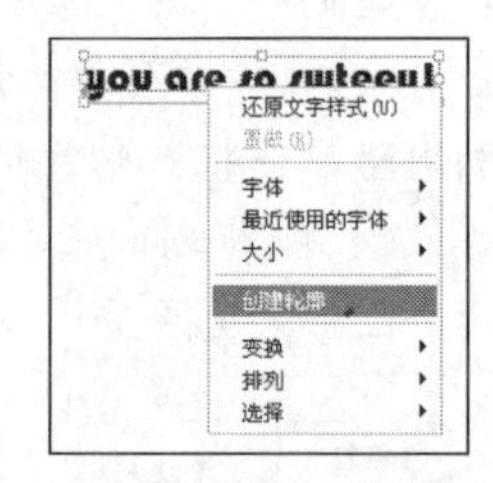

图 6-67 创建轮廓

Step 4：放大创建的文字图形，将其填充为白色，然后取消编组，并将其移动到如图 6-68 所示的椭圆上。

Step 5：使用相同的方法输入文字“Qiula”，将字体设置为“Book Antiqua”，如图 6-69 所示。

Step 6：将文字转换为图形，并填充白色，其中将“Q”图形填充为(C=0,M=50,Y=20,K=0)，然后将文字图形移动到如图 6-70 所示的三角形上。

图6-68 编辑文字图形1

图6-69 输入文字2

图6-70 编辑文字图形2

5. 制作标题

Step 1：通过单击的方式输入如图6-71所示的文字。

Step 2：利用“文字工具”选择前5个文字，然后利用“字符”面板将字体设置为“方正粗倩简体”，字号设置为“18pt”，如图6-72所示。

Step 3：按住“Shift”的同时单击常用设置栏中填充颜色下拉列表框右侧的下三角按钮，在弹出的下拉列表中将颜色设置为(C=0,M=50,Y=20,K=0)，如图6-73所示。

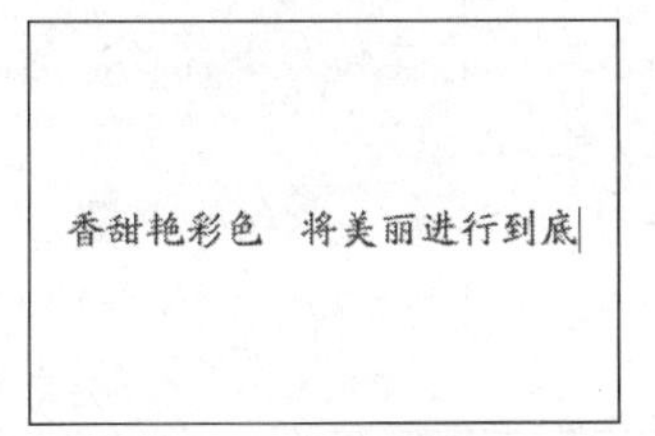

图6-71 输入文字3

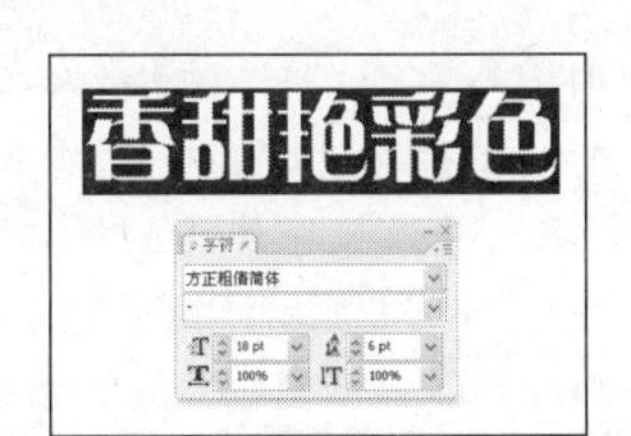

图6-72 设置字体和字号2

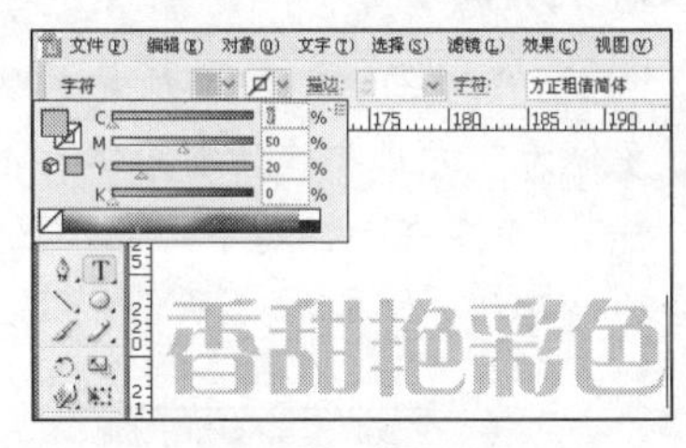

图6-73 设置颜色

Step 4：选择后7个文字，然后将字体设置为“方正大标宋简体”，字号设置为“12pt”，如图6-74所示。

Step 5：将整个文字块转换为图形，并取消编组，然后将其中的文字图形按底部对齐方式进行如图6-75所示的排列。

图6-74 设置文字格式

图6-75 将文字转换成图形

6. 制作引言

Step 1：利用“文字工具” T.在页面中如图6-76所示的位置拖曳以绘制文字区域。

Step 2：在绘制的区域中输入如图6-77所示的文字内容，并将字体设置为“方正大黑简体”、字号设置为“5pt”。

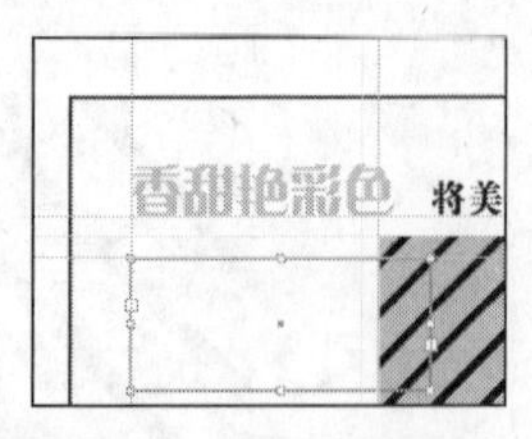

图 6-76　绘制文字区域

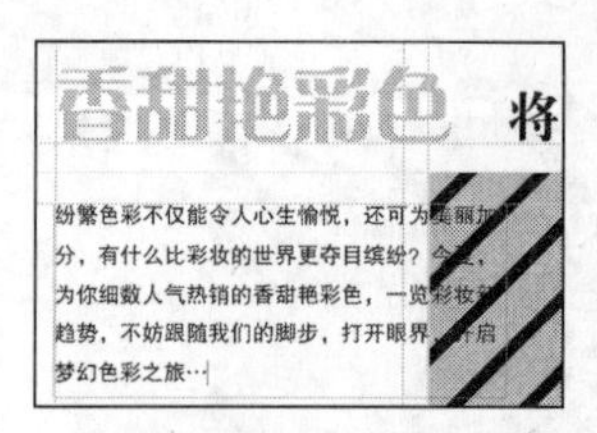

图 6-77　输入并设置文字

Step 3：在“段落”面板中将首行缩进设置为“10pt”，如图 6-78 所示。

Step 4：将重叠在右侧图形上的文字颜色填充为白色，如图 6-79 所示。

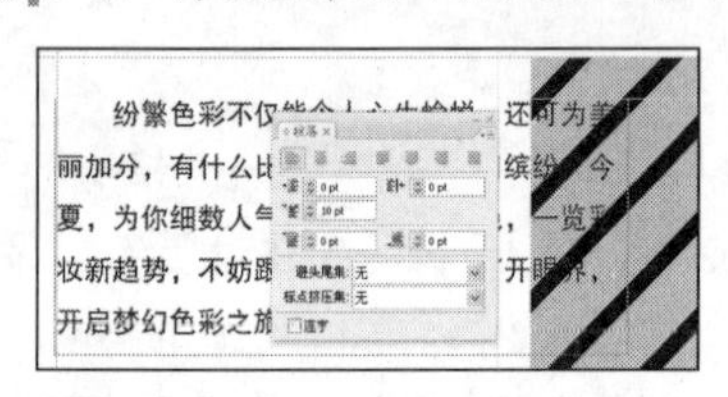

图 6-78　设置首行缩进

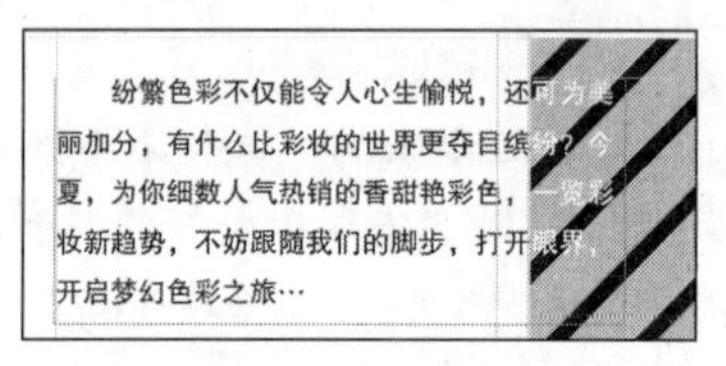

图 6-79　填充颜色

7. 制作内容

Step 1：在如图 6-80 所示的区域内输入文字“今夏最潮荧光妆打底”并将其作为小标题，然后设置字体为“方正北魏楷书简体”、字号为“7pt”、颜色为（C=0,M=50,Y=20,K=0）。

Step 2：在小标题下面输入区域文字，并设置字体为“黑体”、字号为“4pt”、颜色为“黑色”、行距为“7pt”，如图 6-81 所示。

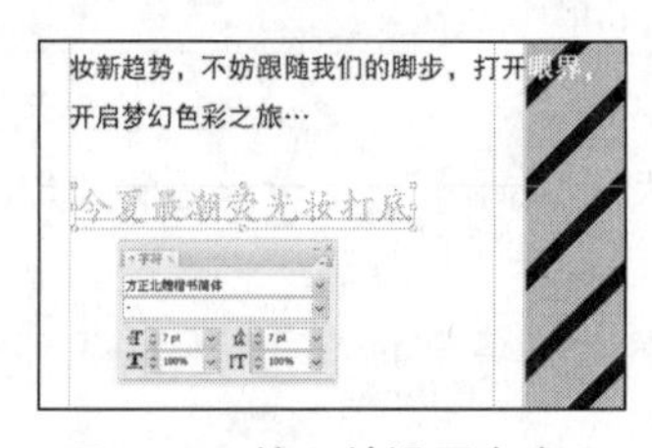

图 6-80　输入并设置文字 1

图 6-81　输入并设置文字 2

Step 3：选择输入的所有段落，然后将首行缩进设置为“8pt”，如图 6-82 所示。

Step 4：将第 1 段文字的字体更改为“方正北魏楷书简体”，颜色更改为(C=0,M=50,Y=20,K=0)，并将第 2 段文字的字体更改为“方正仿宋简体”，效果如图 6-83 所示。

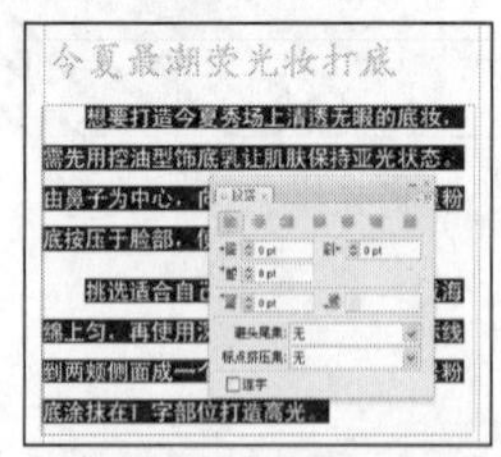

图 6-82　设置首行缩进

图 6-83　更改文字的格式

8. 制作路径文字

Step 1：利用“钢笔工具”绘制如图 6-84 所示的路径。

Step 2：利用“路径文字工具”在绘制的路径上单击，然后输入如图 6-85 所示的文字。

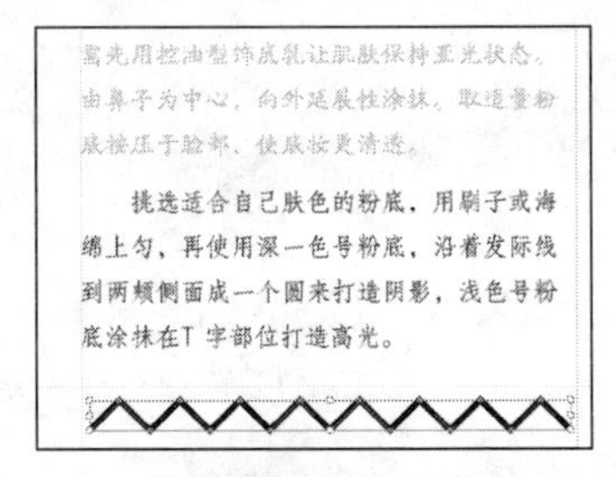

图 6-84　绘制路径

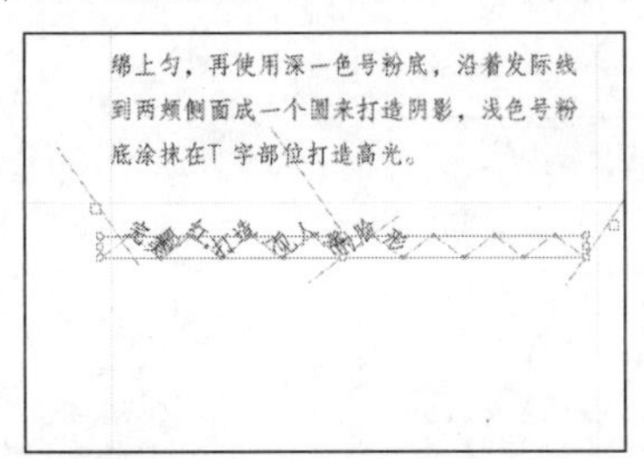

图 6-85　输入路径文字

Step 3：选择输入的文字，将字体设置为“方正北魏楷书简体”，字号设置为“6pt”，颜色设置为（C=0,M=50,Y=20,K=0），并适当调整文字在路径上的显示位置，如图 6-86 所示。

Step 4：利用“选择工具”选择输入的路径文字，然后选择【文字】/【路径文字】/【阶梯效果】命令，如图 6-87 所示。

Step 5：完成对路径文字的设置，效果如图 6-88 所示。

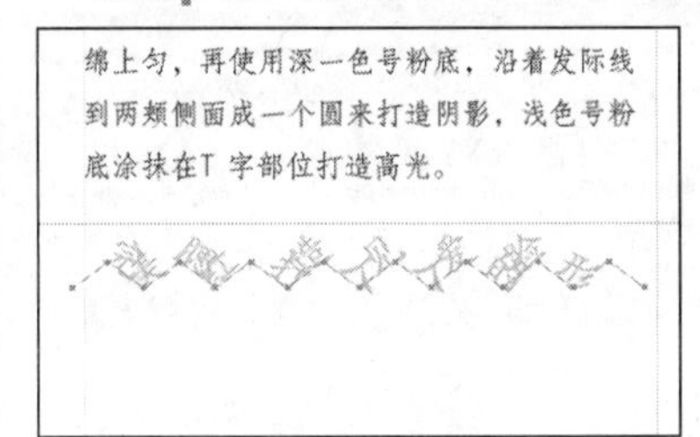

图 6-86　设置文字格式

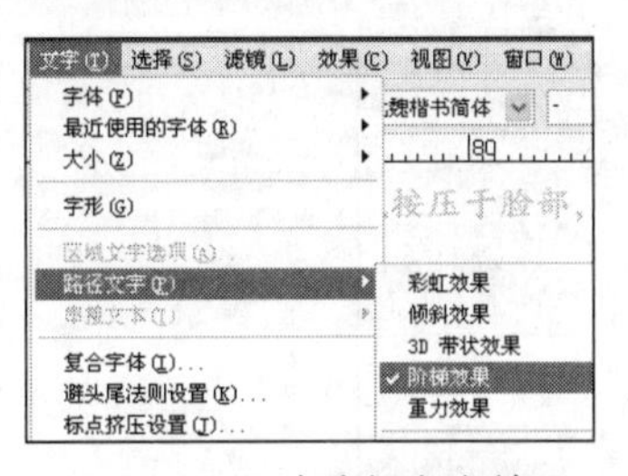

图 6-87　更改路径文字效果

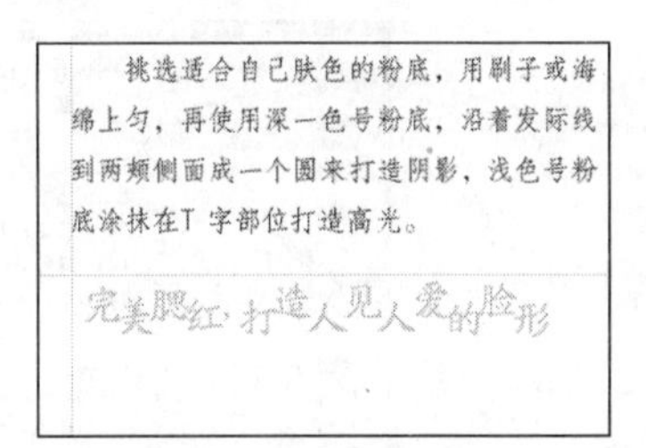

图 6-88　设置的效果

9. 图文混排

Step 1：在路径文字下方输入如图 6-89 所示的区域文字，然后将字体设置为“方正北魏楷书简体”，字号设置为“4pt”，颜色设置为“黑色”，行距设置为“6pt”，首行缩进设置为“8pt”。

Step 2：选择区域文字，然后选择【文字】/【区域文字选项】命令，如图 6-90 所示。

Step 3：打开“区域文字选项”对话框，将列数设置为“2”、间距设置为“1mm”，然后单击 确定 按钮，如图 6-91 所示。

图 6-89　输入并设置文字

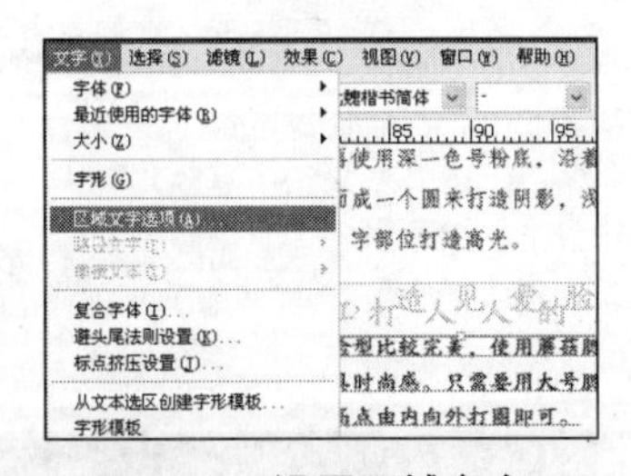

图 6-90　设置区域文字

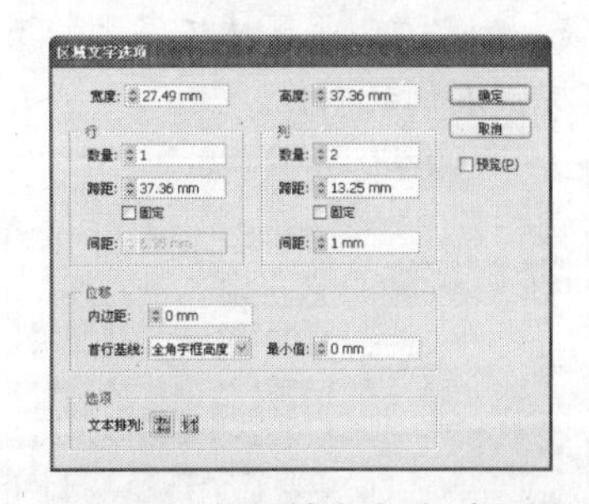

图 6-91　将区域文字分列显示

Step 4：得到如图 6-92 所示的分为两列的区域文字效果。

Step 5：利用“钢笔工具”绘制如图 6-93 所示的路径图形，并设置填充色为（C=0,M=50,Y=20,K=0）。

Step 6：复制绘制的图形，并设置填充色为“黑色”，然后将其放置在下方作为图形的阴影，如图 6-94 所示。

图 6-92　设置后的区域文字

图 6-93　绘制图形

图 6-94　复制图形

Step 7：将绘制的两个图形编组，然后同时选择区域文字，并选择【对象】/【文本绕排】/【建立】命令，如图 6-95 所示。

Step 8：打开提示对话框，单击 确定 按钮，如图 6-96 所示。

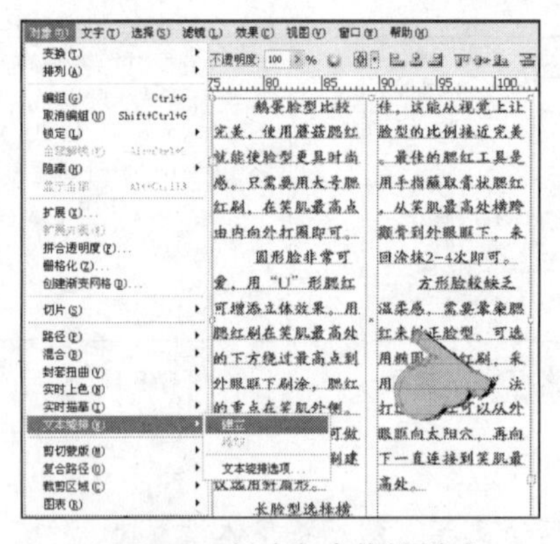

图 6-95　创建文本绕排样式

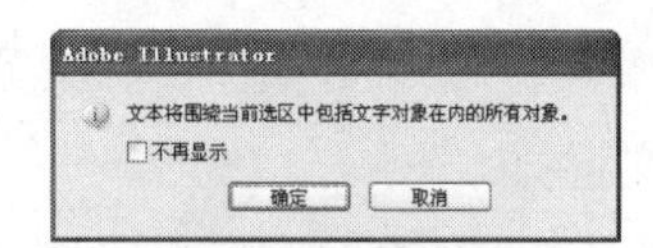

图 6-96　确认创建

Step 9：选择【对象】/【文本绕排】/【文本绕排选项】命令，如图 6-97 所示。

Step 10：在打开的对话框中将“位移”数值框中的数字设置为“1”，然后单击 确定 按钮，如图 6-98 所示。

Step 11：将区域文字上的图形移到矩形的右下角，得到如图 6-99 所示的效果。最后保存文件即可完成本例的制作。

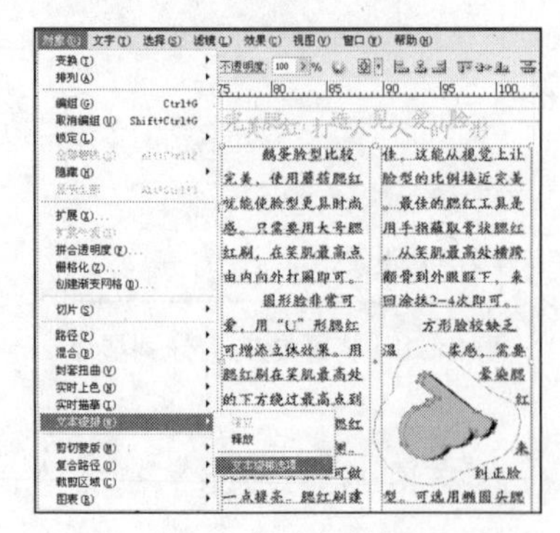

图 6-97　设置文本绕排

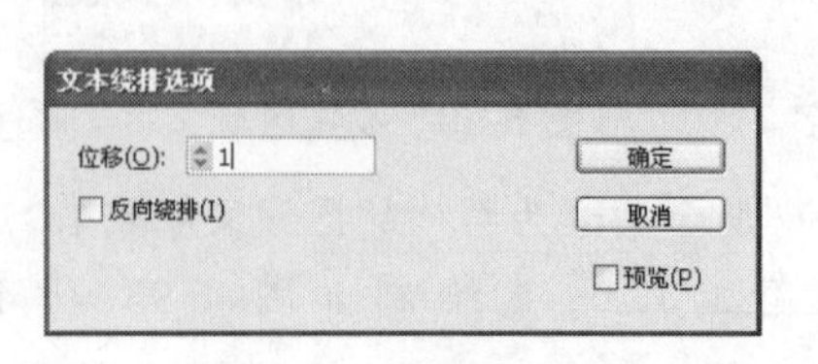

图 6-98　设置位移量

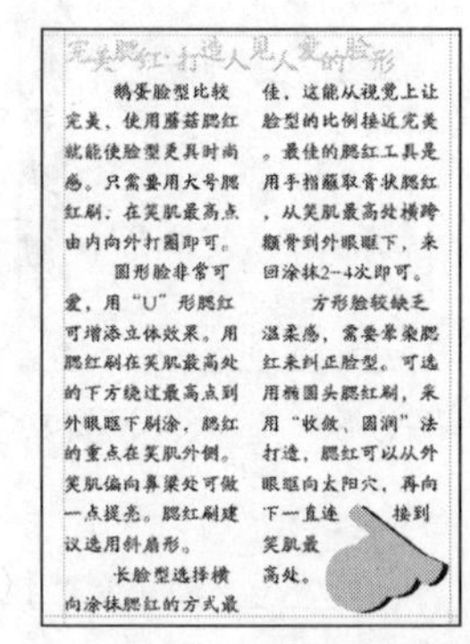

图 6-99　调整图形位置

6.5 练习与上机

1. 单项选择题

（1）以下工具无法创建文字的是（　　）。

A．直排区域文字工具　　B．直排路径文字工具

C．直接选择工具　　D．直排文字工具

（2）通过“字符”面板无法完成的操作是（　　）。

A．设置字体格式　　B．设置字号大小

C．设置文字颜色　　D．设置字符间距

（3）通过“区域文字选项”对话框不能对区域文字进行（　　）。

A．分行或分列设置　　B．文字块大小设置

C．内边距　　D．文字块角度设置

（4）以下选项中不属于 Illustrator 提供的路径文字效果的是（　　）。

A．分散效果　　B．彩虹效果

C．阶梯效果　　D．倾斜效果

2. 多项选择题

（1）利用“文字工具”输入文字时，通过单击输入的文字具有以下哪些性质（　　）。

A．调整文字角度时文字本身的角度不会发生变化

B．调整文字角度时文字本身的角度也会发生变化

C．缩放文字时文字本身的大小不会发生变化

D．缩放文字时文字本身的大小也会发生变化

（2）下列说法中正确的有（　　）。

A．通过“区域文字工具”在绘制的闭合路径上单击可创建区域文字

B．通过“文字工具”在绘制的闭合路径上单击可创建区域文字

C．通过“路径文字工具”在绘制的开放路径上单击可创建路径文字

D．通过“文字工具”在绘制的开放路径上单击可创建路径文字

（3）在“段落”面板中可以对选择的段落进行设置包括（　　）。

A．对齐方式　　B．缩进距离

C．段落间距　　D．段落样式

（4）可以实现将文字转换成图形路径的操作包括（　　）。

A．选择文字块，然后选择【文字】/【创建轮廓】命令

B．选择文字块，然后在文字块上单击鼠标右键，在弹出的快捷菜单中选择【创建轮廓】命令

C．选择文字块，然后按“Ctrl+Shift+G”组合键

D．选择文字块，然后按“Ctrl+Shift+O”组合键

（5）关于图文混排的叙述，以下说法正确的有（　　）。

A．Illustrator 只允许文字块与矢量图形进行图文混排

B．进行图文混排时，文字块必须位于图形下方

C．图文混排后，图形只能在文字块区域中才能显示

D．图文混排后，选择【对象】/【文本绕排】/【释放】命令可以释放图文混排状态

3．简单操作题

（1）利用“文字工具”或“路径文字工具”创建如图 6-100 所示的心形路径文字。

提示：首先利用“钢笔工具”绘制一个心形图形，然后选择“文字工具”或“路径文字工具”，最后在心形路径上单击，并输入和复制文字即可。

完成效果：效果文件\第 6 章\心.ai

（2）利用“直排区域文字工具”创建如图 6-101 所示的错落的直排区域文字。

图 6-100　创建的心形路径文字

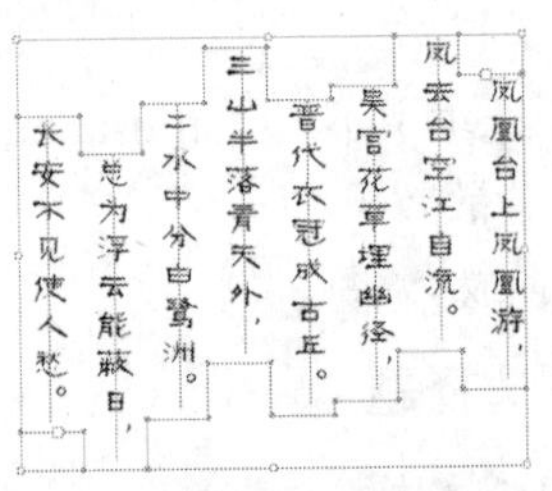

图 6-101　创建的区域文字

提示：首先利用“钢笔工具”绘制闭合路径，然后使用“直排区域文字工具”在绘制的路径上单击，最后输入文字并设置文字格式即可（字体格式为“方正古隶简体”）。

完成效果：效果文件\第 6 章\古诗.ai

4．综合操作题

（1）首先输入一个故事，并将其字体和段落格式设置为方正黑体简体、10pt、CMYK 蓝色、首行缩进 20pt、段后间距 5pt。然后将其分为两行两列，行列间距均为“8mm”，内边距为“5mm”。最后绘制一个与故事相关的图形，填充与文字相同的颜色，并图文混排，参考效果如图 6-102 所示。

完成效果：效果文件\第 6 章\故事.ai

视频演示：第 6 章\综合练习\故事.swf

（2）使用本章应用实践中的方法制作并排版一页有关汽车的杂志页面，参考效果如图 6-103 所示。

所用素材：素材文件\第 6 章\车.ai

完成效果：效果文件\第 6 章\汽车.ai

视频演示：第 6 章\综合练习\汽车.swf

养家糊口，夫妇俩每天都起早贪黑，小孩就只有让老母鸡帮忙照看。

老母鸡尽心尽力地照顾着小孩，虽然基本上每天都饿着肚子。夫妇俩不管怎么忙，日子却是越过越清苦，这天，丈夫万般无奈地对妻子说："把老母鸡杀了吧，不然我们很快就要饿死了。"妻子执意不肯，说已经将老母鸡当成了亲人，就算饿死也不能把

老母鸡并不知道主人想杀它，仍然一天天不求回报地照顾小孩，直到有一天，听到屋外有磨刀的声音，一看之下发现丈夫正一个人在磨刀，口里念念有词："趁她不在，我先把老母鸡杀了，她回来后看见老母鸡已经死了也就没辙了。"

老母鸡听后才明白主人要把它杀死，它觉得死之前也要把小孩照顾好最后一次，可刚回到屋里，发现小孩不小心将油灯踢倒了，而且把整个屋子烧了起来。为了避免小孩有事，老母鸡张开翅膀为小孩遮挡猛烈的火焰。

丈夫发现屋子被烧了以后，赶紧进屋灭火，当火势被控制后，才发现小孩在老母鸡的保护下奇迹般的毫发无伤，而老母鸡却只能永远张开双翅，无法醒来了。

被一道金光包围，在金光里母鸡长出了比以前美一千倍的羽毛，她精神抖擞拍打着翅膀飞了起来。

"快看那是凤凰。"

"真的是凤凰呀！"

母鸡变成凤凰，在夫妇的房子周围扇着翅膀飞了一圈，然后离开了。夫妇俩反应过来后

图 6-102　参考效果

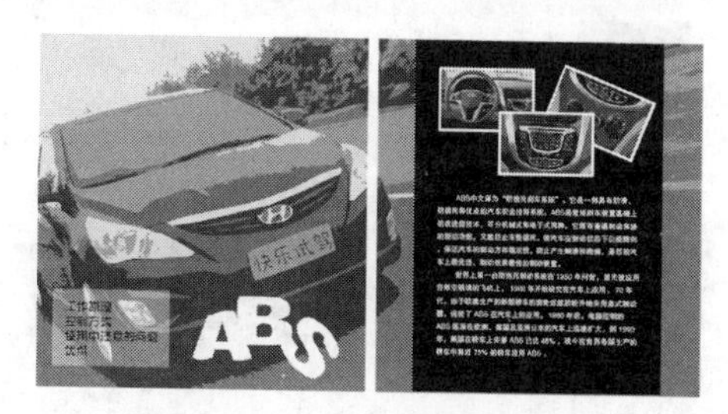

图 6-103　汽车杂志页面效果

拓展知识

目前市场上形形色色的出版物多不胜数，而优秀的设计出版物则相对较少，且其中大部分设计理念都是模仿国外著名的出版物的。那么一本好的版面设计出版物到底包括哪些方面呢？下面就简要对这些组成元素进行介绍。

1. 网格

网格的作用是构成出版物的骨架，专业的网格布局技术需要经过学习才能获取，没有经过专业学习的设计者设计出的网格表面上可能不会出现问题，但一经推敲就会漏洞百出，这样的网格构成的出版物自然也谈不上优秀。图 6-104 所示为一种基本的 4 × 5 网格，这种网格是目前使用最多、设计也较为灵活的网格之一，对于一些刚入门的设计者来说是不错的设计手法。

图 6-104　4 × 5 网格

2. 段落与字体

在版面设计领域，段落绝非简单的文字和图片区域划分，它是严谨的层次结构的体现。各个段落既相互独立，又相互支持，可以让读者非常轻松地查找和阅读内容。设置字体则是美化段落的重要手段，数百种中文字体和数万种英文字体如何配合使用是设计者必须掌握的技能。

3. 色彩

色彩是体现出版物审美和品位的最直接因素，不同的出版物针对不同的内容和读者，选择的色彩更需要有针对性。色彩不仅影响人们的审美情趣，更重要的是，它还会影响人们的心理。只有选择适合读者的色彩，出版物才能更加迎合这一群体的口味。

4. 图片

现在的出版市场基本上处于"读图时代"，图片可以直观地展现某类出版物需要展示的产品内容。如何选择好的图片是设计者首先需要掌握的图书处理技能，当需要多张图片时，如何摆放和拼凑图片则更加考验设计者的版面设计能力。

第 7 章 图表与符号的应用

📖 学习目标

学习在 Illustrator 中使用图表和符号的方法，包括创建图表、编辑图表、美化图表、使用“符号”面板以及各种符号工具等。了解 DM 单的设计思路并根据提供的素材及要求制作招生 DM 单。

📖 学习重点

掌握各种图表工具、图表编辑命令、“符号”面板和各种符号工具的操作方法，并能熟练利用所学知识制作图表和符号，以丰富图形内容。

📖 主要内容

- 创建图表
- 编辑图表
- 美化图表
- 使用符号
- 制作招生 DM 单

7.1 创建图表

图表可以通过图形的形式直观地显示数据之间的关系，以便用户对这些数据进行统计和分析管理。Illustrator 提供了多达 9 种的图表工具，通过它们可以创建各种类型的图表，如图 7-1 所示。

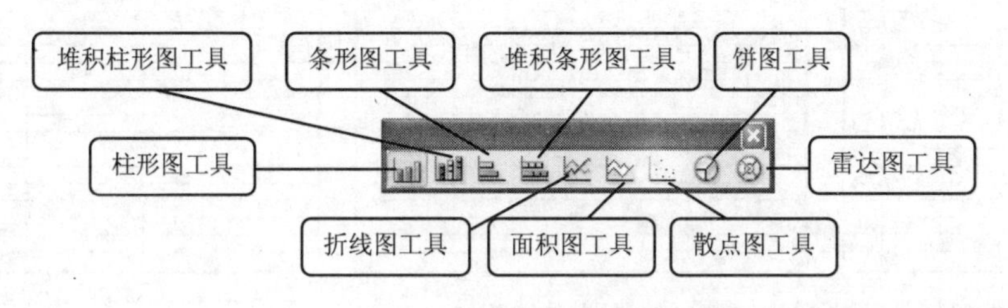

图 7-1　各种图表工具

选择某种图表工具后，通过拖曳或单击的操作便可创建需要的图表。

【例 7-1】创建各季度销量柱形图，效果如图 7-2 所示。

所用素材：素材文件\第 7 章\销量表.ai
完成效果：效果文件\第 7 章\销量表.ai

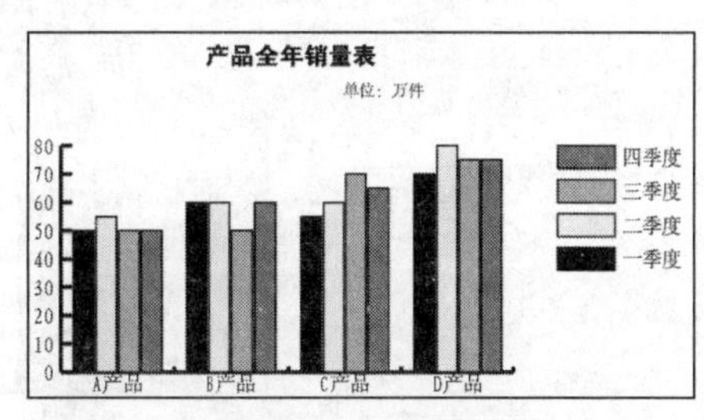

图 7-2　销量柱形图

Step 1：打开“销量表.ai”文件，选择工具箱中的“柱形图工具”，然后在页面中单击。

Step 2：打开“图表”对话框，将图表宽度和高度设置为“40mm”和“20mm”，然后单击 确定 按钮，如图 7-3 所示。

Step 3：打开数据表窗口，将该窗口左上方文本框中默认的数字删除，如图 7-4 所示。

Step 4：通过单击或按方向键选择下一个单元格，并在上方的文本框中输入“A 产品”，如图 7-5 所示。

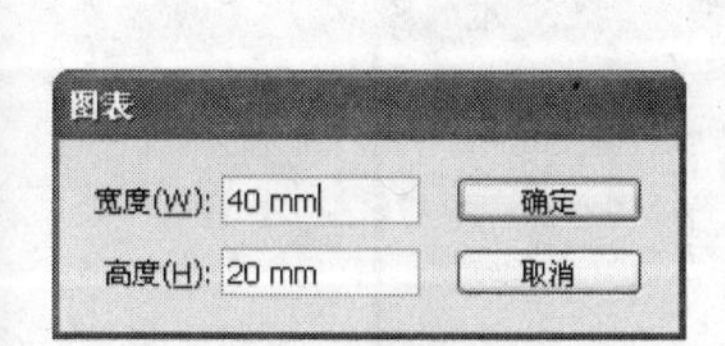

图 7-3　设置图表大小

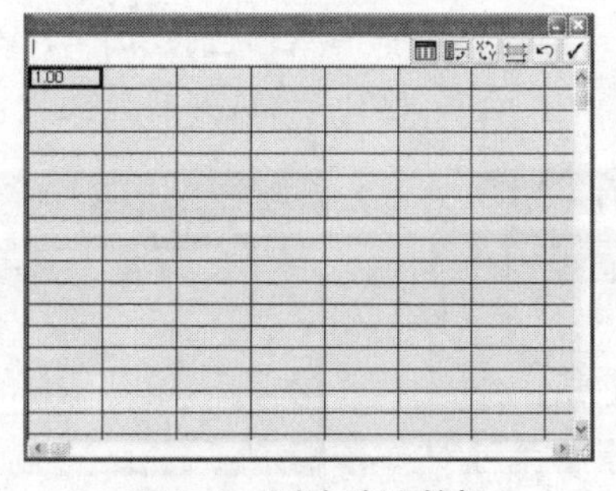

图 7-4　删除默认数据

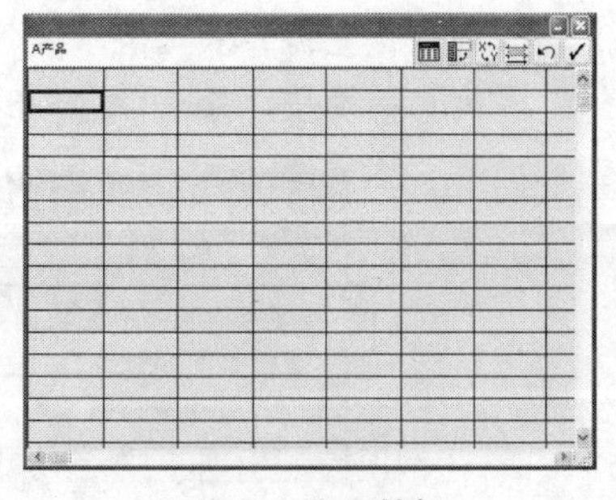

图 7-5　输入数据

Step 5：此时单元格中将出现输入的数据，然后选择下一个单元格，并输入“B 产品”，如图 7-6 所示。

Step 6：使用相同的方法依次在其他单元格中输入需要的数据，如图 7-7 所示。

Step 7：单击窗口右上角的☑按钮和☒按钮，确认并关闭数据表窗口，如图 7-8 所示。

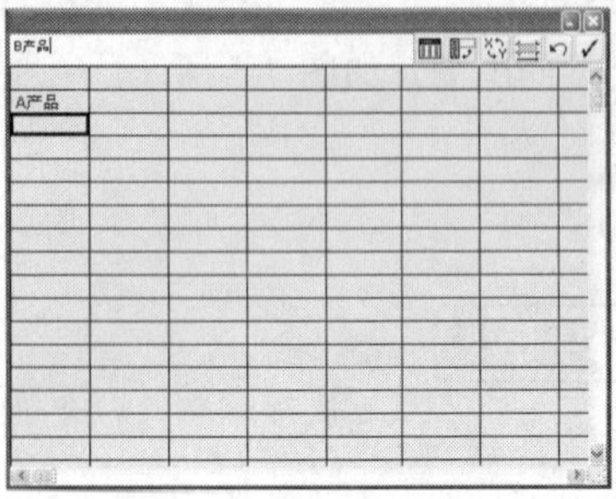

图 7-6　继续输入数据 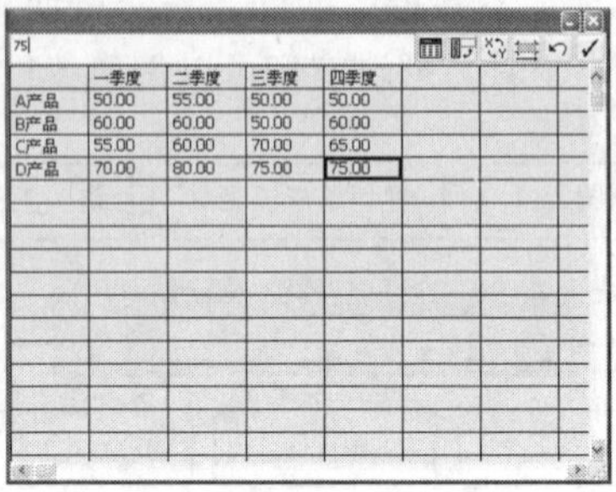　　图 7-7　输入其他数据 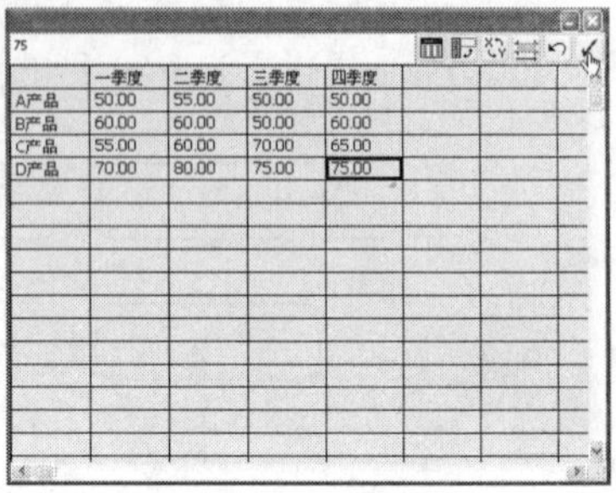　　图 7-8　确认输入

Step 8：关闭数据表窗口后将生成图表图像，将生成的图表移动到图表标题文字的下方即可，效果如图 7-9 所示。

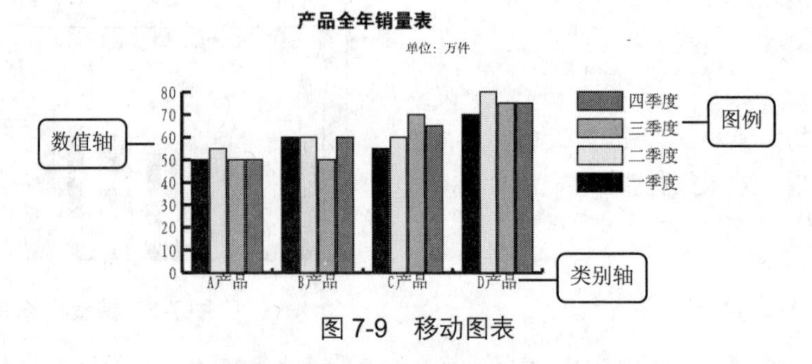

图 7-9　移动图表

【知识补充】除了通过单击来创建图表外，选择某种图表工具后，在页面上拖曳绘制一个矩形框，该矩形框的长度和宽度便代表图表的长度和宽度，释放鼠标后也可打开数据表窗口，然后便可以输入图表数据了。在拖曳的同时按住“Shift”键将绘制正方形的图表，按住“Alt”键将以按下鼠标左键的位置为中心绘制图表。另外，除了可以手动创建图表外，还可通过以下两种方法快速导入其他文件中的图表数据。

- 导入数据：在数据表窗口中单击▦按钮，在打开的对话框中选择需导入的数据所在的文件。如果这里需导入记事本文件，则该文件中的数据应按如图 7-10 所示的方式进行排列，即每一列都需要按“Tab”键对齐排列。选择文件后确认并打开文件即可。

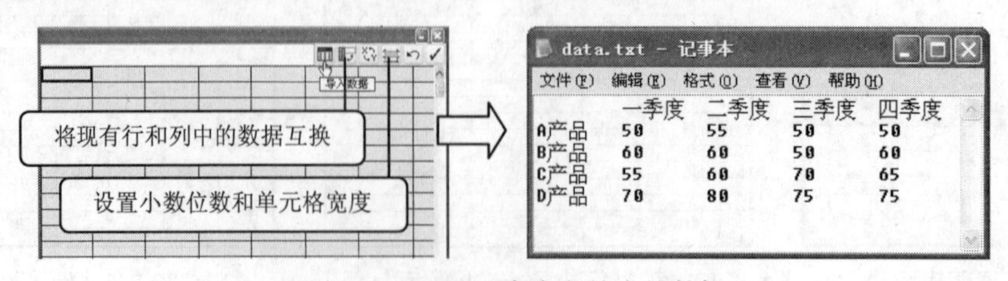

图 7-10　导入记事本文件中的数据

- 复制数据：利用复制/粘贴的方法可以复制某些电子表格或文本文件中需要的资料。其方法为，首先在某个应用程序（如 Excel）中通过【复制】命令或按“Ctrl+C”组合键将需要的数据进行复制，然后打开 Illustrator 的数据表窗口，最后按“Ctrl+V”组合键即可。

7.2 编辑图表

创建好图表后，可以随时根据实际情况来对图表的数据和类型进行编辑或修改。

7.2.1　编辑图表数据

编辑图表数据的方法很简单。首先用“选择工具” 选择整个图表，然后选择【对象】/【图表】/【数据】命令或在图表上单击鼠标右键，在弹出的快捷菜单中选择【数据】命令，并在打开的数据表窗口中对数据进行编辑，最后单击窗口右上角的 按钮和 按钮即可，如图 7-11 所示。

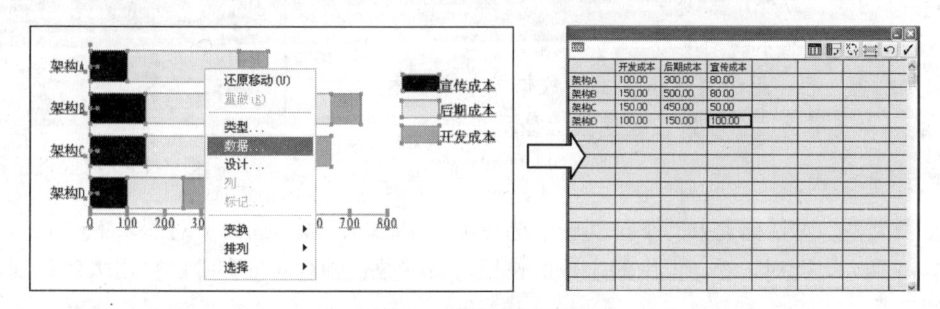

图 7-11　编辑图表数据

7.2.2　设置图表类型

选择整个图表后，选择【对象】/【图表】/【类型】命令或在图表上单击鼠标右键，然后在弹出的快捷菜单中选择【类型】命令，便可在打开的“图表类型”对话框中对图表类型进行更改和设置。其中包括对图表选项、数值轴和类别轴的设置。

1. 图表选项设置

在“图表类型”对话框上方的下拉列表中选择“图表选项”选项，此时可对图表类型、样式和其他选项进行设置，如图 7-12 所示。对话框中各参数的作用分别如下。

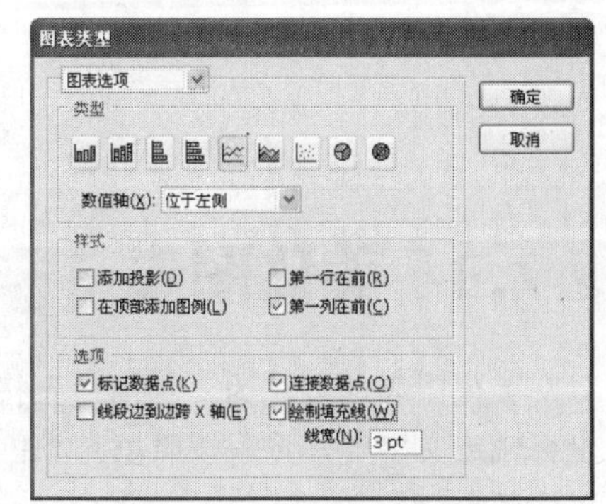

图 7-12　图表选项设置

- “类型”栏：在其中单击不同的按钮可实现对图表类型的相应更改。
- “数值轴”下拉列表框：用于设置图表中数值轴的显示位置，包括“位于左侧”、“位于右侧”和“位于两侧”等选项。
- “样式”栏：用于设置是否为图表中的图形添加阴影、在图表顶部添加图例、数据表窗口中第一行数据所代表的图表元素在前面或数据表窗口中第一列数据所代表

的图表元素在前面等。

- “选项”栏：此栏中的参数会根据不同的图表类型而发生变化。图7-12所示为选择了折线图后显示的参数，此时在该栏中便可针对折线图的特性对图表中的各数据点进行设置。

2. 数值轴设置

在“图表类型”对话框上方的下拉列表中选择“数值轴”选项，此时可对图表中的数值轴进行设置，如图7-13所示。对话框中各参数的作用分别如下。

- “刻度值”栏：选中“忽略计算出的值”复选框后，可在下方的“最小值”、“最大值”和“刻度”文本框中依次设置数值轴的起始值、最大值和刻度的间隔。
- “刻度线”栏：在“长度”下拉列表框中可设置刻度长度。其中，“无”选项表示数值轴上无刻度；“短”选项表示数值轴上出现短刻度；“全宽”选项表示数值轴上的刻度贯穿整个图表。另外，在该栏的“绘制”文本框中可设置每一个间隔之间显示的刻度数量。
- “添加标签”栏：用于为数值轴上的数据添加前缀和后缀，一般可以利用这两个参数在数值轴上显示单位。

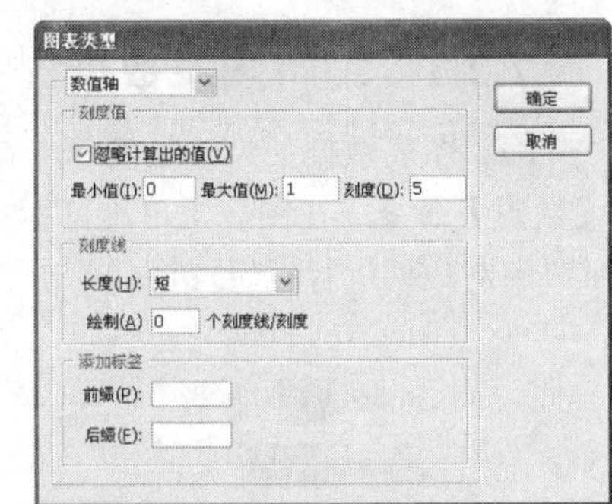

图7-13 数值轴设置

3. 类别轴设置

在“图表类型”对话框上方的下拉列表中选择“类别轴”选项，此时可对图表中的类别轴进行设置，如图7-14所示。此时，对话框中的参数的作用与设置数值轴时对应参数的作用大致相同，这里就不重复介绍了。

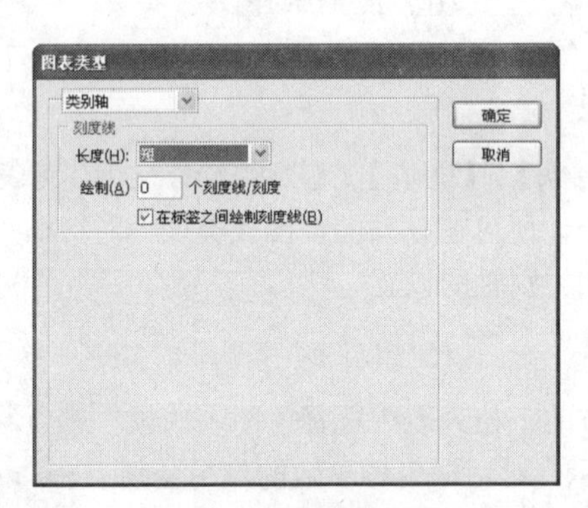

图7-14 类别轴设置

7.3 美化图表

美化图表的方法为，利用“直接选择工具”选择需美化的图表对象，如某个图形、图例、坐标轴或文字等，然后按照填充颜色的方法为其填色或描边即可。图7-15所示为图表美化前后的对比效果。

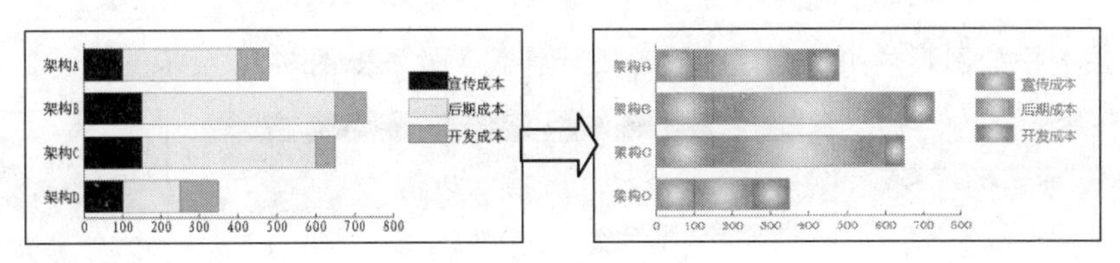

图 7-15　美化图表

下面将要介绍的美化图表的操作主要是指将图表中的图形定义为需要的各种图案，其大致方法为，绘制需要的图形，将图形新建为图表设计，然后为图表应用设计。

【例 7-2】将红辣椒图形创建并应用为柱形图设计。

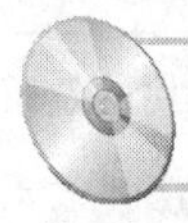

所用素材：素材文件\第 7 章\产量表.ai　**完成效果：**效果文件\第 7 章\产量表.ai

Step 1：绘制如图 7-16 所示的红辣椒图形。

Step 2：选择绘制的图形，然后选择【对象】/【图表】/【设计】命令，如图 7-17 所示。

Step 3：打开“图表设计”对话框，单击新建设计(N)按钮，如图 7-18 所示。

图 7-16　绘制图形

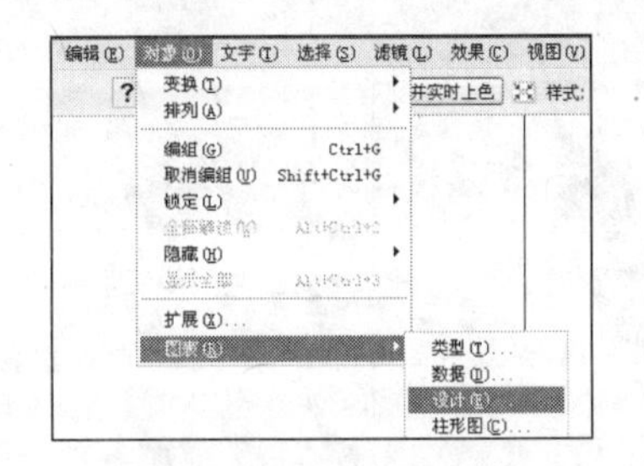

图 7-17　创建图表设计

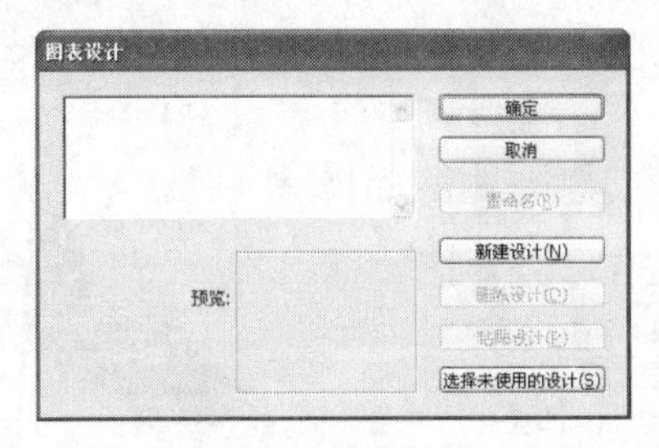

图 7-18　新建设计

Step 4：绘制的图形被新建为图表设计，然后单击重命名(R)按钮，如图 7-19 所示。

Step 5：在打开的“重命名”对话框的“名称”文本框中输入“红辣椒”，然后单击确定按钮，如图 7-20 所示。

Step 6：返回“图表设计”对话框，单击确定按钮，如图 7-21 所示。

Step 7：在页面中选择已有图表，然后选择【对象】/【图表】/【柱形图】命令，如图 7-22 所示。

Step 8：打开“图表列”对话框，在“选取列设计”列表框中选择新建的“红辣椒”选项，在“列类型”下拉列表中选择“重复堆叠”选项，在“每个设计表示”文本框中输入“10”。设置完成后单击确定按钮，如图 7-23 所示。

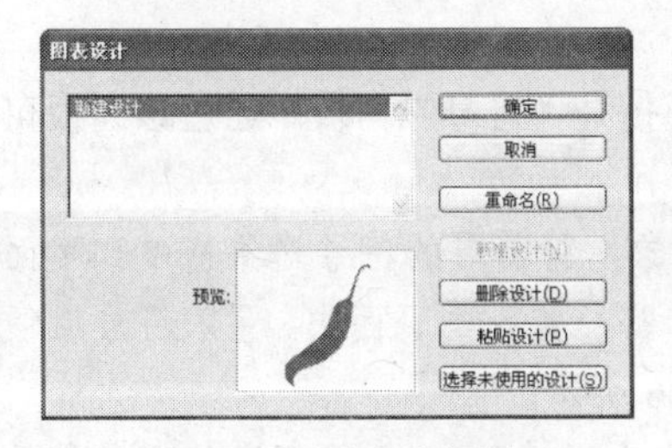

图 7-19　重命名设计

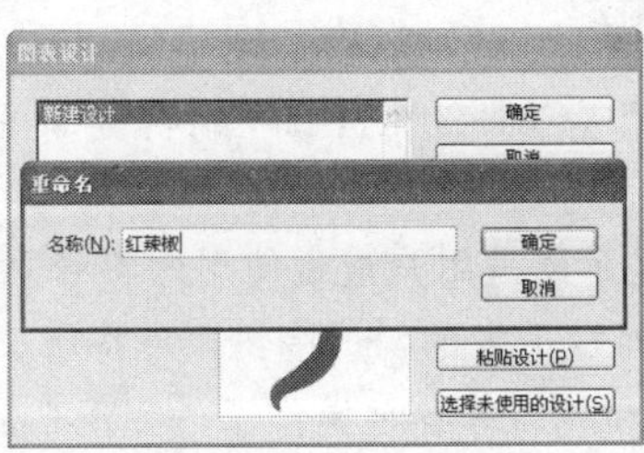

图 7-20　输入名称

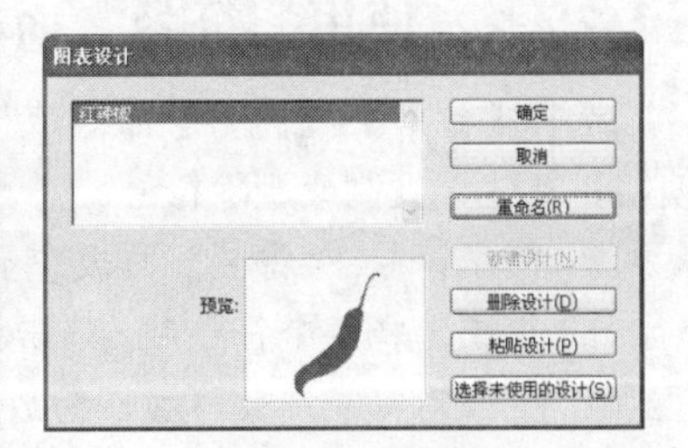

图 7-21　确认创建

Step 9：图表中的图形应用了创建的图形设计样式，效果如图 7-24 所示。

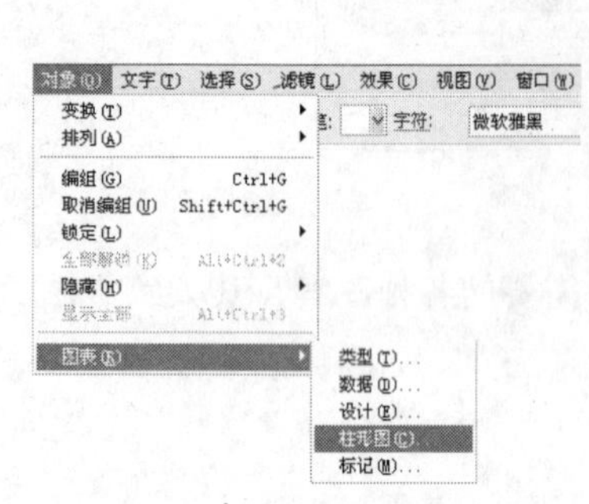

图 7-22　为柱形图应用设计

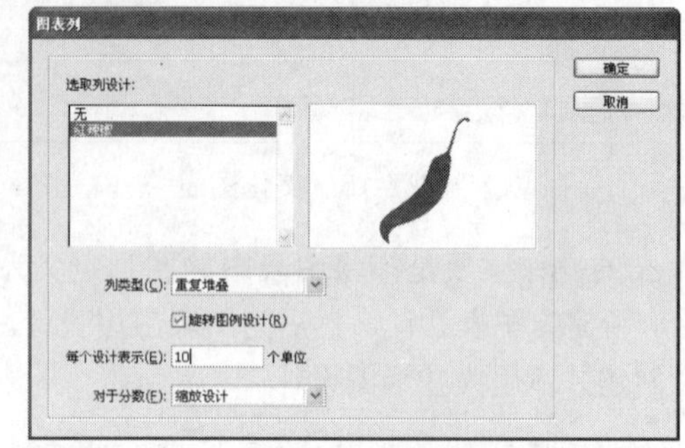

图 7-23　选择设计

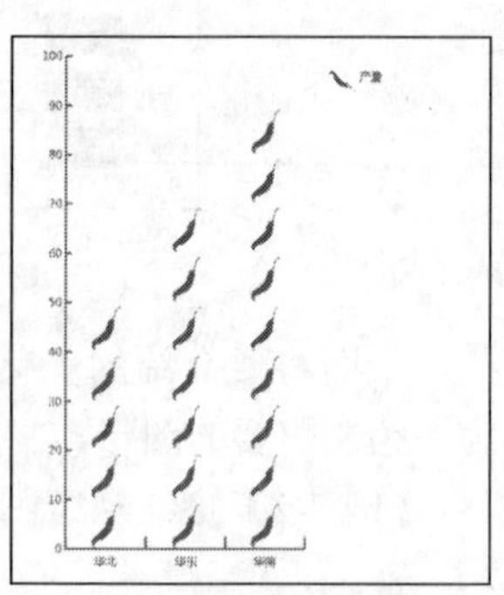

图 7-24　应用的效果

【知识补充】"图表列"对话框中提供了多种列类型，主要包括"垂直缩放"、"一致缩放"、"重复堆叠"和"局部缩放"等选项，各选项的效果如图 7-25 所示。

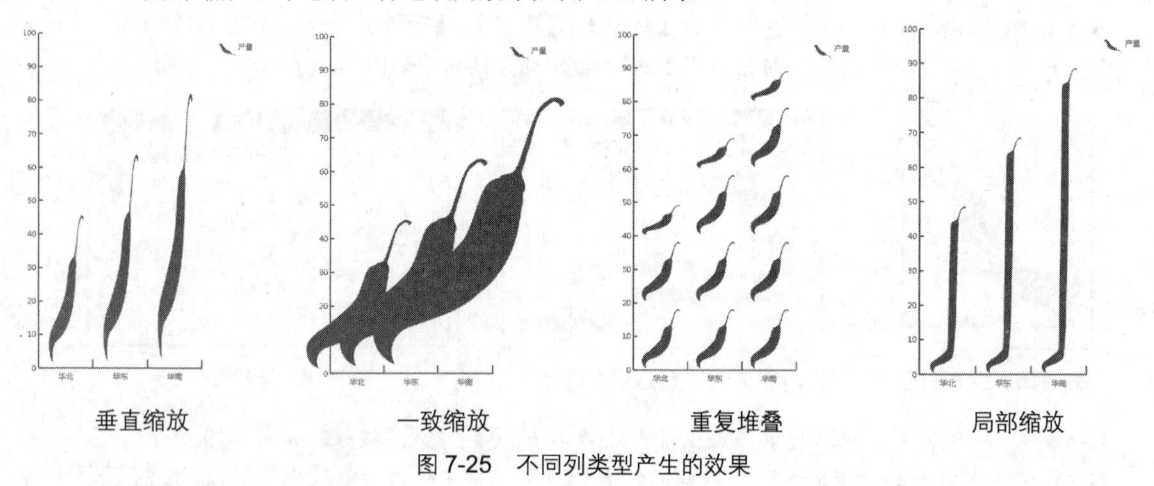

垂直缩放　一致缩放　重复堆叠　局部缩放

图 7-25　不同列类型产生的效果

7.4 使用符号

Illustrator 在"符号"面板中预设了大量的符号（即绘制好的图形对象），即便在设计图形时多次使用符号对象，也不会增加文件所占的存储空间。下面介绍如何在 Illustrator 中使用符号。

7.4.1 使用"符号"面板

选择【窗口】/【符号】命令或按"Ctrl+Shift+F11"组合键即可打开"符号"面板。通过该面板可使用、新建、复制或删除符号。

- 使用符号："符号"面板中显示的是用户最近使用的符号对象，将需要的符号对象拖曳到页面中或选择某个符号后，单击面板下方的 按钮即可将所选符号置入到页面中。置入符号后便可以对符号进行移动、缩放和旋转等各种操作了，如图 7-26 所示。
- 使用符号库：单击面板下方的 按钮，在弹出的下拉列表中选择 Illustrator 预设的各种符号库，可以打开相应的库面板，如图 7-27 所示。选择库面板中的某个符号后，该符号将显示在

"符号"面板中以供用户使用。

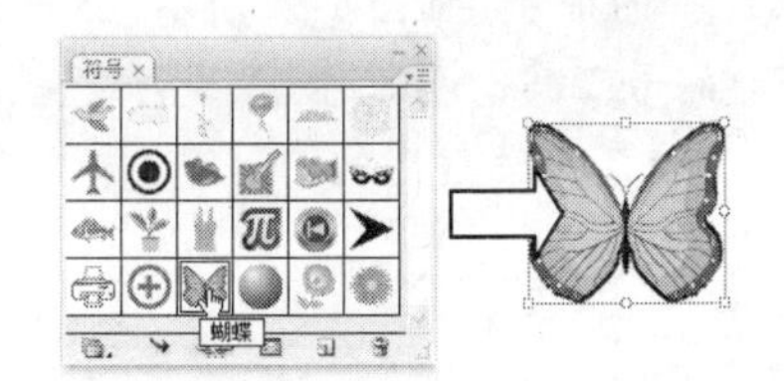

图 7-26　拖曳符号到页面中

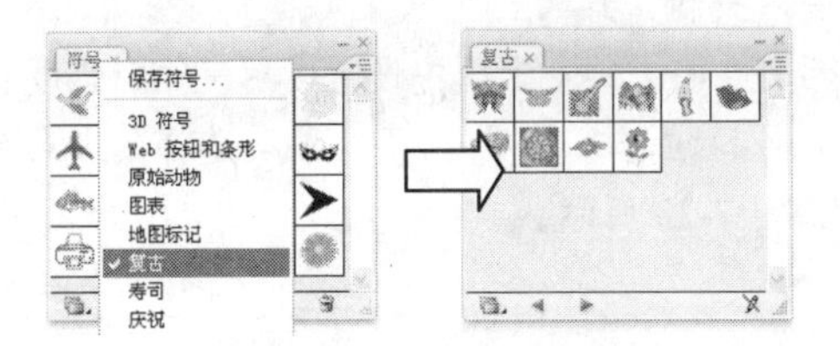

图 7-27　使用符号库

- 断开符号链接：选择置入的符号，单击"符号"面板下方的 按钮可断开符号链接。常用设置栏中的显示名称也将从"符号"变为"编组"，这样便可以使符号变为一般的编组图形，以便对符号进行各种图形编辑操作，如图 7-28 所示。
- 设置符号选项：选择面板中的某个符号后，单击面板下方的 按钮，可打开"符号选项"对话框。在该对话框可更改符号名称和类型等属性，如图 7-29 所示。

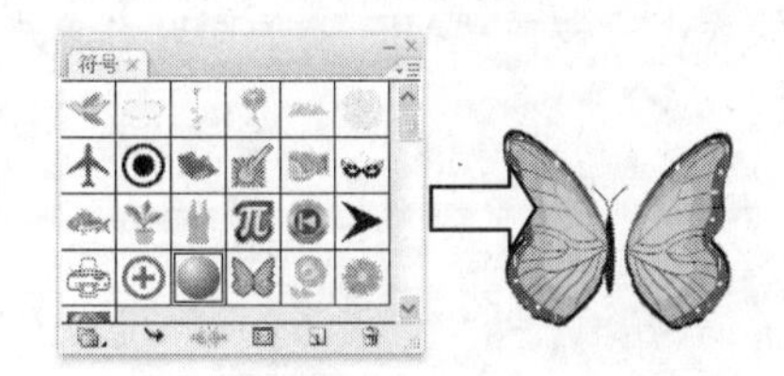

图 7-28　断开符号链接

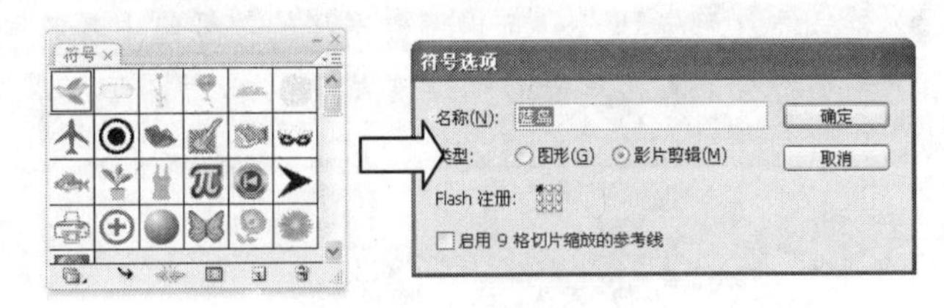

图 7-29　符号选项设置

- 新建符号：在页面中绘制并选择图形，然后单击"符号"面板下方的 按钮或在面板右上角的下拉列表中选择"新建符号"选项，这样可以将选择的图形定义为新的符号对象，如图 7-30 所示。
- 删除符号：选择"符号"面板中的某个符号，单击面板下方的 按钮或在面板右上角的下拉列表中选择"删除符号"选项可删除所选符号。
- 编辑符号：选择"符号"面板中的某个符号，然后在面板中单击按钮，在弹出的下拉列表中选择"编辑符号"选项将进入符号编辑状态，从中可对预设的符号对象进行编辑处理，如图 7-31 所示。
- 复制符号：选择"符号"面板中的某个符号，然后在面板中单击按钮，在弹出的下拉列表中选择"复制符号"选项可复制所选符号，建议在编辑符号前对该符号进行复制操作。

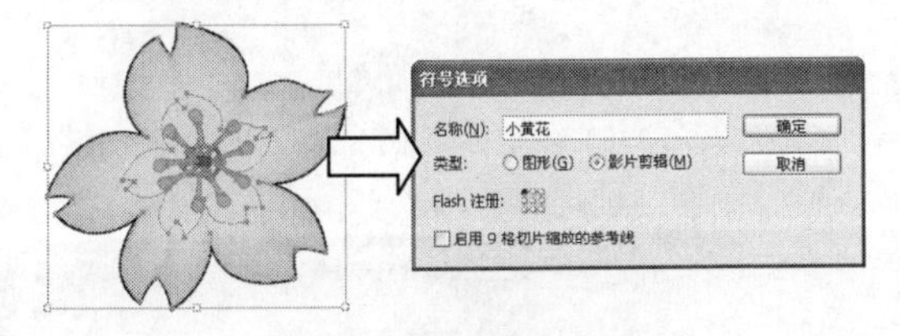

图 7-30　新建符号

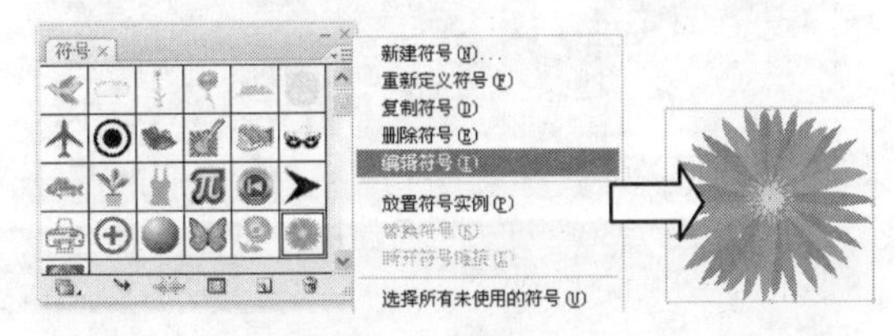

图 7-31　编辑符号

7.4.2　使用各种符号工具

利用 Illustrator 提供的多种符号工具可以实现对符号的喷射、移动和缩放等操作，各工具的作用和效果如下。

- 符号喷枪工具 ：可以在页面中喷射“符号”面板中所选择的符号，如图 7-32 所示。双击该工具后可在打开的对话框中设置喷射直径、强度和密度（其他符号工具也可按此方法进行设置）。
- 符号移位器工具 ：可以移动选择的符号组（即利用喷枪工具喷射出的图形组）中各符号，如图 7-33 所示。

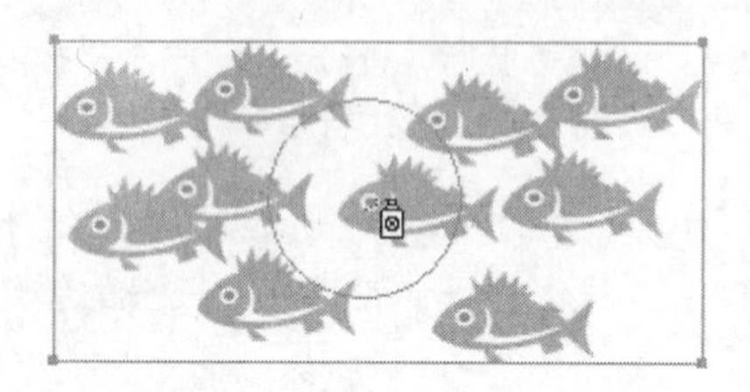

图 7-32　喷射符号

图 7-33　移动符号组中的符号

- 符号紧缩器工具 ：可以使选择的符号组向鼠标指针所在的中心点聚集，如图 7-34 所示。
- 符号缩放器工具 ：可以调整选择的符号组中各符号的大小（按住“Alt”键的同时，单击可缩小符号，直接单击则可以放大符号），如图 7-35 所示。

图 7-34　聚集符号组

图 7-35　缩放符号组

- 符号旋转器工具 ：可以旋转选择的符号组中各符号的角度，如图 7-36 所示。
- 符号着色器工具 ：可以为选择的符号组中的符号填充当前设置的颜色，如图 7-37 所示。
- 符号滤色器工具 ：可以降低选择的符号组的透明度，如图 7-38 所示。
- 符号样式器工具 ：为符号组应用当前“样式”面板中选择的样式，如图 7-39 所示。

图 7-36　旋转符号组中的符号

图 7-37　填充符号组

图 7-38　降低符号组透明度

图 7-39　为符号组应用样式

7.5 应用实践——制作招生 DM 单

DM 是英文 Direct Mail Advertising 的简称，意为“直接邮寄广告”，即通过邮寄或赠送等形式将宣传产品的信息传递给消费者，让对方快速直观地了解其宣传的内容。DM 单的优势在于它可以直接将广告信息传递给真正的受众，具有强烈的选择性和针对性。DM 单的材质一般分为 A 级铜版纸和 B 级铜版纸，其中每种铜版纸又可分为 105g、128g 和 157g 三种重量。通过铜版纸制作出来的 DM 单具有光洁、平整，平滑度高，光泽度好等优点。图 7-40 所示为两种常见 DM 单的样品。

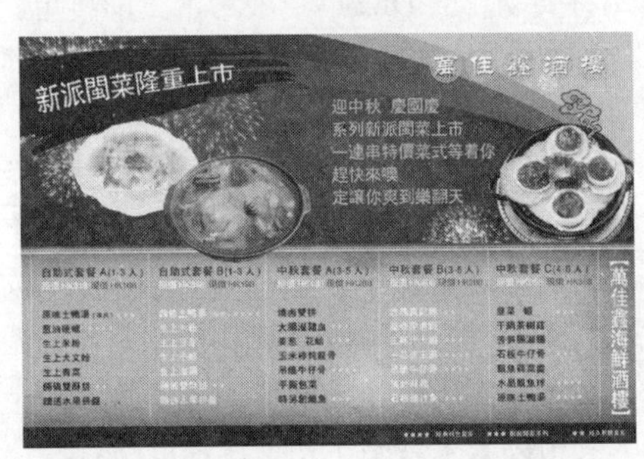

图 7-40　手机促销 DM 单与酒楼宣传 DM 单样品

本例将通过制作如图 7-41 所示的教育培训机构的招生 DM 单为例，介绍 DM 单的设计与制作过程。相关要求如下。

完成效果：效果文件\第 7 章\DM 单.ai
视频演示：第 7 章\应用实践\制作 DM 单.swf

图 7-41　制作的 DM 单效果

- DM 单尺寸：190mm×140mm。
- DM 单要求：直观地体现需要宣传的内容以及此机构的教育培训实力。
- 制作要求：通过图表和文字直接传达此 DM 宣传单的宣传重心，并配以符号和其他元素丰富内容。

7.5.1 DM 单的设计要求

DM 单的形式有广义和狭义之分，广义上包括广告单页，即常见的传单和优惠卷等，狭义上则是指装订成册的集纳型广告宣传画册，页数在 20 页～200 页不等。在设计 DM 单时，设计思路大致有以下几点。

- 透彻了解商品，熟知消费者的心理、习性和消费规律，围绕商品的特点以及宣传方案进行设计。
- 设计要新颖、有创意，印刷要精致、美观，通过最直接的外观来吸引消费者的注意力。
- 充分考虑 DM 单的尺寸大小、折叠方式和实际重量等因素，以便合理利用有限的版面进行设计。
- 在合理安排文字后，可考虑利用与传递的信息有强烈关联的图片或图案进行设计，以加深消费者对 DM 单的印象。

7.5.2 招生 DM 单的创意分析与设计思路

本例将要制作的 DM 单是最为常见的传单。根据本例的制作要求，我们可以进行以下一些分析。

- 必须体现的内容包括机构名称、地址和联系方式。
- 由于版面的限制，应通过最简单的手段展现机构的培训实力，因此本例将以图表和文字相结合的方式简明扼要地向受众传达宣传内容和机构的能力与宗旨。
- 利用 Illustrator 的符号对象制作出 DM 单的暗纹效果来丰富版面。

本例的设计思路如图 7-42 所示，具体设计如下。

（1）利用各种图形制作出 DM 单的整体框架。

（2）通过绘制图形并将其添加为符号来制作 DM 单的暗纹。

（3）利用图表工具制作并美化柱形图。

（4）通过文字和 LOGO 丰富整个 DM 单的版面。

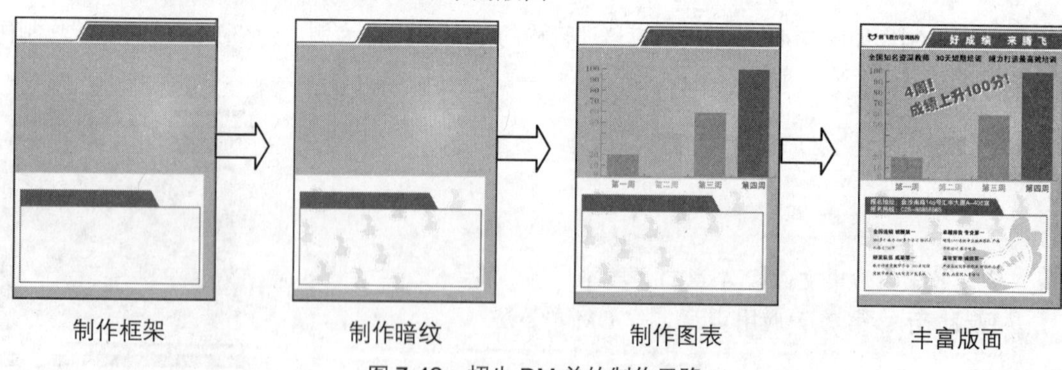

图 7-42 招生 DM 单的制作思路

7.5.3 制作过程

1. 制作 DM 单的框架

Step 1：新建空白文件，然后绘制一个 190mm × 140mm 的无填充矩形，并设置描边颜色为"黑色”、粗细为“1pt”，如图 7-43 所示。

Step 2：绘制一个无描边矩形，并为其填充径向渐变效果。从左到右的两个渐变滑块的颜色依次为（C=20，M=0，Y=100，K=0）和（C=50，M=0，Y=100，K=0），然后利用“渐变工具”将中心调整为如图 7-44 所示的效果。

Step 3：利用“钢笔工具” 绘制如图 7-45 所示的图形，然后设置描边颜色为（C=90，M=50，Y=95，K=30），粗细为“3pt”。

图 7-43 绘制矩形 1

图 7-44 绘制矩形 2

图 7-45 绘制图形 1

Step 4：利用“钢笔工具” 绘制如图 7-46 所示的闭合路径，颜色填充为（C=90，M=50，Y=95，K=30）。

Step 5：绘制一个无描边、填充色为“白色”的矩形，然后将其放置在如图 7-47 所示的位置。

Step 6：绘制一个无填充、描边色为（C=90，M=50，Y=95，K=30）的矩形，然后将其放置在如图 7-48 所示的位置。

Step 7：对前面绘制的闭合路径进行复制和径向处理，然后将其放置到如图 7-49 所示的位置。

2. 新建符号

Step 1：利用“钢笔工具” 和“直接选择工具” 绘制如图 7-50 所示的图形，然后将其描边色设置为“黑色”，粗细设置为“1pt”。

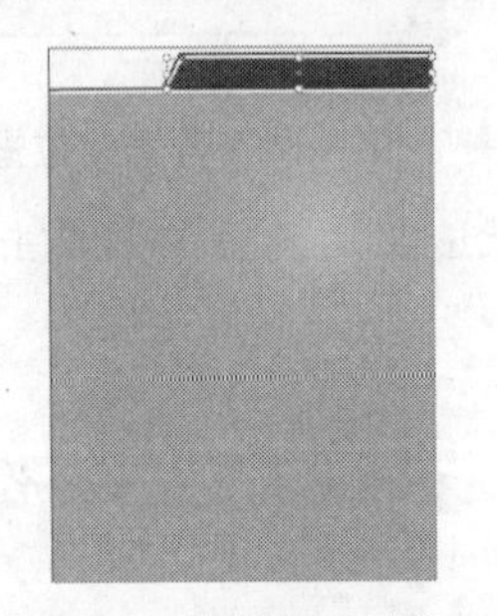

图 7-46 绘制闭合路径

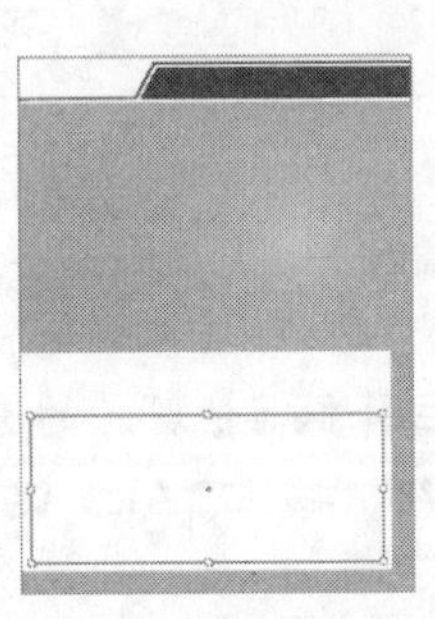

图 7-47 绘制矩形 3

图 7-48 绘制矩形 4

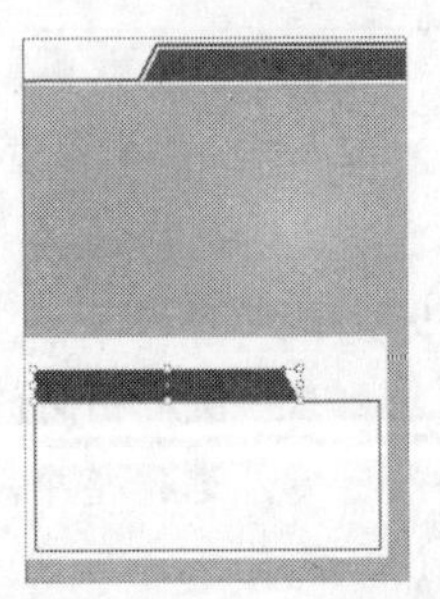

图 7-49 复制并镜像路径

Step 2：通过【偏移路径】命令将位移偏移量设置为“−1mm”，如图 7-51 所示。

Step 3：将通过偏移路径得到的图形填充为黑色，如图 7-52 所示。

Step 4：将绘制的所有图形编组，然后单击“符号”面板下方的 按钮，如图 7-53 所示。

Step 5：打开“符号选项”对话框，在“名称”文本框中输入“good”，然后单击 确定 按钮，如图 7-54 所示。

Step 6：“符号”面板中出现了新建的符号对象，如图 7-55 所示。

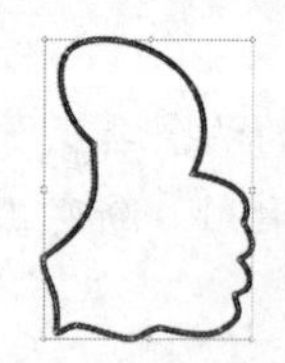

图 7-50　绘制图形 2

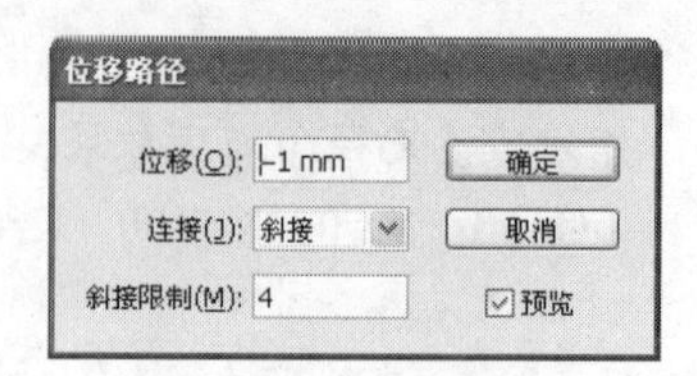

图 7-51　偏移路径

图 7-52　填充图形

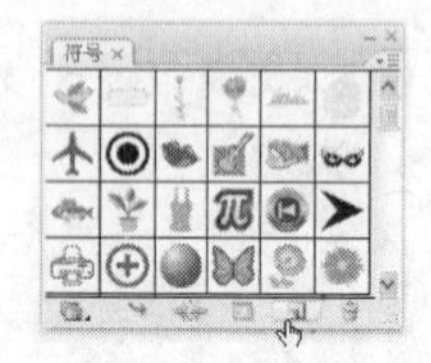

图 7-53　新建符号

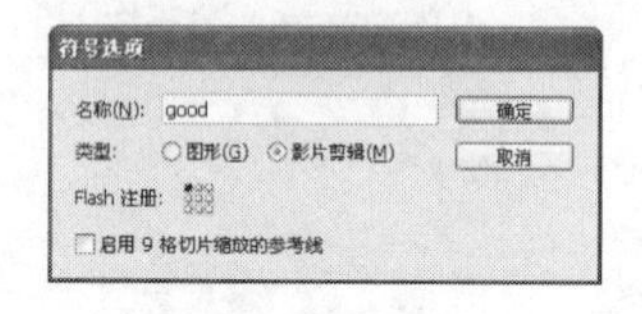

图 7-54　设置名称

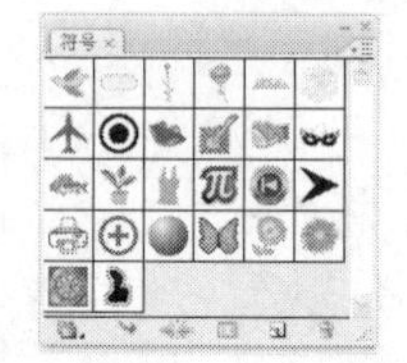

图 7-55　完成新建

3. 应用符号

Step 1：选择“符号”面板中新建的符号对象，然后选择工具箱中的“符号喷枪工具”，并在如图 7-56 所示的位置不停地单击以喷射选择的符号（也可拖曳以不间断地喷射）。

Step 2：喷射完符号后，选择工具箱中的“符号位移器工具”，然后在需调整位置的符号上按住鼠标左键并拖曳鼠标以移动符号，如图 7-57 所示。

Step 3：通过按“[”或“]”键来调整半径，然后使用相同的方法调整其他符号的位置，如图 7-58 所示。

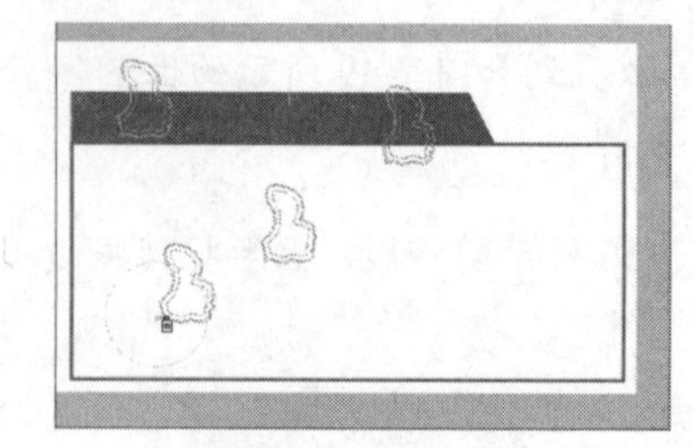

图 7-56　喷射符号

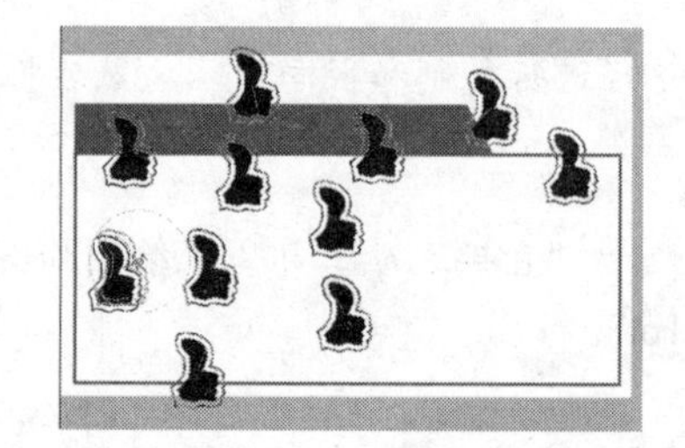

图 7-57　移动符号

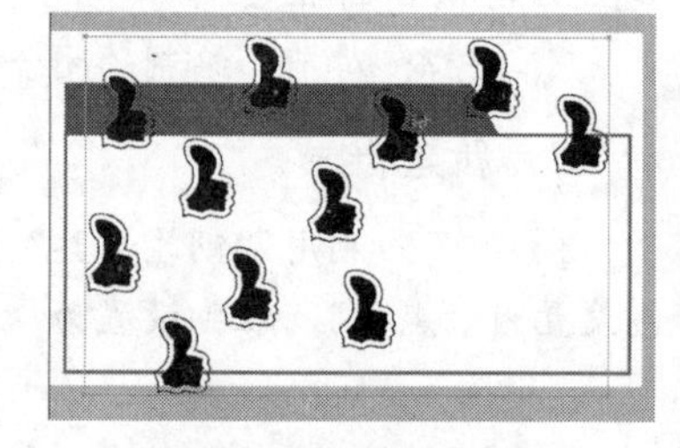

图 7-58　调整符号的位置

Step 4：选择工具箱中的“符号滤色器工具”，然后在需要降低透明度的符号上单击，如图 7-59 所示。

Step 5：使用相同的方法降低其他符号的透明度，如图 7-60 所示。

Step 6：选择整个符号组，按住“Alt”键的同时将其拖曳到上方，这样便完成了复制操作，如图 7-61 所示。

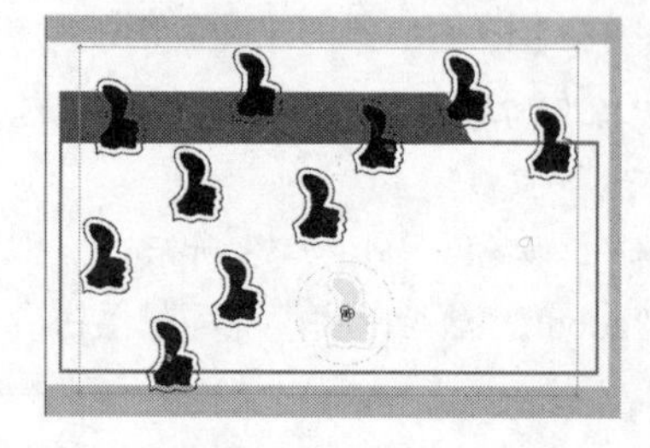

图 7-59　降低符号透明度

图 7-60　降低其他符号的透明度

图 7-61　复制符号组

4. 制作并美化柱形图

Step 1：选择工具箱中的“柱形图工具”，然后在如图 7-62 所示的位置拖曳以绘制图表范围。

Step 2：释放鼠标后打开数据表窗口，在其中输入如图 7-63 所示的数据，然后依次单击✓按钮和☒按钮。

Step 3：选择创建的图表并在其上单击鼠标右键，然后在弹出的快捷菜单中选择【类型】命令，如图 7-64 所示。

图 7-62　绘制图表大小

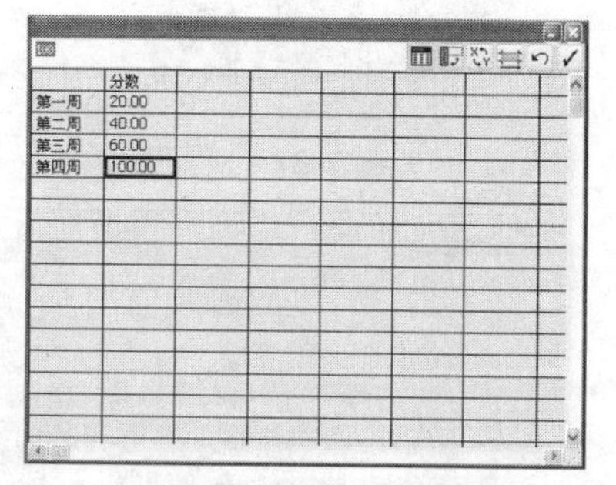

图 7-63　输入图表数据

Step 4：打开“图表类型”对话框，在最上方的下拉列表中选择“数值轴”选项，然后选中“忽略计算出的值”复选框，并在“刻度”文本框中输入“10”。设置完成后单击 确定 按钮，如图 7-65 所示。

Step 5：利用“直接选择工具”选择图例右侧的文字，然后按“Delete”键将其删除，效果如图 7-66 所示。

Step 6：利用“直接选择工具”选择图例，并将其中的 4 个锚点重叠为 1 个锚点，从而实现图例隐藏的效果（图例属于图表的组成部分，无法直接删除），如图 7-67 所示。

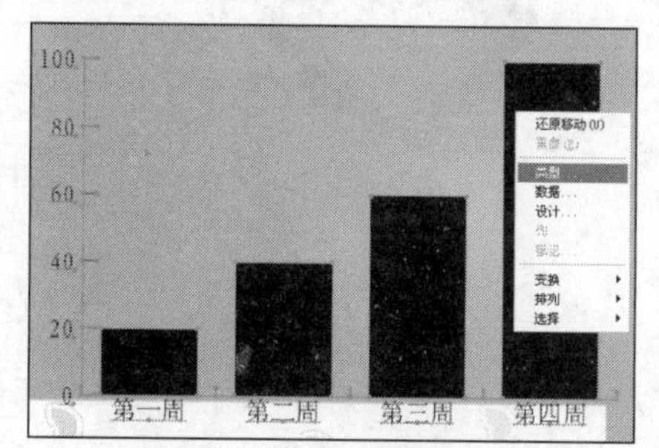

图 7-64　设置图表类型

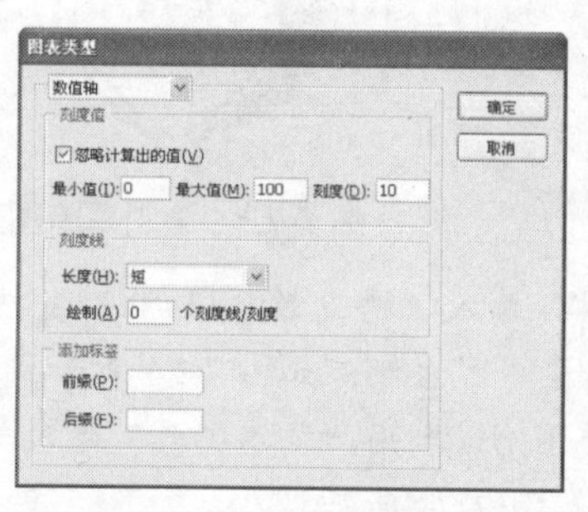

图 7-65　设置数值轴刻度

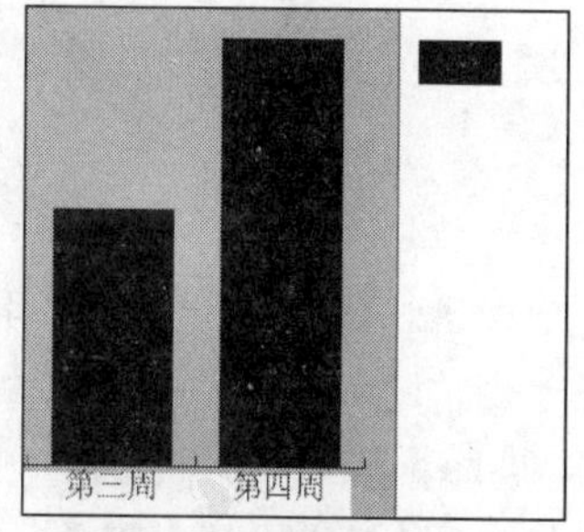

图 7-66　删除图例文字

Step 7：利用“直接选择工具”选择“0”、“10”、“20”、“第一周”和左侧的第 1 个矩形，然后通过“颜色”面板将其填充为（C=75，M=0，Y=100，K=0），如图 7-68 所示。

Step 8：使用相同的方法填充其他几组对象，填充颜色依次为（C=0，M=50，Y=100，K=0）、（C=0，M=80，Y=95，K=0）和（C=0，M=100，Y=100，K=0），如图 7-69 所示。

Step 9：选择数值轴中的所有数字，将其字体设置为“方正粗宋简体”，然后选择类别轴上的所有文字，并将其字体设置为“方正大黑简体”。将坐标轴描边颜色设置为（C=90，M=30，Y=95，K=30），如图 7-70 所示。

5. 制作 LOGO 与机构名称

Step 1：绘制一个心形图形，并通过偏移路径的操作制作出同心图形，然后设置填充色为“白色”、描边色为“黑色”、粗细为“1pt”，如图 7-71 所示。

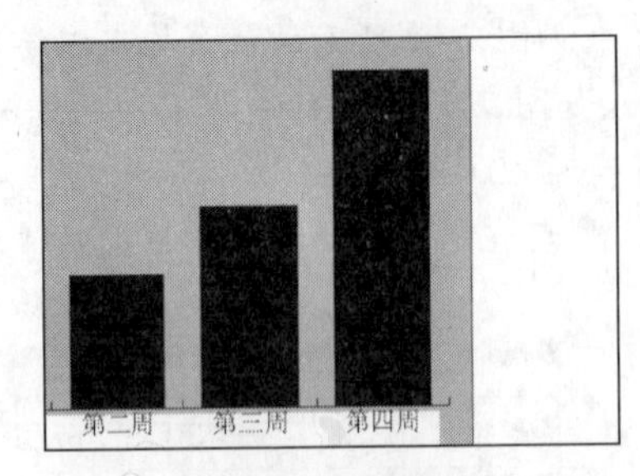

图 7-67 隐藏图例

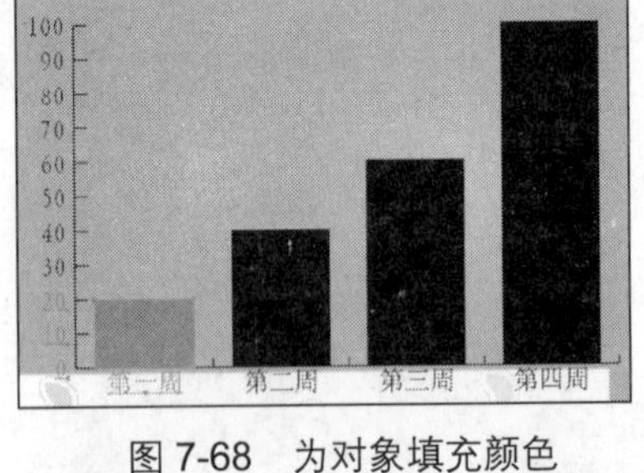

图 7-68 为对象填充颜色

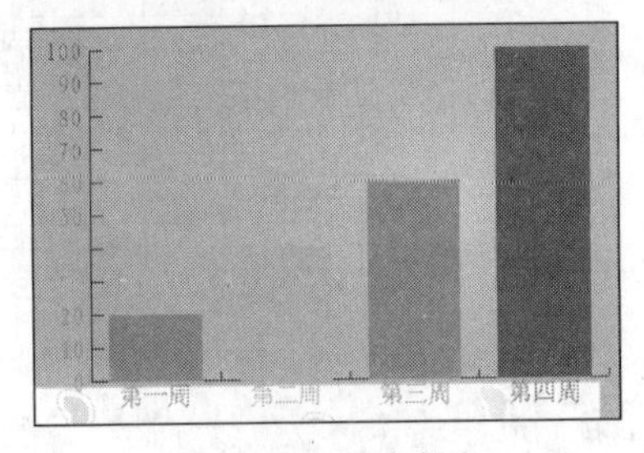

图 7-69 填充颜色

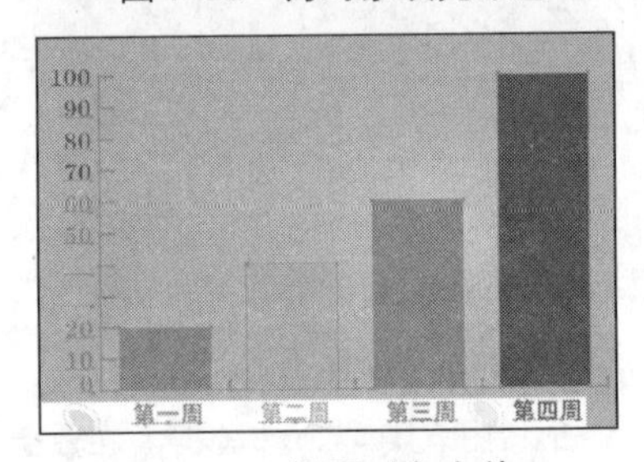

图 7-70 设置对象字体

Step 2：绘制一个翅膀图形，然后设置填充色为“黑色”，如图 7-72 所示。

Step 3：通过“镜像工具”复制并镜像翅膀图形，然后编组所有图形，如图 7-73 所示。

图 7-71 绘制心形

图 7-72 绘制翅膀图形

图 7-73 镜像图形

Step 4：利用“文字工具”输入“腾飞教育培训机构”文字，设置字体为“方正大标宋简体”，字号为“11pt”，然后将其放置在图形右侧，如图 7-74 所示。

Step 5：复制图形并放大图形，利用“文字工具”输入“腾飞教育”，并将文字进行轮廓化处理，然后将文字放置在图形中央，如图 7-75 所示。

Step 6：编组图形与文字，然后适当调整其角度，如图 7-76 所示。

Step 7：将图形的不透明度设置为“30%”，如图 7-77 所示。

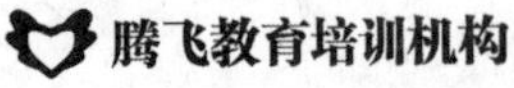

腾飞教育培训机构

图 7-74 输入并设置文字

图 7-75 复制图形并轮廓化文字

图 7-76 旋转图形

图 7-77 设置不透明度

Step 8：将设置了透明度的图形移动到如图 7-78 所示的位置。

Step 9：将前面制作的 LOGO 移动到如图 7-79 所示的位置。

图 7-78 移动透明图形

图 7-79 移动 LOGO 图形

6. 制作宣传语

Step 1：输入文字“好成绩来腾飞”，设置字体为“方正大黑简体”，字号为“20pt”，颜色为“白色”。接着轮廓化文字，并取消编组，然后将单个文字按如图 7-80 所示的效果排列。

Step 2：输入文字“全国知名资深教师 30 天短期培训 倾力打造最高效培训”，设置字体为“方正大黑简体”，字号为“15pt”，颜色为“黑色”，然后将其放置到如图 7-81 所示的位置。

Step 3：通过单击的方式输入文字“4 周!”，然后按“Enter”键换行输入“成绩上升 100 分!”。设置字体为“方正琥珀简体”，字号为“30pt”，颜色为“CMYK 红色”，然后旋转文字，并将其放置到如图 7-82 所示的位置。

Step 4：复制文字，将其颜色设置为“白色”，并放置在红色文字下方，然后稍微偏移，如图 7-83 所示。

7. 制作宣传内容

Step 1：输入报名地址和报名热线文字，并设置字体为“方正黑体简体”，字号为“12pt”，颜色为“白色”，然后将其放置到如图 7-84 所示的位置。

图 7-80 输入并轮廓化文字

图 7-81 输入并设置文字 1

图 7-82 输入并设置文字 2

Step 2：输入区域文字，其中标题文字的格式为方正大黑简体、10pt、黑色，正文的格式为方正北魏楷书简体、8pt、黑色，并设置为两列显示，如图 7-85 所示。最后保存文件即可。

图 7-83 复制并设置文字

图 7-84 输入并设置文字 3

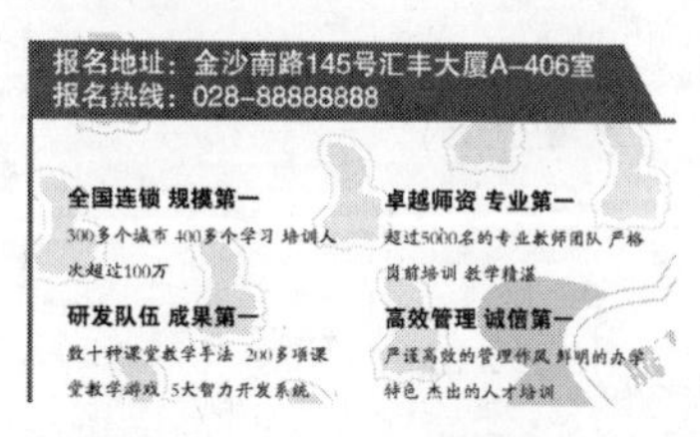

图 7-85 输入并设置文字 4

7.6 练习与上机

1. 单项选择题

(1) 利用拖曳方式来确认图表大小时，按（　　）键可使图表以单击的位置为中心来创建。

A．Shift　B．Ctrl　C．Alt　D．Ctrl+Shift

（2）若想以各种特殊的图形来代替图表上的图形，那么在绘制或选择图形后，首先需要（　）。

A．建立图案　B．创建符号　C．编组　D．新建设计

（3）通过“符号”面板无法实现的操作是（　）。

A．删除符号库　B．新建符号　C．删除符号　D．复制符号

2．多项选择题

（1）创建图表后可根据需要重新对图表的（　）进行设置。

A．类型　B．数值轴　C．类别轴　D．数据

（2）通过（　）的方法可以创建图表数据。

A．导入数据　B．复制数据　C．手动输入和修改　D．以上均可

（3）利用 Illustrator 提供的符号工具组可以对喷射的符号组进行（　）操作。

A．移动　B．旋转　C．编辑形状　D．上色

3．简单操作题

（1）利用“条形图工具”制作如图 7-86 所示的条形图。

提示：以拖曳的方式创建条形图，输入数据后利用“直接选择工具”美化图表中的各对象即可。

完成效果：效果文件\第 7 章\占有率.ai

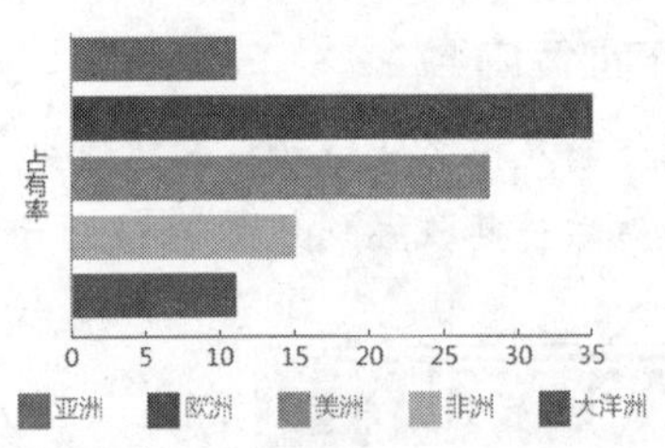

图 7-86　制作的条形图效果

（2）新建如图 7-87 所示的符号对象，并查看喷射该符号后的效果。

提示：利用“钢笔工具”和“直接选择工具”等绘制图形，新建符号后利用“符号喷枪工具”喷射即可。

完成效果：效果文件\第 7 章\鸟儿.ai

图 7-87　制作的飞鸟符号

4．综合操作题

（1）利用上题创建的符号来制作鸟儿翱翔的画面，参考效果如图 7-88 所示。

完成效果：效果文件\第 7 章\翱翔.ai
视频演示：第 7 章\综合练习\翱翔.swf

图 7-88　利用符号制作的图形

（2）利用本章所学的知识制作一张家电宣传单，参考效果如图 7-89 所示。

完成效果：效果文件\第 7 章\宣传单.ai
视频演示：第 7 章\综合练习\宣传单.swf

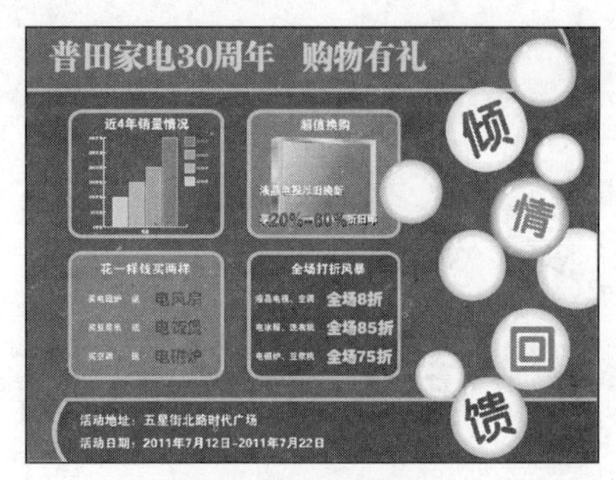

图 7-89　宣传单效果

拓展知识

DM 单因小巧精致、色彩艳丽而十分惹人注目。后期印刷也是设计时必须重点考虑的方面。因此在设计 DM 单时，应该考虑到后期印刷时会涉及的问题，主要包括以下几点。

1. 色彩模式与分辨率

现代胶印采用的都是柯式印刷，也就是将图片分成青、品（洋红）、黄、黑（CMYK）4 色，经过 4 次印刷才能得到彩色的印刷成品，因此设计时应注意图片的色彩模式应该为 CMYK。若是 RGB 或其他模式，则印出来的色彩就可能会出现误差（即便是 CMYK 模式，印刷出来的成品与电脑上显示的颜色也有可能不同）。另外就是图片的精度，印刷用图理论上分辨率最小要达到 300dpi，若图片分辨率为 600dpi，则该图片放大一倍后再进行印刷也没有问题，但如果是 72dpi，则首先应缩小图片，使其满足 300dpi 的分辨率后才能印刷。图 7-90 所示为低分辨率和高分辨率的图片效果。

图 7-90　低分辨率与高分辨率的图片效果

2. 字体

为避免印刷时由于缺失字体而导致出错，可首先考虑使用方正和文鼎等常见的字体格式。若想更为保险，那么可将图片中的所有字体转换成轮廓，即将字体转换成图形，这样就能完全避免印刷时缺失字体的情况。只是转换成轮廓后，重新编辑字体时会更麻烦。

3. 链接文件

当图片中涉及一些链接的对象时，应将其打包发送到印刷中心，否则图片中链接的对象将无法显示。

第 8 章 滤镜、样式与效果的应用

📖 学习目标

学习在Illustrator中应用滤镜、外观、样式和效果的方法，包括Illustrator滤镜和 Photoshop 滤镜的应用、外观的编辑与设置、样式的应用与修改以及效果的应用等。了解产品包装设计的构图要素并学习根据要求设计产品包装图的方法。

📖 学习重点

掌握各种滤镜、效果的应用与设置方法“外观”面板和“样式”面板的使用等，并能熟练利用所学知识为图形设置各种特殊效果。

📖 主要内容

- Illustrator 滤镜。
- Photoshop 滤镜。
- 外观与样式的应用。
- 效果的应用。
- 绘制产品包装图。

8.1 Illustrator 滤镜

滤镜能为所选图形对象添加各种特殊效果，如马赛克、波纹和投影等，从而避免了通过手动制作来达到所需效果的麻烦。在 Illustrator 中使用滤镜的方法很简单，只需选择图形对象，然后在“滤镜”菜单中选择需应用的滤镜，并在打开的相应的滤镜对话框中设置该滤镜的参数即可。Illustrator 中的滤镜包括 Illustrator 滤镜和 Photoshop 滤镜两大类，下面首先介绍 Illustrator 滤镜可以得到的各种效果。

8.1.1 “创建”滤镜

“创建”滤镜有两种类型，分别用于为对象添加马赛克和裁剪标记。

1. 对象马赛克

使用“对象马赛克”滤镜可以通过将对象中相似的颜色值的像素群设置为一个个拼贴块，从而实现马赛克效果，如图 8-1 所示。

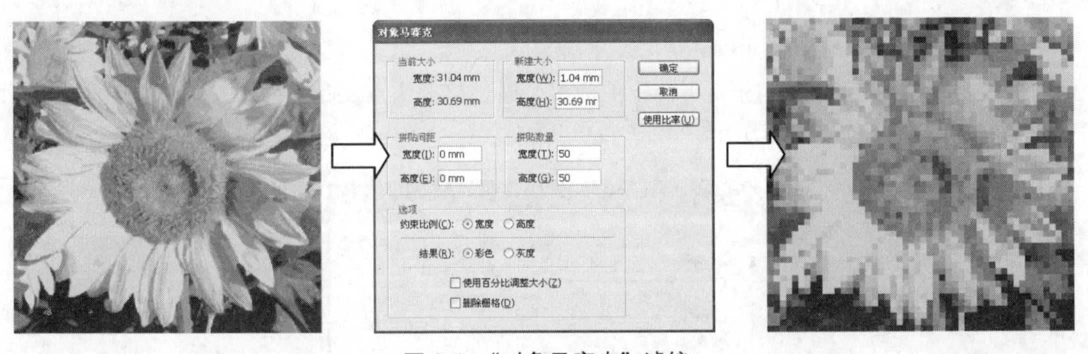

图 8-1　“对象马赛克”滤镜

应用“对象马赛克”滤镜时，可在“对象马赛克”对话框中对滤镜进行设置：其中，各参数的作用如下。

- “新建大小”栏：用于设置应用了“对象马赛克”滤镜后的图形的大小。
- “拼贴间距”栏：用于设置马赛克中每个拼贴块的间隔距离。
- “拼贴数量”栏：用于设置马赛克中每个拼贴块的大小，以确定整个图形的马赛克数量。
- “约束比例”选项：用于锁定宽度或高度来计算马赛克需要的相应拼贴数量。
- “结果”选项：用于设置马赛克拼贴的颜色。
- “使用百分比调整大小”复选框：用于调整宽度和高度的百分比以更改图形大小。
- “删除栅格”复选框：删除原始的栅格化对象。

> **提示：**要想应用此滤镜，首先需要对选择的对象进行栅格化处理，即选择图形对象后，选择【对象】/【栅格化】命令，然后，在打开的对话框中设置栅格化参数。此滤镜也可直接作用于置入到文件中的位图对象，但位图对象需为嵌入状态，而非链接状态。

2. 裁剪标记

使用“裁剪标记”滤镜可以通过为图形添加裁剪标记来定义文件打印后纸张的裁剪位置，如图 8-2 所示。

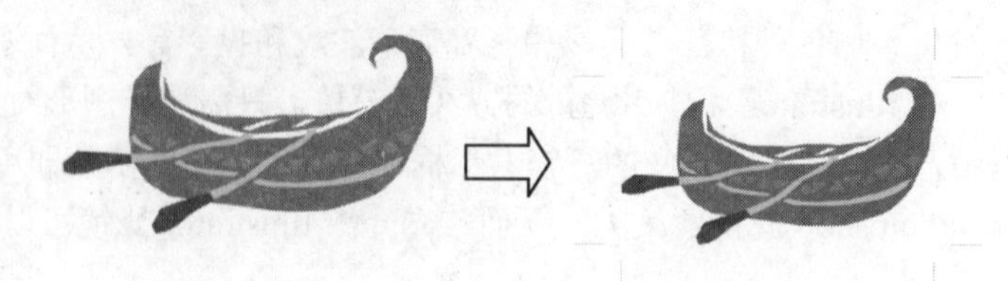

图 8-2 “裁剪标记”滤镜

8.1.2 “扭曲”滤镜

“扭曲”滤镜包括 6 种，分别用于为对象添加扭拧、扭转、收缩或膨胀、波纹以及自由扭曲等效果。

1. 扭拧

使用此滤镜可以按照设置的指定方向上的数量，通过移动锚点及改变锚点方向线的方向来对图形进行随机涂抹和扭曲，如图 8-3 所示。

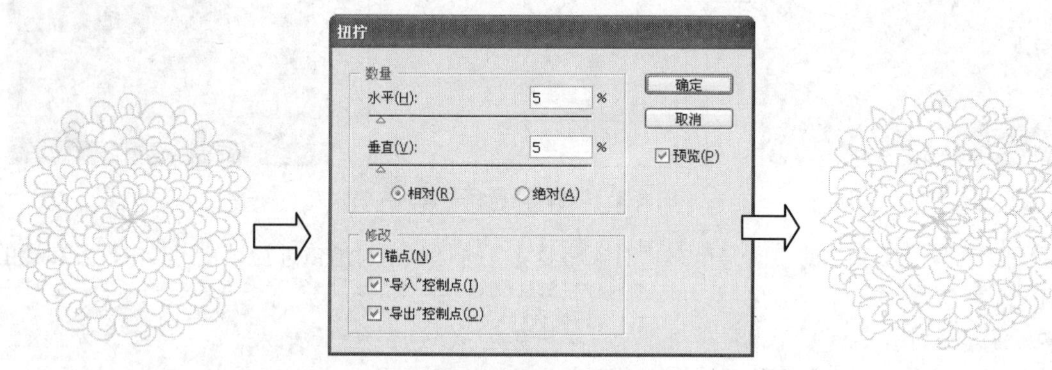

图 8-3 “扭拧”滤镜

“扭拧”对话框中各参数的作用分别如下。

- “水平”参数：用于设置水平方向上的涂抹力度和扭曲程度。
- “垂直”参数：用于设置垂直方向上的涂抹力度和扭曲程度。
- “锚点”复选框：选中该复选框后，可随即移动锚点。
- “‘导入’控制点”复选框：选中该复选框后可向图形内部产生变形效果。
- “‘导出’控制点”复选框：选中该复选框后可向图形外部产生变形效果。

2. 扭转

使用此滤镜可以按照中心转动量远大于边缘转动量的方式来转动对象，从而形成漩涡效果，如图 8-4 所示。

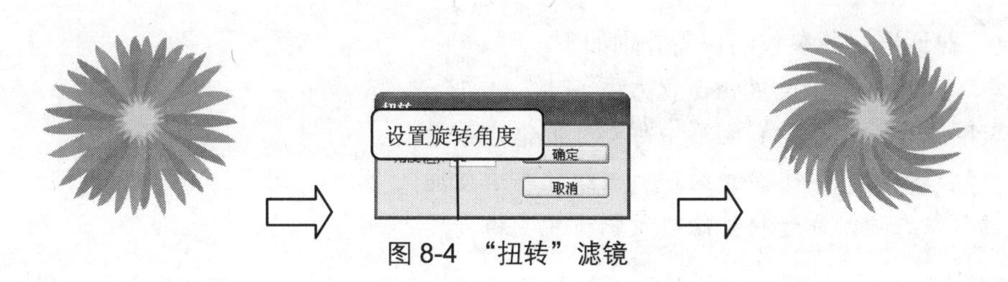

图 8-4 “扭转”滤镜

3. 收缩和膨胀

使用此滤镜可以通过全图形产生向外的尖端来使图形产生尖锐（收缩）或圆润（膨胀）的边缘，如图 8-5 所示。

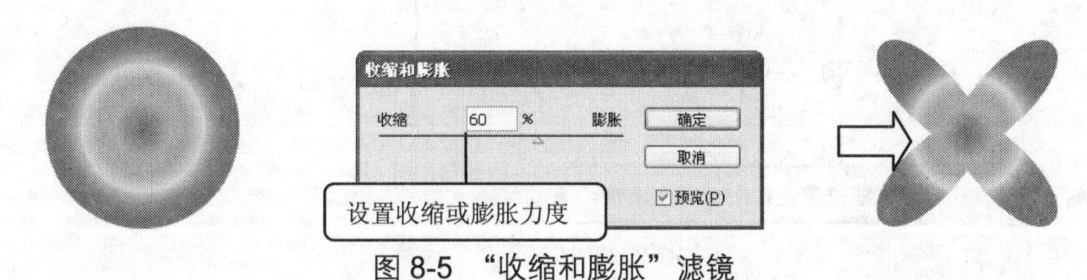

图 8-5 “收缩和膨胀”滤镜

4. 波纹效果

使用此滤镜可以通过为图形添加锚点的方式来随机扭曲对象，以得到波纹或锯齿效果，如图 8-6 所示。

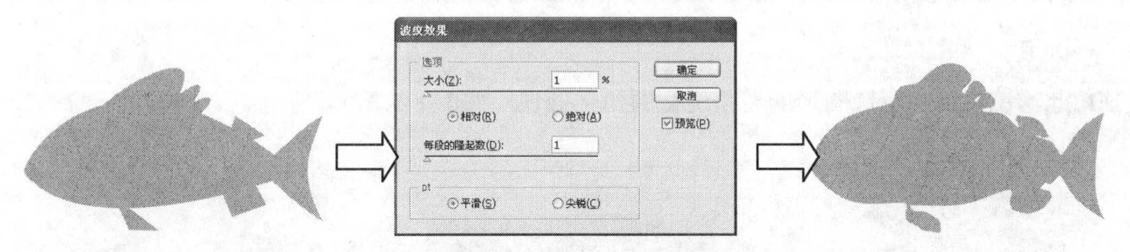

图 8-6 “波纹效果”滤镜

“波纹效果”对话框中各参数的作用分别如下。

- “大小”选项：用于设置扭曲力度。
- “每段的隆起数”选项：用于设置图形中每英寸隆起的锚点数量。
- “平滑”单选项：用于将边缘进行波纹化平滑处理。
- “尖锐”单选项：用于将边缘进行锯齿化尖锐处理。

5. 粗糙化

使用此滤镜可以通过为图形添加锚点的方式将图形粗糙化，如图 8-7 所示。

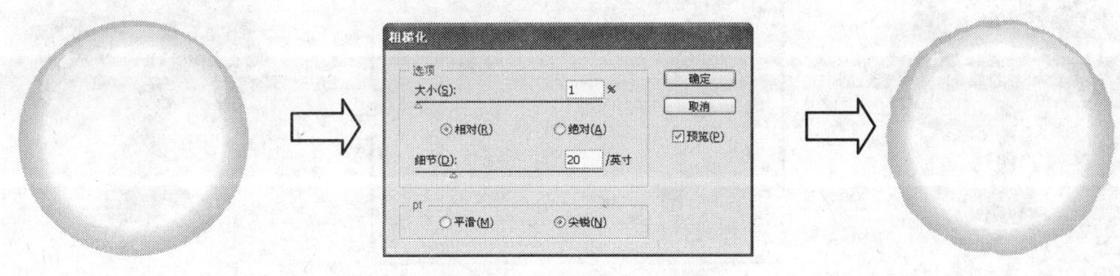

图 8-7 “粗糙化”滤镜

“粗糙化”对话框中各参数的作用分别如下。

- “大小”选项：用于设置粗糙化力度。
- “细节”选项：用于设置图形中每英寸的锚点数量。
- “平滑”单选项：用于将边缘进行波纹化平滑处理。
- “尖锐”单选项：用于将边缘进行锯齿化尖锐处理。

6. 自由扭曲

使用此滤镜可以通过手动调节锚点来自定义图形的扭曲效果，如图 8-8 所示。

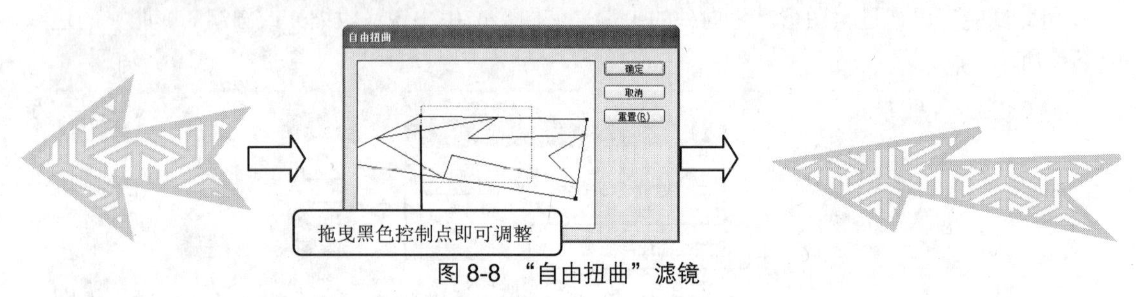

图 8-8 “自由扭曲”滤镜

8.1.3 “风格化”滤镜

“风格化”滤镜包括 3 种，分别用于为对象添加圆角、投影和箭头效果。

1. 圆角

使用此滤镜可以将所选图形的转角进行圆角化处理，如图 8-9 所示。

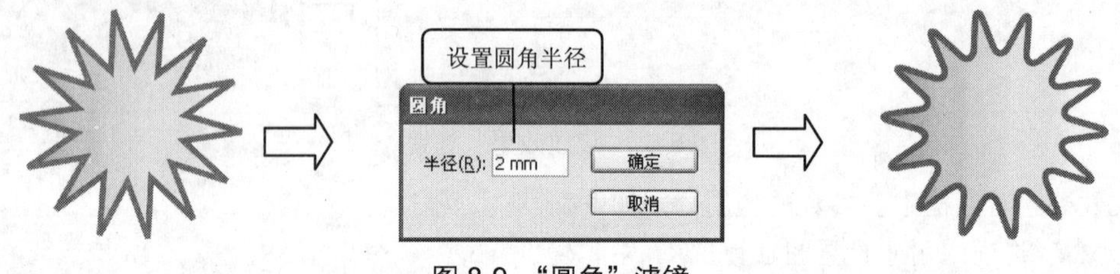

图 8-9 “圆角”滤镜

2. 投影

使用此滤镜可以快速为所选图形创建阴影效果，如图 8-9 所示。

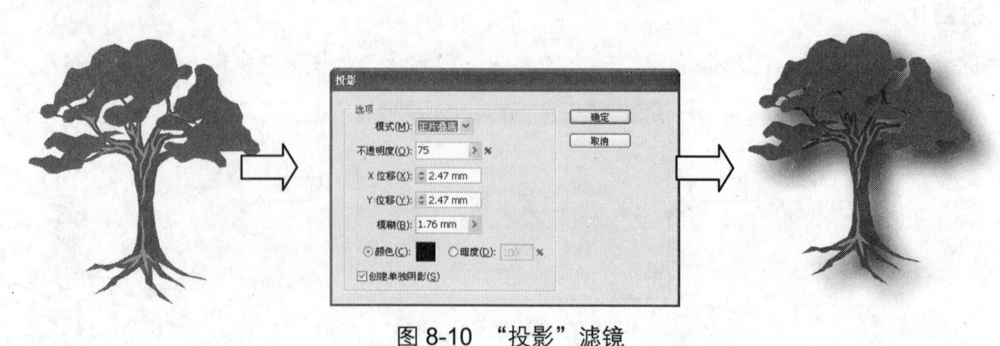

图 8-10 “投影”滤镜

“投影”对话框中各参数的作用分别如下。

- “模式”下拉列表框：用于设置投影模式，其中的选项相当于混合模式选项。
- “不透明度”组合框：用于设置投影的透明度。
- “X 位移”数值框：用于设置投影在水平方向上的偏移量。
- “Y 位移”数值框：用于设置投影在垂直方向上的偏移量。
- “模糊”组合框：用于设置投影的模糊程度。
- “颜色”单选项：用于设置投影颜色。
- “创建单独阴影”复选框：选中该复选框后可使产生的投影与原图形成为一个整体。

3. 添加箭头

使用此滤镜可为所选的开放路径添加各种不同效果的箭头，如图 8-11 所示。

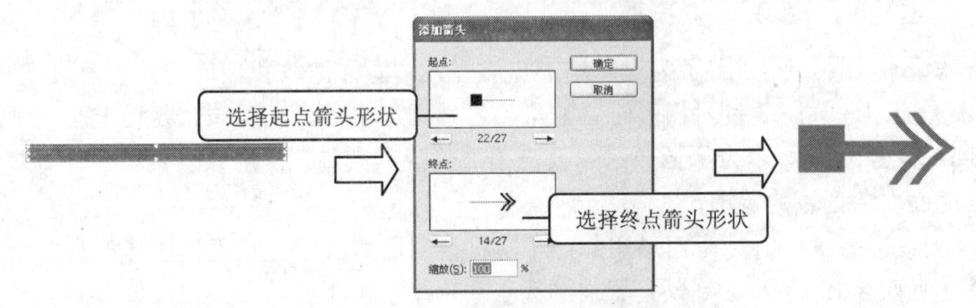

图 8-11　“添加箭头”滤镜

8.2 Photoshop 滤镜

Illustrator 中的 Photoshop 类滤镜实际上与 Adobe 公司开发的 Photoshop 图像处理软件中的滤镜是完全相同的，它主要用于对进行了栅格化处理的图形或位图进行滤镜处理。下面简单介绍这类滤镜的使用方法和效果。

8.2.1 “像素化”滤镜

“像素化”滤镜有 4 种，分别用于为对象添加彩色半调、晶格化、点状化和铜版雕刻的滤镜效果。

- “彩色半调”滤镜：通过将色彩的各个通道划分为矩形栅格，然后将像素添加到每个栅格中，并用圆形代替矩形，来得到在每一个通道上使用扩大的半色调网屏效果，如图 8-12 所示。使用该滤镜还可设置网点的最大半径和各通道的网屏角度。
- “晶格化”滤镜：通过将图形中的多个像素点结合为纯色的多边形，再由纯色多边形拼合成图形来得到最终的整体效果（见图 8-13），并且可以设置每个晶格的大小。

图 8-12　“彩色半调”滤镜

图 8-13　“晶格化”滤镜

- “点状化”滤镜：通过将图形中的颜色分散为随机分布的网格点，以产生点画作品的效果（见图 8-14），并且可以设置每个网点大小。
- “铜版雕刻”滤镜：通过用点、线或笔画重新生成图形，以将图形转换为全饱和颜色下的随机图案（见图 8-15），并且可以设置网格类型。

图 8-14 “点状化”滤镜

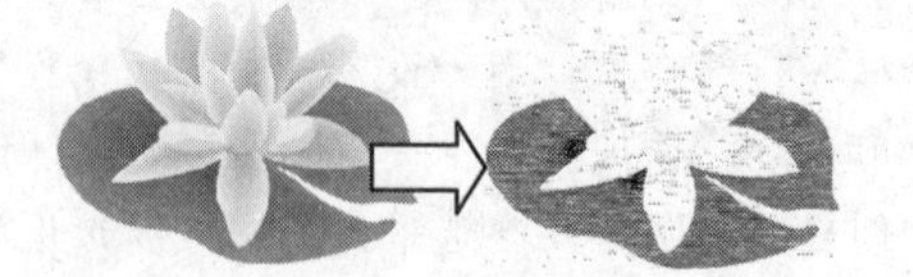

图 8-15 “铜版雕刻”滤镜

8.2.2 “扭曲”滤镜

“扭曲”滤镜有 3 种，分别用于为对象添加扩散亮光、海洋波纹和玻璃的滤镜效果。

- “扩散亮光”滤镜：通过对图形进行渲染，扩散图形中的白色区域，从而产生一种朦胧效果。图 8-16 和图 8-17 所示为原图效果以及应用滤镜后的效果。使用该滤镜还可设置颗粒数量、发光强度和白色区域的范围。
- “海洋波纹”滤镜：通过为图形添加一种随机性间隔的波纹，从而使图形产生类似于在水下的效果（见图 8-18），并且可以设置波纹大小和密度。
- “玻璃”滤镜：可以为图形添加透过玻璃观看事物的效果（见图 8-19），并且可以设置扭曲度、平滑度、纹理类型和纹理大小等。

图 8-16 原图

图 8-17 “扩散亮光”滤镜

图 8-18 “海洋波纹”滤镜

图 8-19 “玻璃”滤镜

8.2.3 “模糊”滤镜

“模糊”滤镜有 3 种，分别用于为对象添加径向模糊、特殊模糊和高斯模糊的滤镜效果。

- “径向模糊”滤镜：通过对图形进行呈旋转或放射状的模糊处理，从而产生一种镜头聚焦的效果。图 8-20 所示为原图效果与应用滤镜后的效果对比。使用该滤镜还可设置模糊强度、径向中心、模糊类型和模糊质量。
- “特殊模糊”滤镜：通过对图形边缘进行模糊处理，来得到反差强烈的边缘模糊效果（见图 8-21），并且可以设置模糊强度、阈值和模糊模式。
- “高斯模糊”滤镜：通过对图形整体进行模糊设置来让图形产生整体模糊的效果（见图 8-22），并且可以设置模糊强度。

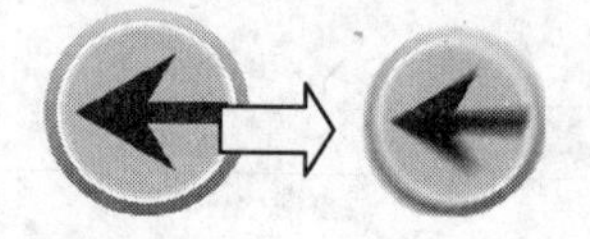

图 8-20 “径向模糊”滤镜

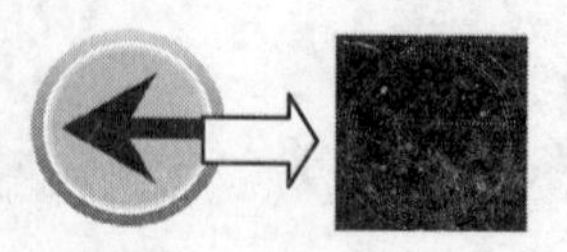

图 8-21 “特殊模糊”滤镜

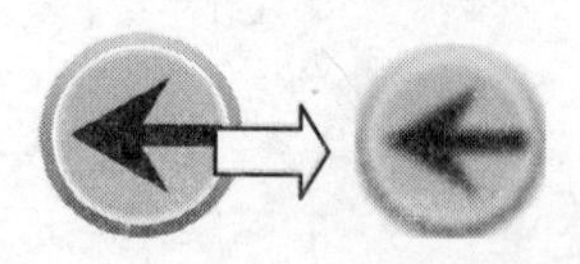

图 8-22 “高斯模糊”滤镜

8.2.4 “画笔描边”滤镜

“画笔描边”滤镜有 8 种，通过不同的描边设置可以为图形应用各种描边滤镜效果。

- “喷溅”滤镜：为图形创建颗粒飞溅的喷枪绘图效果（见图 8-23），并且可以设置画笔大小和平滑度。
- “喷色描边”滤镜：对图形中的颜色按照一定的角度进行喷射，从而重新绘制图形（见图 8-24），并且可以设置描边长度、大小和角度。

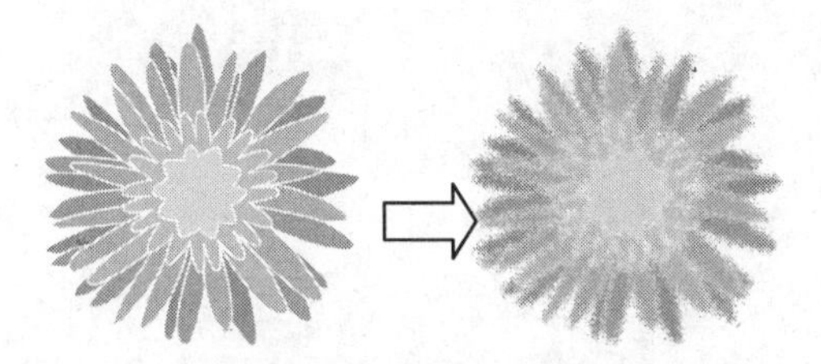

图 8-23 “喷溅”滤镜

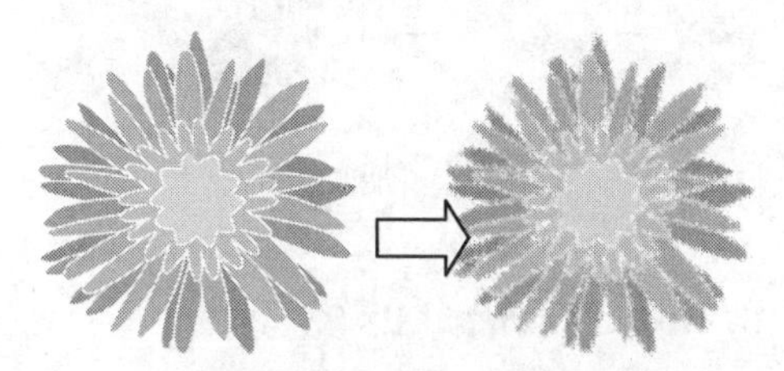

图 8-24 “喷色描边”滤镜

- “墨水轮廓”滤镜：通过圆滑的细线重新描绘图形细节，从而得到钢笔油墨画风格的效果，如图 8-25 所示。使用该滤镜还可设置描边长度、阴影强度和光照强度。
- “强化的边缘”滤镜：对图形中不同颜色的边缘进行加强处理，效果如图 8-26 所示。使用该滤镜还可设置描边宽度、亮度和平滑度。

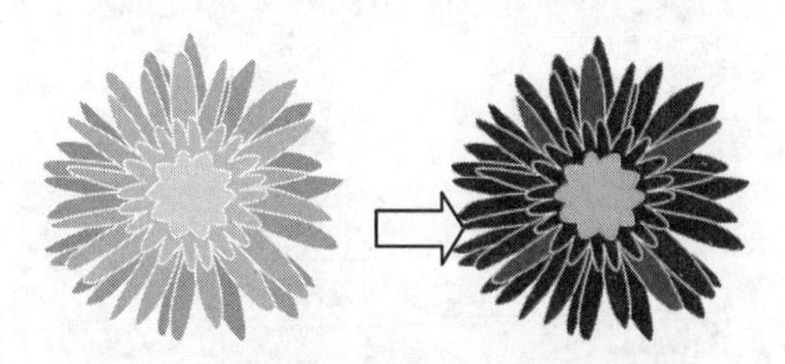

图 8-25 “墨水轮廓”滤镜

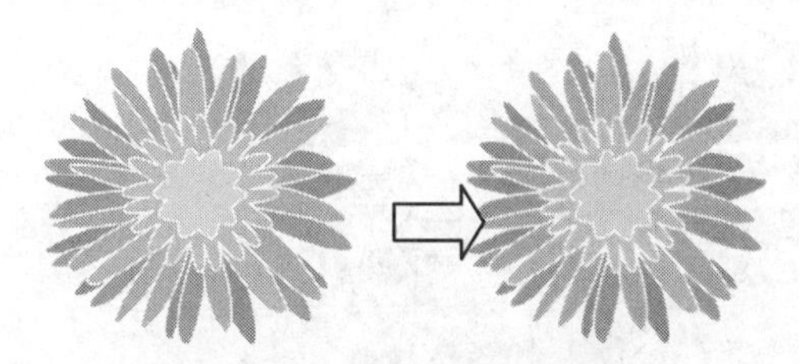

图 8-26 “强化的边缘”滤镜

- “成角的线条”滤镜：通过对图形中较亮区域与较暗区域分别使用反方向对角线来描绘，从而得到特殊的图形效果，如图 8-27 所示。使用该滤镜时还可以设置描边的角度、长度和清晰度。
- “深色线条”滤镜：可在图形中分别用短而密的线条绘制深色区域，用长的白色线条绘制浅色区域来得到特殊的图形效果，如图 8-28 所示。使用该滤镜时还可以设置描边方向和黑色、白色描边的强度。

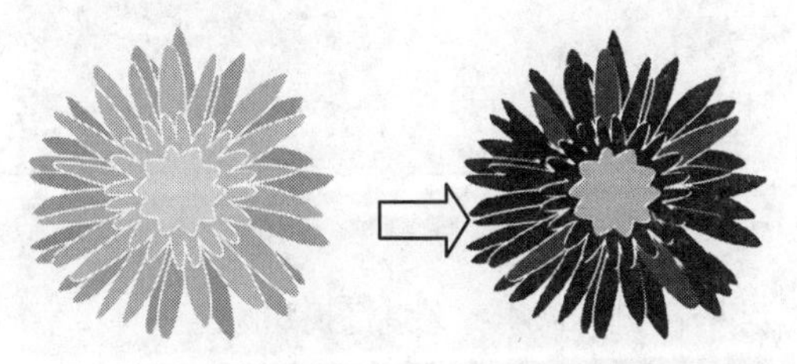

图 8-27 “成角的线条”滤镜

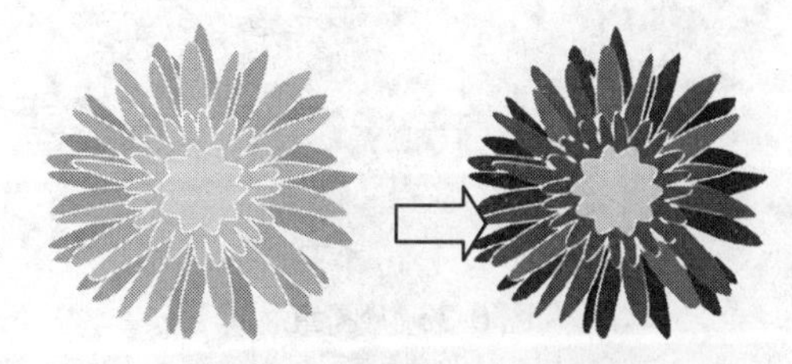

图 8-28 “深色线条”滤镜

- “烟灰墨”滤镜：为图形添加黑色柔和模糊的边缘效果，类似用蘸满黑墨的画笔在宣纸上绘画，如图 8-29 所示。使用该滤镜时还可以设置描边宽度、力度和对比度。

- "阴影线"滤镜：通过为图形添加纹理并使图形粗糙化，从而得到铅笔阴影线的效果，如图 8-30 所示。使用该滤镜时还可以设置描边长度、清晰度和力度。

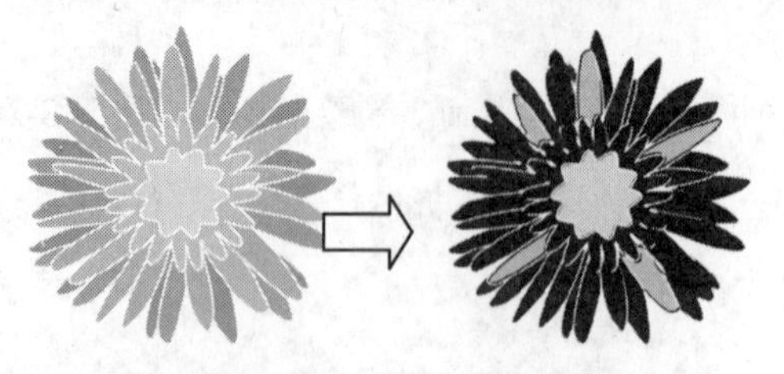

图 8-29 "烟灰墨"滤镜

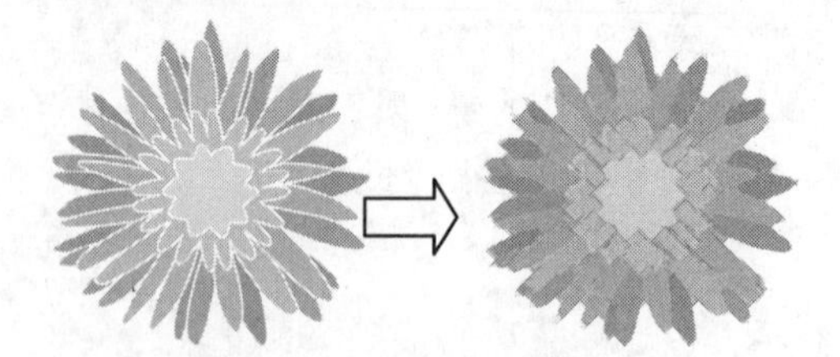

图 8-30 "阴影线"滤镜

8.2.5 "素描"滤镜

"素描"滤镜有 14 种滤镜效果，使用"素描"滤镜可为图形应用各式各样的素描效果。

- "便条纸"滤镜：通过简化图形来得到类似便条纸色彩的图形效果，如图 8-31 所示。使用该滤镜时还可以设置图形整体平衡色调、颗粒大小和起伏程度。
- "半调图案"滤镜：为图形添加一种网板图案的效果，如图 8-32 所示。使用该滤镜时还可以设置网纹大小、对比度和图案类型。

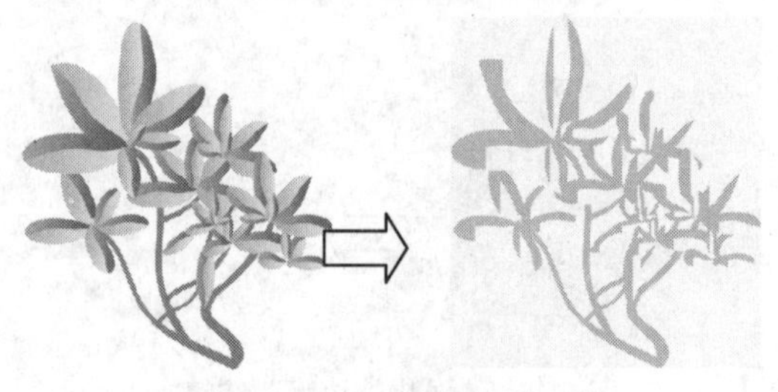

图 8-31 "便条纸"滤镜

图 8-32 "半调图案"滤镜

- "图章"滤镜：为图像添加类似现实中的图章效果，可以简化图形，如图 8-33 所示。使用该滤镜时还可以设置明暗程度和平滑度。
- "基底凸现"滤镜：为图形添加凹凸起伏明显的雕刻效果，如图 8-34 所示。使用该滤镜时还可以设置起伏程度、平滑度和光照方向。

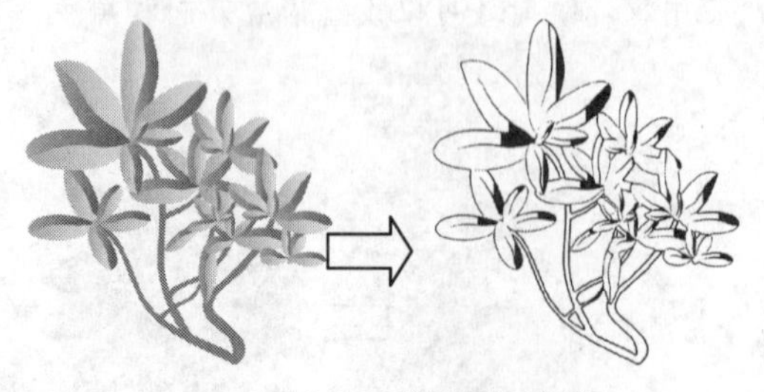

图 8-33 "图章"滤镜

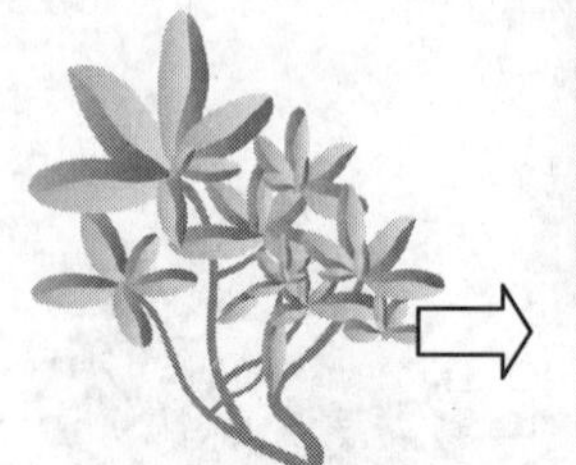

图 8-34 "基底凸现"滤镜

- "塑料效果"滤镜：通过使图形的暗调区域凸出、亮调区域凹陷，来得到类似于塑料包装的效果，如图 8-35 所示。使用该滤镜时还可以设置明暗程度、平滑度和光照方向。

- “影印”滤镜：通过对图形中大范围暗色区域的边缘进行复制来组成图像的整体轮廓，通过对远离纯黑或纯白色的中间色调用白色填充的方式模拟出复印图像的效果，如图 8-36 所示。使用该滤镜时还可以设置图形细节和暗度。

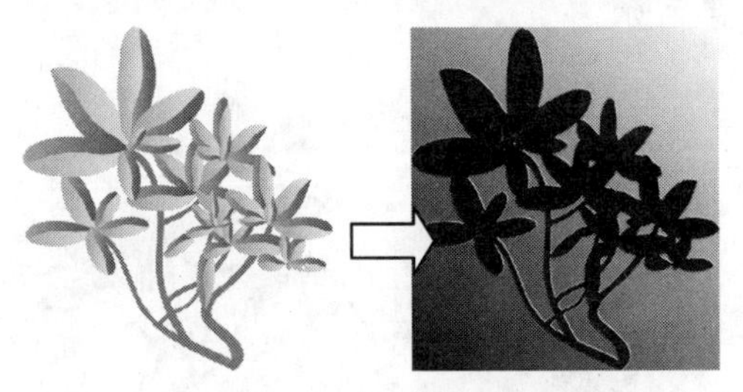

图 8-35　“塑料效果”滤镜

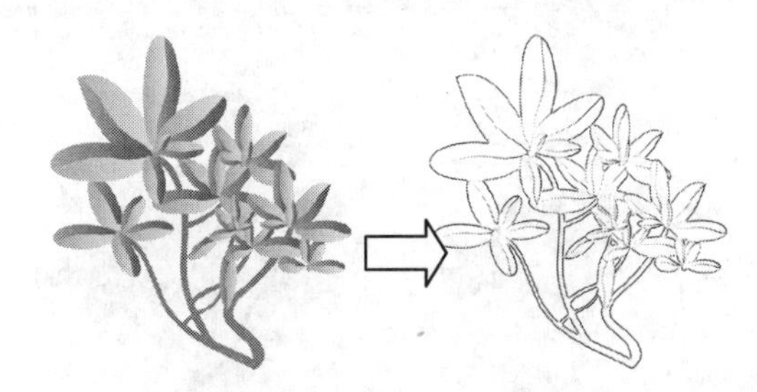

图 8-36　“影印”滤镜

- “撕边”滤镜：通过颜色粗糙边缘来模拟碎纸片的效果，如图 8-37 所示。使用该滤镜时还可以设置图像平衡色调、平滑度和对比度。
- “水彩画纸”滤镜：为图形添加类似在潮湿纤维纸上渗色涂抹，从而使颜色溢出并与纸张混合的效果，如图 8-38 所示。使用该滤镜时还可以设置纤维度、亮度和对比度。

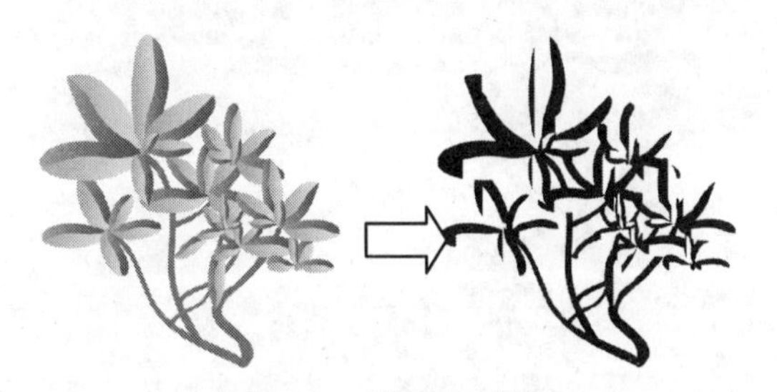

图 8-37　“撕边”滤镜

图 8-38　“水彩画纸”滤镜

- “炭笔”滤镜：利用黑色线条在白色背景上重新绘制图像来得到类似炭笔绘画的效果，如图 8-39 所示。使用该滤镜时还可以设置炭笔宽度、细节和明暗程度。
- “炭精笔”滤镜：为图形添加类似炭精笔绘制的效果，如图 8-40 所示。使用该滤镜时可指定前景色和背景色的色阶，并可设置纹理类型、纹理缩放程度、凹凸强度以及光照方向等。

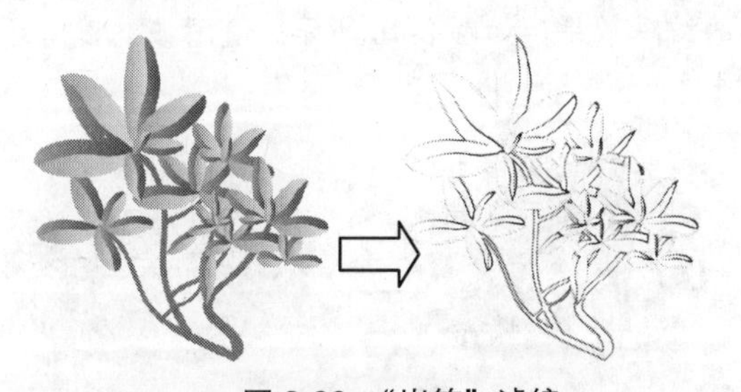

图 8-39　“炭笔”滤镜

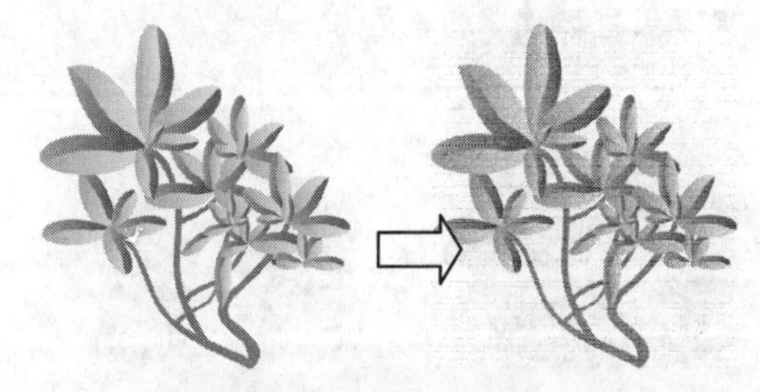

图 8-40　“炭精笔”滤镜

- “粉笔和炭笔”滤镜：在图形中用粗糙粉笔来绘制高光和中间调区域，用黑色炭笔来绘制暗调区域，从而得到特殊的图形效果，如图 8-41 所示，使用该滤镜时还可以设置粉笔范围、炭笔范围以及粉笔和炭笔的描边压力。

- “绘图笔”滤镜：通过利用精细的油墨直线条来描绘图形中的细节，来得到较为清晰的边缘，如图 8-42 所示，使用该滤镜时还可以设置描边长度、描边方向和明暗程度。
- “网状”滤镜：为图形添加透过网格在白色背景上绘制黑色图像的效果，如图 8-43 所示。使用该滤镜时还可以设置网格浓度、前景色阶和背景色阶。

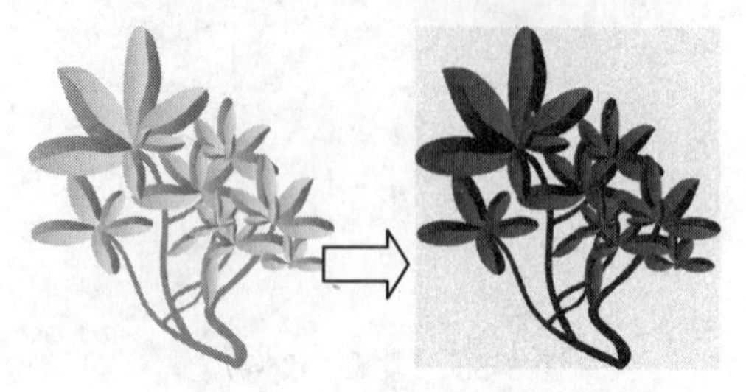

图 8-41 “粉笔和炭笔”滤镜

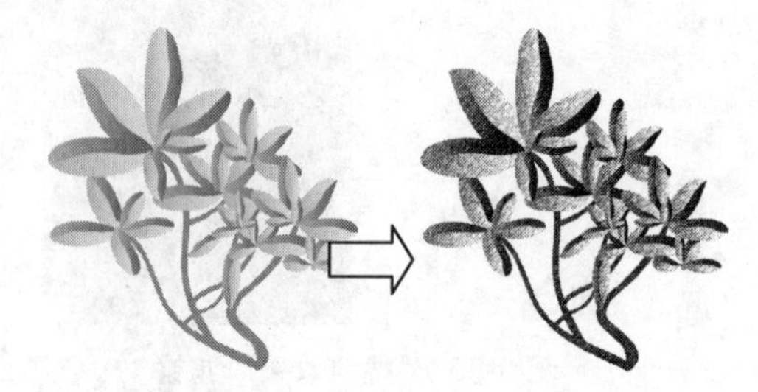

图 8-42 “绘图笔”滤镜

- “铬黄”滤镜：根据原图的明暗分布情况来产生磨光的金属效果，如图 8-44 所示。使用该滤镜时还可以设置原图中细节的保留程度以及生成的图形的平滑度。

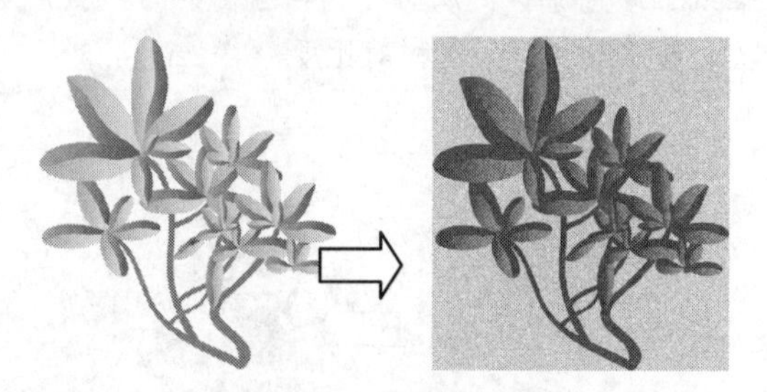

图 8-43 “网状”滤镜

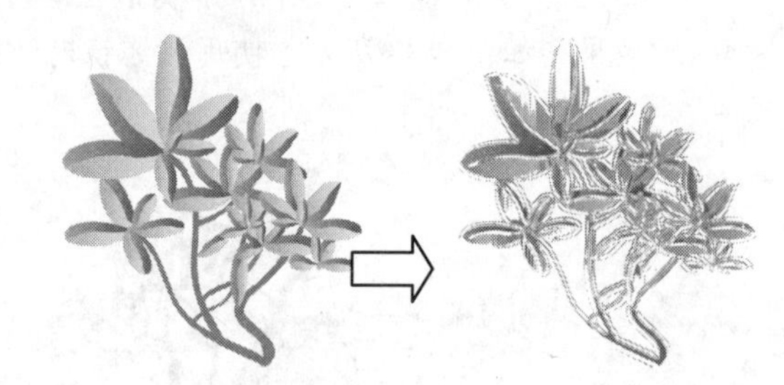

图 8-44 “铬黄”滤镜

8.2.6 “纹理”滤镜

“纹理”滤镜有 6 种，使用这些滤镜可为图形添加马赛克拼贴、龟裂缝等各种纹理效果。

- “拼缀图”滤镜：通过将图形分割成若干个小方块，并且使用每个方块中最显著的颜色来填充该方块，然后在方块与方块之间生成深色的缝隙，从而得到拼图效果，如图 8-45 所示。使用该滤镜时还可以设置方块大小和起伏程度。
- “染色玻璃”滤镜：为图形添加类似染色玻璃的纹理效果，如图 8-46 所示。使用该滤镜时还可以设置玻璃单元格的大小、边框粗细和光照强度。

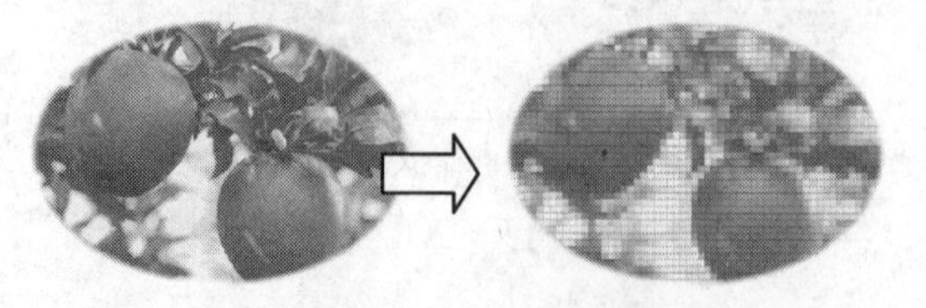

图 8-45 “拼缀图”滤镜

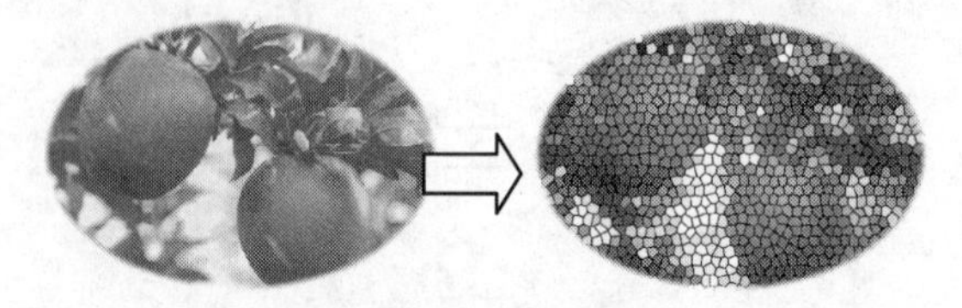

图 8-46 “染色玻璃”滤镜

- “纹理化”滤镜：为图形添加不同的纹理效果，如图 8-47 所示。使用该滤镜时还可以设置纹理类型、缩放程度、起伏程度和光照方向。
- “颗粒”滤镜：为图形添加颗粒不同的纹理效果，如图 8-48 所示。使用该滤镜时还可以设置颗粒类型、强度和对比度。

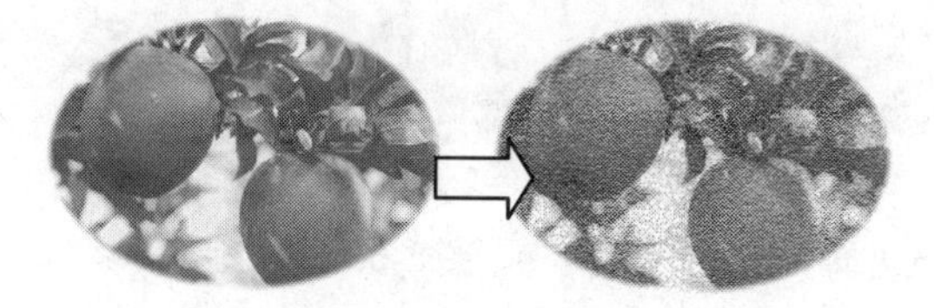

图8-47　“纹理化”滤镜

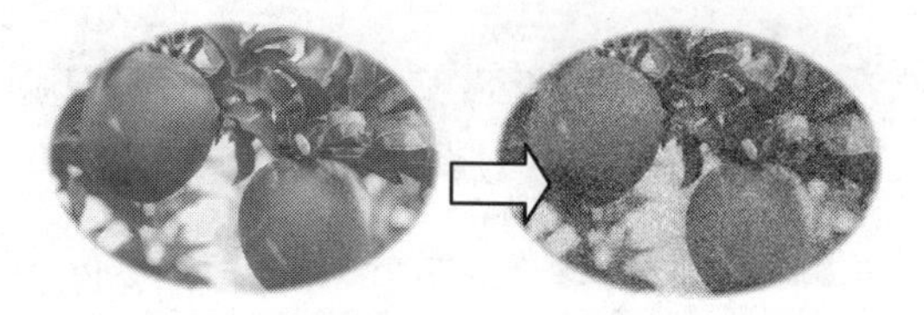

图8-48　“颗粒”滤镜

- “马赛克拼贴”滤镜：通过将图形分割成许多小块，并在小块之间添加深色的间隙，从而得到类似马赛克拼贴的效果，如图8-49所示。使用该滤镜时还可以设置缝隙宽度、亮度以及马赛克拼贴的大小。
- “龟裂缝”滤镜：通过沿着图形轮廓生成精细的纹理，得到类似在粗糙的石膏表面绘画的效果，如图8-50所示。使用该滤镜时还可以设置裂缝间距、深度和亮度。

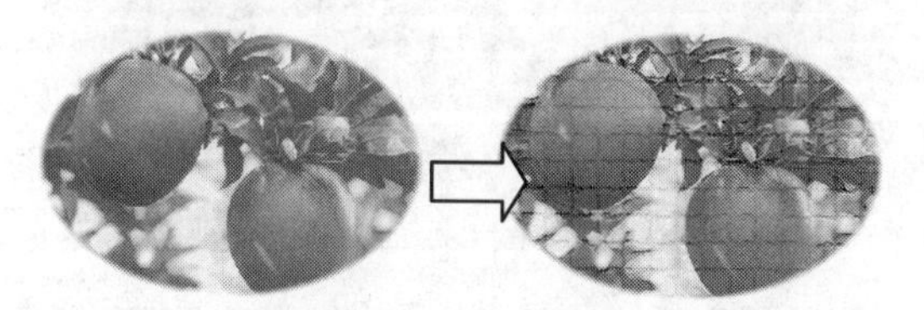

图8-49　“马赛克拼贴”滤镜

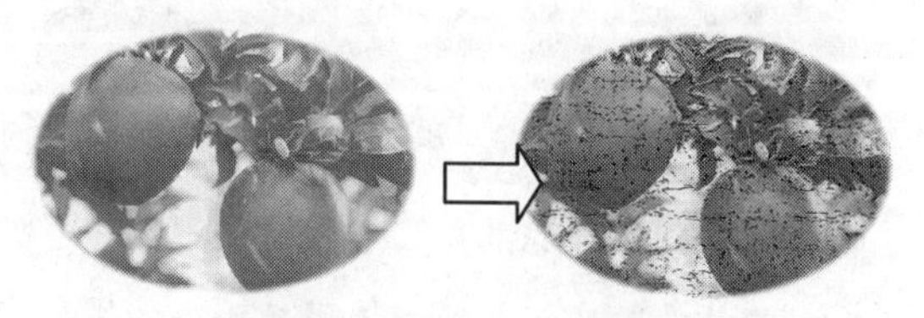

图8-50　“龟裂缝”滤镜

8.2.7　“艺术效果”滤镜

“艺术效果”滤镜有15种，使用这些滤镜可为图形添加塑料包装、壁画水彩等各种效果。

- “塑料包装”滤镜：使图形产生一种质感很强的塑料包装效果，如图8-51所示。使用该滤镜时还可以设置高光强度、细节范围和平滑度。
- “壁画”滤镜：通过使用许多短、圆且潦草的斑点绘制出风格粗犷的图形，从而得到类似古壁画的效果，如图8-52所示。使用该滤镜时还可以设置画笔大小、细节和纹理数量。
- “干画笔”滤镜：通过减少图形中的颜色来简化细节，从而得到类似干画笔绘制的图形效果，如图8-53所示。使用该滤镜时还可以设置画笔大小、细节和纹理的清晰度。

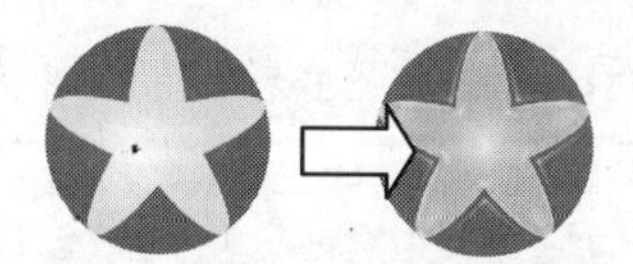

图8-51　“塑料包装”滤镜

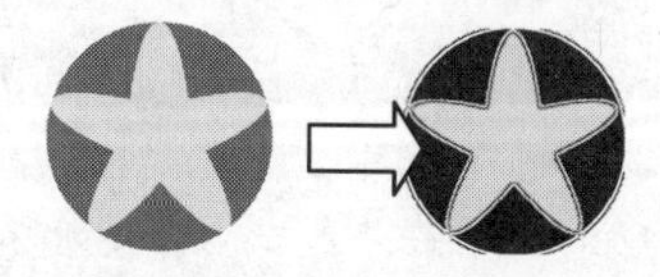

图8-52　“壁画”滤镜

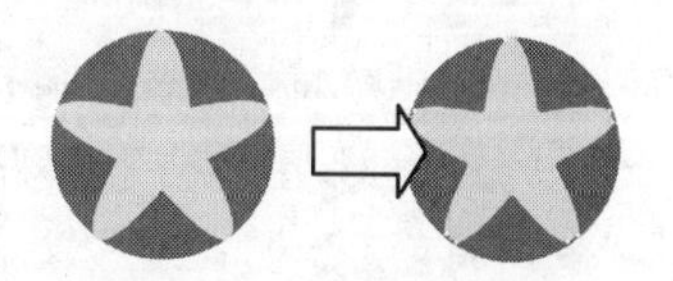

图8-53　“干画笔”滤镜

- “底纹效果”滤镜：根据图形中的纹理和颜色生成一种纹理喷绘的图形效果，如图8-54所示。使用该滤镜时还可以设置画笔大小和纹理范围等。
- “彩色铅笔”滤镜：在图形中模拟各种颜色的铅笔在纯色背景上绘制图形的效果，如图8-55所示。使用该滤镜时还可以设置铅笔宽度、描边和纸张亮度。
- “木刻”滤镜：通过用一种颜色代替图形中相近的颜色，以减少画面中原有的颜色，从而得到更为简化的图形效果，如图8-56所示。使用该滤镜时还可以设置色阶数量、边缘简化程度和边缘相似程度。

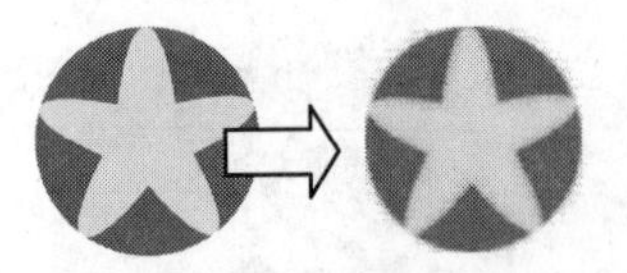

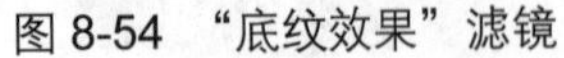

图 8-54 “底纹效果”滤镜

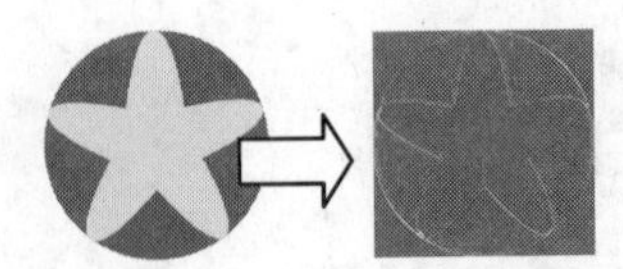

图 8-55 “彩色铅笔”滤镜

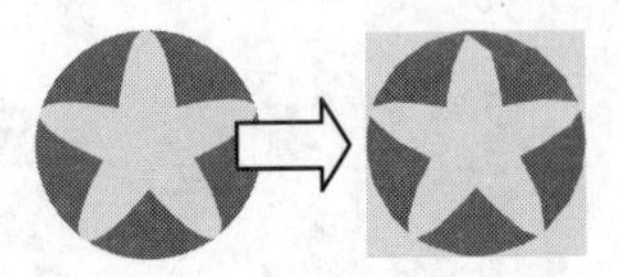

图 8-56 “木刻”滤镜

- “水彩”滤镜：通过改变图形边界的色调及饱和颜色，从而得到具有水彩风格的图形效果，如图 8-57 所示。使用该滤镜时还可以设置画笔细节、阴影强度和纹理强度。
- “海报边缘”滤镜：通过减少图形中的颜色，得到强化图形边缘并沿边缘填充黑色的外轮廓效果，如图 8-58 所示。使用该滤镜时还可以设置边缘厚度、强度等。
- “海绵”滤镜：通过创建具有对比颜色的纹理图形，得到类似海绵绘画的效果，如图 8-59 所示。使用该滤镜时还可以设置画笔大小、清晰度和平滑度。

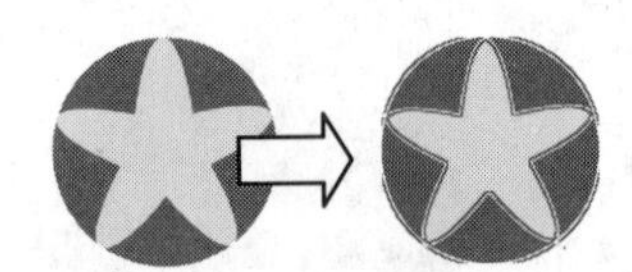

图 8-57 “水彩”滤镜

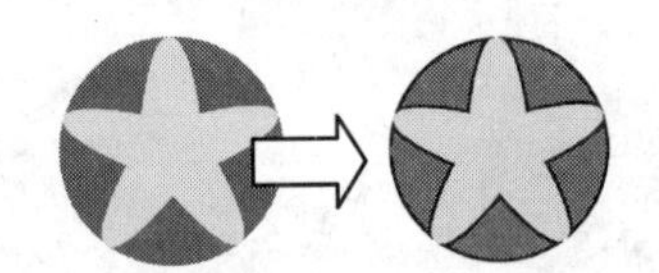

图 8-58 “海报边缘”滤镜

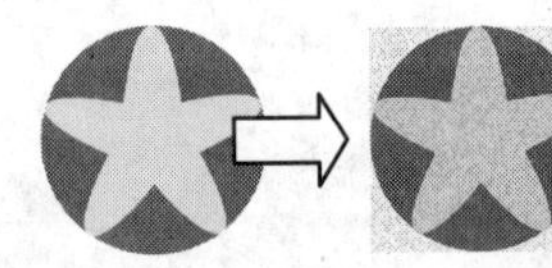

图 8-59 “海绵”滤镜

- “涂抹棒”滤镜：通过使用短而密的黑色线条涂抹图形较暗的区域，从而得到颜色更加柔和的图形效果，如图 8-60 所示。使用该滤镜时还可以设置描边长度、力度和高光范围。
- “粗糙蜡笔”滤镜：使图形产生彩色画笔在布满纹理的图形中描绘的效果，如图 8-61 所示。使用该滤镜时还可以设置描边长度、细节，选择纹理，设置纹理缩放程度、起伏程度和光照方向等。
- “绘画涂抹”滤镜：为图形添加涂抹绘画后的模糊艺术效果，如图 8-62 所示。使用该滤镜时还可以设置画笔类型、大小和锐化程度。

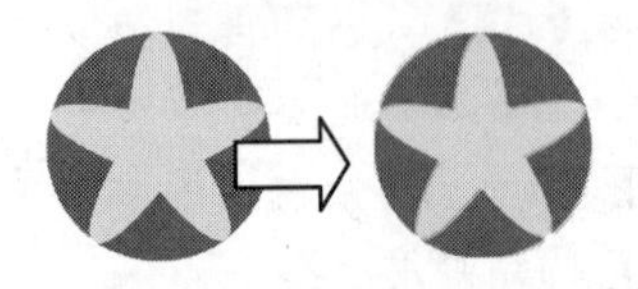

图 8-60 “涂抹棒”滤镜

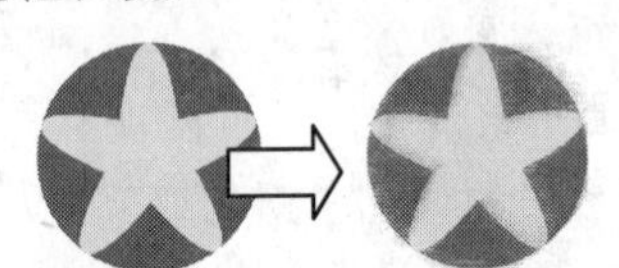

图 8-61 “粗糙蜡笔”滤镜

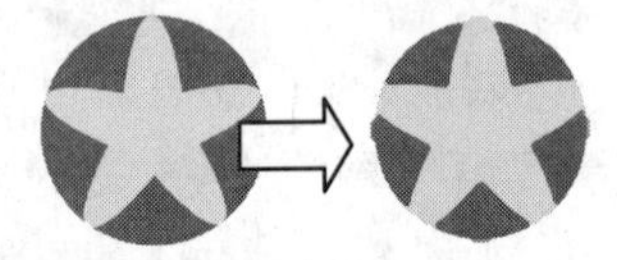

图 8-62 “绘画涂抹”滤镜

- “胶片颗粒”滤镜：通过在图形的暗色调与中间色调之间添加颗粒，从而得到色彩均匀的平衡效果，如图 8-63 所示。使用该滤镜时还可以设置颗粒、高光区域和明暗程度。
- “调色刀”滤镜：可以减少图形中的细节，具有简化图像的功能，如图 8-64 所示。使用该滤镜时还可以设置描边大小、细节和柔化程度。
- “霓虹灯光”滤镜：为图形添加类似霓虹灯发光的效果，如图 8-65 所示。使用该滤镜时还可以设置光源大小、发光亮度和发光颜色。

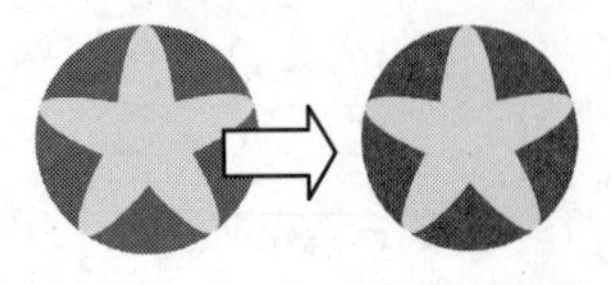

图 8-63 “胶片颗粒”滤镜

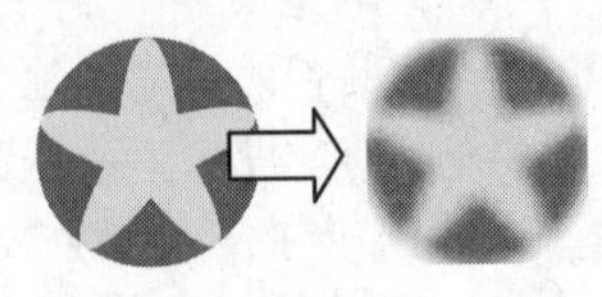

图 8-64 “调色刀”滤镜

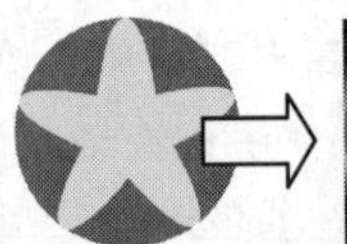

图 8-65 “霓虹灯光”滤镜

8.2.8 “视频”滤镜

“视频”滤镜有两种，使用这两种滤镜可按照视频图像的方法来处理图形。

- “NTSC 颜色”滤镜：可以将图形颜色限制在电视机能显示的范围内，从而防止颜色过度饱和，如图 8-66 所示。
- “逐行”滤镜：可以将图形中异常的交错线清除，从而使图像光滑，如图 8-67 所示，使用该滤镜时还可以设置消除范围。

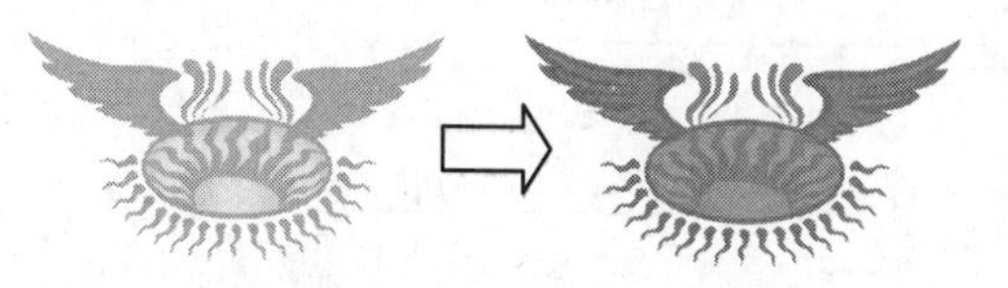

图 8-66 “NTSC 颜色”滤镜

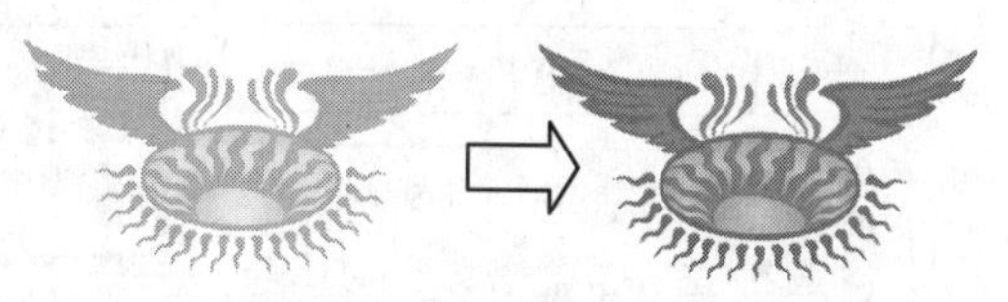

图 8-67 “逐行”滤镜

8.2.9 “锐化”滤镜

“锐化”滤镜只有一种，即“USM 锐化”滤镜。它通过为图形边缘添加轮廓锐化的效果，从而使模糊的图形变得清晰，如图 8-68 所示，使用时还可以设置锐化强度、半径和阈值。

图 8-68 “锐化”滤镜

8.2.10 “风格化”滤镜

“风格化”滤镜只有一种，即“照亮边缘”滤镜。它可以搜索图形中对比度较大的颜色边缘，并为此边缘添加类似霓虹灯发光的效果，如图 8-69 所示，使用时还可以设置边缘宽度、亮度和对比度。

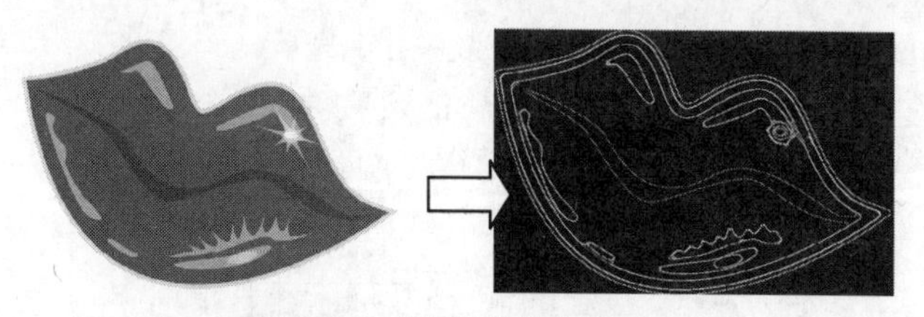

图 8-69 “照亮边缘”滤镜

8.3 外观与样式的应用

图形的外观是指在图形上应用的填充颜色、描边颜色、面板粗细、透明度和效果等各种属性的总称，而样式则是已经设计好的一种外观。下面详细介绍在 Illustrator 中应用外观和样式的方法。

8.3.1 使用“外观”面板

利用“外观”面板可以查看与更改图形的外观属性，选择【窗口】/【外观】命令或按“Shift+F6”组合键将打开“外观”面板。当选择了某个图形对象后，“外观”面板便会显示该图形的所有外观属性，如图 8-70 所示。双击面板中已有的某个外观属性，可重新对其进行编辑设置，从而快速地为所选图形设置新的外观。

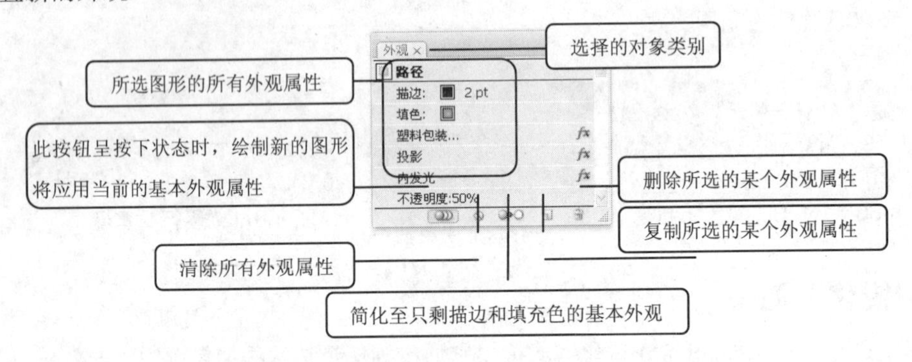

图 8-70 “外观”面板

8.3.2 使用“图形样式”面板

Illustrator 提过了大量的预设样式，选择【窗口】/【图形样式】命令或按“Shift+F5”组合键便可打开“图形样式”面板。通过它并结合“外观”面板可以为图形打造各种精美的样式。

【例 8-1】为骆驼图形应用预设样式并适当修改。

所用素材：素材文件\第 8 章\骆驼.ai　　**完成效果**：效果文件\第 8 章\骆驼.ai

Step 1：打开“骆驼.ai”文件，选择其中的骆驼图形，如图 8-71 所示。

Step 2：打开“图形样式”面板，单击面板下方的 按钮，在弹出的下拉列表中选择“3D 效果”选项，如图 8-72 所示。

Step 3：打开“3D 效果”面板，选择“3D 效果 1”选项，如图 8-73 所示。

Step 4：此时所选骆驼图形便应用了相应的 3D 效果样式，如图 8-74 所示。

图 8-71 选择图形

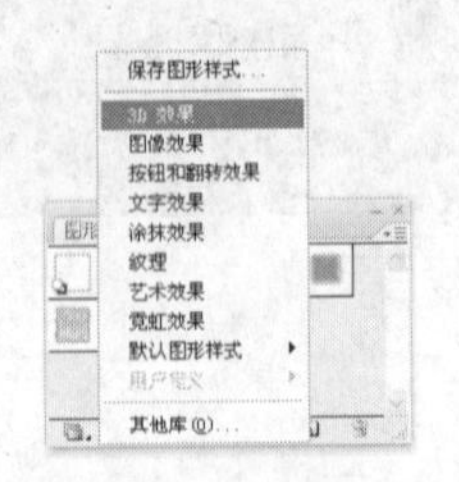

图 8-72 选择样式库

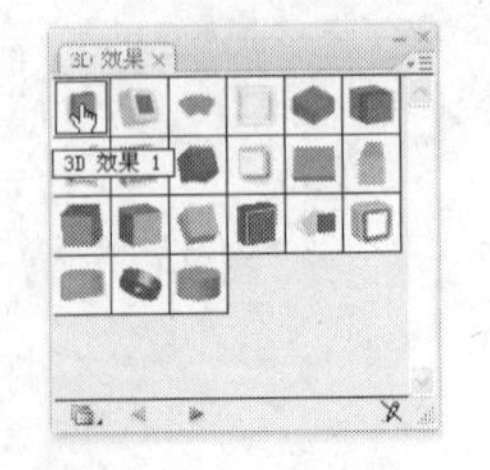

图 8-73 选择样式

图 8-74 应用样式

Step 5：打开“外观”面板，其中显示了所选样式的所有外观属性。选择“投影”选项，然后单击面板下方的 按钮将该外观属性删除，如图 8-75 所示。

Step 6：此时选择的骆驼图形中的阴影效果便被删除了，如图 8-76 所示。

Step 7：选择“外观”面板中的“填色”选项，然后在“颜色”面板中重新设置颜色，如图 8-77 所示。

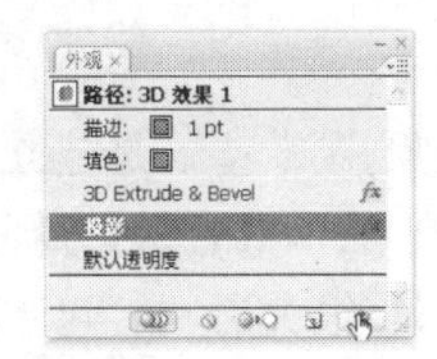

图 8-75　删除“投影”

图 8-76　删除后的效果

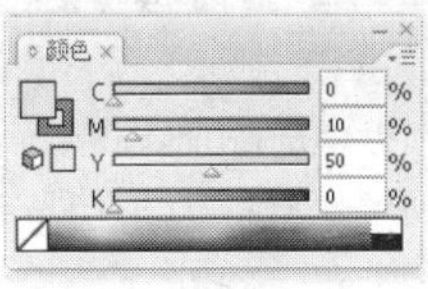

图 8-77　重新设置填充颜色

Step 8：选择“外观”面板中的“描边”选项，然后在“颜色”面板中修改颜色，如图 8-78 所示。

Step 9：完成样式的修改后，得到如图 8-79 所示的最终效果。

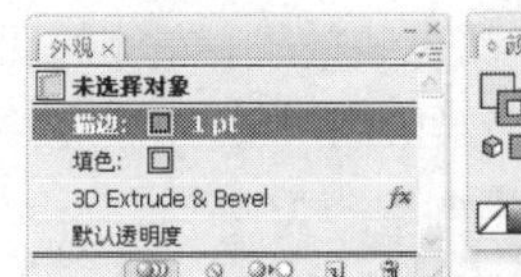

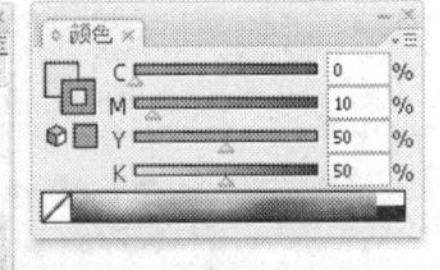

图 8-78　更改描边颜色

图 8-79　最终效果

提示：Illustrator 允许自定义样式。首先绘制图形并为图形应用各种外观属性，然后选择该图形，在“图形样式”面板右上角的下拉列表中选择“新建图形样式”选项，最后在打开的对话框中定义该样式的名称并创建样式。

8.4 效果的应用

效果的使用方法不仅与滤镜相同，而且应用同一个效果和滤镜时，得到的图形效果在大部分情况下是相同的，因此许多初学者认为效果实际上就是滤镜。

其实效果和滤镜是完全不同的两种功能。效果是实时的，为对象应用效果后，可通过“外观”面板随时修改效果选项。应用滤镜的则是底层对象，一旦为图形应用滤镜，就无法对滤镜进行更改。图 8-80 所示为分别应用了“收缩和膨胀”效果和“收缩和膨胀”滤镜的图形，虽然得到的图形相同，但从中可以看到应用了效果的图形不仅形状发生了变化，而且保留了原始的锚点和路径状态，而应用了滤镜的图形则根据得到的图形创建了新的锚点和路径。

“收缩和膨胀”效果

“伸缩和膨胀”滤镜

图 8-80　应用效果和滤镜后图形的锚点和路径情况

提示：为图形应用效果后，选择【对象】/【扩展外观】命令可扩展效果，从而得到与滤镜一样的锚点。

8.5 应用实践——绘制产品包装图

包装是品牌理念、产品特性以及消费心理的综合反映，它可以影响消费者的购买欲望，是建立产品亲和力的有力手段，并且在生产、销售和消费领域中都发挥着极其重要的作用。除了具有保护商品、方便使用、方便运输等基本功能外，精美的包装对促进销售、提高产品附加值都有很大影响。包装设计是以商品的保护、使用和促销为目的，将科学的、社会的、艺术的、心理的诸多要素综合起来的一门专业设计学科。在设计产品包装图时，除了应考虑将商标、图形、文字和色彩等元素有机地组合起来之外，还应考虑该产品包装的材料要素。不同材料的表面还是或表面形状将直接影响商品包装的最佳效果。无论是纸类材料、塑料材料、玻璃材料、金属材料、陶瓷材料还是竹木材料等，通过合理的设计才能给消费者以美观的享受。图 8-81 所示为两种不同材料的产品包装效果，左侧的图片为金属包装材料，更强调画面的质感；右侧的图片为塑料包装材料，更强调画面的平顺与光泽度。

图 8-81　金属包装材料与塑料包装材料的产品包装图样品

本例将通过绘制如图 8-82 所示的有关茶叶外包装盒的效果图为例，介绍产品包装盒的设计方法，相关要求如下。

- 包装图材料：纸质材料。
- 包装图构成：由正面、两个侧面、背面、顶部、底部以及其他粘合部分共同组成。
- 包装图要求：包装盒需体现产品名称、类别、介绍、使用方法、贮存方法、公司名称、等级和重量等。
- 制作要求：整体以淡黄色为基调，通过运用效果、滤镜和样式等手段体现中国风的感觉。

所用素材：素材文件\第 8 章\茶山.ai
完成效果：效果文件\第 8 章\产品包装图.ai
视频演示：第 8 章\应用实践\绘制产品包装图.swf

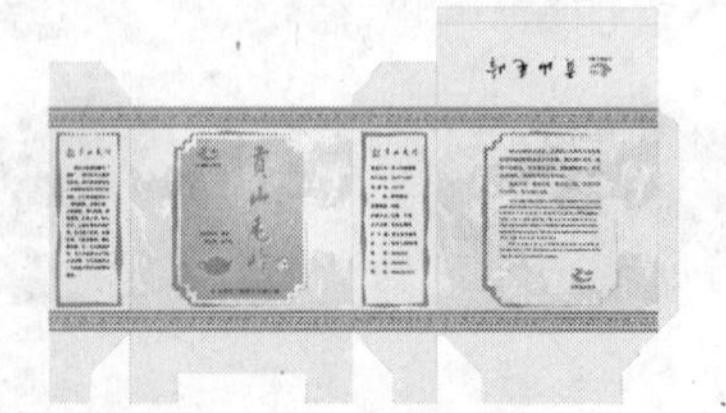

图 8-82　制作的包装图效果

8.5.1　包装设计的构图要素

包装设计的构图要素包括商标、图形、文字和色彩等，只要这些要素运用得当、美观，那么设计出来的作品就是优秀的作品。下面简要地对这几种要素的设计理念进行介绍。

- 商标设计。商标一般可分为文字商标、图形商标以及文字和图形相结合的商标 3 种形式。它是企业的象征，其特点由其功能和形式决定，设计重点在于如何将丰富的内容以最为简洁、概括的方式来处理。
- 图形设计。图形作为设计的语言，就是要把内在、外在的构成因素表现出来，以视觉形象的形式把信息传达给消费者。图形就其表现形式可分为实物图形和装饰图形。实物图形可采用绘画和摄影写真等方式来表现。装饰图形分为具体和抽象两种表现手法，具体图形是指以人物、风景、动物或植物的纹样作为包装的象征性图形；抽象图形多用于写意。一般来讲，具体图形与抽象图形在包装设计中都并非孤立存在的，两者可以相互结合使用。
- 色彩设计。色彩设计在包装设计中占据重要的位置，它以人们的联想和对色彩的使用习惯为依据，高度夸张和变色是包装艺术的一种手段。包装设计中的色彩要求醒目，对比强烈，有较强的吸引力和竞争力，以引起消费者的购买欲望。
- 文字设计。文字是传达思想、交流感情和信息、表达某一主题内容的符号。商品包装上的牌号、品名、说明文字、广告文字以及生产厂家、公司或经销单位等文字都应该体现出来，并且要结合产品自身对文字样式进行处理，使其融入到整个包装体系中。

8.5.2　产品包装图的创意分析与设计思路

为了突出产品与消费者的利益共同点，对消费者形成较直观的冲击，进而加深消费者对产品和企业的印象，并且提高其购买欲望，下面对本例将要设计的茶叶包装图进行以下一些分析。

- 茶叶产品（特别是绿茶产品）的外包装可以考虑以清新淡雅的整体风格来表现，这其中包括整体颜色以及包装盒上的各种图形元素。
- 茶叶在产品中属于食品，因此包装盒上必须出现饮用、贮存等与食品相关的必备信息。

本例的设计思路如图 8-83 所示，具体设计如下。

（1）使用各种绘图工具绘制包装盒的各个组成部分。

（2）制作包装盒的花边元素。

（3）按包装盒的不同区域依次设计各部分的内容。

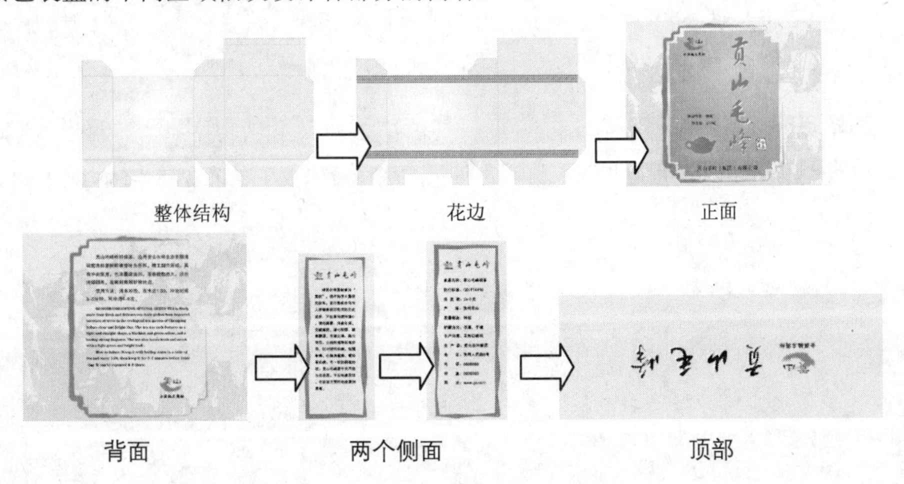

图 8-83　产品包装盒的绘制思路

8.5.3　制作过程

1. 绘制包装盒的整体结构

Step 1：新建空白文件，利用“矩形工具”▭分别绘制一个无填充的矩形和一个无填充的正方形，并且设置描边颜色为“黑色”，描边粗细为“0.003pt”，然后将其并列排放，如图8-84所示。

Step 2：复制两个图形，再次并列排放，如图8-85所示。

图8-84　绘制矩形和正方形　　图8-85　复制矩形和正方形

Step 3：利用“钢笔工具”✒绘制一个梯形，并将其放在图形右侧，如图8-86所示。

Step 4：选择所有图形，按“Ctrl+8”组合键创建复合路径，如图8-87所示。

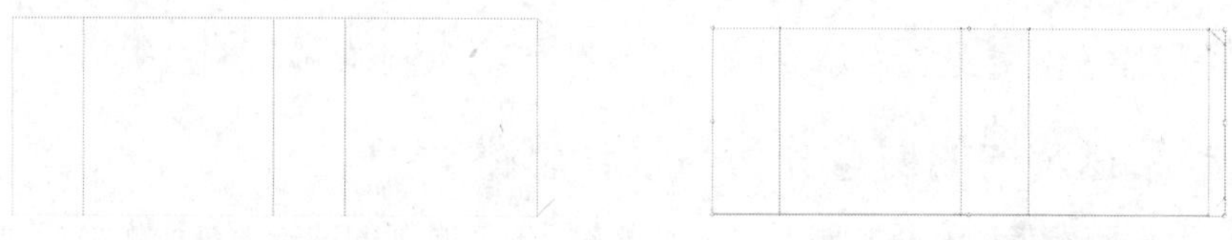

图8-86　绘制梯形　　图8-87　创建复合路径

Step 5：为图形填充径向渐变效果，其中从左到右的两个渐变滑块的位置和颜色依次为0%和（C=0,M=0,Y=100,K=0）、70%和（C=0,M=5,Y=40,K=0），并且利用“渐变工具”将径向中心设置在左侧的正方形上，如图8-88所示。

Step 6：利用“钢笔工具”绘制如图8-89所示的两个图形，并设置填充颜色为（C=0,M=5,Y=40,K=0）。

图8-88　填充渐变效果

图8-89　绘制图形

Step 7：绘制其他图形，并为其填充相同的颜色，这样便完成了包装盒整体结构的绘制，如图8-90所示。

图8-90　包装盒整体结构

2. 绘制包装盒的花边

Step 1：绘制无边框矩形，并设置填充颜色为（C=60,M=50,Y=85,K=0），然后将其放置在如图 8-91 所示的位置。

Step 2：将绘制的矩形复制 3 个，并根据包装盒的大小进行调整，效果如图 8-92 所示。

Step 3：将 4 个矩形垂直复制到下方，如图 8-93 所示。

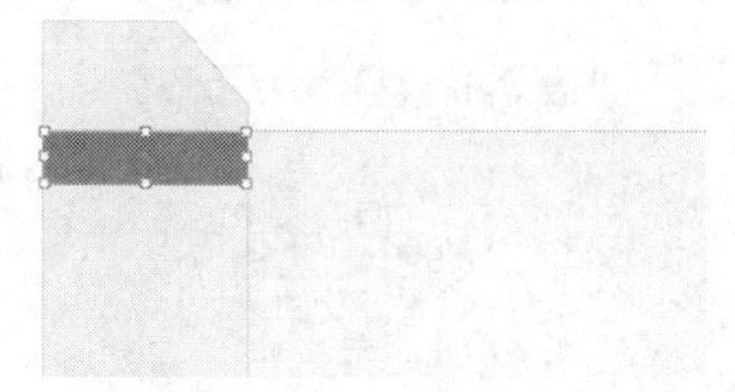

图 8-91　绘制矩形

图 8-92　复制并调整矩形

图 8-93　复制矩形

Step 4：利用“钢笔工具”和“直接选择工具”绘制如图 8-94 所示的无边框图形，并设置填充颜色为（C=0,M=5,Y=40,K=0）。

Step 5：复制并旋转绘制的图形，然后将其放置在原图形的右侧并令其与原图形处于同一水平线，如图 8-95 所示。

Step 6：在图形上、下两侧各绘制一个与图形颜色相同的矩形，如图 8-96 所示。

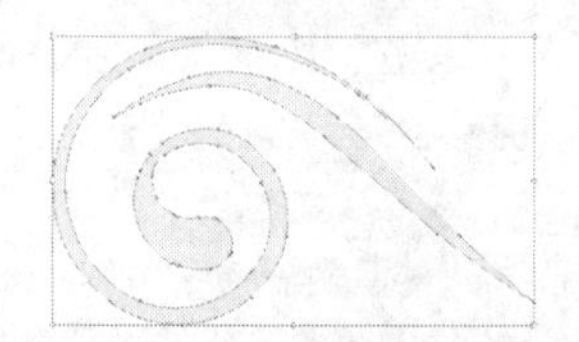

图 8-94　绘制图形

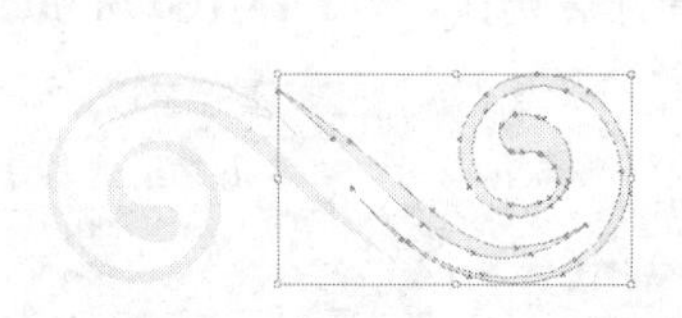

图 8-95　复制并旋转图形

图 8-96　绘制两个矩形

Step 7：将绘制的图形编组，并放置到如图 8-97 所示的位置。

Step 8：水平复制编组图形，并将其无空隙地排列在如图 8-98 所示的位置。

图 8-97　编组并移动图形

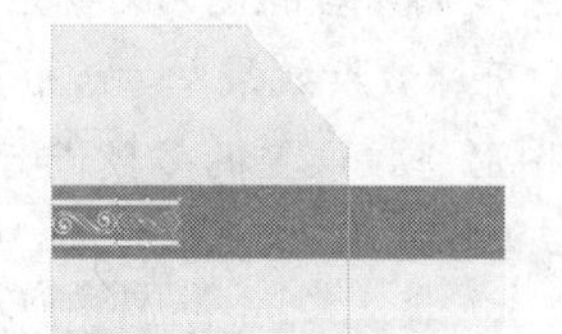

图 8-98　复制图形

Step 9：按多次“Ctrl+D”组合键重复复制操作，得到如图 8-99 所示的效果。

Step 10：将所有图形垂直复制到下方，这样便完成了花边的绘制，如图 8-100 所示。

图 8-99　重复复制图形

图 8-100　垂直复制图形

3. 绘制包装盒正面的“屏风”图形

Step 1：绘制 3 个无填充矩形，将描边颜色设置为（C=60,M=50,Y=85,K=0），并按如图 8-101 所示的位置排列。

Step 2：选择 3 个矩形，利用路径查找器取得合并后的图形，效果如图 8-102 所示。

Step 3：通过“图形样式”面板打开“艺术效果”面板，然后为合并后的图形应用如图 8-103 所示的“画笔”艺术效果样式。

图 8-101　绘制矩形

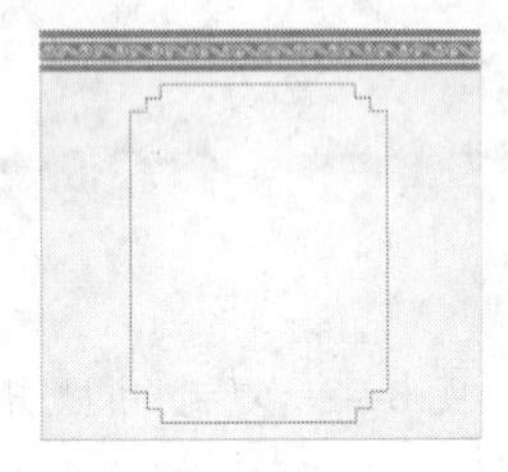

图 8-102　合并矩形

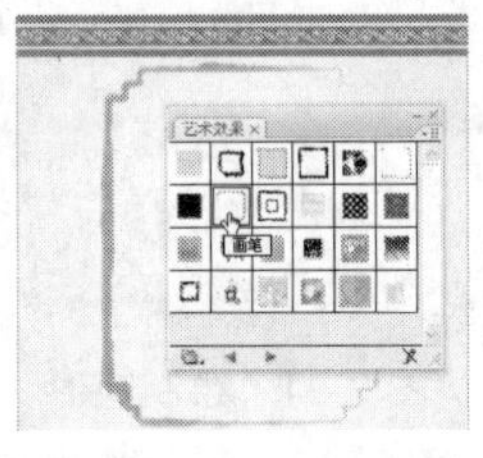

图 8-103　应用样式

Step 4：通过“外观”面板（见图 8-104）将所有描边的颜色设置为（C=60,M=50,Y=85,K=0）”。

Step 5：通过偏移路径将图形按偏移量为“-1mm”进行偏移，如图 8-105 所示。

Step 6：取消偏移得到的图形的描边颜色，并为其填充径向渐变效果。其中从左到右的两个渐变滑块的位置和颜色依次为 0%和（C=10,M=5,Y=50,K=0）、70%和（C=60,M=50,Y=85,K=0），然后利用渐变工具将径向中心设置在左侧的正方形上，如图 8-106 所示。

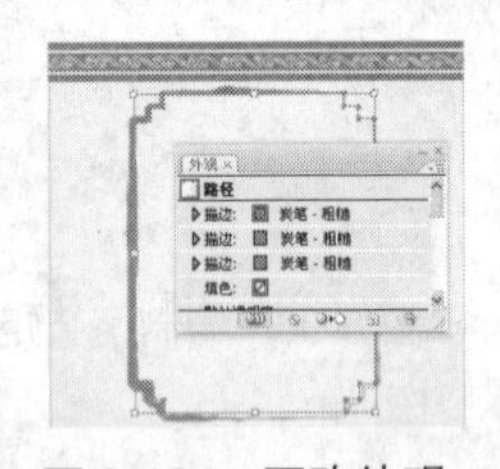

图 8-104　更改外观

图 8-105　偏移路径

图 8-106　填充渐变效果

Step 7：选择偏移后的图形，然后选择【滤镜】/【扭曲】/【波纹效果】命令，如图 8-107 所示。

Step 8：打开“波纹效果”对话框，按如图 8-108 所示的参数进行设置，然后单击 确定 按钮。

Step 9：图形将按设置的参数进行扭曲，效果如图 8-109 所示。

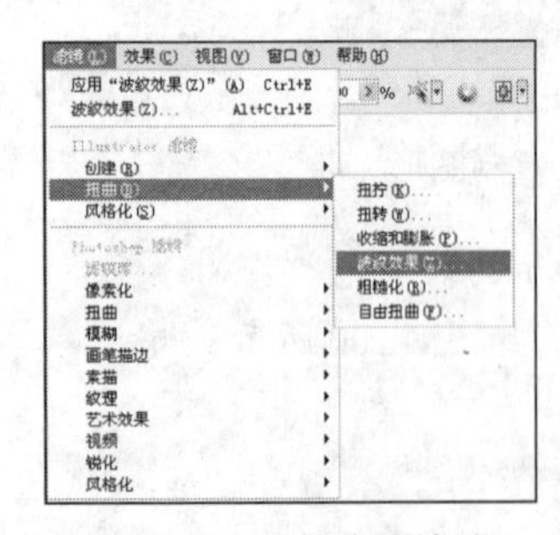

图 8-107　选择滤镜效果

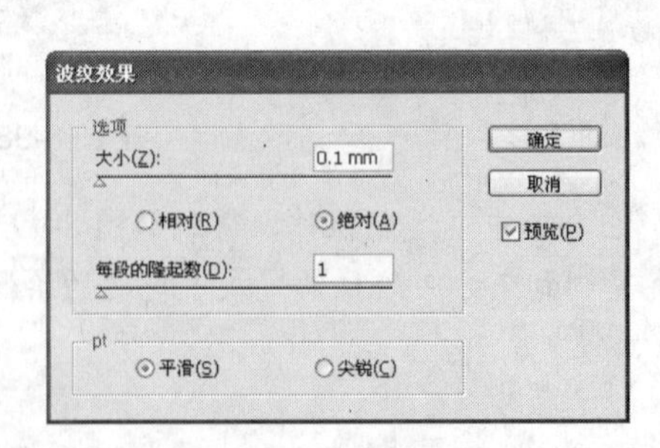

图 8-108　设置参数

图 8-109　“扭曲”滤镜效果

4. 制作包装盒正面的背景和产品名称

Step 1：导入提供的“茶山.ai”文件中的图形，调整图形的大小后将其移到如图 8-110 所示的位置。

Step 2：将图形的不透明度设置为“10%”，如图 8-111 所示。

Step 3：输入“贡山毛峰”，设置文字方向为垂直，将字体格式设置为“方正黄草简体”，字号为“34pt”、字符间距为“-150”、颜色为（C=60,M=50,Y=85,K=0），如图 8-112 所示。

Step 4：复制文字，并将颜色设置为“白色”。按“Ctrl+[”组合键下移一层，然后适当调整其位置，以作为上层文字的阴影，如图 8-113 所示。

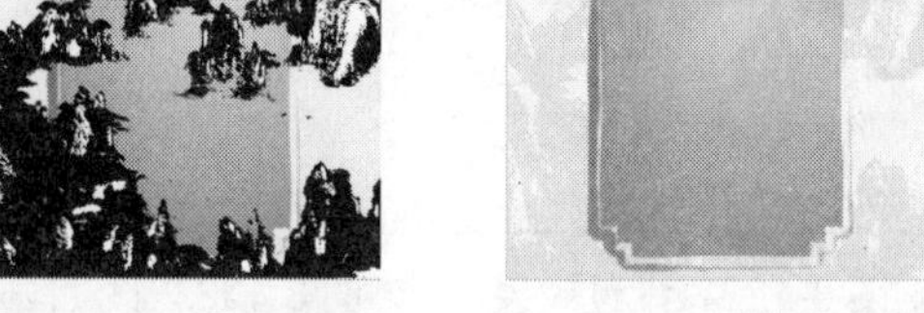

图 8-110　导入图形　　图 8-111　设置不透明度　　图 8-112　输入并设置文字　　图 8-113　复制文字

5. 制作包装盒正面的商标

Step 1：绘制无填充的椭圆，并将描边颜色设置为（C=60,M=50,Y=85,K=0），粗细设置为“0.55pt”，如图 8-114 所示。

Step 2：为椭圆应用如图 8-115 所示的艺术效果。

Step 3：通过“外观”面板将最外层描边颜色更改为（C=60,M=50,Y=85,K=0），如图 8-116 所示。

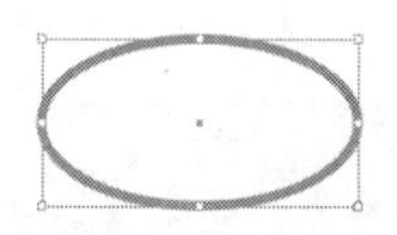

图 8-114　绘制椭圆

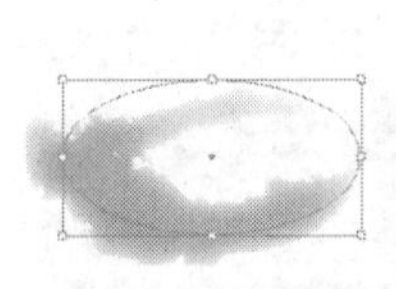
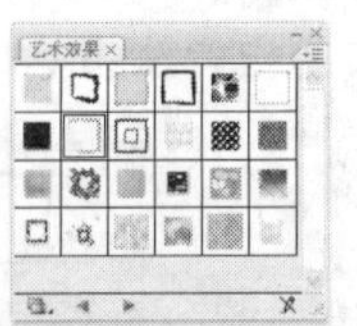

图 8-115　应用效果

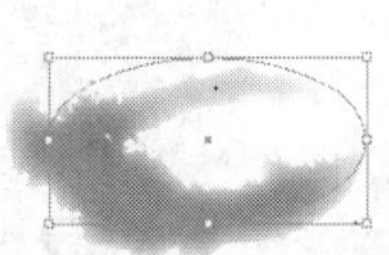

图 8-116　更改外观

Step 4：输入文字“贡山”，将文字格式设置为方正古隶简体、9pt、黑色，并放在应用了样式的椭圆上，如图 8-117 所示。

Step 5：输入文字“全国驰名商标”，将文字格式设置为方正北魏楷书简体、4pt、黑色，并放在应用了样式的椭圆下方，如图 8-118 所示。

Step 6：选择 3 个图形，然后按“Ctrl+G”组合键编组，并将其移动到如图 8-119 所示的位置。

图 8-117　输入并设置文字 1

图 8-118　输入并设置文字 2

图 8-119　编组并移动图形

6. 制作包装盒正面的茶壶

Step 1：利用“钢笔工具”和“直接选择工具”绘制茶壶图形，无边框，填充颜色设置为（C=60,M=50,Y=85,K=0），从而得到如图 8-120 所示的最终效果。

Step 2：选择茶壶图形，然后选择【效果】/【风格化】/【外发光】命令，如图 8-121 所示。

Step 3：打开“外发光”对话框，将模式设置为“滤色”，颜色设置为“白色”，然后单击 确定 按钮，如图 8-122 所示。

Step 4：将茶壶图形移动到如图 8-123 所示的位置。

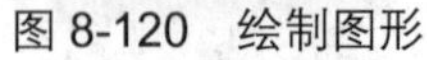

图 8-120　绘制图形

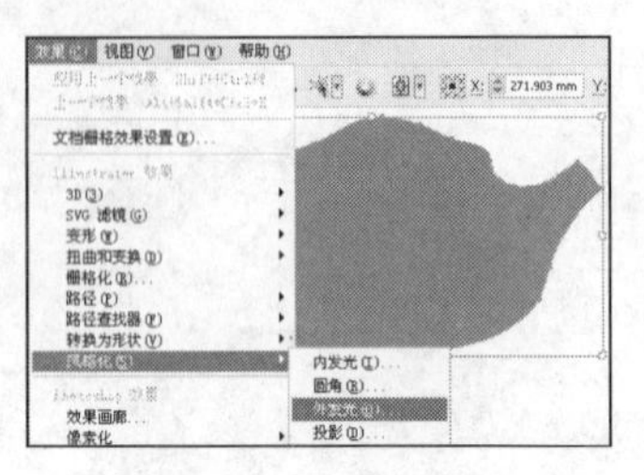

图 8-121　应用效果

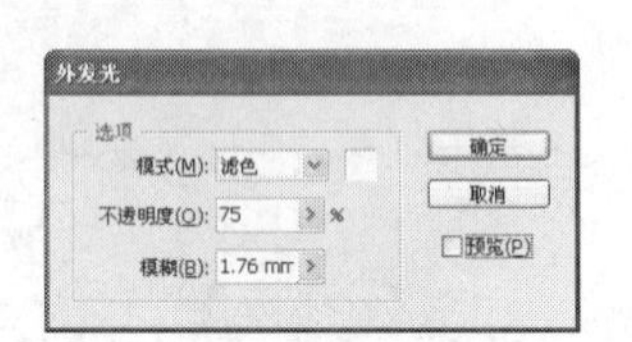

图 8-122　设置效果

图 8-123　移动图形

7. 制作包装盒正面的其他元素

Step 1：绘制红色的无填充矩形，并设置描边粗细为“0.5pt”，如图 8-124 所示。

Step 2：输入“优质绿茶”文字，设置文字格式为方正启体简体、4.5pt，然后为文字创建轮廓，并取消编组，将文字按如图 8-125 所示的位置放置。

Step 3：选择矩形，然后选择【滤镜】/【扭曲】/【扭拧】命令，在打开的对话框中按如图 8-126 所示的参数进行设置，设置完后单击 确定 按钮。

Step 4：将应用了滤镜的矩形与文字进行编组，如图 8-127 所示。

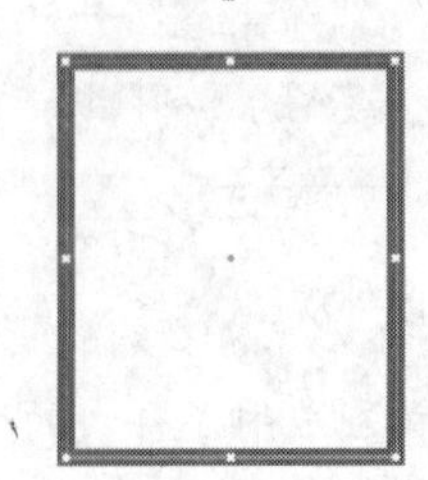

图 8-124　绘制矩形

图 8-125　轮廓化文字

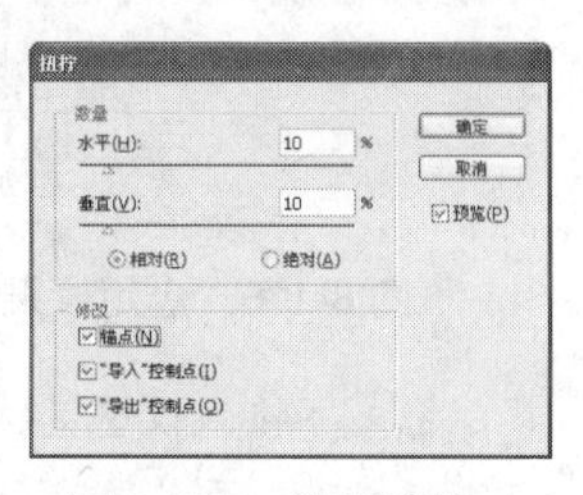

图 8-126　设置滤镜

图 8-127　编组图形

Step 5：将编组的图形移动到如图 8-128 所示的位置。

Step 6：输入质量等级和净含量信息，并设置文字格式为方正粗宋简体、3.5pt，如图 8-129 所示。

Step 7：输入公司名称，设置文字格式为方正黑体简体、5pt，如图 8-130 所示。

图 8-128　移动编组图形

图 8-129　输入并设置文字 1

图 8-130　输入并设置文字 2

8. 制作包装盒背面的内容

Step 1：将包装盒正面的屏风图形和背景图形复制到包装盒的背面，如图 8-131 所示。

Step 2：输入茶叶特点介绍和饮用方法等信息的区域文字，并设置中文格式为方正黑体简体、4pt、英文格式为方正粗宋简体、3pt，如图 8-132 所示。

Step 3：复制前面制作的商标，并将其放置到如图 8-133 所示的位置。

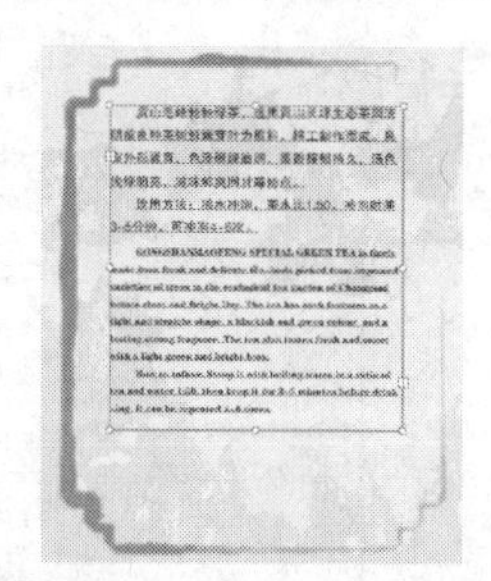

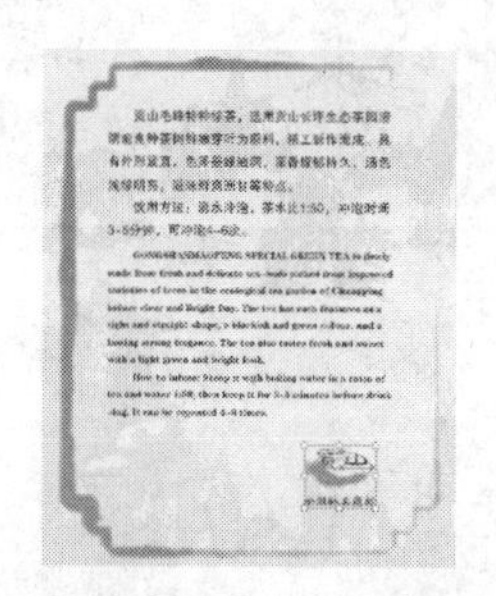

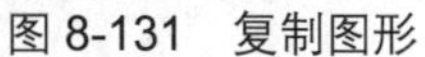

图 8-131　复制图形　　图 8-132　输入并设置文字 3　　图 8-133　复制商标图形

9. 绘制包装盒其他区域的图形

Step 1：绘制无填充矩形，为其应用如图 8-134 所示的艺术效果样式。

Step 2：通过“外观”面板将描边颜色更改为（C=60,M=50,Y=85,K=0），如图 8-135 所示。

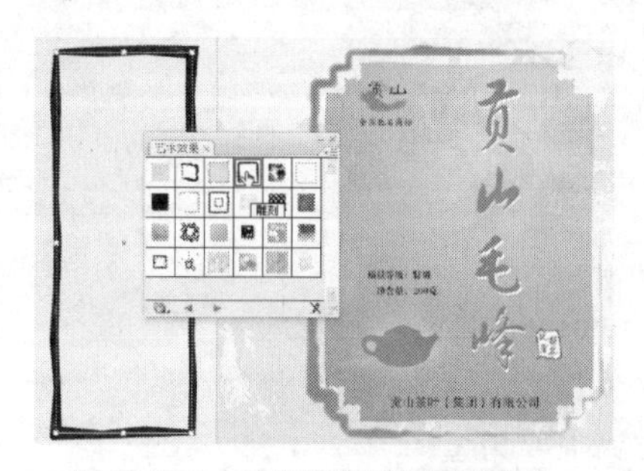

图 8-134　绘制图形并应用样式

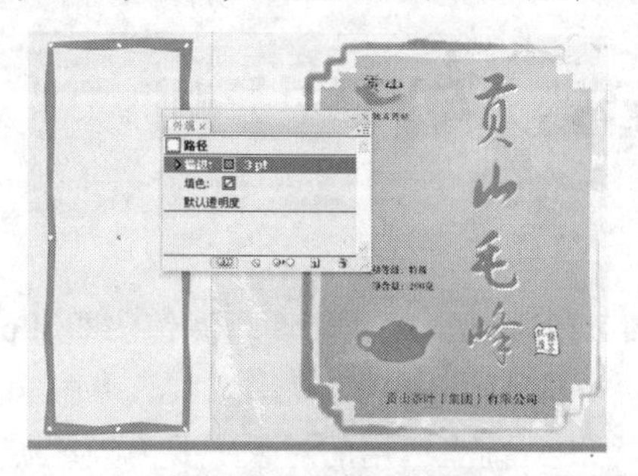

图 8-135　更改外观

Step 3：复制商标图形，并将其放置到如图 8-136 所示的位置。

Step 4：输入“贡山毛峰”文字，并设置文字格式为方正黄草简体、8pt，如图 8-137 所示。

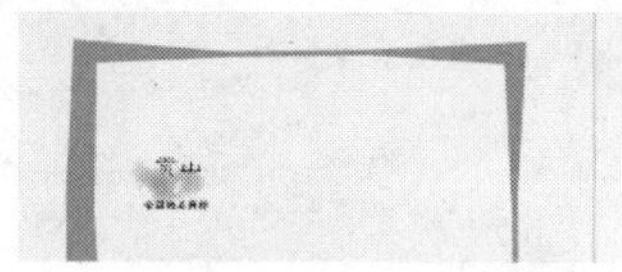

图 8-136　复制商标

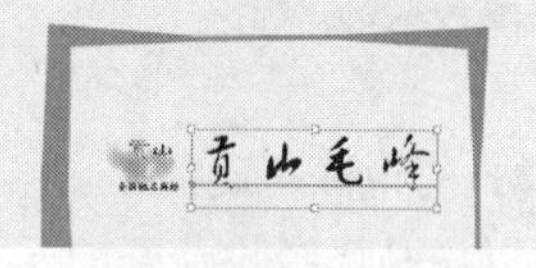

图 8-137　输入并设置文字 1

Step 5：输入有关绿茶功效的区域文字，并设置文字格式为方正黑体简体、3.5pt，如图 8-138 所示。

Step 6：将矩形、商标和产品名称复制到包装盒的另一个侧面中，如图 8-139 所示。

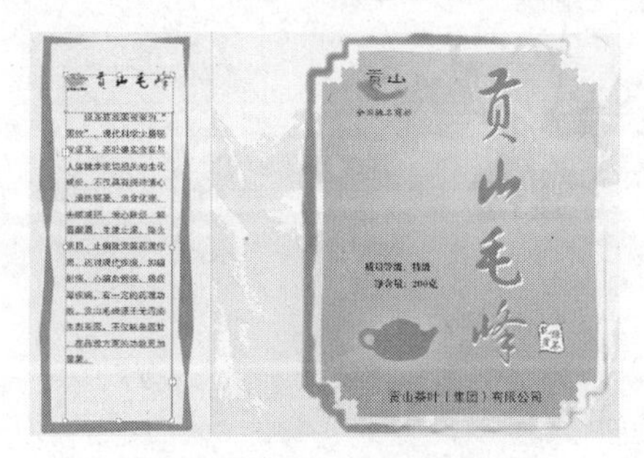

图 8-138　输入并设置文字 2

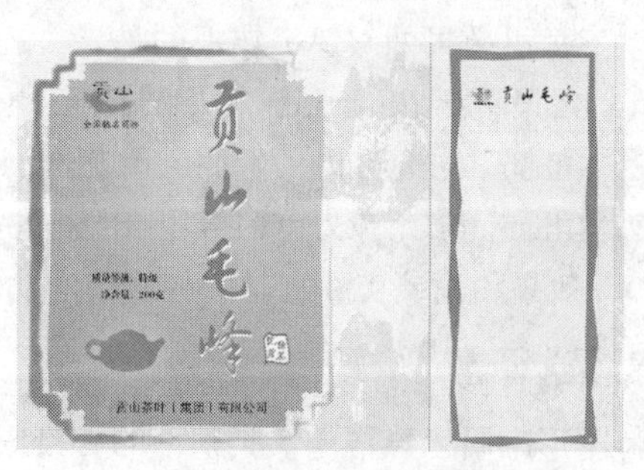

图 8-139　复制图形和文字

Step 7：输入产品的各种辅助信息，并设置文字格式为方正黑体简体、3.5pt，如图 8-140 所示。

Step 8：将商标和产品名称复制到包装盒顶部，然后适当放大对象，如图 8-141 所示。

Step 9：将对象旋转 180°，如图 8-142 所示。最后保存设置即可完成本例制作

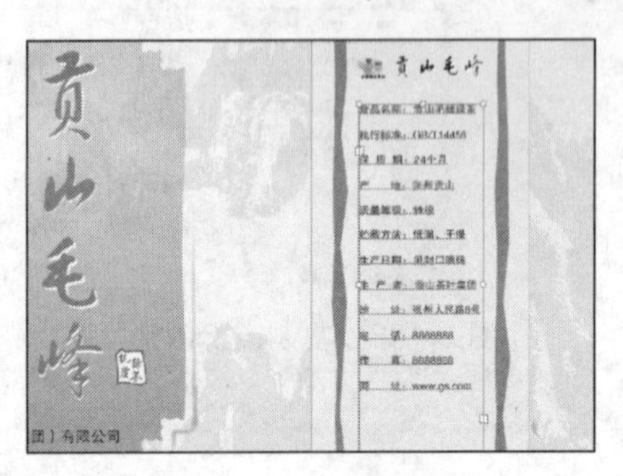

图 8-140　输入并设置文字 3

图 8-141　复制对象

图 8-142　旋转对象

8.6 练习与上机

1. 单项选择题

（1）Illustrator 提供了两类滤镜，即 Illustrator 滤镜和 Photoshop 滤镜，它们（　　）。

A. 无区别

B. 前者应用的对象主要为矢量图，后者应用的对象主要为位图

C. 前者应用的对象主要为矢量图，后者应用的对象主要是位图和栅格化的矢量图

D. 前者应用的对象主要为位图，后者应用的对象主要为矢量图

（2）在“外观”面板中不会显示的属性是（　　）。

A. 描边和填色　　B. 滤镜

C. 效果　　D. 透明度

（3）下面关于样式的说法正确的是（　　）。

A. 样式可以说是已经设计好的一种外观

B. 为图形应用样式后只能删除，而无法修改

C. Illustrator 提供了许多样式，但不允许创建新的样式

D. 以上说法都不对

（4）以下关于效果的叙述，错误的是（　　）。

A. 效果包括 Illustrator 效果和 Photoshop 效果

B. Illustrator 允许为矢量图应用 Photoshop 效果

C. Illustrator 允许为位图应用 Illustrator 效果

D. 效果和滤镜实际上是两种相同的功能

2. 多项选择题

（1）为图形应用“风格化”类别下的“投影”滤镜时，可以设置（　　）。

A. 投影模式和颜色　　B. 投影偏移的距离

C．投影不透明度　　　　　　　　　　D．投影形状

（2）利用“外观”面板可以（　　）。

A．修改效果　　　　　　　　　　　　B．修改滤镜

C．将外观快速基本化　　　　　　　　D．清除所有外观

（3）下列关于“图形样式”面板的叙述正确的有（　　）。

A．按“Shift+F5”组合键可以打开该面板

B．利用该面板可以选择 Illustrator 提供的各种预设样式

C．通过该面板可以手动新建需要的样式

D．以上说法不全对

3．简单操作题

（1）通过对图形进行栅格化处理以及运用“玻璃”滤镜，将兰花图形设置为如图 8-143 所示的特殊效果。

所用素材：素材文件\第 8 章\兰花.ai　　**完成效果：**效果文件\第 8 章\兰花.ai

（2）为树木图形应用“风格化”类别下的“投影”效果，并设置水平偏移和垂直偏移量为“5mm”，投影颜色为（C=100,M=100,Y=0,K=100），如图 8-144 所示。

图 8-143　应用滤镜前后的效果

图 8-144　应用效果前后的效果

所用素材：素材文件\第 8 章\树木.ai　　**完成效果：**效果文件\第 8 章\树木.ai

4．综合操作题

（1）绘制一个紫砂茶壶的图形，并为其应用“图像效果”类型下的“浮雕”样式。然后通过“外观”面板将外层的描边粗细更改为“1pt”，描边颜色更改为（C=90,M=30,Y=95 ,K=30）”，参考效果如图 8-145 所示。

完成效果：效果文件\第 8 章\紫砂壶.ai

视频演示：第 8 章\综合练习\紫砂壶.swf

（2）绘制一个文具店的手提袋包装图，参考效果如图 8-146 所示。

完成效果：效果文件\第 8 章\手提袋.ai　　**视频演示**：第 8 章\综合练习\手提袋.swf

图 8-145　紫砂壶效果

图 8-146　手提袋包装图效果

拓展知识

在商品领域中，包装设计具有不断变化手法、创新形式和塑造个性等特征，尤其注重色彩的属性及运用。色彩的属性并非一成不变，其中各要素之间的变化，给设计、色彩对比和调节提供了丰富的空间。下面就浅谈有关包装设计中色彩的使用。

1. 色彩精炼

在众多的商品包装设计中，丰富的色彩传递着各种不同的情趣，展示着不同的品质风格和装饰魅力。色彩的选择与组合在包装设计中是非常重要的，它往往是决定包装设计质量的关键。追求包装色彩的调和、精炼、单纯，实质上就是要避免包装上用色过多。五颜六色的艳丽和繁华未必引人喜爱，反而可能给人一种华而不实的印象，使人产生眼花缭乱之感。比如仅仅利用金色文字在透明体容器上设计，在光与影的作用下，可以体现出该设计的卓而不凡，若将文字颜色设置得过于花哨，反而达不到这种效果。

2. 使用无彩色系色彩

无彩色系色彩是指黑、白、灰、金、银等色彩，摆脱传统色彩的应有属性的束缚，结合现代包装设计理论与商品的属性要求，恰当地使用无彩色系中的色彩有可能会使设计出的作品为商品赋予永恒之美。图 8-147 所示为一款采用无彩色系色彩设计的产品包装盒的效果。

3. 对比色彩

在众多以无彩色为主体的包装设计中，其间往往也点缀着一些纯度较高的色彩。它们的存一方面可以与无彩色形成一定的对比效果，另一方面是可以烘托主体色彩可以。彩色系与有彩色系的相互作用，对丰富商品包装的色彩效果而言无不能是一种十分重要的手段。

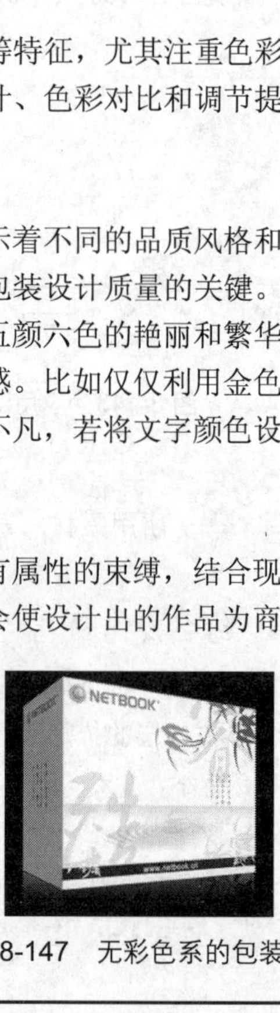

图 8-147　无彩色系的包装盒

第 9 章
文件的输出与打印

🕮 学习目标

学习如何将 Illustrator 文件按照各种要求进行输出与打印，包括裁剪图形、对图形进行切片、优化 Illustrator 文件、导出 Illustrator 文件、打印与设置文件等知识，并了解构思与设计网站首页的方法。

🕮 学习重点

掌握“裁剪区域工具”、“切片工具”、“切片选择工具”的使用方法，掌握在“存储为 Web 和设备所用格式”对话框中优化文件、导出不同格式的文件以及打印与设置文件的方法等，并能熟练利用所学知识输出与打印 Illustrator 文件。

🕮 主要内容

- 裁剪与切片。
- 优化与导出文件。
- 打印文件。
- 设计医疗网站首页。

9.1 裁剪与切片

对 Illustrator 文件进行裁剪与切片设置，可以满足不同用户在输出文件时的不同需求。下面详细介绍裁剪与切片的相关知识。

9.1.1 创建裁剪区域

利用“裁剪区域工具”能通过文件中的印刷标记位置，确定文件打印时的边界。Illustrator 允许为文件创建多个裁剪区域，但只能有一个裁剪区域处于当前使用状态。

【例 9-1】为文件中的每一棵树木创建裁剪区域。

所用素材：素材文件\第 9 章\树木.ai　　**完成效果：**效果文件\第 9 章\树木.ai

Step 1：打开“树木.ai”文件，选择工具箱中的“裁剪区域工具”，然后在页面中需创建裁剪区域的位置拖曳，如图 9-1 所示。

Step 2：释放鼠标后即可创建一个裁剪区域，如图 9-2 所示。

Step 3：按住“Alt”键的同时，在需创建裁剪区域的另一个位置拖曳以创建第 2 个裁剪区域，如图 9-3 所示。

图 9-1　拖曳

图 9-2　创建裁剪区域 1

图 9-3　创建裁剪区域 2

Step 4：按住“Alt”键的同时，在需创建裁剪区域的位置拖曳以创建第 3 个裁剪区域，如图 9-4 所示。

Step 5：使用相同的方法为所有树木创建裁剪区域，如图 9-5 所示。

Step 6：完成后选择工具箱中的其他任意一个工具即可确定裁剪区域，如图 9-6 所示。

图 9-4　创建裁剪区域 3

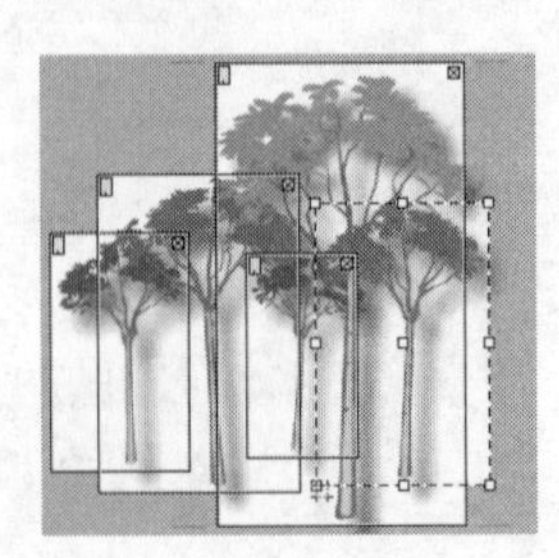

图 9-5　创建裁剪区域 4

图 9-6　确认裁剪区域

【知识补充】关于裁剪区域的操作，还包括创建预设裁剪区域，查看、切换、移动、编辑和删除裁剪区域等，各种操作的实现方法分别如下。

- 创建预设裁剪区域：双击工具箱中的“裁剪区域工具”，在打开的“裁剪区域选项”对话框的“预设”下拉列表中便可选择各种 Illustrator 预设的裁剪区域。
- 查看裁剪区域：工具箱中的“裁剪区域工具”后，文件中便可显示处于当前使用状态的裁剪区域，按住“Alt”可显示文件中所有的裁剪区域。
- 切换裁剪区域：利用“Alt”键显示所有裁剪区域，然后单击需使用的裁剪区域即可将其切换为当前使用状态。
- 移动裁剪区域：选择工具箱中的“裁剪区域工具”，然后将鼠标指针移至某个裁剪区域上并拖曳，这样即可移动裁剪区域。
- 编辑裁剪区域：选择工具箱中的“裁剪区域工具”，选择需编辑的裁剪区域，拖曳其四周的控制点或直接在常用设置栏中的“宽度”和“高度”文本框中输入具体数值便可编辑裁剪区域的大小。
- 删除裁剪区域：选择工具箱中的“裁剪区域工具”，选择需删除的裁剪区域，单击常用设置栏中的删除按钮便可将其删除。若单击全部删除按钮，则将删除所有裁剪区域。

9.1.2　创建切片

对文件进行切片适用于创建网页对象。它不仅可以将大图像切割成几个小图像，以加快网页中图像的打开时间，而且可以定义切片后不同 Web 元素的边界，即根据实际情况将切片后的不同区域定义为 HTML 文本、位图或矢量图等。

【例 9-2】利用“切片工具”为提供的素材图像创建切片。

所用素材：素材文件\第 9 章\花.jpg　　**完成效果：**效果文件\第 9 章\花.ai

Step 1：新建空白文件，置入“花.jpg”图像，并将其嵌入到文件中。

Step 2：选择工具箱中的“切片工具”，然后在图像上拖曳，如图 9-7 所示。

Step 3：释放鼠标后，Illustrator 将根据拖曳出的选择框对图像进行切片，效果如图 9-8 所示。

Step 4：继续在图像上需进行切片的地方拖曳，如图 9-9 所示。

Step 5：释放鼠标后即可完成切片操作，如图 9-10 所示。

图 9-7　拖曳鼠标 1

图 9-8　创建切片 2

图 9-9　拖曳 2

图 9-10　创建切片 2

【知识补充】除利用“切片工具”创建立切片的方法之外，Illustrator 还提供了多种创建切片的方法，分别如下。

- 选择一个或多个对象，然后选择【对象】/【切片】/【建立】命令。

- 选择一个或多个对象，然后选择【对象】/【切片】/【从所选对象创建】命令。
- 通过参考线设置切片位置，然后选择【对象】/【切片】/【从参考线创建】命令。

注意：通过选择【对象】/【切片】/【建立】命令创建的切片，在移动或编辑某个区域时，其他区域会自动调整以重新包含整个对象。通过选择【对象】/【切片】/【从所选对象创建】命令创建的切片，可以使用与编辑其他矢量对象相同的方式进行编辑。

9.1.3 编辑切片

创建切片后，可根据需要对切片大小进行调整、设置切片选项以及释放或删除切片等，下面分别介绍。

1. 调整切片大小

调整切片大小的方法为，利用“选择工具” 在需调整大小的切片的边界上单击以选择该切片区域，然后拖曳出现的控制点，这样即可调整该区域的切片大小，如图 9-11 所示。

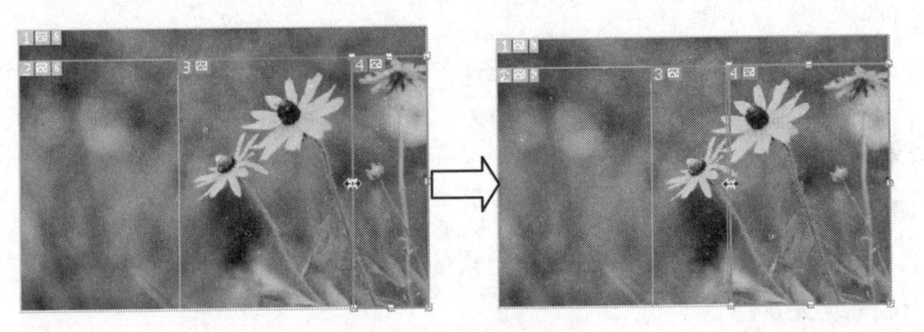

图 9-11 调整切片大小

2. 设置切片选项

设置切片选项的方法为，选择某个切片区域，然后选择【对象】/【切片】/【切片选项】命令，此时将打开“切片选项”对话框。在“切片类型”下拉列表中选择某种类型后，可在对话框中进一步设置该类型切片的其他辅助参数。各切片类型的作用分别如下。

- 无图像：此类型可使切片区域在生成的网页中包含 HTML 文本和背景颜色，如图 9-12 所示。选择了这种类型后，可在“单元格中显示的文本”文本框中输入所需文字（文字长度最好不要超过切片区域）。选中“文本是 HTML”复选框后可使用标准的 HTML 标记设置文本格式。在“水平”和“垂直”下拉列表框中可设置文字在切片单元格中的对齐方式，在“背景”下拉列表框中可设置切片的背景颜色。
- 图像：此类型可使切片区域在生成的网页中显示为图像文件，如图 9-13 所示。选择了这种类型后，在“名称”文本框中可设置切片名称；在“URL”下拉列表框中可设置图像的链接地址（当图像以链接形式出现在文件中时）；在“目标”下拉列表框中可设置链接方式；在“信息”文本框中可指定当鼠标指针位于图像上时，浏览器状态栏中所显示的信息；在“替代文本”文本框中可设置未显示图像时所显示的替代文本；在“背景”下拉列表框中可设置切片背景颜色。
- HTML 文本：当切片区域为此类型可使切片区域在生成的网页中时，Illustrator 文本转换为 HTML 文本，如图 9-14 所示。选中“文本是 HTML”复选框后可使用标准 HTML 标记设置文本格式；在“水平”和“垂直”下拉列表框中可设置文字在切片单元格中的对齐方式；在“背景”下拉列表框中可设置切片背景颜色。

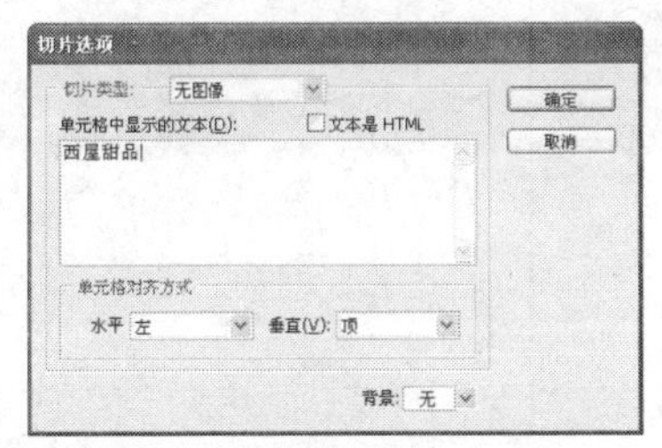

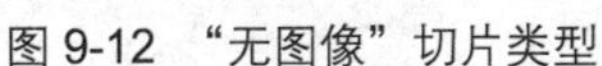
图 9-12 “无图像”切片类型

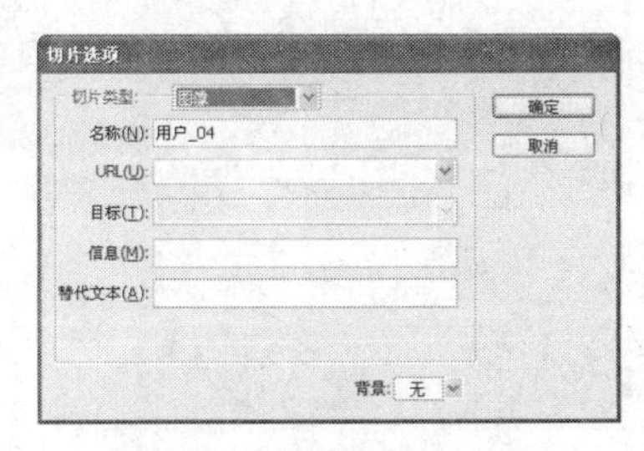

图 9-13 “图像”切片类型

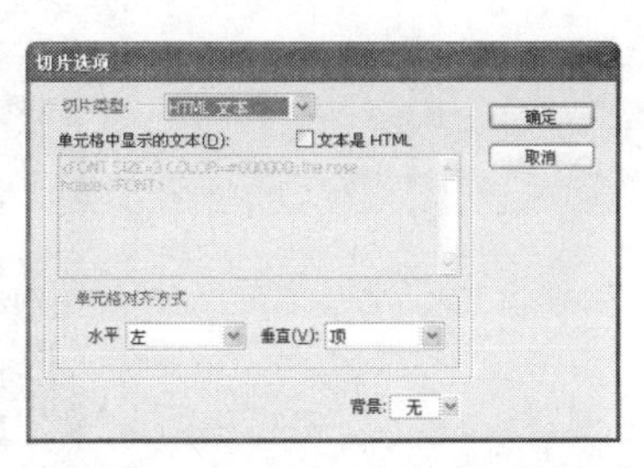

图 9-14 “HTML 文本”切片类型

3. 释放与删除切片

选择【对象】/【切片】/【释放】命令即可将制作的切片进行释放。选择【对象】/【切片】/【全部删除】命令则可将制作的切片删除。对切片后的图像执行【释放】命令与【全部删除】命令生成的效果在视觉上完全相同，但执行【释放】命令时，系统将生成与激活切片相同大小的隐藏图形，以供用户还原之前的切片状态。

9.2 优化与导出文件

优化与导出文件是 Illustrator 比较实用的两种功能。前者可以针对创建了切片的文件按区域分别优化，提高文件的整体效果；后者可以将 Illustrator 文件转换成其他格式的文件，以便在其他软件平台中使用，可以最大化地实现资源共享。

9.2.1 优化文件

当图像中包含多个切片时，便可利用“存储为 Web 和设备所用格式”对话框更有针对性地对指定的切片区域进行优化设置。优化文件的方法为，选择【文件】/【存储为 Web 和设备所用格式】命令，在打开的对话框中选择切片区域并进行优化即可。

【例 9-3】为文件中的背景图形进行优化并将其存储为网页文件。

所用素材：素材文件\第 9 章\封面.ai　　**完成效果**：效果文件\第 9 章\封面.html

Step 1：打开“封面.ai”文件，选择其中的所有对象，然后选择【对象】/【切片】/【建立】命令创建切片，如图 9-15 所示。

Step 2：选择【文件】/【存储为 Web 和设备所用格式】命令，打开“存储为 Web 和设备所用格式”对话框。选择“优化”选项卡，选择左侧的“切片选择工具”，然后在背景区域所在的切片范围单击以选择该区域。

Step 3：在右侧的“预设”下拉列表中选择“JPEG 中”选项，如图 9-16 所示。

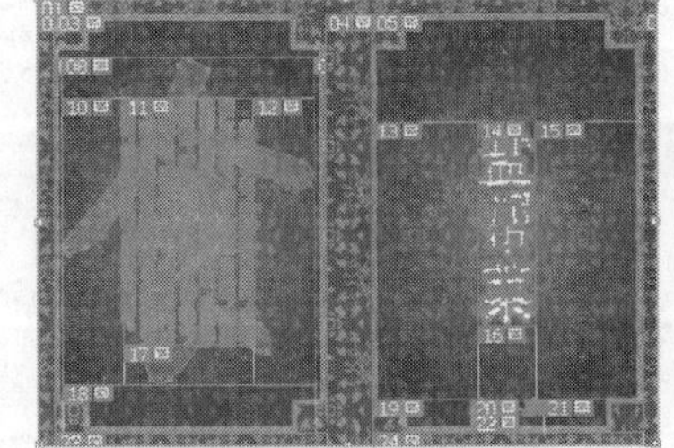

图 9-15 创建切片

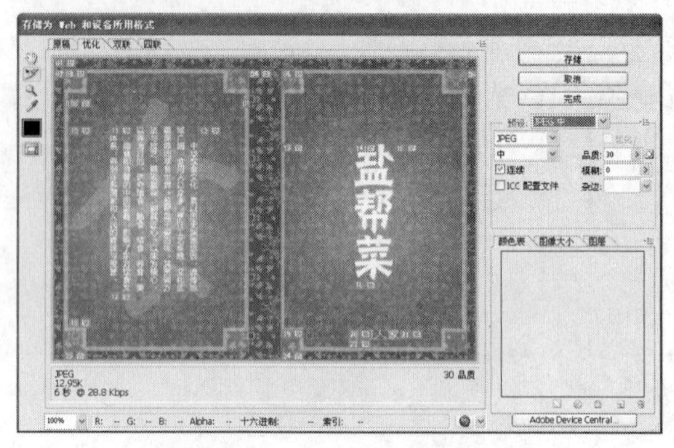

图 9-16　优化背景切片区域

Step 4：选择“盐帮菜”文字所在的切片区域，选中右侧的“优化”复选框，然后在质量下拉列表中选择“最高”选项，并将“品质”组合框中的数字设置为“100”。

Step 5：取消选中“连续”复选框，然后单击 存储 按钮，如图 9-17 所示。

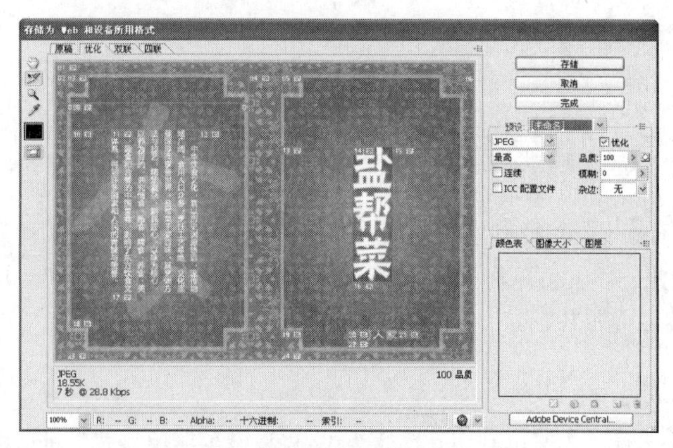

图 9-17　优化“盐帮菜”切片区域

Step 6：打开“将优化结果存储为”对话框，在“保存在”下拉列表中选择“桌面”选项，并且默认“文件名”和“保存类型”下拉列表框中的设置，然后单击 保存(S) 按钮，如图 9-18 所示。

Step 7：在桌面上双击生成的“封面.html”文件，此时将启动 IE 浏览器并预览文件作为网页图像时优化的效果，如图 9-19 所示。

图 9-18　保存文件

图 9-19　预览文件

【知识补充】Illustrator 可以将文件优化为 GIF、JPEG、PNG、SWF 和 SVG 等格式，这些文件格式的特点分别如下。

- GIF 格式：适用于颜色较少、颜色数量有限且细节清晰的图像，如文字。此格式采用无损失的压缩方式，可加快信息传输的速度。GIF 格式只支持 8 位元色彩，所以将 24 位元的图像优化成 8 位元的 GIF 格式时，文件的品质通常会有损失。
- JPEG 格式：支持 24 位元色彩，适用于包含全彩、渐变和具有连续色调的图像。此格式不支持透明效果。
- PNG 格式：包括 PNG-8 和 PNG-24 两种格式，分别与 GIF 格式和 JPEG 格式相似。此格式为无损失压缩方式，文件要比 JPEG 格式的文件大，但支持背景色为透明或实色，其中 PNG-24 格式更是支持多级透明效果。
- SWF 格式：矢量动画格式，在安装了 Flash 插件的浏览器中都可播放。
- SVG 格式：一种开放式的文件标准格式，此格式的文件尺寸小和分辨率互相独立不受对方影响，可以指定将字体嵌套到文件中。SVG 格式文件能够显示 1 670 万种颜色，可以被保存为 XML 文档，可以嵌入 CSS 样式，可以包含 JavaScript 语句等。

9.2.2　导出文件

在 Illustrator 中导出文件的方法为，打开需导出的文件，选择【文件】/【导出】命令，打开“导出”对话框。设置保存位置和名称后，在“保存类型”下拉列表中选择导出的类型，然后单击 保存(S) 按钮即可，如图 9-20 所示。

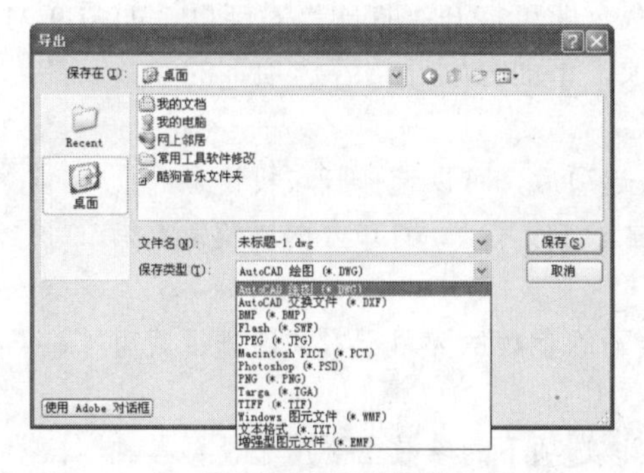

图 9-20　导出文件

9.3　打印文件

对于平面设计人员而言，使用 Illustrator 制作来各种图形，其最终目的大多数是将其打印出来。在 Illustrator 中打印文件的方法很简单，只需选择【文件】/【打印】命令，在打开的“打印”对话框中进行设置后单击 打印 按钮即可。下面重点介绍的是有关打印的知识以及打印设置的方法。

9.3.1　打印知识

下面列举了一些有关打印和印刷时常见的名词术语，了解其含义有助于理解打印与印刷的作用。

- 打印类型：打印文件时，电脑可以将文件数据传送到打印机中进行处理，以便将文件打印在纸上、传送到印刷机上以及转变为胶片的正片或负片。
- 图像类型：不同的图像类型有不同的色调，如文字只会用到单一灰阶中的单一颜色，这是最简单的一种图像类型。复杂的影像则会有不同的色调，这就是所谓的连续调影像，经常扫描的图片就属于这类图像类型。
- 分色：通常在印刷前都必须将需要印刷的文件作分色处理，即将包含多种颜色的文件，通过分离输出在青色、洋红色、黄色和黑色 4 个印版上，这个过程就被称为分色。通过分色可以得到青色、洋红色、黄色及黑色 4 个印版，在每个印版上应用适当的油墨并对齐，即可得到最终所需要的印刷品。
- 透明度：如果需要打印的文件中包括设置了透明度的对象，那么在打印时，系统将根据情况将该对象位图化，然后进行打印。
- 半连续调化：打印时若要制作连续调的效果，则必须将影像转化成栅格状分布的网点图像，这个步骤被称为半连续调化。在进行了半连续调化的画面中，如果改变网点的大小和密度，就会产生暗或亮的层次变化视觉效果。固定坐标方格上的点越大，每个点之间的空间就越小，这样就会产生更黑的视觉效果。
- 保留细节：打印文件的细节由输出时设计的分辨率和显示器频率决定。输出设备的分辨率越高，就能用到越精细的网线数，从而能在最大程度上得到更多的细节。

9.3.2 打印设置

选择【文件】/【打印】命令即可打开“打印”对话框，如图 9-21 所示。对话框左侧的列表框中列出了许多打印设置的选项，下面分别介绍各选项下的参数的作用。

- “常规”选项：选择该选项后，可以选择打印机设备，设置打印分数、打印范围、打印尺寸、打印方向以及是否缩放打印等。
- “设置”选项：该选项下的参数主要用于对文件进行裁剪和拼贴设置。
- “标记和出血”选项：该选项下的参数主要用于设置各种标记的显示或隐藏状态，并设置出血范围。

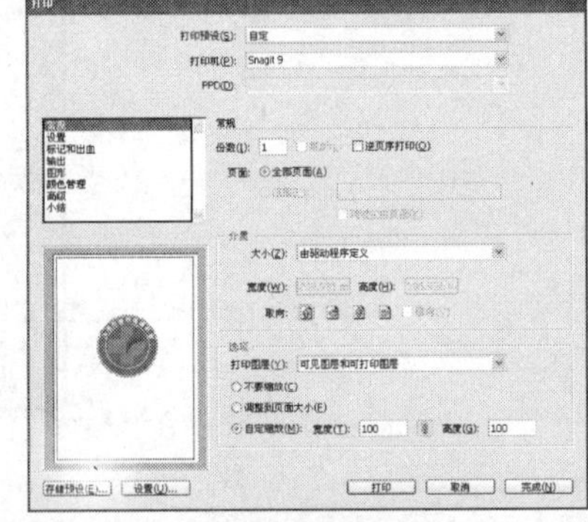

图 9-21 “打印”对话框

> **提示：** 出血是指文件落在印刷边框，打印定界框外的或位于裁切标记上和裁切标记外的部分。设置时可把出血作为允差范围包括到文件中，以保证页面切边后仍可把油墨打印到页边缘。

- “输出”选项：主要用于设置输出模式、图像类型、打印机分辨率和文件油墨等。
- “图形”选项：主要用于设置路径平滑度、字体格式、数据格式和文档栅格效果分辨率等。
- “颜色管理”选项：主要用于设置颜色处理方式、渲染方法等。
- “高级”选项：主要用于设置是否打印成位图、设置透明度、预设分辨率等。
- “小结”选项：显示前面设置的所有设置参数，以供打印前再次确认。确认无误后单击 打印 按钮即可打印文件。

9.4 应用实践——设计医疗网站首页

网页设计是一种建立在新型媒体上的新型设计领域，它具有很强的视觉效果、互动性和操作性等其他媒体所不具有的特点。它既拥有传统媒体的优点，同时又使传播变得更为直接、省力和有效。网页设计实际上是将策划案中的内容、网站的主题模式，结合设计者的认识通过艺术的手法表现出来的过程，它一般包括 UI 和 UE（用户体验）两个部分，下面主要对 UI 进行介绍。

UI（User Interface）即用户界面，中指浏览者在浏览网页时，通过视觉观察到的一切事物。好的用户界面可让浏览者有一种熟悉或容易掌控的感觉。用户界面不必过于复杂或华丽，其设计宗旨应该以“简单易用”为核心。图 9-22 所示为两个关于汽车的网站首页，通过比较便可发现右侧网页的 UI 设计虽比不上左侧网页的华丽，但由于其简洁清晰、操作方便，反而可能更容易获得浏览者的青睐。

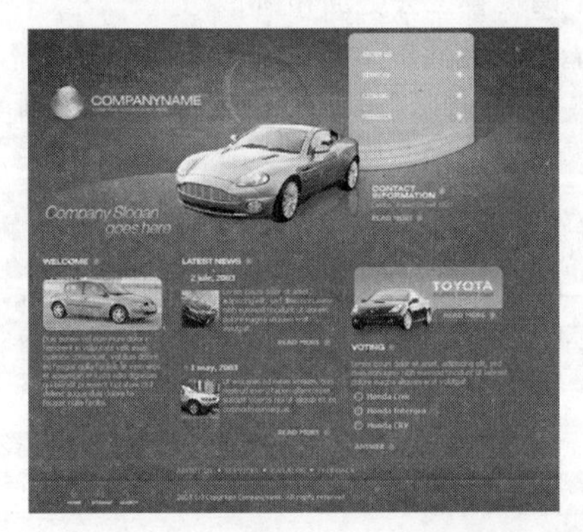

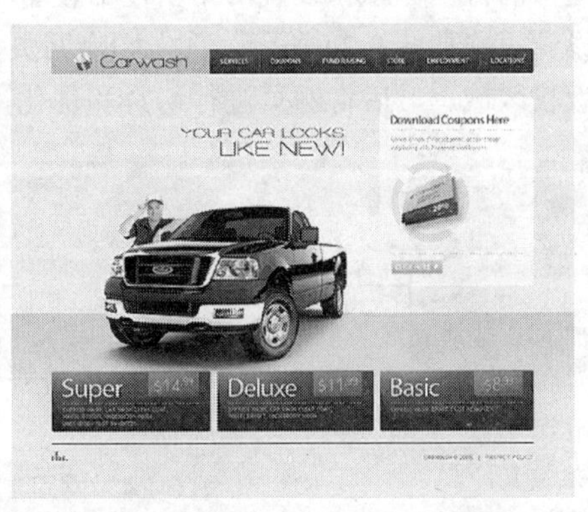

图 9-22　不同网页的 UI 设计

本例将以设计如图 9-23 所示的某医疗机构的网站首页为例，通过简单的网页 UI 设计介绍如何利用 Illustrator 的绘图和切片等功能并结合 Dreamweaver 网页设计软件快速制作出需要的网页用户界面。要求网页大小为“240mm×175mm”，以简单直观的界面以供浏览者轻松操作并浏览网页，力求体现医疗网站安全、健康和向上等特色。

所用素材：素材文件\第 9 章\标志.jpg
完成效果：效果文件\第 9 章\网页.ai、网页.html
视频演示：第 9 章\应用实践\网页设计.swf

图 9-23　设计的网站首页的效果

9.4.1　如何构思网站首页

网站首页是一个网站的入口网页，是建站时树状结构的第一页，即打开网站后看到的第一个页面。通常将首页作为体现企业形象的关键，是企业在网上的虚拟门面，因此网站首页的设计是十分重要的环节。首页设计要求在保障整体感的前提下，根据大多数人的阅读习惯，以色彩、线条、图片等要素将导航条、各功能区以及内容区进行分隔。首页设计采用客户选择的标准色，注重协调各区域的主次关系，以营造高易用性与视觉舒适性的人机交互界面为终极目标。一般来讲，首页的整体感觉不能太过花哨，以免影响浏览者操作的方便性。另外，首页要有独特的风格，要突出行业的特点，如娱乐业可以将活泼感设计得更加强烈，政府网站则可设计得更为庄重。首页中包含的内容不宜太多，除非是特大型网站。若内容实在过多，则可考虑重新整合结构，然后调整首页内容。

9.4.2 网页创意分析与设计思路

本例将要制作的网站首页以绿色为基调，重点突出医疗机构的健康和绿色安全的主题。为方便浏览者操作，我们将首页内容最简化，只通过几个导航按钮使浏览者可以非常清楚地了解将要查看的内容，并通过提供的机构标志和设置网站欢迎语使整个网页看上去更加和谐、稳重。

本例的设计思路如图9-24所示，首先制作网页背景，然后置入提供的标志图形，接着制作网页的导航按钮和版权区域，最后将网页进行切片和优化，输出为网页后并在Dreamweaver中稍作处理。

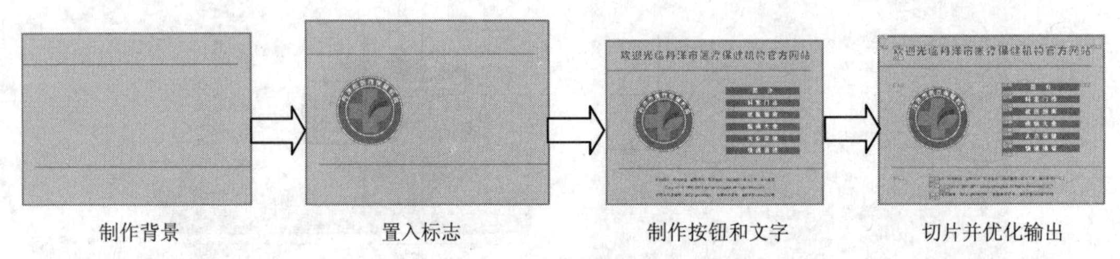

图9-24 网页制作的设计思路

9.4.3 制作过程

1. 制作网页中的图形元素

Step 1：新建空白文件，绘制一个240mm × 175mm的矩形，并设置描边颜色为(C=100,M=0,Y=100,K=0)，粗细为“5pt”，填充颜色为(C=30,M=0,Y=100,K=0)，如图9-25所示。

Step 2：在矩形中绘制两条水平直线，设置描边颜色为(C=100,M=0,Y=100,K=0)，粗细为“3pt”，并放置到如图9-26所示的位置。

Step 3：导入提供的标志图形，并将其放置到如图9-27所示的位置。

图9-25 绘制矩形

图9-26 绘制直线

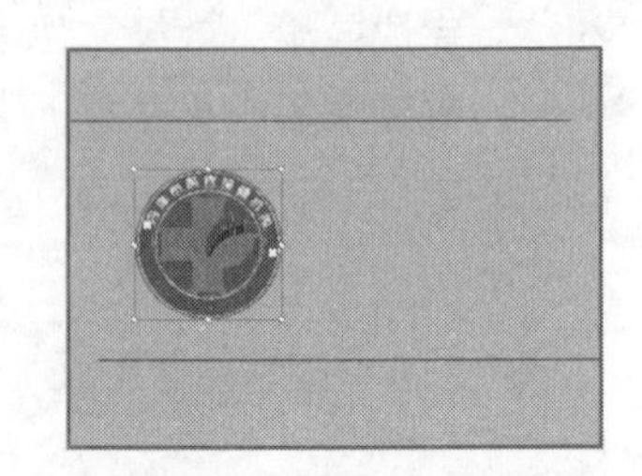

图9-27 导入标志图形

Step 4：取消标志的编组状态，复制其中的“十字”图形。将其放大到矩形的高度，并将其描边颜色设置为(C=100,M=0,Y=100,K=0)，粗细为“5pt”，然后设置不透明度为“10%”，如图9-28所示。

Step 5：绘制 5 个相同的无边框矩形，并设置填充颜色为（C=100,M=0,Y=100,K=0），如图 9-29 所示。

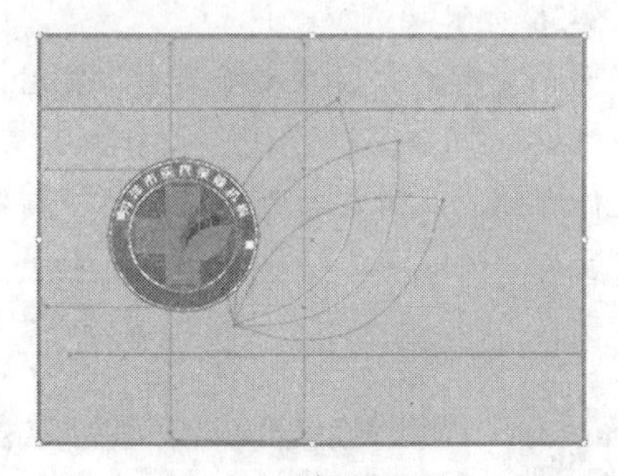

图 9-28　复制图形

图 9-29　绘制多个矩形

2. 制作网页中的文字元素

Step 1：输入网页的欢迎语，设置字体格式为方正琥珀简体、32pt，填充颜色为（C=100,M=0,Y=100,K=0），描边颜色为“白色”，粗细为“0.75pt”，然后将其放置在矩形上方，如图 9-30 所示。

Step 2：分别在 5 个矩形上输入按钮名称文字，并设置字体格式为方正大黑简体、18pt，填充颜色为“白色”，然后分别将矩形与其上方的文字两两编组，如图 9-31 所示。

Step 3：在矩形下方输入版权文字，设置字体格式为方正黑体简体、12pt，填充颜色为“黑色”，然后将 3 段文字编组，如图 9-32 所示。

图 9-30　输入欢迎语

图 9-31　输入按钮名称

图 9-32　输入版权文字

3. 切片、优化与输出文件

Step 1：选择所有图形对象，然后选择【对象】/【切片】/【建立】命令，将所选图形按大小矩形切片，如图 9-33 所示。

Step 2：选择【文件】/【存储为 Web 和设备所用格式】命令，打开“存储为 Web 和设备所用格式”对话框。切换到“优化”选项卡，利用“切片选择工具”逐一将其中的每个切片区域设置为“JPEG、最高”格式，并选中“优化”复选框，然后单击 存储 按钮，如图 9-34 所示。

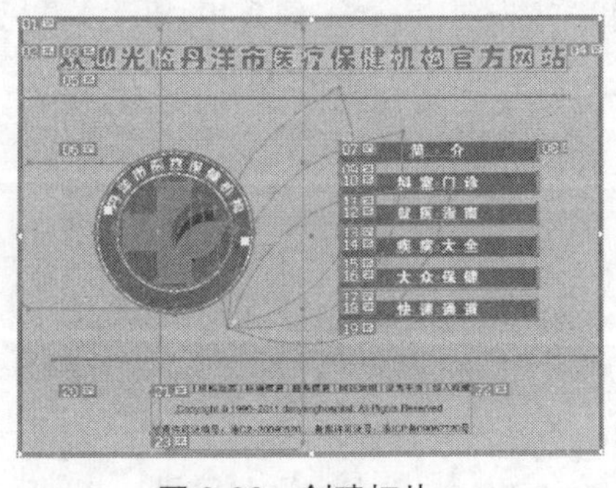

图 9-33　创建切片

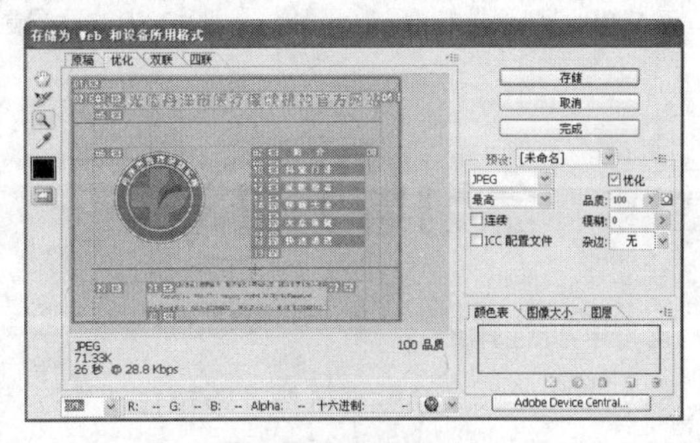

图 9-34　优化文件

Step 3：打开“将优化结果存储为”对话框，选择保存位置后，将文件名设置为“网页.html”，类型设置为“HTML 和图像”，然后单击 保存(S) 按钮，如图 9-35 所示。

Step 4：返回到 Illustrator 中，将矩形按钮的颜色设置为渐变色，以便在浏览器中浏览时，当鼠标指针移至按钮上时可发生变化，如图 9-36 所示。

Step 5：重新创建切片，然后使用相同方法优化后进行存储。此时在打开的对话框中需将文件名设置为不同的名称，如“网页（鼠标经过）”，保存类型设置为“仅限图像”，然后单击 保存(S) 按钮，如图 9-37 所示。

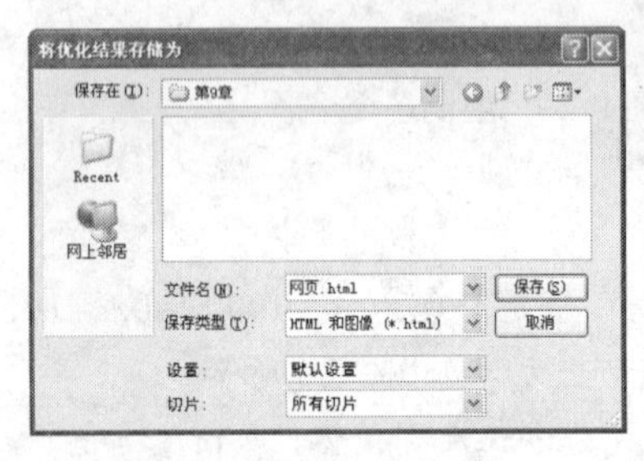

图 9-35　输出为网页

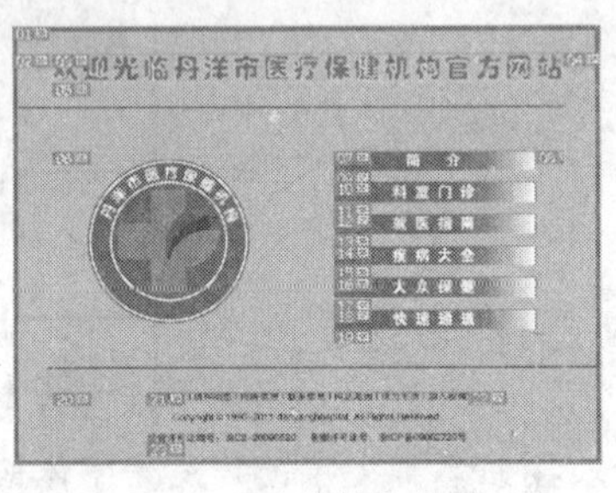

图 9-36　改变按钮颜色

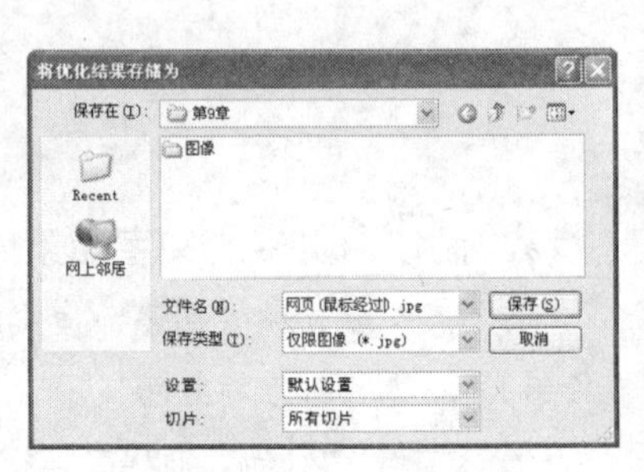

图 9-37　输出为图像

4. 制作鼠标经过图像

Step 1：在 Dreamweaver 中打开前面输出的网页，然后删除第 1 个按钮图形，如图 9-38 所示。

Step 2：选择【插入记录】/【图像对象】/【鼠标经过图像】命令，打开“插入鼠标经过图像”对话框。利用 浏览... 按钮指定原始图像和鼠标经过图像分别为更改颜色前的“简介”按钮和更改颜色后的“简介”按钮，然后单击 确定 按钮，如图 9-39 所示。

Step 3：使用相同方法制作其他按钮的鼠标经过图像，完成后按“F12”键。此时将打开 IE 浏览器预览网页效果，将鼠标指针移至某个按钮上便发生了相应变化，如图 9-40 所示。

图 9-38　删除按钮

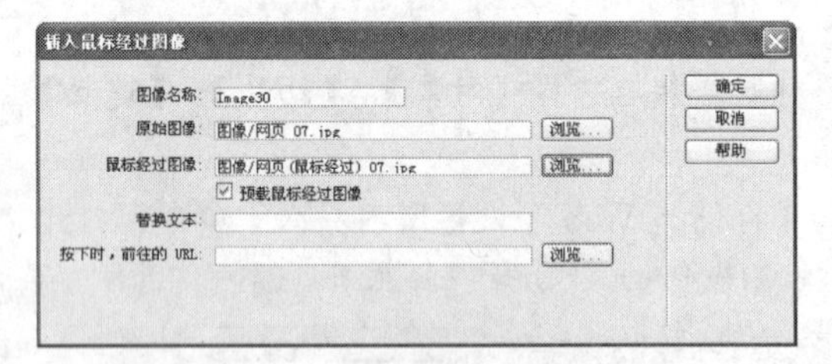

图 9-39　设置鼠标经过图像

图 9-40　预览效果

9.5 练习与上机

1. 单项选择题

（1）若想绘制多个裁剪区域，需按住（　　）键进行绘制。

A．Shift　　B．Ctrl　　C．Alt　　D．Ctrl+Shift

（2）不属于 Illustrator 切片类型的是（　　）。

A．无图像　　B．图像　　C．HTML 文字　　D．文字

（3）Illustrator 无法将文件导出为（　　）格式。

A．DOC　　B．DWG　　C．TIF　　D．PSD

2．多项选择题

（1）Illustrator 可以将文件优化为（　　）格式的文件。

A．GIF　　B．JPEG　　C．PNG　　D．SWF

（2）创建裁剪区域后，可对裁剪区域进行（　　）操作。

A．删除　　B．移动　　C．复制　　D．调整大小

（3）以下支持 24 位色彩的文件格式有（　　）。

A．GIF　　B．JPEG　　C．PNG　　D．SVG

3．简单操作题

（1）绘制一个红色的心形图形，并以该图形为边界进行裁剪。

提示：绘制图形后，利用“裁剪区域工具”在图形上单击即可。

（2）利用“切片工具”手动为提供的图形创建切片，效果如图 9-41 所示。

所用素材：素材文件\第 9 章\茶文化.ai
完成效果：效果文件\第 9 章\茶文化.ai
视频演示：第 9 章\综合练习\人形.swf

图 9-41　创建的切片区域

4．综合操作题

（1）利用“裁剪区域工具”为提供的素材中的每个人形图像创建裁剪区域，参考效果如图 9-42 所示。

所用素材：素材文件\第 9 章\人形.ai
完成效果：效果文件\第 9 章\人形.ai
视频演示：第 9 章\综合练习\宣传单.swf

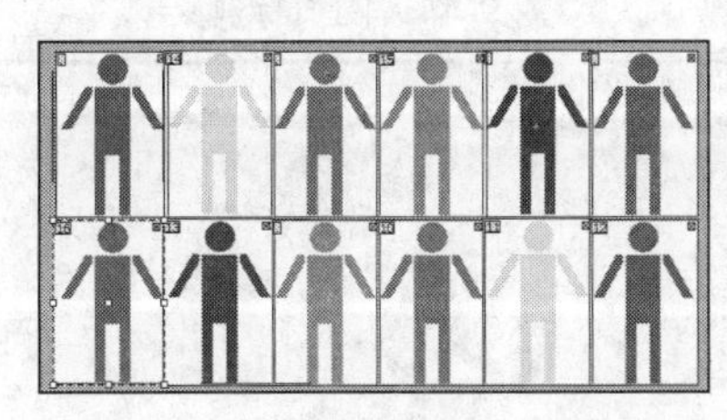

图 9-42　创建的多个裁剪区域

（2）为提供的图形创建切片，参考效果如图 9-43 所示。将标题文本和活动地址与日期文本的切片选项更改为“HTML 文本”，然后将其他图像切片区域优化为 PNG-24 格式，并将其输出为网页。

所用素材：素材文件\第 9 章\宣传单.ai
完成效果：效果文件\第 9 章\宣传单\宣传单.html
视频演示：第 9 章\综合练习\宣传单.swf

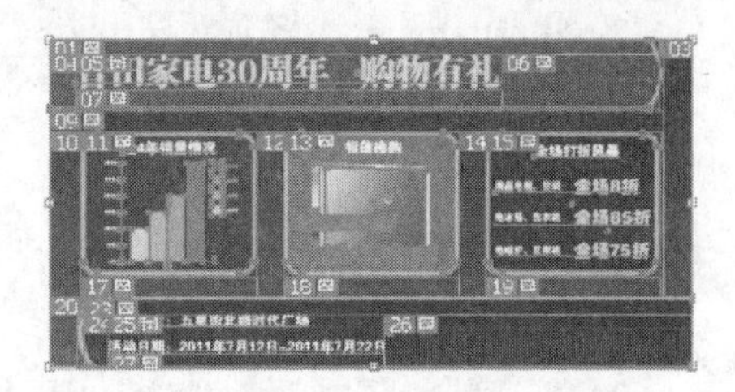

图 9-43 创建的切片

拓展知识

在设计网页时，标题的设计也是非常重要的。设计标题时应注意同时兼顾用户的注意力以及搜索引擎检索的需要。下面简要介绍网页标题的设计理念。

1. 标题字数

网页标题字数不宜过多或过少，一般 6～10 个汉字比较理想。字数少的标题有可能包含不了太多有效的关键词，不利于搜索引擎识别；字数多的标题又会让浏览者产生阅读疲劳和难于理解等状况。

2. 标题核心与关键词

网页标题应概括网页的核心内容，这在用户通过搜索引擎检索时非常有效。要想引起用户的关注，网页标题必须高度概括，这样才有可能引发用户对该网页信息点击的行为。另外，网页标题中应含有丰富的关键词。以网站首页设计为例，一般来说，首页标题就是网站的名称或公司名称，但是考虑到有些名称中可能无法包含公司的核心业务，即没有核心关键词，这时可采用“核心关键词+公司名”的方式来制作网站首页标题。图 9-44 所示为两个标题设计较好的网页。

图 9-44 网页标题

第10章 综合实例——企业VI设计

📖 学习目标

学习企业 VI 系统设计的思路和过程，了解如何将企业理念、企业文化、服务内容等各种抽象的概念通过 VI 系统传达给员工和客户，并掌握常见 VI 系统中部分对象的设计与制作方法。

📖 学习重点

掌握企业标志、名称、名片、便签和招牌以及灯箱等各种常见 VI 系统对象的设计与制作方法，并对企业 CIS 和 VI 等各种重要概念有全新的认识及理解。

📖 主要内容

- 基础部分设计。
- 办公类物品设计。
- 宣传类物品设计。

10.1 基础部分设计

CIS 即 Corporate Identity System 的缩写，是指企业形象识别系统，其含义是将企业文化与经营理念利用整体表达体系传达给企业内部与公众，使其对企业产生一致的认同感，以形成良好的企业印象，最终促进企业产品和服务的销售。CIS 包括理念识别（MI）系统、行为识别（BI）系统和视觉识别（VI）系统，其中尤以视觉识别系统最具传播力和感染力。下面通过为“蓝叶工作室”这一平面设计公司制作 VI 来介绍企业 VI 系统的设计与制作方法。

完成效果：效果文件\第 10 章\VI 系统.ai

10.1.1 色彩与字体设计

VI（Visual Identity）设计一般包括基础部分和应用部分两大内容。基础部分主要包括企业的名称、标志和标识等，而在进行基础部分设计之前，一般都应该首先确定整个 VI 系统的色彩与字体。

1. 色彩设计

蓝叶工作室是一家专业为客户提供各种设计方案的平面设计公司，根据该企业的性质和理念，可以考虑将整个 VI 系统的颜色设叶为以海蓝色和天蓝色为主色，以淡蓝色、白色和黑色为辅助色彩。各色彩的寓意和标准分别如下：

- 海蓝色：象征企业的创意如大海一样无边无际、无拘无束，并代表企业的经营理念如同大海一般宽厚包容。其标准色为（C=100,M=95,Y=5,K=0），如图 10-1 所示。
- 天蓝色：象征企业志存高远，如同天空一样为员工和公众提供广阔的发展空间，并利用天空和大海的关系表示了整个企业想要传达的和谐理念。其标准色为（C=70,M=15,Y=0,K=0），如图 10-2 所示。
- 淡蓝色：该色彩在上述两种颜色之间辅助使用，代表了员工和公众与企业密不可分。若没有其存在，那么海蓝色和天蓝色也不会显得如此和谐。其标准色为（C=30,M=0,Y=10,K=0），如图 10-3 所示。

图 10-1　海蓝色

图 10-2　天蓝色

图 10-3　淡蓝色

- 白色：象征光明、纯洁，代表企业生机勃勃、活力无限。
- 黑色：象征严肃、稳重，代表企业的各种灵感与创意都是在严谨的调研和总结中得出来的，而并非天马行空，异想天开。

2. 字体设计

VI 系统中的字体设计的目的在于直接传达企业和品牌的名称并强化企业形象及品牌吸引力。字体设计要求字形正确、富于美感并易于识读，在字体的线条粗细处理和笔划结构上要尽量清晰、简化并富有装饰感。一般来说，企业 VI 系统中的字体包括中文、英文或其他文字字体。下面针对蓝叶工作室的经营理念以下字体来定位此公司的 VI 系统中的文字。

- 方正毡笔黑简体：中文字体，用于设置公司的正式名称。此字体给人以充满活力的感觉，符合并可以强化平面设计公司活力无限的工作状态，如图 10-4 所示。
- 方正美黑简体：中文字体，用于设置中小型文字。此字体具备严谨的美感，如图 10-5 所示。
- 方正启体简体：中文字体，用于设置公司宣传语。此字体行云流水，有一气呵成之感，表达了公司坚持为客户打造完美方案的决心，如图 10-6 所示。

方正毡笔黑简体　　方正美黑简体　　方正启体简体

图 10-4　方正毡笔黑简体　　图 10-5　方正美黑简体　　图 10-6　方正启体简体

- 方正黑体简体：中文字体，用于设置小型文字和数字。此字体清晰、正规，便于识别，也极具美观，如图 10-7 所示。
- Bradley Hand ITC：英文字体，用于设置公司标志。此字体富有强烈的手写感觉，体现出公司轻松、随意的工作环境，如图 10-8 所示。
- Arial Rounded MT Bold：英文字体，用于设置公司英文名称。此字体圆润、清楚，可以更好地配合中文名称的字体，如图 10-9 所示。

方正黑体简体　　Bradley Hand ITC　　Arial Rounded MT Bold

图 10-7　方正黑体简体　　图 10-8　Bradley Hand ITC　　图 10-9　Arial Rounded MT Bold

10.1.2　企业标志与名称设计

企业标志与名称是企业的象征和识别符号，是 VI 系统的核心基础，要求通过简练的造型、生动的形象来传达企业的理念。不仅要具有强烈的视觉冲击力，而且要表达出独特的个性和时代感。图 10-10 所示为两款优秀的企业标志。

图 10-10　中国移动和德国宝马的标志设计样品

下面将制作如图 10-11 所示的蓝叶工作室的标志与名称，要求标志符合蓝叶工作室的名称、醒目、具有活力和充满新意，并可以隐寓公司名称。

蓝叶工作室　Blue Leave　Blue Leave studio

图 10-11　蓝叶工作室的标志与名称

1. 标志的表现形式

企业标志的表现形式一般可分为图形表现、文字表现和图文综合表现 3 种。

- 图形表现：这种表现形式通过易于区分和记忆的图形来设计，处理后还可赋予图形隐寓、联想、概括和抽象等更深层次的含义。比如苹果公司的牙印苹果标志就属于这类标志的杰出代表，如图 10-12 所示。

- 文字表现：这种表现形式利用某种文字形态，以涵义明确、直接，且与被标识体联系密切，易于理解和认知的形式出现。完整的文字表现形式的标志，尤其是有中国特色的标志设计，在国际化的要求下，一般都应考虑中英文双语形式。图 10-13 所示为荣事达公司的文字表现形式的标志。

图 10-12　苹果公司的图形标志

图 10-13　荣事达公司的文字标志

- 图文综合表现：这种表现形式比较常用，可以通过图形与文字的结合来更好地体现企业文化、经营性质等情况，前面介绍的中国移动的标志便属于此类型。

2. 创意分析与设计思路

根据前面的制作要求，可以对将要设计的标志和名称进行以下分析。

- 标志整体以两片树叶的形式出现，并填充上蓝色，从而符合“蓝叶”一词。
- 两片树叶的相互重叠寓意公司内部的团结与互相支持。
- 树叶的叶脉向四周伸展，寓意公司活力四射、创意无边。
- 叶脉伸展的形态还可以隐约体现公司名称“蓝叶”二字的声母，即“LY”。
- 公司名称包括中文名称、简要英文名称和完整英文名称。

本例的设计思路如图 10-14 所示，具体设计如下。

（1）绘制树叶形态并填充颜色。

（2）绘制叶脉。

（3）制作名称。

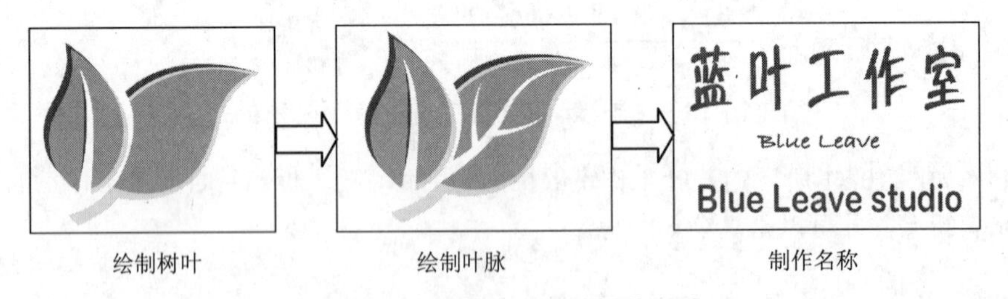

图 10-14　标志与名称的操作思路

3. 制作过程

（1）绘制树叶。

Step 1：启动 Illustrator 并新建文件，然后利用“钢笔工具”和“直接选择工具”绘制如图 10-15 所示的无描边、无填充图形。

Step 2：通过“颜色”面板为图形填充海蓝色，如图 10-16 所示。

Step 3：利用“Alt”键拖曳图形以进行复制，并为复制的图形填充淡蓝色，如图 10-17 所示。

图 10-15　绘制图形 1

图 10-16　填充图形

图 10-17　复制图形

Step 4：将复制的图形移动到原图形上，然后利用“直接选择工具”适当调整其形状，如图 10-18 所示。

Step 5：使用相同的方法再次复制图形，然后为其填充天蓝色并适当调整其形状，如图 10-19 所示。

Step 6：绘制如图 10-20 所示的图形并为其填充海蓝色。

图 10-18　调整图形

图 10-19　复制图形并填充

图 10-20　绘制图形并填充

Step 7：复制图形，然后为其填充淡蓝色并适当调整其形状，如图 10-21 所示。

Step 8：再次复制图形，然后为其填充天蓝色并适当调整其形状，如图 10-22 所示。

Step 9：将图形移动到一起，然后选择所有图形，按“Ctrl+G”组合键编组，如图 10-23 所示。

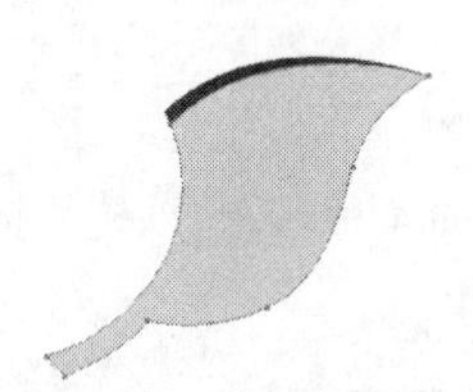

图 10-21　复制并调整图形

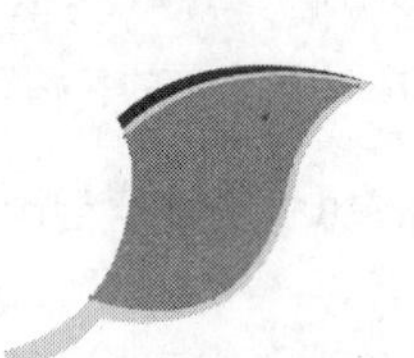

图 10-22　再次复制图形

图 10-23　编组图形

（2）绘制叶脉。

Step 1：绘制如图 10-24 所示的图形并为其填充“白色”。

Step 2：绘制如图 10-25 所示的图形并为其填充“白色”。

Step 3：利用“镜像工具”及“Alt”键复制和镜像上一步绘制的图形，并进行适当调整，这样便完成了标志的制作，如图 10-26 所示。

图 10-24　绘制图形 2

图 10-25　绘制图形 3

图 10-26　复制并镜像图形

（3）制作名称。

Step 1：利用“文字工具”输入“蓝叶工作室”，在“字符”面板中设置文字字体、字号和水平缩放，如图 10-27 所示，然后将其填充为海蓝色。

Step 2：输入英文“Blue Leave”，并设置字体、字号和水平缩放，如图 10-28 所示，然后将其填充为海蓝色。

Step 3：输入英文“Blue Leave Studio”，并设置字体、字号和水平缩放，如图 10-29 所示，然后将其填充为海蓝色。

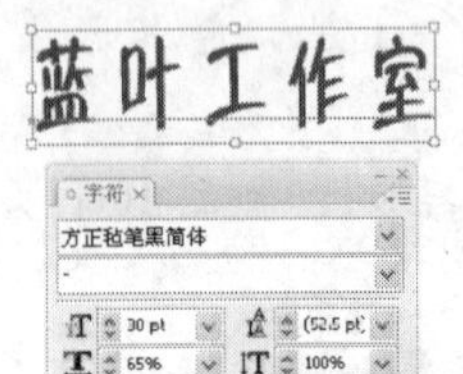

图 10-27　输入并设置文字 1

图 10-28　输入并设置文字 2

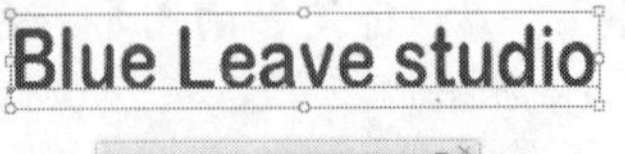

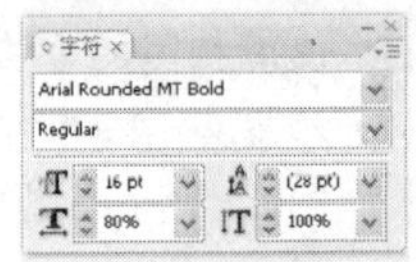

图 10-29　输入并设置文字 3

10.1.3　标志与名称的不同组合设计

设计企业 VI 时，标志中的图形与文字元素可以根据情况进行不同的组合，从而形成不同的标志形态，但其在总体上是统一协调的。图 10-30 所示为中国电信标志的不同组合形态。

图 10-30　中国电信的各种标志形态

下面将利用前面绘制的标志图形与名称组合设计成如图 10-31 所示的 4 种形态，以便适合 VI 系统的各种对象。

图 10-31　蓝叶工作室标志的不同形态

1. 常见的标志组合方案

企业标志的形态有很多，以中国企业的图文综合标志为例，常见的形态主要有以下几种。

- 纯图形形态：以标志中的图形出现，一般用于 VI 系统中的较小物品或作为底纹使用，如茶杯、信纸底纹等。
- 正行形态：以上图下文（文字水平排列）的形式出现，属于较正式的标志。
- 标准形态：以左图右文的形式出现，完全展示标志中的图形、中英文名称，属于最为正规的形态。
- 垂直形态：以上图下文（文字垂直排列）的形式出现，主要用于广告招牌等 VI 物品。

- 中文名形态：以“图形+中文名称”的形态出现，属于较为中庸的标志形态。
- 英文名形态：以“图形+英文名称”的形态出现，属于较为国际化的标志形态。

2. 创意分析与设计思路

根据将要制作的 4 种不同形态的标志，可以分别进行以下一些分析。

- 纯图形形态：利用图形和简要英文名称的组合方式得到类似纯图形形态的标志，用于公关类物品上，如茶杯、雨伞等。
- 中文名形态：通过图形和中文名称的组合方式来得到，用于便签和信纸等物品。
- 正行形态：利用纯图形形态和中文名称的组合，并结合矩形框来得到，广泛用于各种 VI 物品。
- 标准形态：利用纯图形形态、中文名称和完整英文名称的组合，并结合矩形框来得到，广泛用于各种 VI 物品。

本例的设计思路很简单。首先利用树叶图形和简要英文名称制作纯图形形态标志，然后利用树叶图形和中文名称制作中文名形态标志，最后依次制作正行形态标志和标准形态标志即可。

3. 制作过程

（1）制作纯图形和中文名形态的标志

Step 1：复制简要英文名称并将其移动到复制的标志图形右下方，然后将它们底端对齐，如图 10-32 所示。

Step 2：选择两个图形，按“Ctrl+G”组合键进行编组，如图 10-33 所示。

Step 3：复制标志图形和中文名称，并将中文名称移到图形右侧，水平居中对齐，然后进行编组，如图 10-34 所示。

图 10-32　移动文字

图 10-33　编组图形

图 10-34　移动文字并编组图形

（2）制作正行形态的标志。

Step 1：绘制一个 30mm × 25.5mm 的无填充矩形，并将描边颜色设置为“海蓝色”，粗细设置为“2pt”，如图 10-35 所示。

Step 2：垂直复制矩形，将高度调整为“5mm”，并将填充色设置为“海蓝色”，如图 10-36 所示。

Step 3：将纯图形形态的标志复制并缩小，然后将其移动到无填充矩形中，如图 10-37 所示。

Step 4：复制中文名称，将其水平缩放更改为“100%”，颜色更改为“白色”，然后缩小并移动到下方的矩形中，如图 10-38 所示。完成后编组所有图形即可。

图 10-35　绘制矩形

图 10-36　复制矩形

图 10-37　复制并调整图形

图 10-38　复制并调整文字

（3）制作标准形态的标志。

Step 1：复制正行形态上半部分的图形，并在其右侧绘制一个 40mm × 10mm 的矩形，然后利用“吸管工具”吸取正行形态下半部分矩形的属性，如图 10-39 所示。

Step 2：将中文名称移动到海蓝色矩形上方，如图 10-40 所示。

Step 3：将完整英文名称移动到海蓝色矩形中，并将颜色调整为白色，如图 10-41 所示，最后编组所有图形即可。

图 10-39　绘制矩形

图 10-40　复制文字

图 10-41　复制完整英文名称

10.2 办公类物品设计

VI 系统中的办公类物品包括名片、信封、信纸、便签和文件夹等许多对象。下面以名片和便签为代表进行设计和制作。

10.2.1　名片的设计

名片作为一种独立媒体，设计时要在讲究其艺术性的同时，强调辨识性的特点，要做到文字简明扼要，字体层次分明，艺术风格新颖等。图 10-42 所示为两款不同名片的模板样品。

图 10-42　两款不同名片的模板样品

下面将制作如图 10-43 所示的正反两面的名片，要求尺寸为 90mm×55mm。名片上需要体现公司名称和宗旨、个人姓名、性别、职位以及联系方式等信息。

图 10-43　名片正反两面的效果

1. 根据名片功能来设计名片

一张名片包含的信息非常多，那么如何从这些信息中进行筛选，并设计出最简单且最实用的名片呢？下面就从名片的功能来考虑这个问题。

- 自我宣传：名片主要的内容是持有者的姓名、职业、工作单位和联络方式等，这也是名片最基本的功能。
- 企业宣传：名片除要标注清楚个人信息外，还要标注企业资料，如企业名称、地址和业务领域、企业宗旨等。

2. 创意分析与设计思路

根据前面的制作要求，可以对将要设计的名片进行以下一些分析。

- 将标志中的图形进行透明处理，然后将其作为底纹。
- 将标准标志和公司及个人的联系方式放到名片上方。
- 通过两个不同颜色的矩形来突出名片持有人的姓名、性别以及职位。
- 名片背面重点体现公司标志和宗旨。

根据创意分析，本例的设计思路为，首先利用矩形和树叶图形作为名片背景，然后在名片正面添加标准标志、联系方式、姓名、性别和职位等，最后在名片背面添加标准标志和公司宣传语即可。

3. 制作过程

（1）制作名片正面内容。

Step 1：绘制一个描边颜色为“黑色”，粗细为“1pt”的无填充矩形，尺寸为 90mm × 55mm，如图 10-44 所示。

Step 2：将标志中的树叶图形复制到矩形上，并设置其透明度为“10%”，如图 10-45 所示。

Step 3：将标准标志复制到矩形左上角，并通过取消编组的方法适当缩小描边对象的描边宽度，如图 10-46 所示。

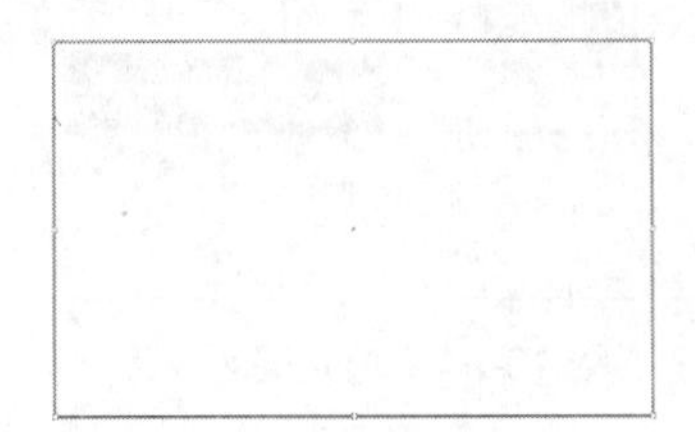

图 10-44 绘制矩形 1

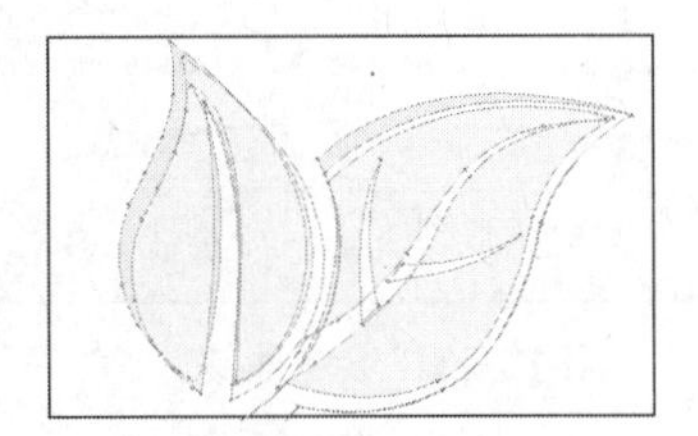

图 10-45 设置透明度

图 10-46 复制标志

Step 4：输入联系地址和联系方式，设置字体为“方正黑体简体”、字号为“5.5jpt”、颜色为“黑色”。接着在下方绘制一条水平的直线段，并将其颜色设置为“海蓝色”，粗细设置为“1pt”，如图 10-47 所示。

Step 5：绘制两个无边框矩形，并分别为其填充“海蓝色”和“天蓝色”，如图 10-48 所示。

Step 6：输入姓名文字，并设置字体为“方正美黑简体”、字号为“18pt”、颜色为“白色”，如图 10-49 所示。

图 10-47 输入文字并绘制直线

图 10-48 绘制矩形 2

图 10-49 输入姓名

Step 7：输入性别文字，并设置字体为“方正美黑简体”、字号为“10pt”、颜色为“白色”，如

图 10-50 所示。

Step 8：输入职位文字，并设置字体为“方正楷书简体”、字号为“10.5pt”、颜色为“白色”，如图 10-51 所示。

图 10-50 输入性别

图 10-51 输入职位

（2）制作名片背面内容。

Step 1：将名片正面的矩形背景和底纹图形复制出来，并复制标准标志，将其适当放大后移动到复制出的矩形和底纹上，如图 10-52 所示。

Step 2：绘制一条曲线，如图 10-53 所示。

Step 3：利用“路径文字工具”在绘制的曲线上单击，输入公司宣传语，并设置字体为“方正启体简体”、字号为“10pt”、颜色为“黑色”，然后将其移动到标志下方，如图 10-54 所示。

图 10-52 复制图形

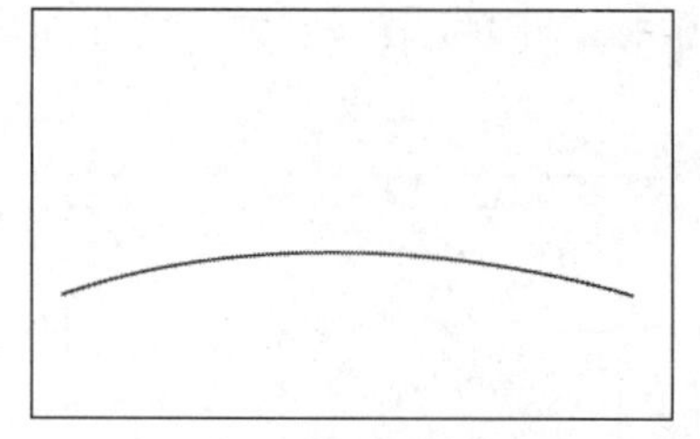

图 10-53 绘制曲线

图 10-54 输入路径文字

10.2.2 便签的设计

便签可以方便公司职员随时将需要记录的信息书写下来以免遗忘。其设计思路一般是体现公司名称、地址和联系方式即可。具体操作步骤如下。

Step 1：绘制一个描边颜色为“黑色”，粗细为“1pt”的无填充矩形，尺寸为“70mm × 70mm”，然后将名片的底纹图形复制到矩形上，如图 10-56 所示。

Step 2：将中文名形态的标志复制到矩形左上角，然后适当将其缩小并调整描边粗细，如图 10-57 所示。

Step 3：将名片上的联系地址、方式以及直线复制到矩形右上方，然后删除其中的个人电话号码，如图 10-58 所示。

图 10-55 公司便签

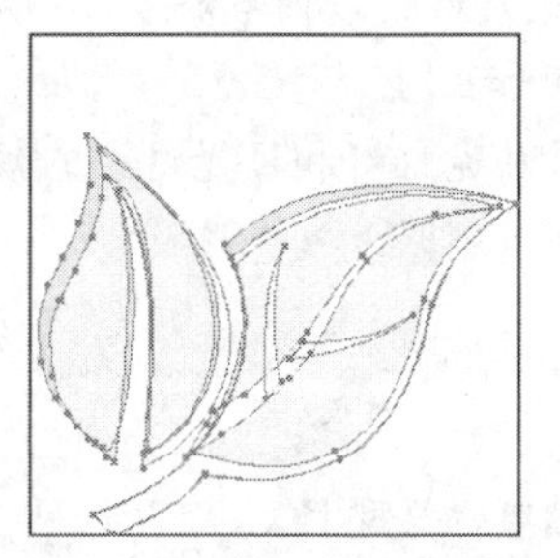
图 10-56　绘制矩形并复制图形

图 10-57　复制标志

图 10-58　复制文字

10.3 宣传类物品设计

VI 系统中的宣传类物品包括照片、吊旗、标识盘和灯箱等许多对象，下面以其中的招牌和灯箱为代表进行设计和制作。

10.3.1　招牌的设计

招牌是指挂在商店门前作为标志的牌子，主要用来显示企业的名称和联系方式，它也被称为店标。招牌有竖招和横招两种常见形式。招牌不仅具有辨识性，而且在客观上也起到了宣传的作用。图 10-59 所示为两种不同的招牌样品。

下面将制作如图 10-60 所示的楼顶招牌，要求招牌能清楚地显示公司的标志和名称。

图 10-59　横招和竖招样品

图 10-60　楼顶招牌效果

1. 招牌设计需考虑的因素

招牌是企业用以向客户宣传的一个重要对象，在设计它时一定要考虑诸多因素，如位置、造型、内容和光照等。

- 位置：当门面较宽时，可考虑利用横招的形式将其放在门面上方；当门面较窄是，可考虑利用竖招的形式将其放在门面一侧。当门面处于交叉路口时，可考虑综合放置横招和竖招，以便各条道路的人群都能随时看到招牌内容。
- 造型：招牌造型或古朴、或稳重、或形象、或别出心裁，其造型要根据企业自身的性质或经营方式等因素考虑。
- 内容：招牌内容要做到简洁突出，以令客户过目不忘为准。为达到最有效的传达效果，招牌上文字的大小应适度，要考虑中远距离的传达效果，要使其具有良好的可视性和传播效果。

如果招牌位于车流量极大的街道或公路旁，则建议把店招文字做到最大，内容尽量单纯，以方便乘车与开车的客户在较快的行驶速度下也能看清店招内容。

- 光照：由于招牌在夜晚也会使用，因此在设计招牌时应考虑到添加霓虹灯和日光灯后的效果，做到既能使招牌明亮醒目，增强夜间的可见度，又能使招牌美观不刺眼。

2. 创意分析与设计思路

根据前面的制作要求，可以对将要设计的招牌进行以下一些分析。

- 以标准标志为基础，在其上进行适当修改，从而使招牌显得既稳重，又醒目。
- 为提高名称的可视度，可将文字颜色设置为白色，然后将其应用在海蓝色的矩形背景上。
- 使用圆角矩形将设计好的图形包围，这样不仅可以避免特性的分散感，而且能在后期制作时，以圆角矩形为边框添加霓虹灯管。

本例的设计思路很简单，只需通过修改标准标志并结合矩形、圆角矩形来制作企业招牌即可。

3. 制作过程

Step 1：复制标准标志，并将海蓝色矩形调整为与左侧矩形边框等高，然后将宽度增加到"46mm"，如图 10-61 所示。

Step 2：将中文名称的颜色更改为"白色"，然后将中英文名称适当向右移动，使其与背景矩形水平居中对齐，如图 10-62 所示。

Step 3：绘制一个边框为海蓝色的无填充圆角矩形，然后将其调整为如图 10-63 所示的效果。

图 10-61 调整矩形

图 10-62 调整名称

图 10-63 绘制矩形

Step 4：绘制一个矩形并利用"色板"面板为其填充金属类别下的"钢"线性渐变效果，如图 10-64 所示。

Step 5：复制矩形并将其移至右侧，这样就完成了招牌支架的制作，如图 10-65 所示。

图 10-64 绘制并填充矩形

图 10-65 复制矩形

10.3.2 灯箱的设计

灯箱是指利用内部光源照射灯箱面罩，使面罩上的图案显现出来的一种宣传工具。由于光源的存在，因此使灯箱面罩上的图案可以呈现出别具一格的美感，从而更加吸引客户的目光。图 10-66 所示为两款不同形状的灯箱样品。

下面将制作如图 10-67 所示的圆形灯箱，要求通过灯箱可清楚地了解公司的标志、名称以及宣传语。

图 10-66　矩形和圆形灯箱样品　　图 10-67　制作的灯箱效果

1. 灯箱的结构

灯箱主要由框架、面罩、图案印刷载体以及辅助光设施构成，这些元素缺一不可。

- 框架与面罩。灯箱的框架主要为钢、塑结构，底座及边框采用钢或不锈钢材料焊接构成，面罩则一般采用玻璃板、有机玻璃板、灯箱布或塑料板等材料来制作。
- 图案印刷载体。灯箱面罩上的图案印刷载体一般可采用合成纸、喷绘胶片、自粘性背胶胶片或灯箱画布等材料来制作。
- 辅助光设施。灯箱的辅助光应根据图案的结构，载体材料、印刷墨层厚度、图案幅面等进行设计，要求画面质量及均匀性、柔和度要高。一般采用日光灯等光源进行打光辅助。

2. 创意分析与设计思路

根据前面的制作要求，可以对将要设计的灯箱进行以下一些分析。

- 灯箱外观为圆形，面罩上考虑使用正行标志和宣传语，光线颜色考虑用蓝色。
- 框架和底座利用钢材料制作，设计时通过绘制各种图形来组合体现。

本例的设计思路为，利用圆形、正行标志和宣传语制作灯箱面罩，然后利用圆形和矩形等图形来制作灯箱底座和支架即可。

3. 制作过程

（1）制作灯箱面罩。

Step 1：绘制一个无边框圆形，然后为其填充径向渐变效果。“渐变”面板中的参数设置如图 10-68 所示，其中从左到右的 4 个渐变滑块颜色的“C”值依次为 10、20、40、50，其余颜色均为“0”。

Step 2：将正行标志复制到圆形上，然后适当调整标志大小和其中有描边的对象的描边粗细，效果如图 10-69 所示。

Step 3：将宣传语复制到标志下方，并适当其调整大小，如图 10-70 所示。

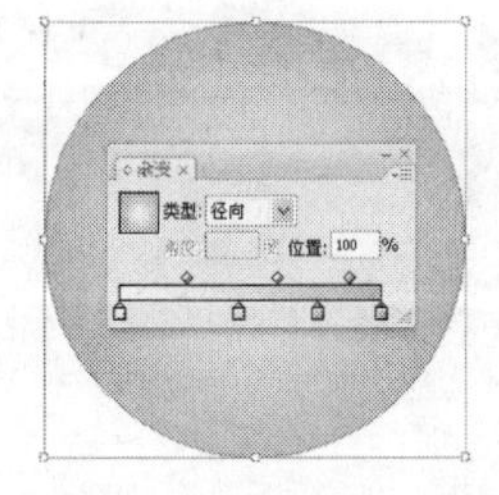

图 10-68　绘制并填充圆

图 10-69　复制标志

图 10-70　复制宣传语

（2）制作灯箱框架和底座。

Step 1：绘制一个比前面绘制的圆稍大一点的圆形，并为其填充“钢”线性渐变效果，如图 10-71 所示。

Step 2：绘制一个比上一步绘制的圆形稍大一点的圆形，然后反方向填充“钢”线性渐变效果，并重叠放置，如图 10-72 所示。

Step 3：绘制圆和矩形，然后利用路径查找器合并图形，并为其填充“钢”线性渐变效果，如图 10-73 所示。

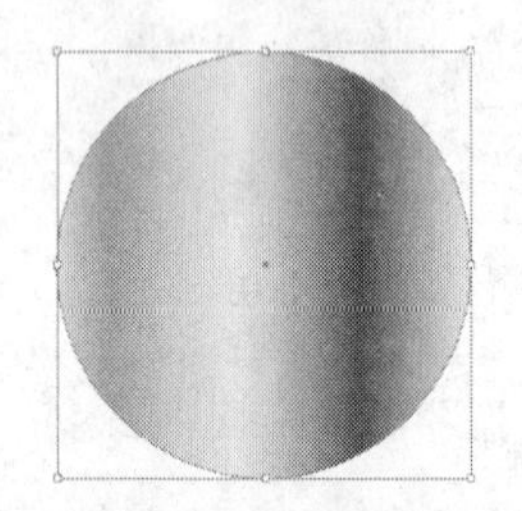

图 10-71　绘制并填充正圆

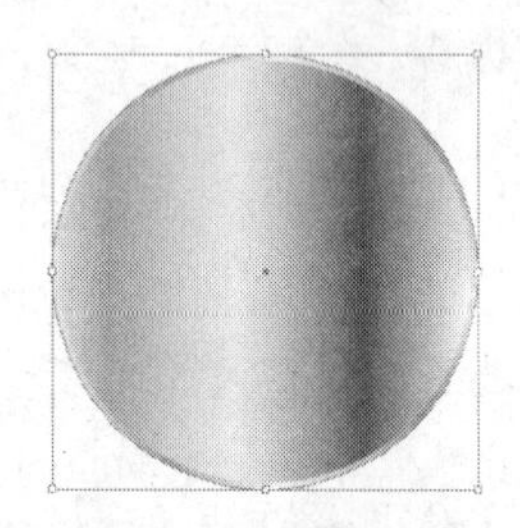

图 10-72　复制正圆

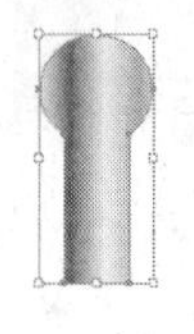

图 10-73　合并图形

Step 4：将合并的图形移动到圆形上方，如图 10-74 所示。

Step 5：复制并旋转图形，将其移动到圆形下方，并更改线性渐变方向，如图 10-75 所示。

Step 6：绘制如图 10-76 所示的图形，然后为其填充“钢”线性渐变效果，并将其与合并的图形相连。

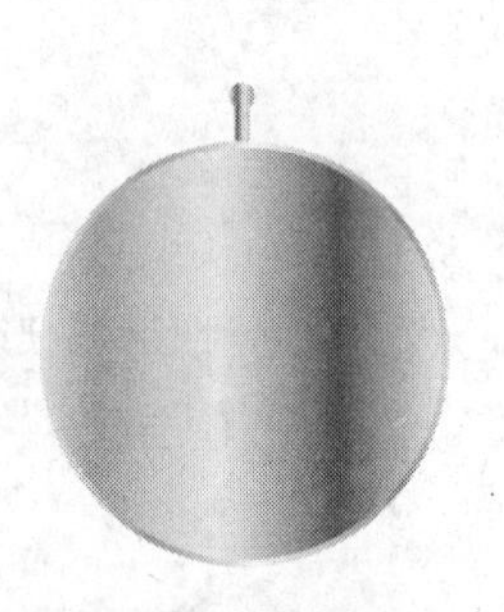

图 10-74　移动图形

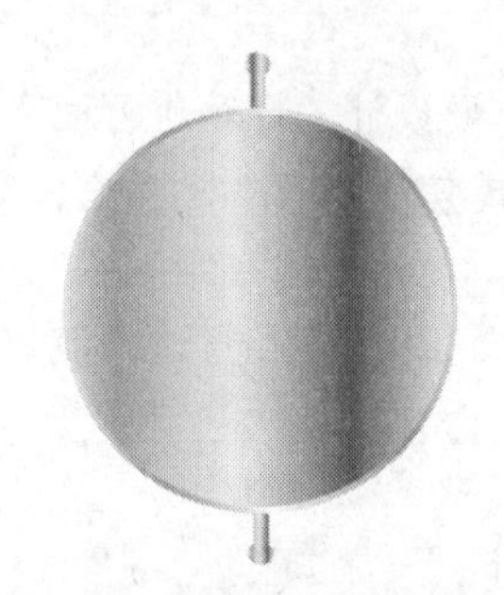

图 10-75　复制并旋转图形

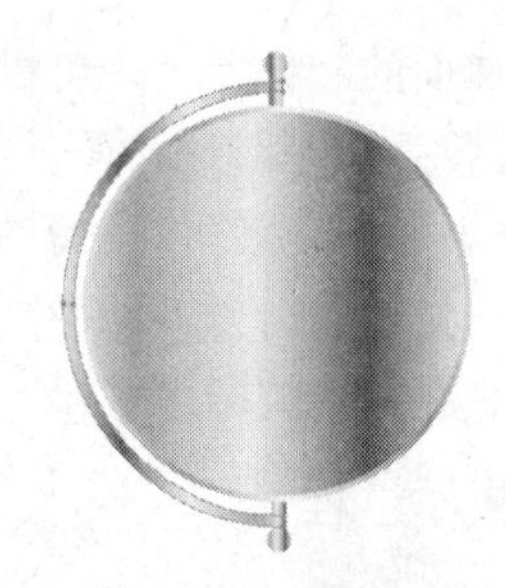

图 10-76　绘制图形

Step 7：绘制两个矩形，然后为其填充“钢”线性渐变效果，并将其移动到如图 10-77 所示位置。

Step 8：绘制 1 个矩形，然后为其填充“钢”线性渐变效果，并将其移动到如图 10-78 所示位置。

Step 9：将灯箱面罩图形移动到框架图形上，然后编组所有图形，如图 10-79 所示，这样便完成了灯箱制作。

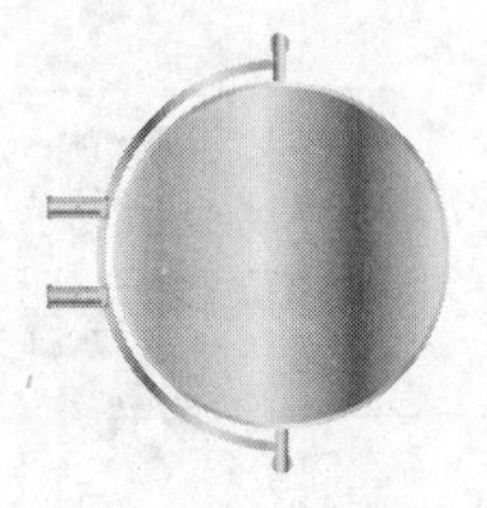

图 10-77　绘制图形

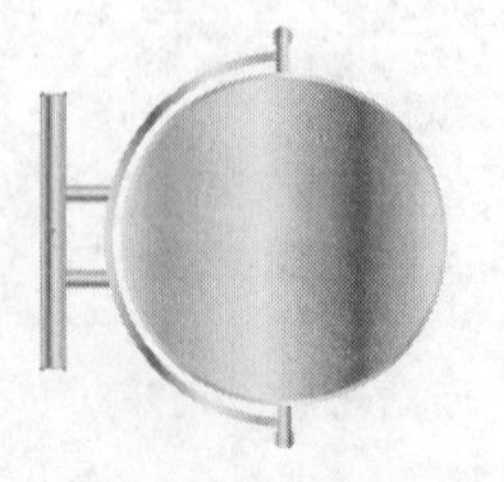

图 10-78　继续绘制图形

图 10-79　移动并编组图形

10.4 练习与上机

1. 单项选择题

（1）下列哪项不属于 VI 系统的基础设计（　　）。

A．字体　　B．色彩　　C．标志　　D．招牌

（2）企业 VI 系统中的办公类物品不包括（　　）。

A．名片　　B．服装　　C．信封　　D．文件夹

（3）下列选项中属于常见灯箱的组成部分是（　　）。

A．日光灯管　　B．纸张　　C．玻璃　　D．以上都是

2. 多项选择题

（1）CIS 由（　　）组成。

A．理念识别系统　　B．行为识别系统　　C．颜色识别系统　　D．视觉识别系统

（2）标志的表现形式包括（　　）。

A．图形表现　　B．抽象表现　　C．文字表现　　D．图文表现

（3）招牌设计需考虑（　　）。

A．位置　　B．造型　　C．内容　　D．光照

3. 简单操作题

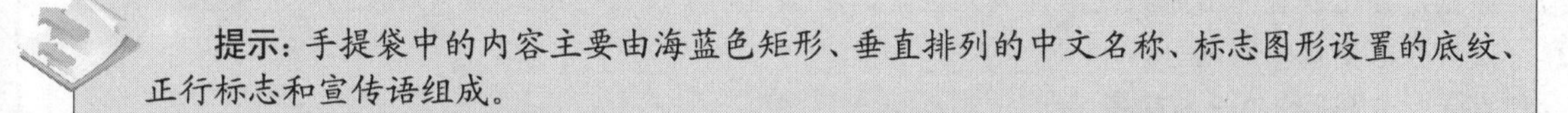

完成效果：效果文件\第 10 章\VI 系统.ai

（1）利用本章前面设计的蓝叶工作室 VI 系统方案绘制如图 10-80 所示的手提袋物品。

提示：手提袋中的内容主要由海蓝色矩形、垂直排列的中文名称、标志图形设置的底纹、正行标志和宣传语组成。

（2）继续利用蓝叶工作室的 VI 系统方案绘制如图 10-81 所示的雨伞物品。

图 10-80　手提袋效果

图 10-81　雨伞效果

提示：绘制雨伞及伞柄等图形，为雨伞填充不同的蓝色渐变效果，在正面的雨伞图形上添加企业宣传语，并在两侧图形中添加纯图形形态的标志。

4. 综合操作题

完成效果：效果文件\第 10 章\神州 VI.ai

（1）设计神州实业公司的标志与名称，参考效果如图 10-82 所示。

（2）在上题的基础上绘制该公司的各种 VI 系统物品，如名片、工作证和吊旗等，参考效果如图 10-83 所示。

神州实业有限责任公司

图 10-82　标志与名称

图 10-83　各种 VI 物品

拓展知识

VI 设计可以将企业与其他企业区分开来，同时又能确立企业明显的行业特征或其他重要特征，是企业无形资产的一个重要组成部分。进行 VI 设计时需遵循以下原则和程序。

1. VI 设计的基本原则

VI 设计不是机械的符号操作，应多角度、全方位地反映企业的经营理念。它包括风格统一性原则，强化视觉冲击力原则，强调人性化、增强民族个性与尊重民族风俗原则，可实施性原则以及符合审美规律原则等。

2. VI 设计的基本程序

首先是成立设计小组，理解设计核心内容并搜集资料的准备阶段，其次是基础部分与应用部分的 VI 系统设计开发阶段，然后是反馈修正阶段和调研与修正反馈阶段，最后是修正并定型以及编制 VI 设计手册阶段。图 10-84 所示为装订成册的某企业 CIS 系统中有关 VI 设计的内容。

图 10-84　装订成册的 VI 设计手册

附录　练习题参考答案

第 1 章　Illustrator 入门必备知识

【单项选择题】

（1）D

（2）C

（3）A

（4）C

【多项选择题】

（1）BCD

（2）ABCD

（3）CD

（4）AC

第 2 章　绘制图形

【单项选择题】

（1）D

（2）A

（3）C

（4）B

（5）D

【多项选择题】

（1）ABD

（2）AC

（3）BD

（4）BCD

（5）ABCD

第 3 章　填充图形

【单项选择题】

（1）B

（2）A

（3）C

（4）D

【多项选择题】

（1）ABC

（2）ACD

（3）ABC

（4）CD

第 4 章　编辑图形

【单项选择题】

（1）B

（2）C

（3）A

（4）D

（5）D

【多项选择题】

（1）ABCD

（2）CD

（3）ABC

（4）ABD

（5）ACD

第 5 章　组织图形

【单项选择题】

（1）B

（2）A

（3）D

（4）B

【多项选择题】

（1）BC

（2）CD

（3）BCD

（4）ABD

第 6 章　文字的应用

【单项选择题】

（1）C

（2）C

（3）D

（4）A

【多项选择题】

（1）BD

（2）ABCD

（3）ABC

（4）ABD

（5）BD

第 7 章　图表与符号的应用

【单项选择题】

（1）C

（2）D

（3）A

【多项选择题】

（1）ABCD

（2）ABCD

（3）ABD

第 8 章　滤镜、样式与效果的应用

【单项选择题】

（1）C

（2）B

（3）A

（4）D

【多项选择题】

（1）ABC

（2）ACD

（3）ABC

第 9 章　文件的输出与打印

【单项选择题】

（1）C

（2）D

（3）A

【多项选择题】

（1）ABCD

（2）ABD

（3）BCD

第 10 章　综合实例——企业 VI 设计

【单项选择题】

（1）D

（2）B

（3）A

【多项选择题】

（1）ABD

（2）ACD

（3）ABCD